"十二五"国家重点图书出版规划项目

材料科学研究与工程技术系列

高等学校经典畅销教材

金属学与热处理原理

(第3版)

崔忠圻　刘北兴　编

METALLURGY AND HEAT TREATMENT THEORY

哈爾濱工業大學出版社
HARBIN INSTITUTE OF TECHNOLOGY PRESS

内 容 提 要

全书共分九章。主要内容有:金属与合金的晶体结构、纯金属的结晶、二元合金相图和合金的凝固、铁碳合金、三元合金相图、金属的塑性变形和再结晶、钢在加热和冷却时的转变、钢的回火转变及合金时效、钢的热处理工艺。

本书可作为热处理、铸造、锻压、焊接各专业本科生和专科生的教材,也可作为有关工程技术人员的参考书。

图书在版编目(CIP)数据

金属学与热处理原理/崔忠圻,刘北兴编.—3 版.—哈尔滨:哈尔滨工业大学出版社,2007.2 (2025.1 重印)

ISBN 978-7-5603-1334-4

Ⅰ.金… Ⅱ.①崔… ②刘… Ⅲ.①金属学-高等学校-教材 ②热处理-理论-高等学校-教材 Ⅳ.TG1

中国版本图书馆 CIP 数据核字(2007)第 018809 号

责任编辑 王桂芝 黄菊英
封面设计 卞秉利
出版发行 哈尔滨工业大学出版社
社 址 哈尔滨市南岗区复华四道街 10 号 邮编 150006
传 真 0451-86414749
网 址 http://hitpress.hit.edu.cn
印 刷 哈尔滨久利印刷有限公司
开 本 787mm×1092mm 1/16 印张 16 字数 379 千字
版 次 1996 年 9 月第 1 版 2007 年 2 月第 3 版
2025 年 1 月第 21 次印刷
书 号 ISBN 978-7-5603-1334-4
定 价 34.00 元

序

哈尔滨工业大学材料科学与工程学院拥有热处理、铸造、锻压、焊接四个博士点和一个博士后流动站，拥有三个国家重点学科和两个国家重点实验室，有24名博士生指导教师和一批崭露头角的中青年专家。面对市场经济，面对学科、专业结构的调整与经济、科技、社会发展的要求相比仍相对滞后的局面，根据国家教育改革的要求和我校面向21世纪教育改革的思路，该院锐意改革，实行了材料加工意义下的宽口径教育，提出了材料加工类人才培养的新模式，把拓宽专业和跟踪科学技术发展趋势结合起来，制定了适应材料加工专业人才培养的教学计划和各门课程的教学大纲，并推出了这套教材和教辅丛书。

这套《材料科学与工程》丛书是具有“总结已有、通向未来”，“面向世界、面向21世纪”特色的“优化教材链”，以给培养材料科学与工程人才提供一个捷径为原则，力求简明、深入浅出，既利于教，又利于学。这套丛书包括本科生教材、教辅和研究生学位课教材，且已由1995年全国出版局长南京会议确定为“九·五”国家重点图书选题。

《金属学与热处理原理》是这套丛书中的一种。它是材料科学与工程专业的专业基础课，着重阐述金属及合金的化学成分、组织结构与性能的内在联系以及在各种条件下的变化规律，比较全面系统地介绍金属与合金的晶体结构、金属及合金的相图与结晶、塑性变形与再结晶以及固态金属相变的基本理论。本书结合实例，从组织结构的角度出发来阐明问题，重点放在与金属材料学科有关的基本现象、基本概念、基本规律和基本方法上，以便为合理地使用金属材料和制订热加工工艺规程，为从事金属与合金研究提供理论依据和线索。

根据教学大纲的规定，本教材的讲课时数为68学时，实验12学时，课堂讨论4学时。学习本教材前，学生应学完物理化学和材料力学，并进行过金工实习，初步具有金属材料生产方面的实践知识。

本书共十章，其中第一、二、三、四章由崔忠圻教授编写，其余由刘北兴教授编写，金相照片由张玉兰高级工程师摄制并整理，全书由李仁顺教授主审。

由于编者水平有限，加之时间仓促，书中难免有疏漏及不妥之处，敬请读者批评指正。

哈尔滨工业大学出版社

1998年6月

第3版前言

《金属学与热处理原理》一书自1998年9月出版以来,受到了高等工科院校材料类专业师生和广大社会读者的欢迎,目前还有较大的需求。为了进一步保证本书的使用效果,哈尔滨工业大学出版社建议我们结合本学科的最新进展和各校的使用意见修订再版。

本次修订主要做了以下工作:

(1) 依据哈尔滨工业大学材料类专业课程整合后的新教学大纲,参考国内部分重点院校同类专业的教学大纲,并结合作者的教学实践体会,对书中的一些内容作了必要的取舍和增添。

(2) 结合本学科的发展和国家有关最新标准,对原版中不合适的说法、名词、术语、符号、量纲进行了修正。

(3) 改正了原版中的文字错误和一些不合适的提法。

(4) 为了巩固课堂所学知识,便于读者课程复习和应试,每章均增加了习题。

本次修订由崔忠圻、刘北兴共同完成,最后由崔忠圻定稿。

需要指出的是,教学改革是一个长期的任务,不可能一蹴而就,自然与教改呼应的教材亦需要在长期的教学实践中去完善。虽然本次修订作者进行了认真细致的修改,但限于水平,书中一定还存在诸多不足,恳请读者提出宝贵意见,以便使本书更加完善。

作　者

2007年1月

目　　录

第 1 章

金属与合金的晶体结构

金属材料的化学成分不同，其性能也不同。但是对于同一种成分的金属材料，通过不同的加工处理工艺，改变材料内部的组织结构，也可以使其性能发生极大的变化。由此可以看出，除化学成分外，金属的内部结构和组织状态也是决定金属材料性能的重要因素。这就促使人们致力于金属及合金内部组织结构的研究，以寻求改善和发展金属材料的途径。

金属和合金在固态下通常都是晶体。要了解金属及合金的内部结构，首先应了解晶体的结构，其中包括：晶体中原子是如何相互作用并结合起来的；原子的排列方式和分布规律；各种晶体的特点及差异等。

1.1 金属原子间的结合

1.1.1 金属原子的结构特点

原子结构理论指出，孤立的自由原子是由带正电的原子核和带负电的核外电子组成的。原子的尺寸很小，在 10^{-8}cm 数量级，原子核的尺寸更小，在 10^{-12}cm 数量级。原子核中又包括质子和中子。自由电子的静止质量为 9.1×10^{-28}g，有效半径为 4.6×10^{-13}cm。质子是电子质量的 1 836 倍，其静止质量为 1.67×10^{-24}g，有效半径为 1.4×10^{-13}cm，它带有与电子等量的电荷，但符号相反。中子是电子质量的 1 838 倍，比质子稍重，由于它不带电荷，有时可视为由一个质子与一个电子所组成。

核外的电子被原子核吸引，各电子间相互排斥并靠一种离心力保持着与核的距离，可以比做太阳系，不同的电子在一系列轨道或壳层上绕核转动。内层电子的能量低，最为稳定。最外层的电子能量高，与核结合得弱，这样的电子通常称为价电子。原子中的所有电子都按照量子力学规律运动着。

金属原子的结构特点是，其最外层的电子数很少，一般为一两个，不超过 3 个。由于这些外层电子与原子核的结合力弱，所以很容易脱离原子核的束缚而变成自由电子，此时的原子即变为正离子，因此，常将这些元素称为正电性元素。非金属元素的原子结构与此相反，其外层电子数较多，最多 7 个，最少 4 个，它易于获得电子，此时的原子即变为负离子，因此，非金属元素又称为负电性元素。由此可见，元素的化学特性决定于最外层的电子数，而与内壳层的结构无关，这些最外层的电子即为价电子。过渡族金属元素（如钛、钒、铬、锰、铁、钴、镍等)的原子结构,除具有上述金属原子的特点外,还有一个特点,即在次外层尚未填满电子的情况下,最外层就先填充了电子。因此,过渡族金属的原子不仅容易丢失最外层电子,而且还容易丢失次外层一两个电子,这就出现了过渡族金属化合价可变的现象。当过渡族金属的原子彼此相互结合时,不仅最外层电子参与结合,而且次外层电子也参与结合。因此,过渡族金属的原子间结合力特别强,表现为熔点高、强度高。可见,价电子决定着金属的主要性能。

1.1.2 金属键

由于金属与非金属原子结构不同,因而使原子间的结合产生了很大差别。现以食盐(氯化钠)、金刚石(碳)和铜为例进行分析。当正电性元素钠和负电性元素氯相互接触时,由于电子一失一得,使它们各自变成正离子和负离子,二者靠静电作用结合起来,氯化钠的这种结合方式称为离子键。碳的价电子数是4个,得失电子的机会均等,既可形成正离子,也可形成负离子。事实上,虽然它偶尔也能与别的元素形成离子键,但其本身原子之间多以共价键方式结合。所谓共价键,即相邻原子共用它们的外部的价电子,形成稳定的电子满壳层。金刚石中的碳原子之间即完全以共价键结合。铜原子之间的结合,既不同于离子键,也不同于共价键。根据近代物理和化学的观点,处于聚集状态的金属原子,全部或大部将它们的价电子贡献出来,为其整个原子集体所公有,称之为电子云或电子气。这些价电子或自由电子,已不再只“围绕”自己的原子核运动,而是与所有的价电子一起在所有原子核周围按量子力学规律运动着。贡献出价电子的原子,则变成正离子,沉浸在电子云中,它们依靠运动于其间的公有化的自由电子的静电作用而结合起来,这种结合方式叫做金属键,它没有饱和性和方向性。图1.1示意地绘出了金属键模型。这种模型认为,在固态金属中,并非所有原子都变为正离子,只是绝大部分处于正离子状态,仍有少部分原子处于中性原子状态。

在金属及合金中,主要是金属键,但有时也不同程度地混有其它键。

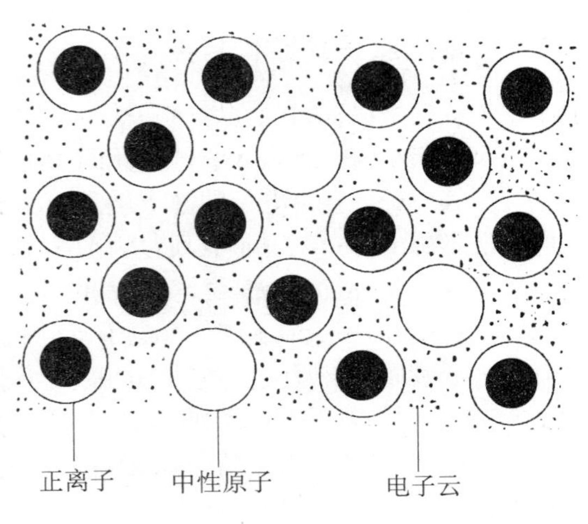

图1.1 金属键模型

根据金属键的本质,可以解释固态金属的一些特性。例如,在外加电场作用下,金属中的自由电子能够沿着电场方向定向运动,形成电流,从而显示出良好的导电性。自由电子的运动和正离子的振动使金属具有良好的导热性。随着温度的升高,正离子或原子本身振动的振幅加大,可阻碍电子的通过,使电阻升高,因而金属具有正的电阻温度系数。由于自由电子很容易吸收可见光的能量,而被激发到较高的能级,当它跳回到原来的能级时,就把吸收的可见光能量重新辐射出来,从而使金属不透明,具有金属光泽。由于金属键没有饱和性和方向性,所以当金属的两部分发生相对位移时,金属的正离子始终被包围在电子云中,从而保持着金属键结合。这样,金属就能经受变形而不断裂,使其具有延展性。

1.1.3　结合力与结合能

在固态金属中,众多的原子依靠金属键牢固地结合在一起。但是,处于聚集状态的金属原子,究竟是以什么方式排列着的?沉浸于电子云中的金属原子(或正离子)为什么像图1.1所示的那样规则排列着,并往往趋于紧密地排列。下面从原子间的结合力和结合能来说明。

为简便起见,首先分析两个原子之间的相互作用情况(即双原子作用模型)。当两个原子相距很远时,它们之间实际上不发生相互作用,但当它们相互逐渐靠近时,其间的作用力就会随之显示出来。分析表明,固态金属中两原子之间相互作用力包括:正离子与周围自由电子间的吸引力,正离子与正离子以及电子与电子之间的排斥力。吸引力力图使两原子靠近,而排斥力力图使两原子分开,它们的大小都随原子间距离的变化而变化,如图1.2所示。上图为A、B两原子间的吸引力和排斥力曲线,两原子的结合力为吸引力和排斥力的代数和。吸引力为一种长程力,排斥力是一种短程力,当两原子间距较大时,吸引力大于排斥力,两原子自动靠近。当两原子靠近,致使其电子层发生重叠时,排斥力便急剧增长,一直到两原子距离为 d_0 时,吸引力与排斥力相等,即原子间结合力为零,好像位于原子间距 d_0 处的原子既不受吸引力,也不受排斥力一样。d_0 即相当于原子的平衡位置,原子既不会自动靠近,也不会自动离开。任何对平衡位置的偏离,都将会受到一个力的作用,促使其回到平衡位置。例如,当距离小于 d_0 时,排斥力大于吸引力,两原子要相互排斥;当距离大于 d_0 时,吸引力大于排斥力,两原子要相互吸引。如果把B原子拉开,远离其平衡位置,则必须施加外力,以克服原子间的吸引力。当把B原子拉至 d_c 位置时,外力达到原子结合力曲线上的最大值,超过 d_c 之后,所需的外力就越来越小。可见,原子间的最大结合力不是出现在平衡位置,而是在 d_c 位置上。这个最大结合力与金属的理论抗拉强度相对应。金属不同,则原子的最大结合力值也不同。此外,从图上还可以看出,在点 d_0 附近,结合力与距离的关系接近直线关系。

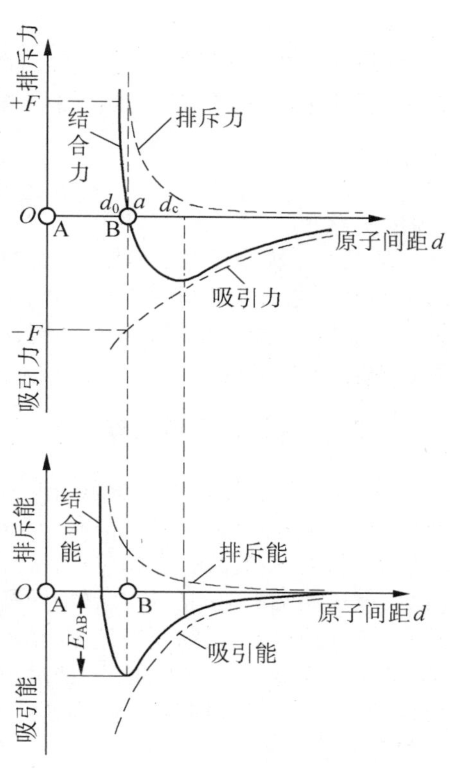

图1.2　双原子作用模型

图1.2的下半部分是吸引能和排斥能与原子间距离的关系曲线,结合能是吸引能与排斥能的代数和。当形成原子集团比孤立的自由原子更稳定,即势能更低时,那么,在吸引力的作用下把远处的原子移近所做的功使原子的势能降低,所以吸引能是负值。相反,排斥能是正值。当原子移至平衡距离 d_0 时,其结合能达到最低值,即此时原子的势能最低、最稳定。任何对 d_0 的偏离,都会使原子的势能增加,从而使原子处于不稳定状态,原子就有力图回到低能状态,即恢复到平衡距离的倾向。这里 E_{AB} 称为原子间的结合能或键能。同样,金属不同,则其结合能的大小也不同。

将上述双原子作用模型加以推广,不难理解,当大量金属原子结合成固体时,为使固态金属具有最低的能量,以保持其稳定状态,原子之间也必须保持一定的平衡距离,这便是固态金属中的原子趋于规则排列的重要原因。

如果试图从固态金属中把某个原子从平衡位置拿走,就必须对它做功,以克服周围原子对它的作用力。显然,这个要被拿走的原子周围邻近的原子数越多,原子间的结合能(势能)就越低。能量最低的状态是最稳定的状态,而任何系统都有自发从高能状态向低能状态转化的趋势。因此,常见金属中的原子总是自发地趋于紧密地排列,以保持最稳定的状态。

当原子间以离子键或共价键结合时,原子达不到紧密排列状态,这是由于这些结合方式对原子周围的原子数有一定限制之故。

1.2 金属的晶体结构

从双原子模型已经了解到,金属中原子的排列是有规则的,而不是杂乱无章的。人们将这种原子在三维空间中有规则的周期性重复排列的物质称为晶体。金属一般均为晶体。在晶体中,原子排列的规律不同,则其性能也不同,因而必须研究金属的晶体结构,即原子的实际排列情况。为了方便起见,首先把晶体当做没有缺陷的理想晶体来研究。

1.2.1 晶体与非晶体

谈到晶体,人们很容易联想到价格昂贵的钻石和晶莹剔透的各种宝石。这些的确是晶体,并且是天然的晶体。晶体往往都具有规则的几何外形,例如,食盐(NaCl)结晶呈立方体形,明矾[$KAl(SO_4)_2 \cdot 12H_2O$]结晶呈八面体形。然而各种金属制品,如门锁、钥匙以及汽车、火车和飞机上的各种金属构件等,虽然不具有规则的几何外形,但经过人们深入细致的研究证明,这些制品确实是晶体。可见,晶体与非晶体的区别不在外表,主要在于内部的原子(或离子、分子)的排列情况,凡是原子(或离子、分子)在三维空间按一定规律呈周期性排列的固体,均是晶体;而非晶体则不呈这种周期性的规则排列,例如,玻璃、棉花、木材等就是非晶体。液态金属的原子排列无周期规则性,不为晶体。当凝固成固体后,原子呈周期性规则排列,则变成晶体。在极快冷却的条件下,一些金属可获得固态非晶体,即将液态的原子排列方式保留至固态中。故非晶体又称为“过冷液体”或“金属玻璃”。

晶体纯物质与非晶体纯物质在性质上的区别主要有两点:① 前者熔化时具有固定的熔点,而后者却存在一个软化温度范围,没有明显的熔点;② 前者具有各向异性,而后者却为各向同性。

1.2.2 晶体结构与空间点阵

晶体结构是指晶体中原子(或离子、分子、原子集团)的具体排列情况,也就是晶体中的这些质点(原子、离子、分子、原子集团)在三维空间有规律的周期性的重复排列方式。组成晶体的物质质点不同,排列的规则不同,或者周期性不同,就可以形成各种各样的晶体结构,即实际存在的晶体结构可以有很多种。假定晶体中的物质质点都是固定的刚球,那么晶体即由这些刚球堆垛而成,图 1.3(a)即为这种原子堆垛模型。从图中可以看出,原子在各个方向的排列都是很规则的。这种模型的优点是立体感强,很直观;缺点是很难看清内部原子排列的规律和特点,不便于研究。为了清楚地表明物质质点在空间排列的规律性,常常将构成晶体的实际质点忽略,而将它们抽象为纯粹的几何点,称之为阵点或结点。这些阵点或结点可以是原子或分子的中心,也可以是彼此等同的原子群或分子群

的中心，各个阵点间的周围环境都相同。这种阵点有规则地周期性重复排列所形成的空

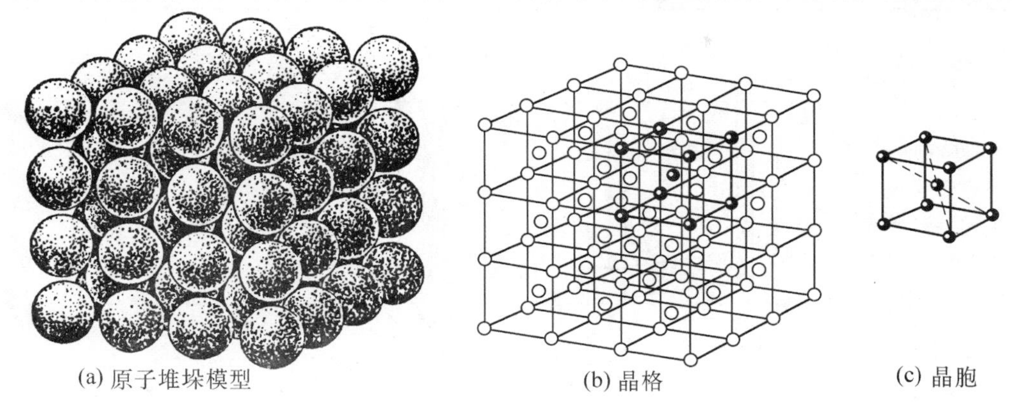

(a) 原子堆垛模型　(b) 晶格　(c) 晶胞

图1.3　晶体中原子排列示意图

间几何图形即称为空间点阵。为了方便起见，常人为地将阵点用直线连接起来形成空间格子，称之为晶格(图1.3(b))。它的实质仍是空间点阵，通常不加以区别。

由于晶格中阵点排列具有周期性的特点，因此，为了简便起见，可以从晶格中选取一个能够完全反映晶格特征的最小几何单元来分析阵点排列的规律性，这个最小的几何单元称为晶胞(图1.3(c))。晶胞的大小和形状常以晶胞的棱边长度 a、b、c 及棱边夹角 α、β、γ 表示，如图1.4所示。图中沿晶胞三条相交于一点的棱边设置了三个坐标轴(或晶轴) x、y、z。习惯上，以原点前、右、上方定为轴的正方向，反之为负方向。晶胞的棱边长度一般称为晶格常数或点阵常数，在 x、y、z 轴上分别以 a、b、c 表示。晶胞的棱间夹角又称为轴间夹角，通常 $y-z$ 轴、$z-x$ 轴和 $x-y$ 轴的夹角分别用 α、β、γ 表示。

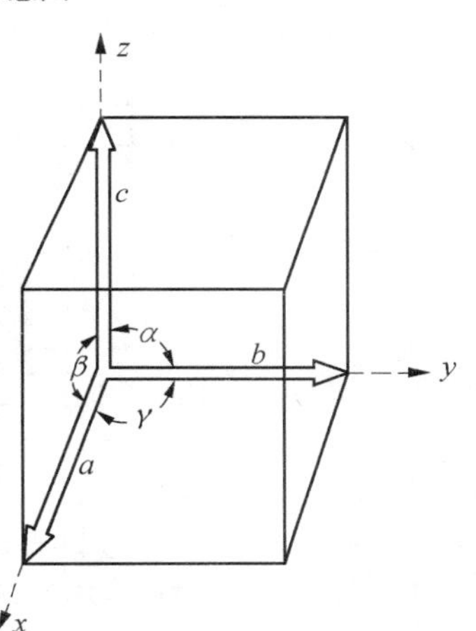

图1.4　晶胞的晶格常数和轴间夹角表示法

1.2.3　三种典型的金属晶体结构

自然界中的晶体有成千上万种，它们的晶体结构各不相同，但若根据晶胞的三个晶格常数和三个轴间夹角的相互关系对所有的晶体进行分析，则发现空间点阵只有14种类型，进一步根据晶体的对称程度高低和对称特点，又可将14种空间点阵归属7个晶系，如表1.1所示。由于金属原子趋向于紧密排列，所以在工业上使用的金属元素中，除了少数具有复杂的晶体结构外，绝大多数都具有比较简单的晶体结构，其中最典型、最常见的晶体结构有三种类型，即体心立方结构、面心立方结构和密排六方结构，前两种属于立方晶系，后一种属于六方晶系。

1. 体心立方晶格

体心立方晶格的晶胞模型见图1.5。晶胞的三个棱边长度相等，三个轴间夹角均为90°，构成立方体。除了在晶胞的八个角上各有一个原子外，在立方体的中心还有一个原子。具有体心立方结构的金属有 α-Fe、Cr、V、Nb、Mo、W 等30多种。

表 1.1 7 个晶系和 14 种点阵

晶系和实例	点阵类型			
	简单	底心	体心	面心
三斜晶系 $a \neq b \neq c$ $\alpha \neq \beta \neq \gamma \neq 90°$ K_2CrO_7	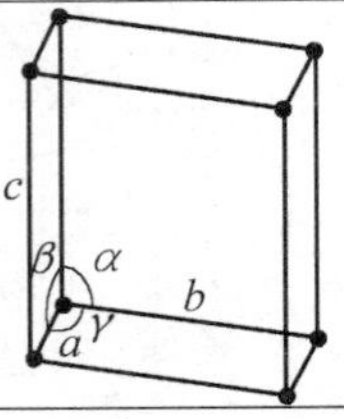			
单斜晶系 $a \neq b \neq c$ $\alpha = \gamma = 90° \neq \beta$ β－S	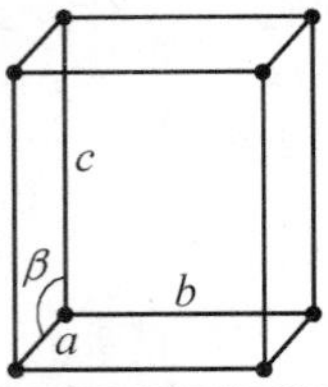	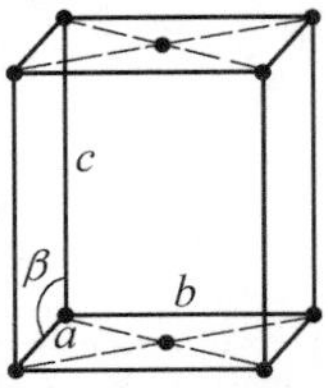		
正交晶系 $a \neq b \neq c$ $\alpha = \beta = \gamma = 90°$ α－S, Fe_3C	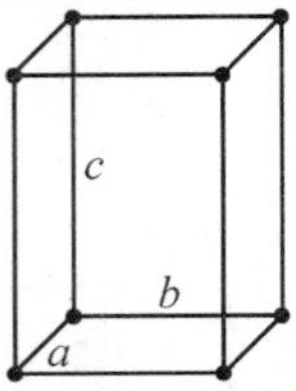	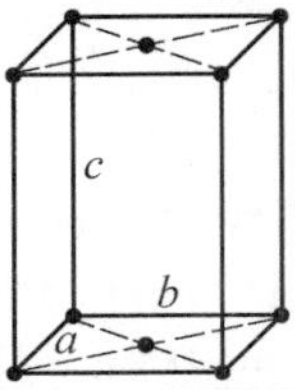	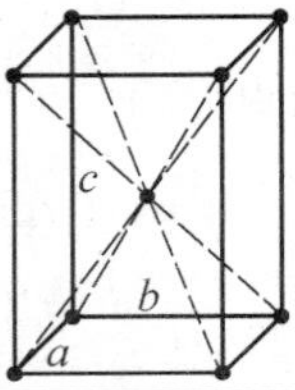	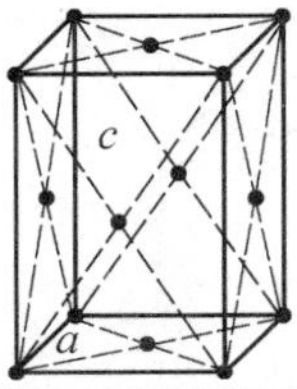
六方晶系 $a_1 = a_2 = a_3 \neq c$ $\alpha = \beta = 90°, \gamma = 120°$ Zn、Cd、Mg	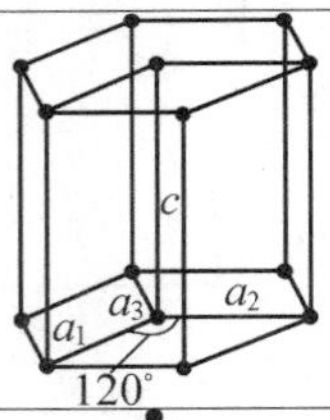			
菱方晶系 $a = b = c$ $\alpha = \beta = \gamma \neq 90°$ As、Sb、Bi	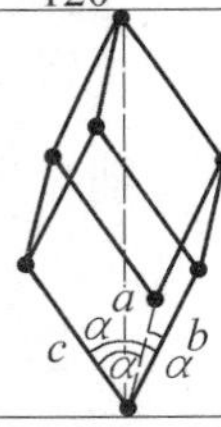			
四方晶系 $a = b \neq c$ $\alpha = \beta = \gamma = 90°$ β－Sn、TiO_2	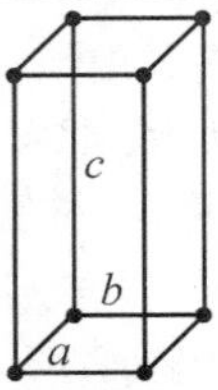		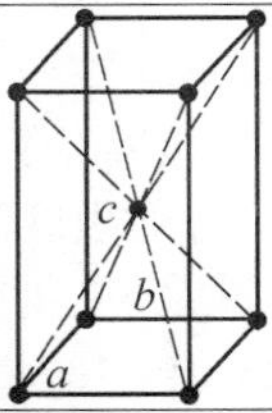	
立方晶系 $a = b = c$ $\alpha = \beta = \gamma = 90°$ Fe、Cr、Cu、Ag	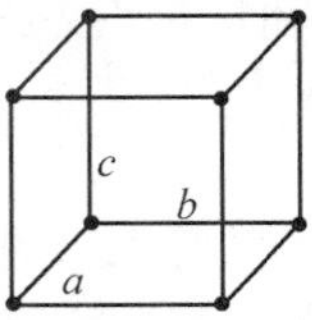		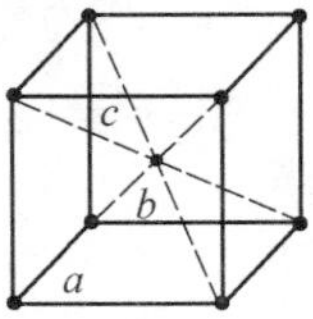	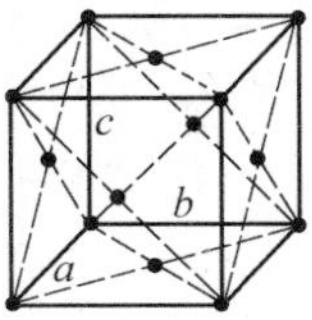

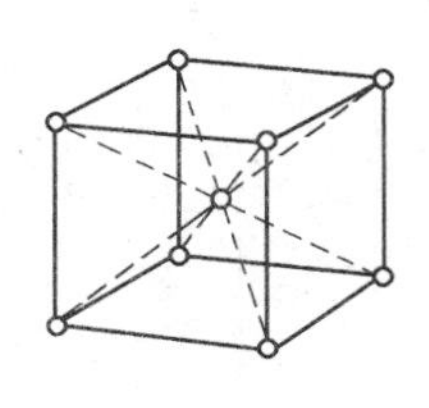

(a) 刚球模型　(b) 质点模型　(c) 晶胞原子数

图1.5　体心立方晶胞

(1) 原子半径。在体心立方晶胞中,原子沿立方体对角线紧密地接触着,如图1.5(a)所示。设晶胞的点阵常数(或晶格常数)为 a,则立方体对角线的长度为$\sqrt{3}a$,等于4个原子半径,所以体心立方晶胞中的原子半径 $r=\frac{\sqrt{3}}{4}a$。

(2) 原子数。由于晶格是由大量晶胞堆垛而成,因而晶胞每个角上的原子为与其相邻的8个晶胞所共有,故只有1/8个原子属于这个晶胞,晶胞中心的原子完全属于这个晶胞,所以体心立方晶胞中的原子数为 $8\times1/8+1=2$,如图1.5(c)所示。

(3) 配位数和致密度。晶胞中原子排列的紧密程度也是反映晶体结构特征的一个重要因素,通常用两个参数来表征,一个是配位数,另一个是致密度。

① 配位数。所谓配位数是指晶体结构中与任一个原子最近邻、等距离的原子数目。显然,配位数越大,晶体中的原子排列便越紧密。在体心立方晶格中,以立方体中心的原子来看,与其最近邻、等距离的原子数有8个,所以体心立方晶格的配位数为8。

② 致密度。若把原子看成刚性圆球,那么原子之间必然有空隙存在,原子排列的紧密程度可用晶胞中原子所占体积与晶胞体积之比表示,称为致密度或密集系数,可用下式表示

$$K=\frac{nV_1}{V}$$

式中,K 为晶体的致密度;n 为一个晶胞实际包含的原子数;V_1 为一个原子的体积;V 为晶胞的体积。

体心立方晶格的晶胞中包含有2个原子,晶胞的棱边长度(晶格常数)为 a,原子半径为 $r=\frac{\sqrt{3}}{4}a$,其致密度为

$$K=\frac{nV_1}{V}=\frac{2\times\frac{4}{3}\pi r^3}{a^3}=\frac{2\times\frac{4}{3}\pi(\frac{\sqrt{3}}{4}a)^3}{a^3}\approx0.68$$

此值表明,在体心立方晶格中,有68%的体积为原子所占据,其余32%为间隙体积。

2. 面心立方晶格

面心立方晶格的晶胞如图1.6所示。在晶胞的8个角上各有1个原子,构成立方体,在立方体6个面的中心各有1个原子。γ-Fe、Cu、Ni、Al、Ag等约20种金属具有这种晶体结构。

由图1.6(c)可以看出,每个角上的原子为8个晶胞所共有,每个晶胞实际占有该原子的1/8,而位于6个面中心的原子同时为相邻的两个晶胞所共有,每个晶胞只分到面心原

(a) 刚球模型

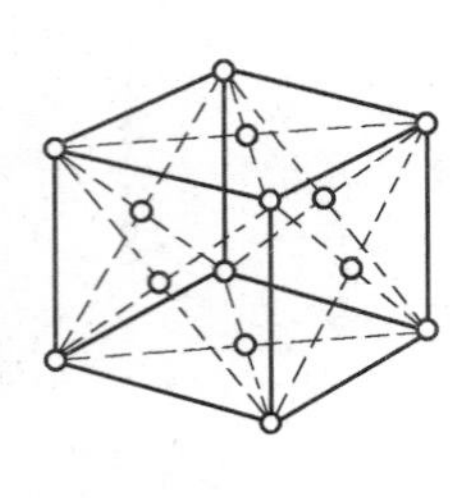

(b) 质点模型

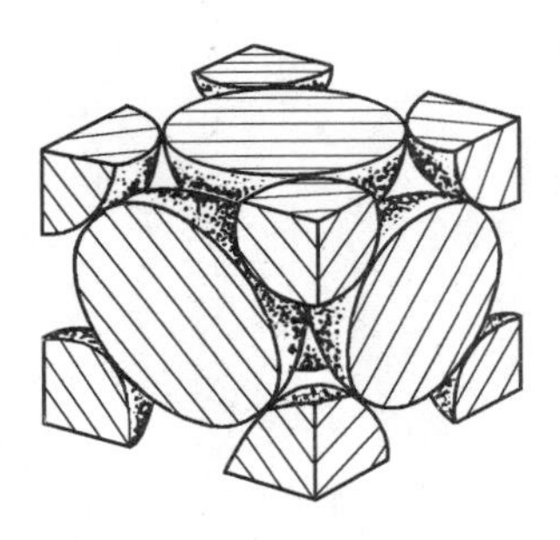

(c) 晶胞原子数

图 1.6 面心立方晶胞

子的 1/2,因此面心立方晶胞中的原子数为$\frac{1}{8}\times 8+\frac{1}{2}\times 6=4$。

在面心立方晶胞中,只有沿着晶胞6个面的对角线方向的原子才是互相接触的,面对角线的长度为$\sqrt{2}a$,它与4个原子半径的长度相等,所以面心立方晶胞的原子半径 $r=\frac{\sqrt{2}}{4}a$。

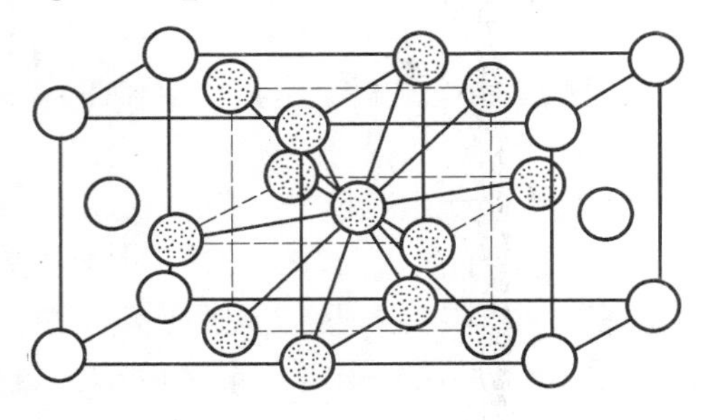

图 1.7 面心立方晶格的配位数

从图 1.7 可以看出,以面中心那个原子为例,与之最近邻的是它周围顶角上的 4 个原子,这 5 个原子构成了一个平面,这样的平面共有 3 个,3 个面彼此相互垂直,结构形式相同,所以与该原子最近邻、等距离的原子共有 $4\times 3=12$ 个,因此面心立方晶格的配位数为 12。

由于面心立方晶胞中的原子数和原子半径是已知的,因此可以计算出它的致密度

$$K=\frac{nV_1}{V}=\frac{4\times\frac{4}{3}\pi r^3}{a^3}=\frac{4\times\frac{4}{3}\pi(\frac{\sqrt{2}}{4}a)^3}{a^3}\approx 0.74$$

此值表明,在面心立方晶格中,有 74% 的体积为原子所占据,其余 26% 为间隙体积。

3. 密排六方晶格

密排六方晶格的晶胞如图 1.8 所示。在晶胞的 12 个角上各有 1 个原子,构成六方柱体,上底面和下底面的中心各有 1 个原子,晶胞内还有 3 个原子。具有密排六方晶格的金属有 Zn、Mg、Be、α-Ti、α-Co、Cd 等。

晶胞中的原子数可参照图 1.8(c)计算如下:六方柱每个角上的原子均属 6 个晶胞所共有,上、下底面中心的原子同时为两个晶胞所共有,再加上晶胞内的 3 个原子,故晶胞中的原子数为:$1/6\times 12+1/2\times 2+3=6$。

密排六方晶格的晶格常数有两个:一是正六边形的边长 a;另一个是上、下两底面之间的距离 c。c 与 a 之比 c/a 称为轴比。在典型的密排六方晶格中,原子刚球十分紧密地堆垛排列,如晶胞上底面中心的原子,它不仅与周围 6 个角上的原子相接触,而且与其下面的 3 个位于晶胞之内的原子以及与其上相邻晶胞内的 3 个原子相接触(图 1.9),故配位数为 12,此时的轴比 $c/a=\sqrt{\frac{8}{3}}\approx 1.633$。但是,实际的密排六方晶格金属,其轴比或大或

(a) 刚球模型

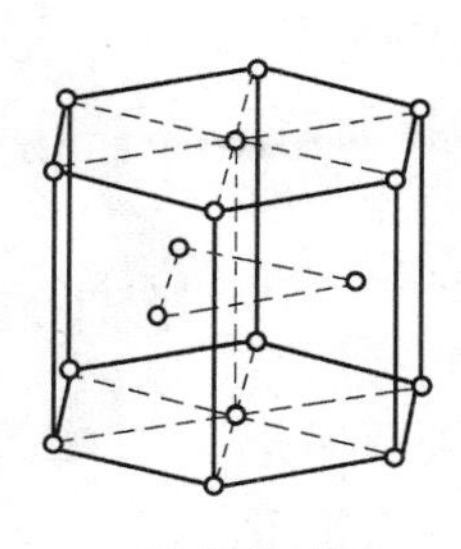
(b)质点模型

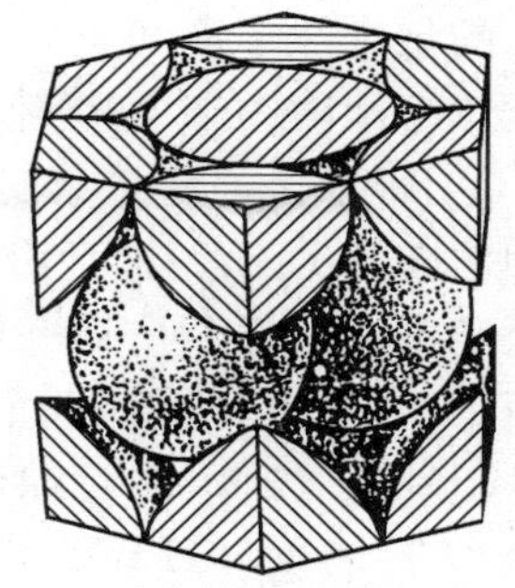
(c) 晶胞原子数

图 1.8　密排六方晶胞

小地偏离这一数值,大约在 1.57 ~ 1.64 之间波动。

对于典型的密排六方晶格金属,其原子半径为 $a/2$,致密度为

$$K = \frac{nV_1}{V} = \frac{6 \times \frac{4}{3}\pi r^3}{\frac{3\sqrt{3}}{2}a^2\sqrt{\frac{8}{3}}a} = \frac{6 \times \frac{4}{3}\pi(\frac{a}{2})^3}{3\sqrt{2}a^3} = \frac{\sqrt{2}}{6}\pi \approx 0.74$$

密排六方晶格的配位数和致密度均与面心立方晶格相同,此说明这两种晶格晶胞中原子的紧密排列程度相同。

4. 晶体中的原子堆垛方式和间隙

(1) 晶体中的原子堆垛方式。对各类晶体的配位数和致密度进行分析计算的结果表明,配位数以 12 为最大,致密度以 0.74 为最高。因此,面心立方晶格和密排六方晶格均属于最紧密排列的晶格。为什么两者的晶体结构不同而却会有相同的密排程度呢?为了回答这一问题,需要了解晶体中的原子堆垛方式。

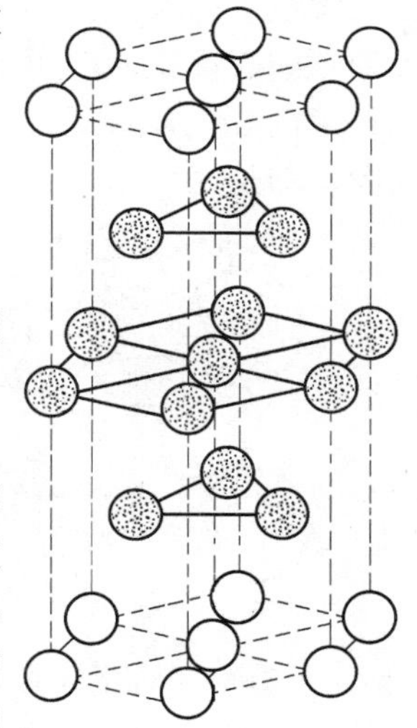
图 1.9　密排六方晶格的配位数

现仍采用晶体的刚球模型,图 1.10(a)为在一个平面上原子最紧密排列的情况,原子之间彼此紧密接触。这个原子最紧密排列的平面(密排面),对于密排六方晶格而言是其底面,对于面心立方晶格而言,则为垂直于立方体空间对角线的对角面。可以把密排面的原子中心连接成六边形网络,该六边形网络又可分为六个等边三角形,而这六个三角形的中心又与原子的六个空隙中心相重合(图 1.10(b))。从图 1.10(c)可以看出,这六个空隙可分为 B、C 两组,每组分别构成一个等边三角形。为了获得最紧密排列,第二层密排面

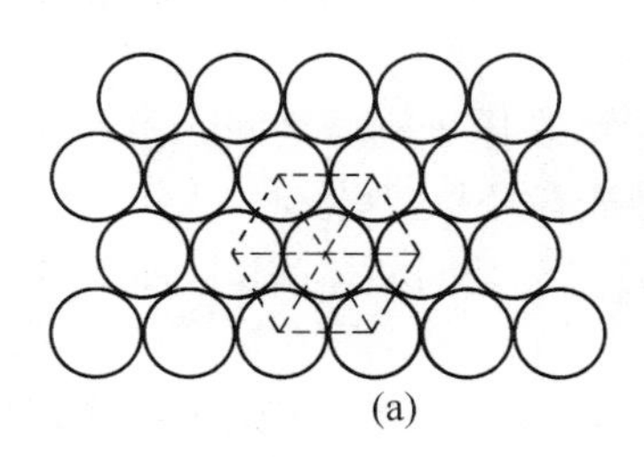
(a)

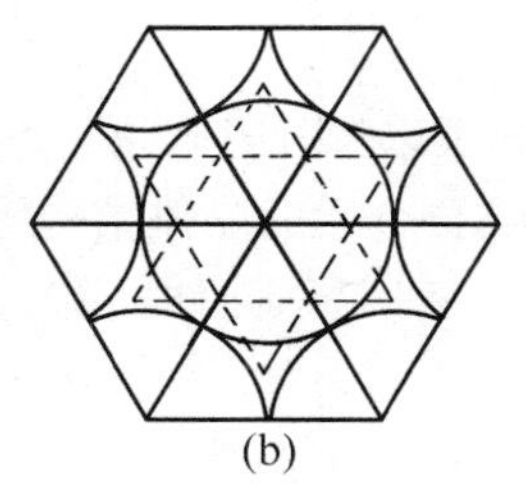
(b)

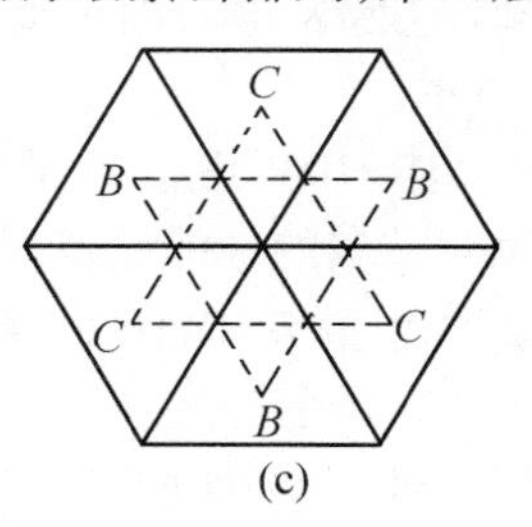

(c)

图 1.10　最密排面上原子排列示意图

(*B* 层)的每个原子应当正好坐落在下面一层(*A* 层)密排面的 *B* 组空隙(或 *C* 组)上,如图 1.11 所示。关键是第三层密排面,它有两种堆垛方式:第一种是第三层密排面的每个原子中心正好对应第一层(*A* 层)密排面的原子中心,第四层密排面又与第二层重复,依次类推。因此,密排面的堆垛顺序是 *ABABAB*…按照这种堆垛方式,即构成密排六方晶格,如图 1.12 所示。第二种堆垛方式是第三层密排面(*C* 层)的每个原子中不与第一层密排面的原子中心重复,而是位于既是第二层原子空隙中心,又是第一层原子的空隙中心处。之后,第四层的原子中心与第一层的原子中心重复,第五层又与第二层重复,依次类推,它的堆垛方式为 *ABCABCABC*…这就构成了面心立方晶格,如图 1.13 所示。由此可见,两种晶格的堆垛方式虽然不同,但其致密程度却是完全相同的。

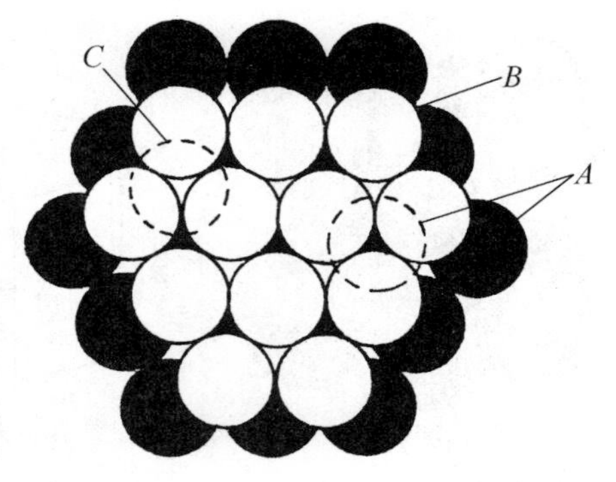

图 1.11 面心立方晶格和密排六方晶格的原子堆垛方式

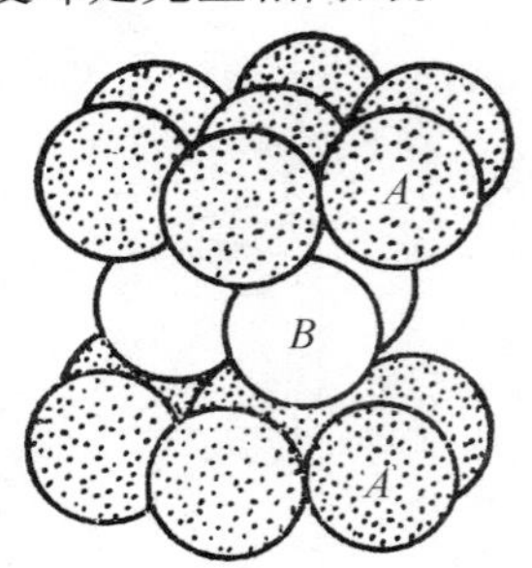

图 1.12 密排六方晶格密排面的堆垛方式

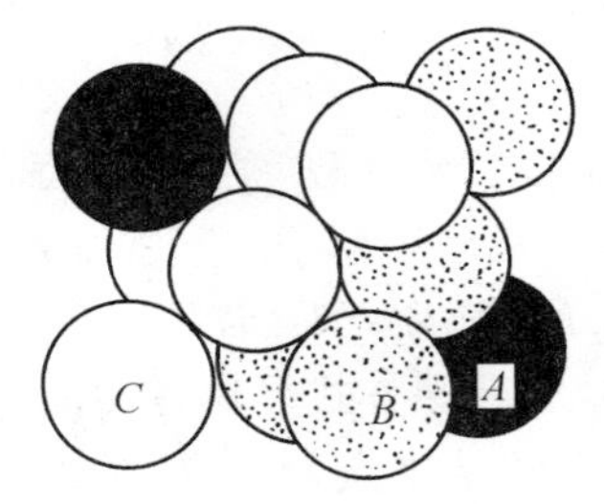

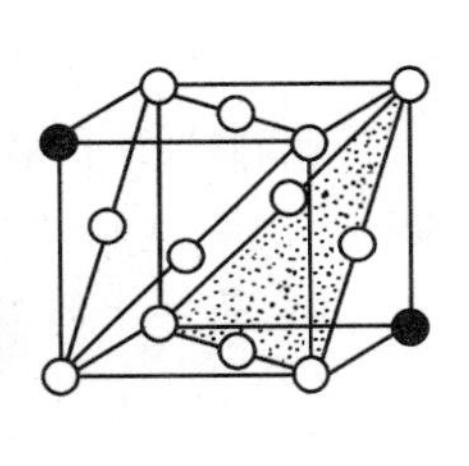

图 1.13 面心立方晶格密排面的堆垛方式

在体心立方晶胞中,除位于体心的原子与位于顶角的 8 个原子相切外,8 个顶角上的原子彼此间并不相互接触。显然,原子排列较为紧密的面相当于连接晶胞立方体的两个斜对角线所组成的面,若将该面取出并向四周扩展,则可画出如图 1.14(a)所示的形式。由图可以看出,这层原子面的空隙是由 4 个原子构成的,而密排六方晶格和面心立方晶格密排面的空隙是由 3 个原子构成的,显然,前者的空隙比后者大。原子排列的紧密程度较差,通常称其为次密排面。为了获得较为紧密的排列,第二层次密排面(*B* 层)应坐落在第一层(*A* 层)的空隙中心上,第三层的原子位于第二层的原子空隙处,并与第一层的原子中心相重复,依次类推。因而它的堆垛方式为 *ABABAB*…由此构成体心立方晶格,如图 1.14(b)所示。

(2) 晶体中的间隙。不管原子以哪种方式进行堆垛,在原子刚球之间必然存在间隙,这些间隙对金属的性能以及形成合金后的晶体结构等都有重要影响。

体心立方晶格有两种间隙:一种是八面体间隙;另一种是四面体间隙。如图 1.15 所示。

由图可见,八面体间隙是由 6 个原子所围成,4 个角上的原子至间隙中心的距离较远,为$\frac{\sqrt{2}}{2}a$,上下顶点的原子中心至间隙中心的距离较近,为$\frac{1}{2}a$。间隙的棱边长度不全相

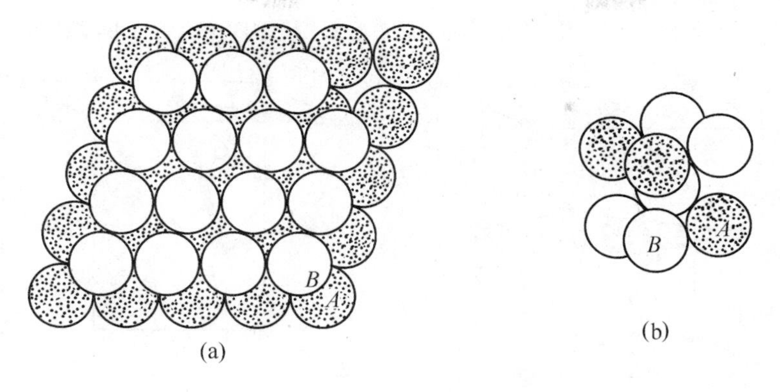

图 1.14　体心立方晶格原子的堆垛方式

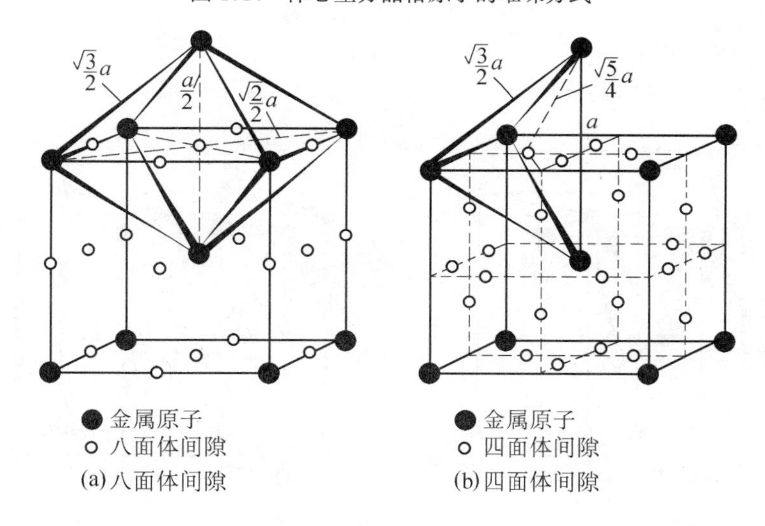

图 1.15　体心立方晶格的间隙

等,是一个不对称的扁八面体间隙,间隙半径为顶点原子至间隙中心的距离减去原子半径:$\frac{1}{2}a-\frac{\sqrt{3}}{4}a=\frac{2-\sqrt{3}}{4}a\approx0.067a$。间隙中心位于立方体各面的中心和棱边的中点处。

四面体间隙由 4 个原子所围成,棱边的长度不全相等,也是不对称间隙。原子中心至间隙中心的距离皆为$\frac{\sqrt{5}}{4}a$,因此间隙半径为$\frac{\sqrt{5}}{4}a-\frac{\sqrt{3}}{4}a\approx0.126a$。显然,四面体间隙比八面体间隙大得多。立方体的每个面上均有 4 个四面体间隙位置。

面心立方晶格也存在两种间隙,即八面体间隙和四面体间隙。由于各个棱边长度相等,各个原子中心至间隙中心的距离也相等,所以它们属于正八面体间隙和正四面体间隙。图 1.16 中标出了两种不同的间隙在晶胞中的位置。

八面体间隙的原子至间隙中心的距离为$\frac{1}{2}a$,间隙半径为$\frac{1}{2}a-\frac{\sqrt{2}}{4}a=\frac{2-\sqrt{2}}{4}a\approx0.146a$。四面体间隙的原子至间隙中心的距离为$\frac{\sqrt{3}}{4}a$,所以间隙半径为$\frac{\sqrt{3}}{4}a-\frac{\sqrt{2}}{4}a=\frac{\sqrt{3}-\sqrt{2}}{4}a\approx0.08a$。可见,在面心立方晶格中,八面体间隙比四面体间隙大得多。

密排六方晶格的八面体间隙和四面体间隙的形状与面心立方晶格的完全相似,当原子半径相等时，间隙大小完全相等，只是间隙中心在晶胞中的位置不同，如图 1.17 所示。

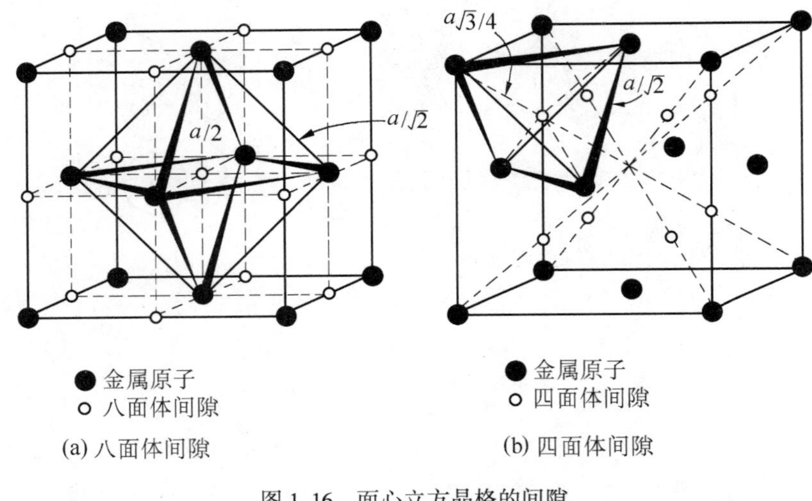

(a) 八面体间隙　　(b) 四面体间隙

图 1.16　面心立方晶格的间隙

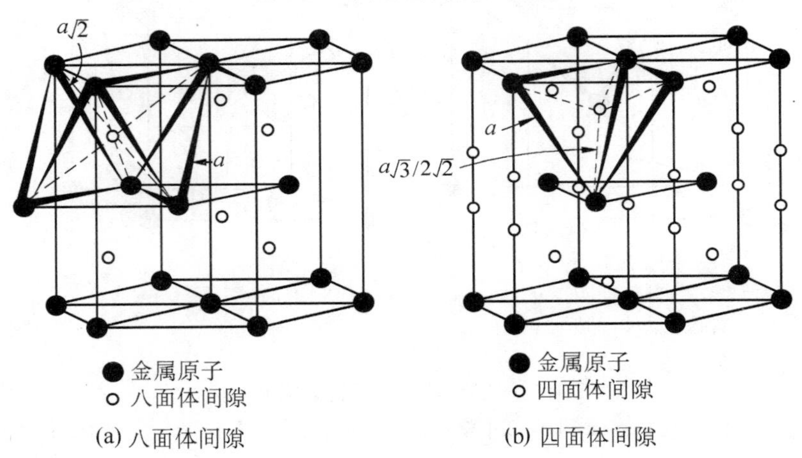

(a) 八面体间隙　　(b) 四面体间隙

图 1.17　密排六方晶格的间隙位置

1.2.4　晶向指数和晶面指数

在晶体中，由一系列原子所组成的平面称为晶面，任意两个原子之间连线所指的方向称为晶向。为了便于研究和表述不同晶面和晶向的原子排列情况及其在空间的位向，需要有一种统一的表示方法，这就是晶面指数和晶向指数。

1. 晶向指数

晶向指数的确定步骤如下：

① 以晶胞的三个棱边为坐标轴 x、y、z，以棱边长度(即晶格常数)作为坐标轴的长度单位。

② 从坐标原点引一有向直线平行于待定晶向。

③ 在所引有向直线上任取一点(为了分析方便，可取距原点最近的那个原子)，求出该点在 x、y、z 上的坐标值。

④ 将三个坐标值按比例化为最小简单整数，依次写入方括号[ ]中，即得所求的晶向

指数。

通常以$[u,v,w]$表示晶向指数的普遍形式，若晶向指向坐标的负方向时，则坐标值中出现负值，这时在晶向指数的这一数字之上冠以负号。

现以图 1.18 AB 方向的晶向为例说明。通过坐标原点引一平行于待定晶向 AB 的直线 OB'，点 B' 的坐标值为$(-1,1,0)$，故其晶向指数为$[\bar{1}\,1\,0]$。

应当指出，从晶向指数的确定步骤可以看出，晶向指数所表示的不仅仅是一条直线的位向，而是一族平行线的位向，即所有相互平行的晶向，都具有相同的晶向指数。

立方晶胞中一些常用的晶向指数示于图 1.19 中，现加以扼要说明。如 x 轴方向，其晶向指数可用点 A 的坐标来确定，点 A 坐标为$(1,0,0)$，所以 x 轴的晶向指数为$[1\,0\,0]$。同理，y 轴的晶向指数为$[0\,1\,0]$，z 轴的晶向指数为$[0\,0\,1]$。点 D 的坐标为$(1,1,0)$，所以 OD 方向的晶向指数为$[1\,1\,0]$。点 F 的坐标为$(1,1,1)$，所以 OF 方向的晶向指数为$[1\,1\,1]$。点 H 的坐标为$(1,\frac{1}{2},0)$，所以 OH 方向的晶向指数为$[2\,1\,0]$。

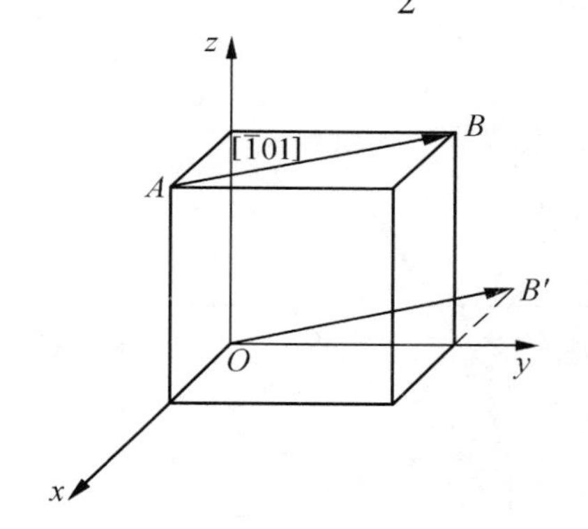

图 1.18　确定晶向指数的示意图

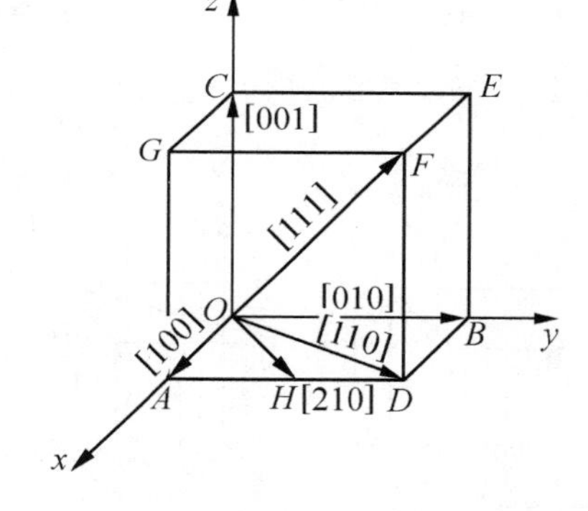

图 1.19　立方晶系中一些常用的晶向指数

同一直线有相反的两个方向，其晶向指数的数字和顺序完全相同，只是符号相反，它相当于用 -1 乘晶向指数中的三个数字，如$[1\,2\,3]$与$[\bar{1}\,\bar{2}\,\bar{3}]$方向相反，$[1\,\bar{2}\,0]$与$[\bar{1}\,2\,0]$方向相反等等。

原子排列相同但空间位向不同的所有晶向称为晶向族。在立方晶系中，$[1\,0\,0]$、$[0\,1\,0]$、$[0\,0\,1]$以及方向与之相反的$[\bar{1}\,0\,0]$、$[0\,\bar{1}\,0]$、$[0\,0\,\bar{1}]$共六个晶向上的原子排列完全相同，只是空间位向不同，属于同一晶向族，用$\langle 1\,0\,0\rangle$表示。同样$\langle 1\,1\,0\rangle$晶向族包括$[1\,1\,0]$、$[1\,0\,1]$、$[0\,1\,1]$、$[\bar{1}\,1\,0]$、$[\bar{1}\,0\,1]$、$[0\,\bar{1}\,1]$ 以及方向与之相反的晶向$[\bar{1}\,\bar{1}\,0]$、$[\bar{1}\,0\,\bar{1}]$、$[0\,\bar{1}\,\bar{1}]$、$[1\,\bar{1}\,0]$、$[1\,0\,\bar{1}]$、$[0\,1\,\bar{1}]$共 12 个晶向。$\langle 1\,1\,1\rangle$晶向族包括$[1\,1\,1]$、$[\bar{1}\,1\,1]$、$[1\,\bar{1}\,1]$、$[1\,1\,\bar{1}]$以及$[\bar{1}\,\bar{1}\,\bar{1}]$、$[1\,\bar{1}\,\bar{1}]$、$[\bar{1}\,1\,\bar{1}]$、$[\bar{1}\,\bar{1}\,1]$8 个晶向。

应当指出，只有对于立方结构的晶体，改变晶向指数的顺序，所表示的晶向上的原子排列情况才完全相同，这种方法对于其它结构的晶体则不一定适用。

2. 晶面指数

晶面指数的确定步骤如下：

① 以晶胞的三条相互垂直的棱边为参考坐标轴 x、y、z，坐标原点 O 应位于待定晶面之外，以免出现零截距。

② 以棱边长度（即晶格常数）为度量单位，求出待定晶面在各轴上的截距。

③ 取各截距的倒数，并化为最小简单整数，放在圆括号内，即为所求的晶面指数。

晶面指数的一般表示形式为(h,k,l)。如果所求晶面在坐标轴上的截距为负值,则在相应的指数上加一负号,如$(\bar{h},k,l)$、$(h,\bar{k},l)$等。

现以图1.20中的晶面为例予以说明。该晶面在x、y、z坐标轴上的截距分别为1、$\frac{1}{2}$、$\frac{1}{2}$,取其倒数为1、2、2,故其晶面指数为(1 2 2)。

在某些情况下,晶面可能只与两个或一个坐标轴相交,而与其它坐标轴平行。当晶面与坐标轴平行时,就认为在该轴上的截距为∞,其倒数为0。

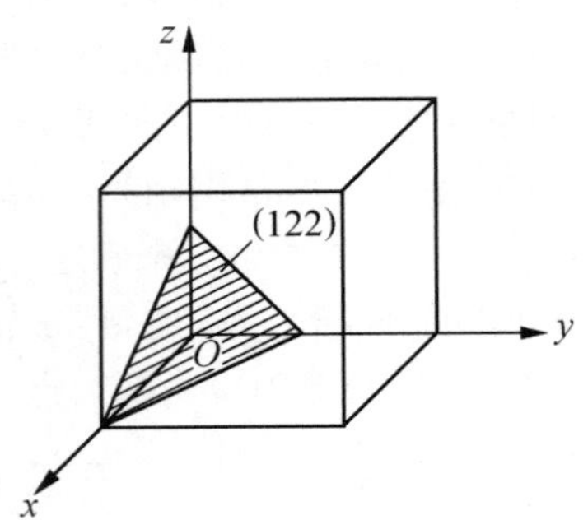

图1.20　晶面指数表示方法

图1.21为立方晶体中一些晶面的晶面指数,其中A晶面在三个坐标轴上的截距分别为1、∞、∞,取其倒数为1、0、0,故其晶面指数为(1 0 0)。B晶面在坐标轴上的截距为1、1、∞,倒数为1、1、0,晶面指数为(1 1 0)。C晶面在坐标轴上的截距为1、1、1,其倒数不变,故晶面指数为(1 1 1)。D晶面在坐标轴上的截距为1、1、$\frac{1}{2}$,其倒数为1、1、2,晶面指数为(1 1 2)。

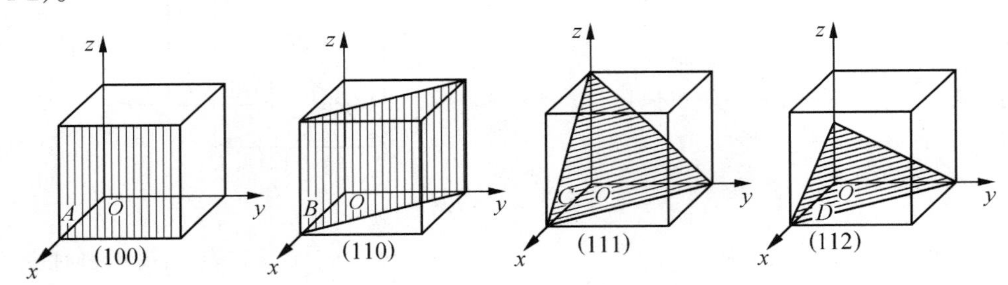

图1.21　立方晶系的(1 0 0)、(1 1 0)、(1 1 1)、(1 1 2)晶面

与晶向指数相似,某一晶面指数并不只代表某一具体晶面,而是代表一组相互平行的晶面,即所有相互平行的晶面都具有相同的晶面指数。这样一来,当两个晶面指数的数字和顺序完全相同而符号相反时,则这两个晶面相互平行,它相当于用-1乘以某一晶面指数中的各个数字,例如,(1 0 0)晶面平行于$(\bar{1}\,0\,0)$晶面,$(\bar{1}\,1\,1)$与$(1\,\bar{1}\,\bar{1})$平行等。

在同一种晶体结构中,有些晶面虽然在空间的位向不同,但其原子排列情况完全相同,这些晶面均属于一个晶面族,其晶面指数用大括号$\{h,\ k,\ l\}$表示。例如,在立方晶系中

$$\{1\,0\,0\}=(1\,0\,0)+(0\,1\,0)+(0\,0\,1)$$

$$\{1\,1\,1\}=(1\,1\,1)+(\bar{1}\,1\,1)+(1\,\bar{1}\,1)+(1\,1\,\bar{1})$$

$$\{1\,1\,0\}=(1\,1\,0)+(1\,0\,1)+(0\,1\,1)+(\bar{1}\,1\,0)+(\bar{1}\,0\,1)+(0\,\bar{1}\,1)$$

$$\{1\,1\,2\}=(1\,1\,2)+(1\,2\,1)+(2\,1\,1)+(\bar{1}\,1\,2)+(1\,\bar{1}\,2)+(1\,1\,\bar{2})+(\bar{1}\,2\,1)+$$
$$(1\,\bar{2}\,1)+(1\,2\,\bar{1})+(\bar{2}\,1\,1)+(2\,\bar{1}\,1)+(2\,1\,\bar{1})$$

从上面的例子可以看出,在立方晶系中,$\{h,\ k,\ l\}$晶面族所包括的晶面可以用h、k、l数字的排列组合方法求出,但这一方法不适用于非立方晶系的晶体。

3.六方晶系的晶面指数和晶向指数

六方晶系的晶面指数和晶向指数同样可以应用上述方法标定,如图1.22所示,a_1、a_2、c为三个坐标轴,a_1轴与a_2轴夹角为120°,c轴与a_1、a_2相垂直。但这样表示有缺点,如晶胞的六个柱面是等同的,但按上述三轴坐标系,其晶面指数却分别为(1 0 0)、(0 1 0)、($\bar{1}$ 1 0)、($\bar{1}$ 0 0)、(0 $\bar{1}$ 0)、(1 $\bar{1}$ 0)。可见,用这种方法标定晶面指数、同类型的晶面,其晶面指数不相类同,往往看不出它们之间的等同关系。为了克服这一缺点,通常采用另一种专用于六方晶系的标定方法。

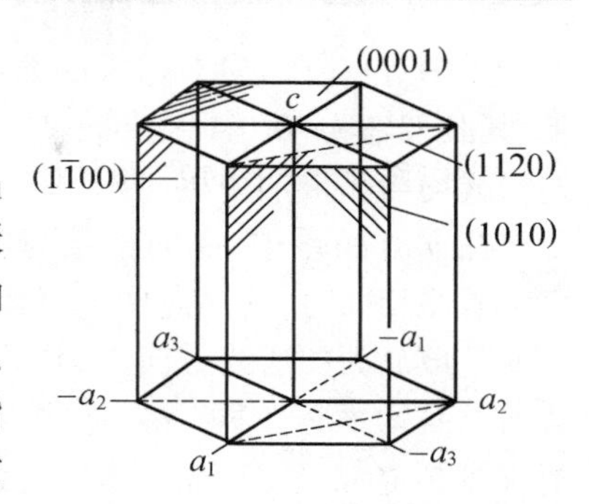

图1.22 六方晶系一些晶面的指数

根据六方晶系的对称特点,在确定晶面指数时,采用a_1、a_2、a_3及c四个坐标轴,a_1、a_2、a_3之间的夹角均为120°。这样,其晶面指数就以(h,k,i,l)四个指数来表示,此时六个柱面的指数分别为(1 0 $\bar{1}$ 0)、(0 1 $\bar{1}$ 0)、($\bar{1}$ 1 0 0)、($\bar{1}$ 0 1 0)、(0 $\bar{1}$ 1 0)和(1 $\bar{1}$ 0 0),这六个晶面可归并为{1 0 $\bar{1}$ 0}晶面族。采用这种标定方法,等同的晶面就可以从指数上反映出来。

根据立体几何,在三维空间中独立的坐标轴不会超过三个。而应用上述方法标定的晶面指数形式上是四个,不难看出,前三个指数中只有两个是独立的,它们之间有以下关系

$$i = -(h + k)$$

或

$$h + k + i = 0$$

六方晶系的晶向指数既可以用三个坐标轴标定,也可以用四个坐标轴标定。当用三个坐标轴时,其标定方法与立方晶系完全相同。当用四个坐标轴时,由于多了一个坐标轴而有所不同,现结合图1.23加以说明:从原点出发,沿着平行于四个坐标轴的方向依次移动,使之最后到达要标定方向上的某一结点。移动时必须选择适当的路线,使沿a_3轴移动的距离等于沿a_1、a_2两轴移动距离之和的负值(即$u + v = -t$)。将各方向移动距离化为最小整数,加上方括号,即表示该方向的晶向指数。

这种标定方法比较麻烦,比较方便而容易的方法是用三个坐标轴求出晶向指数$[U\,V\,W]$,然后再根据如下关系换算成四个坐标轴的晶向指数$[u,v,t,w]$,其中

$$\begin{cases} U = u - t \\ V = v - t \\ W = w \end{cases}$$

$$\begin{cases} u = \dfrac{2}{3}U - \dfrac{1}{3}V \\ v = \dfrac{2}{3}V - \dfrac{1}{3}U \\ t = -(u + v) \\ w = W \end{cases}$$

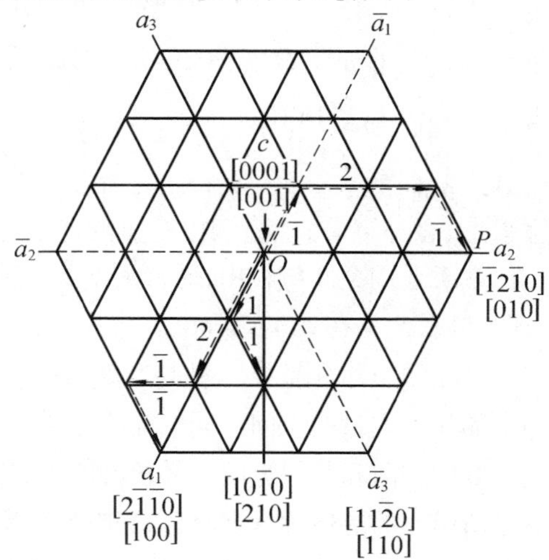

图1.23 六方晶系晶向指数标定

1.2.5 晶带

平行于或相交于同一直线的一组晶面组成一个晶带,这一组晶面叫做共带面,而该直线(用晶向指数表示)叫做晶带轴。图1.24中

的(0 1 0)、(1 1 0)、(1 2 0)等晶面都属于一个晶带,其晶带轴为[0 0 1]。同一晶带中各共带面的法线均与晶带轴垂直。

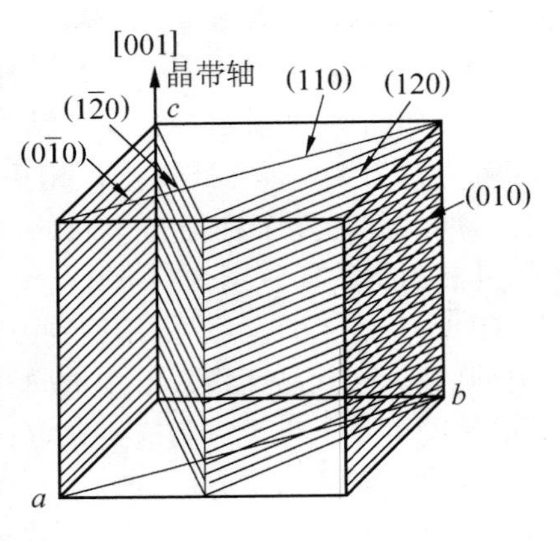

图 1.24 共带面和晶带轴

在立方晶系中,晶向指数与晶面指数的数字和顺序相同时,该晶向即垂直该晶面,即该晶向就是该晶面的法线方向。因为同一晶带中的各组晶面均平行于同一晶向,故共带面中各面的法线必定都垂直于晶带轴,而处于同一平面上。图 1.23 中各共带面的法线平面为(0 0 1)。

如果晶带轴的指数为[u,v,w],共带面中任一晶面的指数为(h,k,l)。因为二者互相平行,必然具有下列关系

$$hu + kv + lw = 0$$

任何两个非平行的晶面都属于同一晶带,其交线即为其晶带轴。如果此二晶面的指数分别为(h_1,k_1,l_1)和(h_2,k_2,l_2),则其晶带轴的指数[u,v,w]可按下式求得

$$u = k_1l_2 - k_2l_1$$
$$v = l_1h_2 - l_2h_1$$
$$w = h_1k_2 - h_2k_1$$

应用晶带这一概念有助于分析讨论有关晶体学的许多问题,但通常用到的是那些有着许多晶面的晶带,如上述的[0 0 1]晶带轴的晶带等。

1.2.6 晶体的各向异性

如前所述,各向异性是晶体的一个重要特性,是区别于非晶体的一个重要标志。

晶体具有各向异性的原因,是由于在不同晶向上的原子紧密程度不同所致。原子的紧密程度不同,意味着原子之间的距离不同,从而导致原子之间的结合力不同,使晶体在不同晶向上的物理、化学和机械性能不同。例如,具有体心立方晶格的 α-Fe 单晶体,⟨1 0 0⟩晶向的原子密度(单位长度的原子数)为$\frac{1}{a}$(a 为晶格常数),⟨1 1 0⟩晶向为$\frac{0.7}{a}$,而⟨1 1 1⟩晶向为$\frac{1.16}{a}$,所以⟨1 1 1⟩为最大原子密度晶向,其弹性模量 E = 290 000 MPa,⟨1 0 0⟩晶向的 E = 135 000 MPa,前者是后者的 2 倍多。同样,沿原子密度最大的晶向的屈服强度、磁导率等,也显示出明显的优越性。

在工业用金属材料中,通常见不到这种各向异性特征。如上述 α-Fe 的弹性模量,不论方向如何,E 均在 210 000 MPa 左右。这是因为,一般固态金属均是由很多结晶颗粒所组成,这些结晶颗粒称为晶粒。图 1.25 为纯铁的显微组织,图 1.26 为纯铜的显微组织,图中的每一颗晶粒由大量的位向相同的晶胞组成,晶粒与晶粒之间存在着位向上的差别,例如甲晶粒的[1 0 0]方向和其邻近的乙晶粒[1 0 0]方向就成一定角度,如图 1.27 所示。凡由两颗以上晶粒所组成的晶体称为多晶体,只有用特殊的方法才能获得单个的晶体,即单晶体。由于多晶体中晶粒位向是任意的,晶粒的各向异性被互相抵消,因此,在一般情况下整个晶体不显示各向异性,称之为伪等向性。如果用特殊的加工处理工艺,使组成多晶体的每个晶粒的位

向大致相同,那么就表现出各向异性,这点已在工业生产中得到了应用。

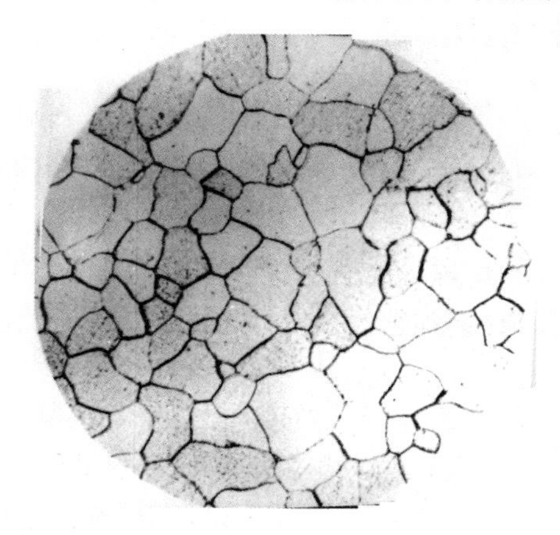

图1.25 纯铁的显微组织

图1.26 纯铜的显微组织

1.2.7 多晶型性

大部分金属只有一种晶体结构,但也有少数金属如 Fe、Mn、Ti、Co 等具有两种或几种晶体结构,即具有多晶型。当外部条件(如温度和压强)改变时,金属内部由一种晶体结构向另一种晶体结构的转变称为多晶型转变或同素异构转变。如 Fe 在 912℃以下为体心立方晶格,称为 α-Fe,在 912~1 394℃具有面心立方晶格,称为 γ-Fe,而从 1 394℃至熔点,又转变为体心立方晶格,称为 δ-Fe。由于不同的晶体结构具有不同的致密度,因而当发生多晶型转变时,将伴有比热容或体积的突变。图 1.28 为纯铁加热时的膨胀曲线,α-Fe 的致密度小,γ-Fe 的致密度大,δ-Fe 的致密度又小,所以在 912℃由 α-Fe 转变为 γ-Fe 时体积突然减小,而 γ-Fe 在 1 394℃转变为 δ-Fe 时体积又突然增大,在曲线上出现了明显的转折点。除体积变化外,多晶型转变还会引起其它性能的变化。

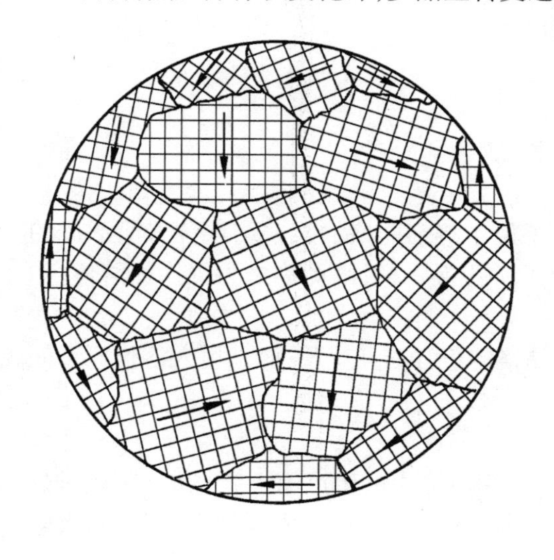

图1.27 多晶体金属中晶粒位向示意图

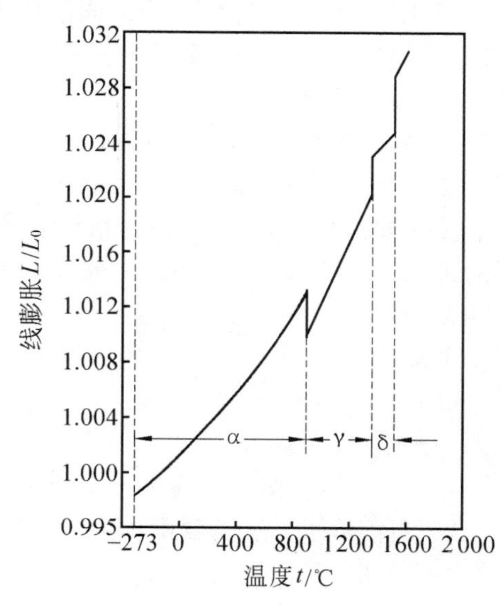

图1.28 钝铁加热时的膨胀曲线

1.3 合金相结构

虽然纯金属在工业上获得了一定的应用,但由于其强度一般都很低,如铁的抗拉强度约为 200 MPa,而铝还不到 100 MPa,显然都不适合做结构材料。因此,目前应用的金属材料绝大多数是合金。

由两种或两种以上的金属,或金属与非金属,经熔炼、烧结或其它方法组合而成并具有金属特性的物质称为合金。例如,应用最普遍的碳钢和铸铁就是主要由铁和碳所组成的合金,黄铜是由铜和锌所组成的合金等等。

组成合金最基本的、独立的物质称为组元,或简称为元。一般说来,组元就是组成合金的元素,也可以是稳定的化合物。当不同的组元经熔炼或烧结组成合金时,这些组元间由于物理的或化学的相互作用,形成具有一定晶体结构和一定成分的相。相是指合金中结构相同、成分和性能均一并以界面相互分开的组成部分。由一种固相组成的合金称为单相合金,由几种不同相组成的合金称为多相合金。例如 $w(\mathrm{Zn})=30\%$[①] 的合金为单相合金,而 $w(\mathrm{Zn})=40\%$ 的合金则为两相合金。又如碳钢在平衡状态下是由铁素体和渗碳体两个相所组成。根据碳钢的含碳量和加工、处理状态的不同,这两相的数量、形态、大小和分布情况也不会相同,从而构成了碳钢的不同组织,表现出不同的性能。

不同的相具有不同的晶体结构,虽然相的种类极为繁多,但根据相的晶体结构特点可以将其分为固溶体和金属化合物两大类。

1.3.1 固溶体

合金的组元之间以不同的比例相互混合,混合后形成的固相的晶体结构与组成合金的某一组元的相同,这种相就称为固溶体,这种组元称为溶剂,其它的组元即为溶质。工业上所使用的金属材料,绝大部分是以固溶体为基体的,有的甚至完全由固溶体所组成。例如广泛应用的碳钢和合金钢,均以固溶体为基体相,其含量占组织中的绝大部分。因此,对固溶体的研究有很重要的实际意义。

1. 固溶体的分类

根据固溶体的不同特点,可以将其进行分类。

(1) 按溶质原子在晶格中所占位置分类。

① 置换固溶体。置换固溶体是指溶质原子位于溶剂晶格的某些结点位置所形成的固溶体,犹如这些结点上的溶剂原子被溶质原子所置换一样,因此称之为置换固溶体,如图 1.29(a)所示。

② 间隙固溶体。溶质原子不是占据溶剂晶格的正常结点位置,而是填入溶剂原子间的一些间隙中,如图 1.29(b)所示。

(2) 按固溶度分类。

① 有限固溶体。在一定条件下,溶质组元在固溶体中的浓度有一定的限度,超过这个限度就不再溶解了。这一限度称为溶解度或固溶度,这种固溶体就称为有限固溶体。大部分固溶体属于这一类。

---

① 某物质的含量及后面将要提到的成分、浓度等概念在没有特别标注的情况下,均指质量分数。

② 无限固溶体。溶质能以任意比例溶入溶剂的固溶体就称为无限固溶体。事实上此时很难区分溶剂与溶质，二者可以互换，通常以质量分数大于50%的组元为溶剂，质量分数小于50%的组元为溶质。图1.30为无限固溶体的示意图。由此可见，无限固溶体只可能是置换固溶体。能形成无限固溶体的合金系不很多，Cu-Ni、Ag-Au、Ti-Zr、Mg-Cd等合金系可形成无限固溶体。

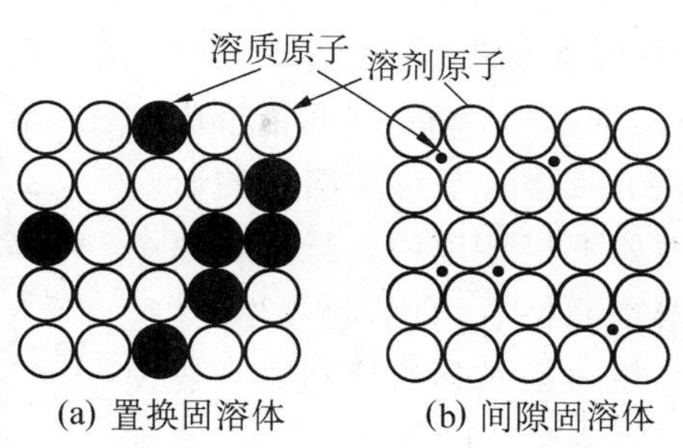

图1.29　固溶体的两种类型

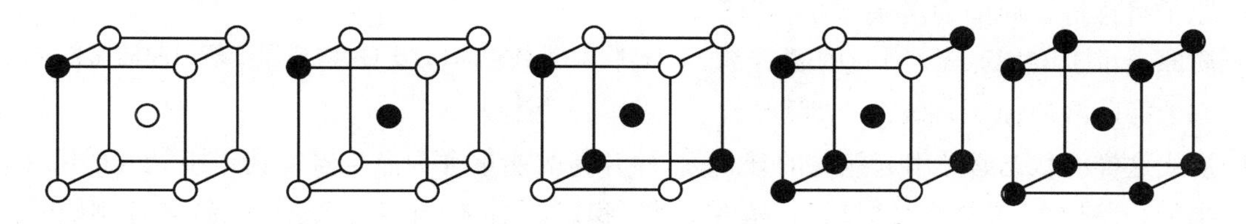

图1.30　形成无限固溶体时两组元原子连续置换示意图

(3) 按溶质原子与溶剂原子的相对分布分类。

① 无序固溶体。溶质原子统计地或随机地分布于溶剂的晶格中，无论它是占据与溶剂原子等同的一些位置，还是在溶剂原子的间隙中，均看不出有什么次序性或规律性，这类固溶体叫做无序固溶体。

② 有序固溶体。当溶质原子按适当比例并按一定顺序和一定方向，围绕着溶剂原子分布时，这种固溶体就叫有序固溶体。它既可以是置换式的有序，也可以是间隙式的有序。但是应当指出，有的固溶体由于有序化的结果，会引起结构类型的变化，所以也可以将它看做是金属化合物。

除上述分类方法外，还有一些其它的分类方法，如以纯金属为基的固溶体称为一次固溶体或端际固溶体，以化合物为基的固溶体称为二次固溶体或中间相，等等。

2. 置换固溶体

金属元素彼此之间一般都能形成置换固溶体，但固溶度的大小往往相差十分悬殊。例如，铜与镍可以无限互溶，锌在铜中仅能溶解39%，而铅在铜中则几乎不溶解。大量实践表明，随着溶质原子的溶入，往往引起合金的性能发生显著的变化，因而研究影响固溶度的因素很有实际意义。很多学者都做了大量的研究工作，发现不同元素间的原子尺寸、电负性、电子浓度和晶体结构等因素对固溶度均有明显规律性的影响。

(1) 原子尺寸因素。原子尺寸因素一般用组元间原子半径之差与其中一组元的原子半径之比来表示，若 r_A、r_B 分别为A、B两组元的原子半径，则 $\Delta r=\left|\dfrac{r_A-r_B}{r_A}\right|$ 表示原子尺寸因素的大小。原子尺寸因素 Δr 对固溶体的固溶度起着重要作用。组元间的原子半径越相近，即 Δr 越小，则固溶体的固溶度越大；而当 Δr 越大时，则固溶体的固溶度越小。有利于大量固溶的原子尺寸因素 Δr 不超过 $\pm(14\%\sim15\%)$，或者说溶质与溶剂的原子半径比 $r_{溶质}/r_{溶剂}$ 在 $0.85\sim1.15$ 之间。当超过以上数值时，就不能大量固溶。在以铁为基的固溶体中，当铁与其它溶质元素的原子半径相对差别 $\Delta r<8\%$，且两者的晶体结构相同

时，才有可能形成无限固溶体，否则，就只能形成有限固溶体。在以铜为基的固溶体中，只有 $\Delta r < 10\% \sim 11\%$ 时，才可能形成无限固溶体。

原子尺寸因素对固溶度的影响可以做如下定性说明。当溶质原子溶入溶剂晶格后，会引起晶格畸变，即与溶质原子相邻的溶剂原子要偏离其平衡位置，如图1.31所示。当溶质原子比溶剂原子半径大时，则溶质原子将排挤它周围的溶剂原子；若溶质原子小于溶剂原子，则周围的溶剂原子将向溶质原子靠拢。不难理解，形成这样的状态必然引起能量的升高，这种升高的能量称为晶格畸变能。组元间的原子半径相差越大，晶格畸变能越高，晶格便越不稳定。同样，当溶质原子溶入越多时，则单位体积的晶格畸变能也越高，直至溶剂晶格不能再维持时，便达到了固溶体的固溶度极限。如此时再继续加入溶质原子，溶质原子将不再溶入固溶体中，只能形成其它新相。

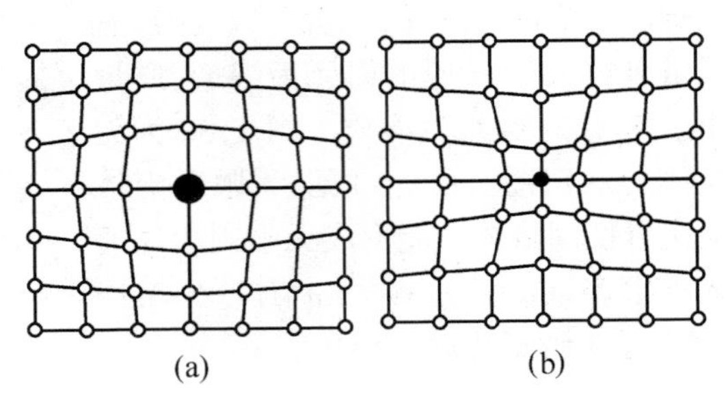

图1.31 固溶体中大(a)小(b)溶质原子所引起的晶格畸变示意图

(2) 电负性因素。电负性因素是指组成合金的组元原子，吸引电子形成负离子的倾向。越容易吸引电子形成负离子的元素，则其电负性越强，当组元间的电负性之差小时，则其固溶度较大，如果溶质原子与溶剂原子的电负性相差很大，即两者之间的化学亲和力很大时，则它们往往倾向形成比较稳定的金属化合物，即使形成固溶体，其固溶度往往也较小。

在元素周期表中，在同一周期里，元素的电负性自左至右依次递增；在同族里，元素的电负性自下而上依次递增。两元素的电负性相差越大，即在元素周期表中的位置相距越远，表示越不利于形成固溶体。若两元素间的电负性相差越小，则越易形成固溶体，其形成的固溶体的固溶度也越大。

(3) 电子浓度因素。在研究以IB族金属为基的合金（即铜基、银基和金基）时，发现这样一个经验规律：在尺寸因素比较有利的情况下，溶质元素的原子价越高，则其在Cu、Ag、Au中的溶解度越小。例如，二价的锌在铜中的最大溶解度（摩尔分数）为 $x(\mathrm{Zn}) = 38\%$，三价的镓为 $x(\mathrm{Ga}) = 20\%$，四价的锗为 $x(\mathrm{Ge}) = 12\%$，五价的砷为 $x(\mathrm{As}) = 7\%$。以上的数值表明，溶质元素的原子价与固溶体的固溶度之间有一定的关系。进一步的分析表明，溶质元素原子价的影响实质上是由电子浓度决定的。所谓电子浓度是指合金晶体中的价电子数与其原子数之比，可用下式表示

$$c_{\text{电子}} = \frac{V_A(100 - x) + V_B x}{100} \tag{1.1}$$

式中，V_A、V_B 分别为溶剂和溶质的原子价；x 为溶质B的摩尔分数。

根据式(1.1)可以计算出以上元素在一价铜中的溶解度达到最大值时所对应的电子浓度值，发现其电子浓度值均为1.36。这是由于在一定的金属晶体结构的单位体积中，能容纳的价电子数有一定限度，超过这个限度，电子的能量将急剧上升，从而引起结构的

不稳定，直至发生改组，转变成其它的晶体结构。故此固溶体的电子浓度有一极限值。由此可见，元素的原子价越高，则其固溶度越小。

极限电子浓度值与固溶体的晶体结构类型有关，面心立方固溶体的为1.36，而体心立方晶体结构的则为1.48。

(4) 晶体结构因素。溶质与溶剂的晶体结构类型是否相同，是其能否形成无限固溶体的必要条件。只有晶体结构类型相同，溶质原子才能连续不断地置换溶剂晶格中的原子，一直到溶剂原子完全被溶质原子置换完为止。如果组元的晶格类型不同，则组元间的固溶度只能是有限的，形成有限固溶体。即使晶格类型相同的组元间不能形成无限固溶体，那么，其固溶度也将大于晶格类型不同的组元间的固溶度。

综上所述，原子尺寸、电负性、电子浓度、晶体结构因素是影响固溶体固溶度大小的四个主要因素。当以上四个因素都有利时，所形成的固溶体的固溶度可能较大，甚至形成无限固溶体。但上述的四个条件只是形成无限固溶体的必要条件，还不是充分条件，无限固溶体的形成规律仍有待于进一步研究。一般情况下，所有的金属在固态下均能溶解一些溶质原子。固溶体的固溶度除与以上因素有关外，还与温度有关。温度越高，固溶度越大。

3. 间隙固溶体

一些原子半径很小的溶质原子溶入溶剂中时，不是占据溶剂晶格的正常结点位置，而是填入溶剂晶格的间隙中，形成间隙固溶体，其结构如图1.32所示。形成间隙固溶体的溶质元素，都是一些原子半径小于0.1 nm的非金属元素，如氢(0.046 nm)、氧(0.061 nm)、氮(0.071 nm)、碳(0.077 nm)、硼(0.097 nm)，而溶剂元素则都是过渡族元素。实践证明，只有当溶质与溶剂的原子半径比值 $r_{溶质}/r_{溶剂} < 0.59$ 时，才有可能表成间隙固溶体。

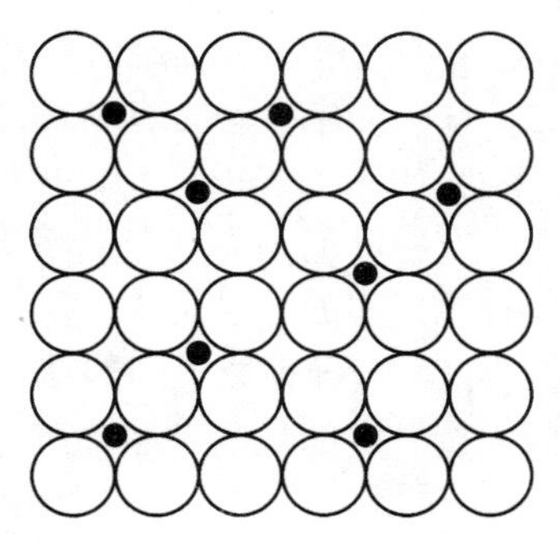

图1.32　间隙固溶体的结构示意图

间隙固溶体的固溶度不仅与溶质原子的大小有关，而且与溶剂的晶格类型有关。晶格类型不同，则其中的间隙形状、大小也不同。如面心立方晶格的最大间隙是八面体间隙，所以溶质原子都位于八面体间隙中。体心立方晶格的致密度虽然比面心立方晶格的低，但因它的间隙数量多，每个间隙的直径都比面心立方晶格的小，所以它的固溶度要比面心立方晶格的小。

溶质原子(间隙原子)溶入溶剂后，将使溶剂的晶格常数增加，并使晶格发生畸变，溶入的溶质原子越多，引起的晶格畸变越大，当畸变量达到一定数值后，溶剂晶格将变得不稳定。当溶质原子较小时，引起的晶格畸变也较小，因此可以溶入更多的溶质原子，固溶度也较大。

由于溶剂晶格中的间隙是有一定限度的，所以间隙固溶体只能是有限固溶体。

4. 固溶体的结构

虽然固溶体仍保持着溶剂的晶格类型，但若与纯组元相比，结构还是发生了变化，有的变化还相当大，主要表现在以下几个方面：

(1) 晶格畸变。由于溶质与溶剂的原子大小不同,因而在形成固溶体时,必然在溶质原子附近的局部范围内造成晶格畸变,并因此而形成一弹性应力场。晶格畸变的大小可通过晶格常数的变化反映出来。对置换固溶体来说:当溶质原子较溶剂原子大时,晶格常数增加;反之,则晶格常数减小。实际固溶体只在浓度很低时,才符合这个关系,浓度高时,则与直线关系有正或负的偏差,见图 1.33。形成间隙固溶体时,晶格常数总是随着溶质原子的溶入而增大,见图 1.34。

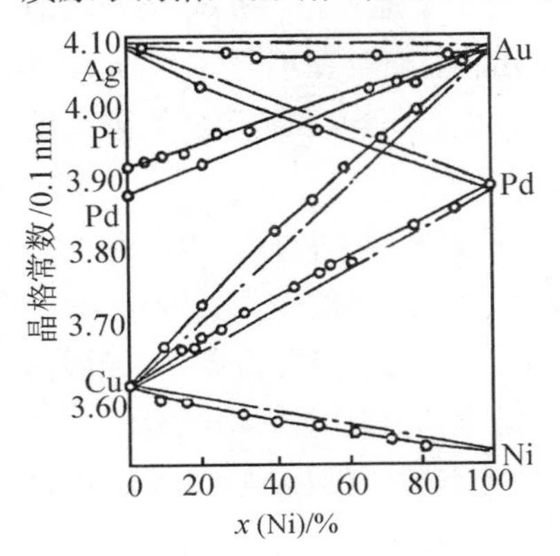

图 1.33 一些固溶体的晶格常数与成分的关系

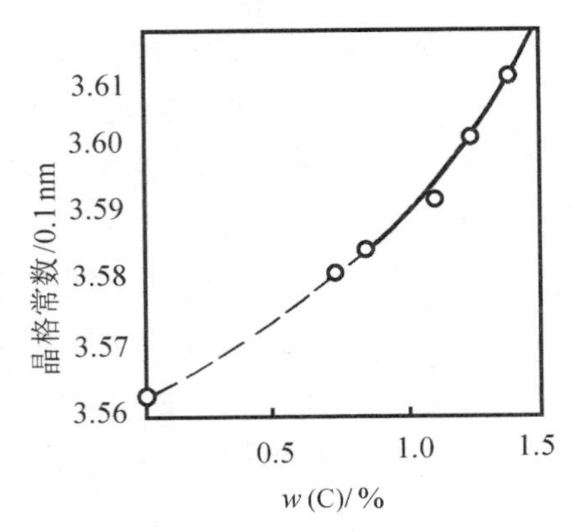

图 1.34 奥氏体的晶格常数与含碳质量分数的关系

(2) 偏聚与有序。长期以来,人们认为溶质原子在固溶体中的分布是统计的、均匀的、无序的,如图 1.35(a)所示。但经 X 射线精细研究表明,溶质原子在固溶体中的分布,总是在一定程度上偏离完全无序状态,存在着分布的不均匀性。当同种原子间的结合力大于异种原子间的结合力时,溶质原子倾向于成群地聚集在一起,形成许多偏聚区(图 1.35(b));反之,异种原子间的结合力较大时,则溶质原子的近邻皆为溶剂原子,即溶质原子倾向于按一定的规则有序分布,但通常只在短距离小范围内存在,称之为短程有序(图 1.35(c))。

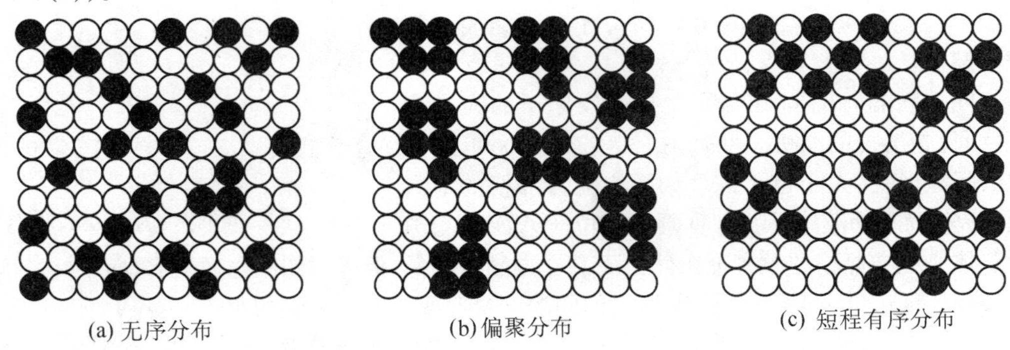

图 1.35 固溶体中溶质原子分布情况示意图

(3) 有序固溶体。具有短程有序的固溶体,当低于某一温度时,可能使溶质和溶剂原子在整个晶体中都按一定的顺序排列起来,即由短程有序转变为长程有序,这样的固溶体称为有序固溶体。有序固溶体有确定的化学成分,可以用化学式来表示。例如在 Cu - Au 合金中,当两组元的原子数之比等于 1:1(CuAu)和 3:1(Cu_3Au)时,在缓慢冷却条件下,两种元素的原子在固溶体中将由无序排列转变为有序排列,铜、金原子在晶格中均占有确定的位置,如图 1.36 所示。对 CuAu 来说,铜原子和金原子按层排列于(0 0 1)晶面上,一层晶面上全部是铜原子，相邻的一层全部是金原子。由于铜原子比金原子小，故使原来的面心立方晶格畸变形为 $c/a=0.93$ 的正方晶格。对于 Cu_3Au 来说，金原子位于晶胞的顶角上，铜原子则占据面心位置。

当有序固溶体加热至某一临界温度时，将转变为无序固溶体，而在缓慢冷却至这一温度时，又可转变为有序固溶体。这一转变过程称之为有序化，发生有序化的临界温度称为固溶体的有序化温度。

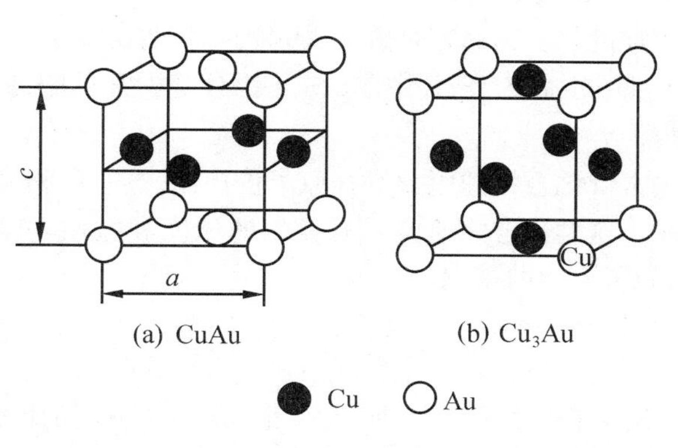

图1.36　有序固溶体的晶体结构

由于溶质和溶剂原子在晶格中占据着确定的位置，因而发生有序化转变时会引起晶格类型的改变。严格说来，有序固溶体实质上是介于固溶体和化合物之间的一种相，但更接近于金属化合物。当无序固溶体转变为有序固溶体时，性能发生突变，即硬度和脆性显著增加，而塑性和电阻则明显降低。

5．固溶体的性能

在固溶体中，随着溶质浓度的增加，固溶体的强度、硬度提高，而塑性、韧性有所下降，这种现象称为固溶强化。溶质原子与溶剂原子的尺寸差别越大，所引起的晶格畸变也越大，强化效果越好。由于间隙原子造成的晶格畸变比置换原子大得多，所以其强化效果也大得多。固溶体的塑性和韧性，如延伸率、断面收缩率和冲击功等，虽比组成它的纯金属的平均值低，但比一般的化合物高得多。因此，各种金属材料总是以固溶体为其基体相。

在物理性能方面，随着溶质原子浓度的增加，固溶体的电阻率升高，电阻温度系数下降。因此工业上应用的精密电阻和电热材料等，都广泛应用固溶体合金。

1.3.2　金属化合物

除了固溶体外，合金中另一类相是金属化合物。金属化合物是合金组元间发生相互作用而形成的一种新相，又称为中间相，其晶格类型和性能均不同于任一组元，一般可以用分子式大致表示其组成。在该化合物中，除了离子键、共价键外，金属键也参与作用，因而它具有一定的金属性质，所以称之为金属化合物。碳钢中的 Fe_3C、黄铜中的 CuZn、铝合金中的 $CuAl_2$ 等都是金属化合物。

由于结合键和晶格类型的多样性，使金属化合物具有许多特殊的物理化学性能，其中已有不少正在开发应用，作为新的功能材料和耐热材料，对现代科学技术的进步起着重要的推动作用。例如具有半导体性能的金属化合物砷化镓（GaAs），其性能远远超过了目前广泛应用的硅半导体材料，目前正应用在发光二极管的制造上，作为超高速电子计算机的元件已引起了世界的关注。此外，能记住原始形状的记忆合金 NiTi 和 CuZn，具有低热中子俘获截面的核反应堆材料 Zr_3Al，能作为新一代能源的储氢材料 $LaNi_5$ 等等。对于工业上应用最广泛的结构材料和工具材料，由于金属化合物一般均具有较高的熔点和硬度，当合金中出现金属化合物相时，将使合金的强度、硬度、耐磨性及耐热性提高（但塑性韧性有所降低），因此金属化合物已是这些材料中不可缺少的合金相。

金属化合物的类型很多,下面主要介绍三种,即:服从原子价规律的正常价化合物;决定于电子浓度的电子化合物;小尺寸原子与过渡族金属之间形成的间隙相和间隙化合物。

1. 正常价化合物

正常价化合物通常是由金属元素与周期表中第Ⅳ、Ⅴ、Ⅵ族元素所组成。例如 Mg_2Si、Mg_2Sn、Mg_2Pb、MnS 等,其中 Mg_2Si 是铝合金中常见的强化相,MnS 则是钢铁材料中常见的夹杂物。

正常价化合物的成分符合原子价规律,具有严格的化合比,成分固定不变,可用化学式表示。这类化合物通常具有较高的硬度和脆性。但它们当中有一部分具有半导体性质,引起了人们的重视。

2. 电子化合物

电子化合物是由第Ⅰ族或过渡族金属元素与第Ⅱ至第Ⅴ族金属元素形成的金属化合物,它不遵守原子价规律,而是按照一定电子浓度的比值形成的化合物,电子浓度不同,所形成金属化合物的晶体结构也不同。例如:电子浓度为3/2(21/14)时,具有体心立方晶格,简称为 β 相;电子浓度为21/13时,为复杂立方晶格,称为 γ 相;电子浓度为7/4(21/12)时,为密排六方晶格,称为 ε 相。表1.2列出了一些合金中常见的电子化合物。

电子化合物可以用化学式表示,但其成分可以在一定的范围内变化,因此可以把它看做是以化合物为基的固溶体。电子化合物具有很高的熔点和硬度,但脆性很大。

表1.2 常见的一些电子化合物及其结构类型

电子浓度 = $\frac{3}{2}$ 即 $\frac{21}{14}$	电子浓度 = $\frac{21}{13}$	电子浓度 = $\frac{7}{4}$ 即 $\frac{21}{12}$
体心立方结构 β 相	复杂立方结构 γ 相	密排六方结构 ε 相
CuZn	Cu_5Zn_8	$CuZn_3$
Cu_5Sn	$Cu_{31}Zn_8$	Cu_8Sn
Cu_3Al	Cu_9Al_4	Cu_5Al_3
Cu_5Si*	$Cu_{31}Si_8$	Cu_3Si
AgZn*	Ag_5Zn_8	$AgZn_3$
AuCd	Au_5Cd_8	$AuCd_3$
FeAl	Fe_5Zn_{21}	Ag_5Al_3
CoAl	Co_5Zn_{21}	Au_3Sn
NiAl	Ni_5Be_{21}	Au_5Al_3

* 不同温度出现不同结构。

3. 间隙相和间隙化合物

过渡族金属能与原子甚小的非金属元素氢、氮、碳、硼形成化合物,它们具有金属的性质、很高的熔点和极高的硬度。根据非金属元素(以X表示)与金属元素(以M表示)原子半径的比值,可将其分为两类:当 $r_X/r_M<0.59$ 时,化合物具有比较简单的晶体结构,称为间隙相;当 $r_X/r_M>0.59$ 时,其结构很复杂,称为间隙化合物。由于氢和氮的原子半径较小,所以过渡族金属的氢化物和氮化物都是间隙相。硼的原子最大,所以过渡族金属的硼化物都是间隙化合物。碳的原子半径比氢、氮大,但比硼小,所以一部分碳化物是间隙相,另一部分是间隙化合物。

(1) 间隙相。间隙相具有比较简单的晶体结构,多数为面心立方和密排六方结构,少数具有体心立方和简单六方结构。金属原子位于晶格的正常位置上,非金属原子则位于该晶格的间隙位置,从而构成了一种新的晶体结构。间隙相的化学成分可以用简单的分子式表示,如 M_4X、M_2X、MX、MX_2。但是它们的成分可以在一定的范围内变动,这是由于间隙相的晶格中的间隙未被填满,即某些本应为非金属原子占据的位置出现空位,相当于以间隙相为基的固溶体,这种以缺位方式形成的固溶体称为缺位固溶体。

间隙相不但可以溶解组元元素,而且可以溶解其它间隙相,有些具有相同结构的间隙相甚至可以形成无限固溶体,如 TiC－ZrC、TiC－VC、TiC－NbC、TiC－TaC、ZrC－NbC、ZrC－TaC、VC－NbC、VC－TaC 等。

应当指出,间隙相与间隙固溶体之间有着本质的区别,间隙相是一种化合物,它具有与其组元完全不同的晶体结构,而间隙固溶体则仍保持着溶剂组元的晶格类型。表1.3列出了一些间隙相的例子。

间隙相具有极高的熔点和硬度(表1.4),但很脆。许多间隙相具有明显的金属特性,即金属的光泽、较高的导电性、正的电阻温度系数等。这些特性表明,间隙相的结合既具有共价键性质,又带有金属键性质。

表1.3　间隙相举例

分子式	间　隙　相　举　例	金属原子排列类型
M_4X	Fe_4N、Mn_4N	面心立方
M_2X	Ti_2H、Zr_2H、Fe_2N、Cr_2N、V_2N、W_2C、Mo_2C、V_2C	密排六方
MX	TaC、TiC、ZrC、VC、ZrN、VN、TiN、CrN、ZrH、TiH	面心立方
	TaH、NbH	体心立方
	WC、MoN	简单六方
MX_2	TiH_2、ThH_2、ZnH_2	面心立方

表1.4　一些金属和间隙相的熔点和硬度

物质名称	W	W_2C	WC	Mo	Mo_2C	MoC	Ta	TaC
熔点/℃	3 630	3 130	2 867	2 895±40	2 960±50	2 960±50	3 300	4 150±140
矿物硬度等级	6.5～7.5	>9	9	6～7	7～9	7～8	6	8～9
硬度(HV)	～400	3 000	1 730	350	1 480	—	300	1 550

物质名称	TaN	Nb	NbC	Nb_2N	V	VC	ZrC	TiC
熔点/℃	3 360±50	2 770	3 770±125	2 300	1 993	3 023	3 805	3 410
矿物硬度等级	8	6	9	—	6.5	>9	>9	>9
硬度(HV)	—	300	2 050	—	—	2 010	2 840	2 850

间隙相的高硬度在一些合金工具钢和硬质合金中得到了应用。另外,通过对钢件表面渗入或涂层的方法使之形成含有间隙相的薄层,可显著增加钢的表面硬度和耐磨性,延长零件的使用寿命。

(2) 间隙化合物。间隙化合物一般具有复杂的晶体结构，Cr、Mn、Fe 的碳化物均属此类。间隙化合物的类型很多，合金钢中常遇到的间隙化合物有 M_3C 型(如 Fe_3C、Mn_3C)、M_7C_3 型(如 Cr_7C_3)、$M_{23}C_6$ 型(如 $Cr_{23}C_6$)、M_6C 型(如 Fe_3W_3C、Fe_4W_2C)等。式中 M 可表示一种金属元素，也可以表示有几种金属元素固溶在内。Fe_3C 是钢铁材料中一种基本组成相，称为渗碳体，其中铁原子可被 Mn、Cr、Mo、W 等原子所置换，形成以间隙化合物为基的固溶体，如 $(Fe、Mn)_3C$、$(Fe、Cr)_3C$ 等，称为合金渗碳体。渗碳体的硬度为 HV950 ~ HV1 050。

$M_{23}C_6$ 多是以铬为主的碳化物——$Cr_{23}C_6$ 形式存在，常存在于高合金工具钢、不锈钢以及铁基、镍基高温合金中，此时，部分 Cr 可被 Fe、Mo、W 等原子所置换，如 $(Cr、Fe)_{23}C_6$、$Cr_{21}Mo_2C_6$ 或 $(Cr、Mo、W)_{23}C_6$ 等。$Cr_{23}C_6$ 的熔点较低，与铁的熔点在同一数量级，硬度约为 HV1 050。

M_6C 也是一种常见的碳化物类型，通常为多元，即由两种以上的金属元素 M′、M″与碳组合而成。例如 M′为 Fe、Co、Ni 等元素，M″为 Mo、W 等元素。M_6C 的成分一般为 $M'_4M''_2C_6$ 或 $M'_3M''_3C_6$，是高速工具钢中的重要组成相，在一些含钨和钼的耐热钢或高温合金中也会出现，具有较高的硬度，约为 HV1 100。

1.4 金属晶体的缺陷

在实际应用的金属材料中，原子的排列不可能像理想晶体那样规则和完整，总是不可避免地存在一些原子偏离规则排列的不完整性区域，这就是晶体缺陷。一般说来，金属中这些偏离其规定位置的原子数目很少，即使在最严重的情况下，晶体中位置偏离很大的原子数目至多占总原子数的千分之一。因此，从整体上看，其结构还是接近完整的。尽管如此，这些晶体缺陷的产生和发展、运动与交互作用，以至于合并和消失，在晶体的强度和塑性、扩散以及其它的结构敏感性的问题中扮演了主要的角色，晶体的完整部分反而默默无闻地处于背景的地位。由此可见，研究晶体缺陷具有重要的实际意义。

根据晶体缺陷的几何形态特征，可以将它们分为以下三类：

① 点缺陷。其特征是三个方向上的尺寸都很小，相当于原子尺寸，例如空位、间隙原子、置换原子等。

② 线缺陷。其特征是在两个方向的尺寸很小，另一个方向上的尺寸相对很大。属于这一类的主要是位错。

③ 面缺陷。其特征是在一个方向上的尺寸很小，另外两个方向上的尺寸相对很大，例如晶界、亚晶界等。

1.4.1 点缺陷

常见的点缺陷有三种，即空位、间隙原子和置换原子，如图 1.37 所示。

1. 空位

在任何温度下，金属晶体中的原子都是以其平衡位置为中心不间断地进行着热振动。原子的振幅大小与温度有关，温度越高，振幅越大。在一定的温度下，每个原子的振动能量并不完全相同，在某一瞬间，某些原子的能量可能高些，其振幅就要大些；而另一些原子的能量可能低些，振幅就要小些。对一个原子来说，这一瞬间能量可能高些，另一瞬间反而可能低些。这种现象称为能量起伏。根据统计规律，在某一温度下的某一瞬间，总有一些原子具有足够高的能量，以克服周围原子对它的约束，脱离开原来的平衡位置迁移到别处，其结果，即在原位置上出现了空结点，这就是空位。

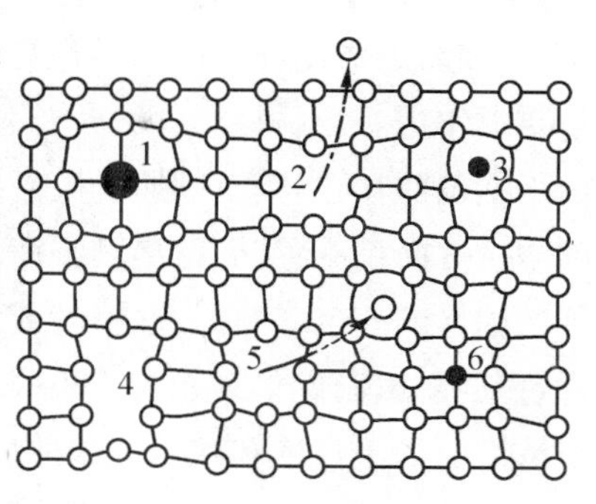

图1.37 晶体中的各种点缺陷

1—大的置换原子； 2—肖脱基空位； 3—异类间隙原子； 4—复合空位； 5—弗兰克尔空位； 6—小的置换原子

脱离平衡位置的原子大致有三个去处：一是迁移到晶体的表面上，这样所产生的空位叫肖脱基空位(图1.38(a))；二是迁移到晶格的间隙中，这种空位叫弗兰克尔空位(图1.38(b))；三是迁移到其它空位处，这样虽然不产生新的空位，但可使空位变换位置。

空位是一种热平衡缺陷，即在一定温度下，它有一定的平衡浓度。温度升高，则原子的振动能量升高，振幅增大，从而使脱离其平衡位置往别处迁移的原子数增多，空位浓度提高。温度降低，则空位的浓度也随之减小。但是，空位的位置在晶体中不是固定不变的，而是处于运动、消失和形成的不断变化之中(图1.39)。一方面，周围原子可以与空位换位，使空位移动一个原子间距，当这种换位不断进行时，就造成空位的运动；另一方面，空位迁移至晶体表面或与间隙原子相遇而消失，但在其它地方又会有新的空位形成。

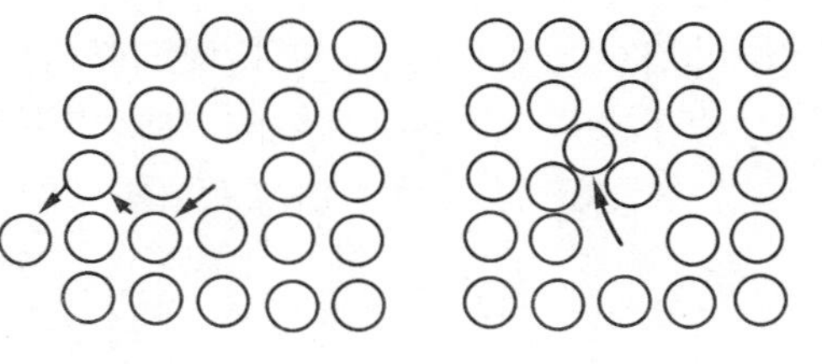

(a)肖脱基空位　　(b)弗兰克尔空位

图1.38 晶体中的空位

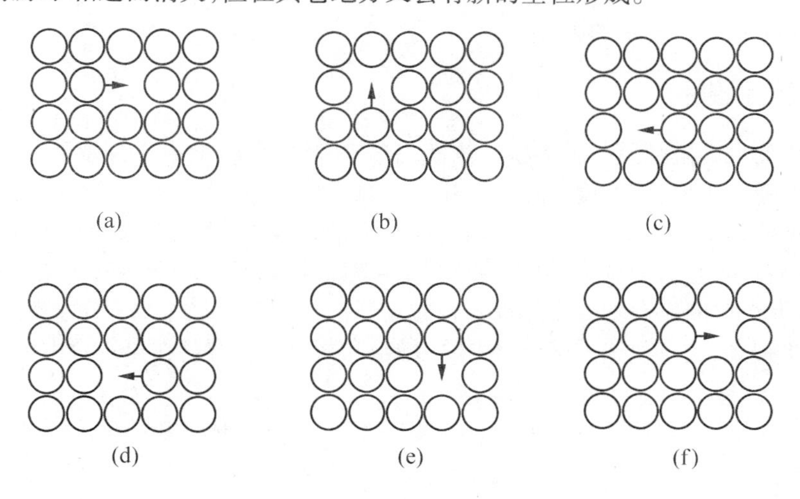

图1.39 空位的移动

空位的平衡浓度是极小的。例如，当铜的温度接近其熔点时，空位的平衡浓度约为10^{-5}数量级，即在10万个原子中才出现一个空位。形成肖脱基空位所需能量要比弗兰克尔空位小得多，所以在固态金属中，主要是形成肖脱基空位。此外，空位还会两个、三个或多个聚在一起,形成复合空位。尽管空位的浓度很小,但它在固态金属的扩散过程中起着极为重要的作用。

由于空位的存在,其周围原子失去了一个近邻原子而使相互间的作用失去平衡,因而它们朝空位方向稍有移动,偏离其平衡位置,这就在空位的周围出现一个涉及几个原子间距范围的弹性畸变区,简称为晶格畸变。

通过某些处理,例如高能粒子辐照、高温淬火及冷加工等,可使晶体中的空位浓度高于平衡浓度而处于过饱和状态。这种过饱和空位是不稳定的,如由于温度升高而使原子获得较高的能量,空位浓度便大大下降。

2. 间隙原子

处于晶格间隙中的原子即为间隙原子。从图 1.37(b)可以看出,在形成弗兰克尔空位的同时,也形成一个间隙原子。当原子硬挤入很小的晶格间隙中后,会造成严重的晶格畸变。异类原子大多是原子半径很小的原子,如钢中的氢、氮、碳、硼等,尽管原子半径很小,但仍比晶格中的间隙大得多,造成的晶格畸变远较空位严重。

间隙原子也是一种热平衡缺陷,在一定温度下有一平衡浓度。对于异类间隙原子来说,常将这一平衡浓度称为固溶度或溶解度。

3. 置换原子

占据在原来基体原子平衡位置上的异类原子称为置换原子。由于置换原子的大小与基体原子不可能完全相同,因此其周围邻近原子也将偏离其平衡位置,造成晶格畸变。置换原子在一定温度下也有一个平衡浓度值,一般称之为固溶度或溶解度。

综上所述,不管是哪类点缺陷,都会造成晶格畸变,这将对金属的性能产生影响,如使屈服强度升高、电阻增大、体积膨胀等。此外,点缺陷的存在,将加速金属中的扩散过程,因而凡与扩散有关的相变、化学热处理、高温下的塑性变形和断裂等,都与空位和间隙原子的存在和运动有着密切的关系。

1.4.2 线缺陷

晶体中的线缺陷就是各种类型的位错,它是在晶体中某处有一列或若干列原子发生了有规律的错排现象,使长度达几百至几万个原子间距、宽约几个原子间距范围内的原子离开其平衡位置,发生了有规律的错动。虽然位错有多种类型,但其中最简单、最基本的类型有两种:一种是刃型位错;另一种是螺型位错。位错是一种极为重要的晶体缺陷,它对于金属的强度、断裂和塑性变形等起着决定性的作用。这里主要介绍位错的基本类型和一些基本概念,关于位错的运动、位错的增殖和交割等内容将在第六章中讲述。

1. 刃型位错

刃型位错的模型如图 1.40 所示。设有一简单立方晶体,某一原子面在晶体内部中断,这个原子平面中断处的边缘就是一个刃型位错,犹如用一把锋利的钢刀将晶体上半部分切开,沿切口硬插入一额外半原子面一样,将刃口处的原子列称之为刃型位错线。

刃型位错有正负之分,若额外半原子面位于晶体的上半部,则此处的位错线称为正刃型位错,以符号“⊥”表示。反之,若额外半原子面位于晶体的下半部,则称为负刃型位错,以符号“⊤”表示。实际上这种正负之分并无本质上的区别,只是为了表示两者的相对位置,便于以后讨论而已。

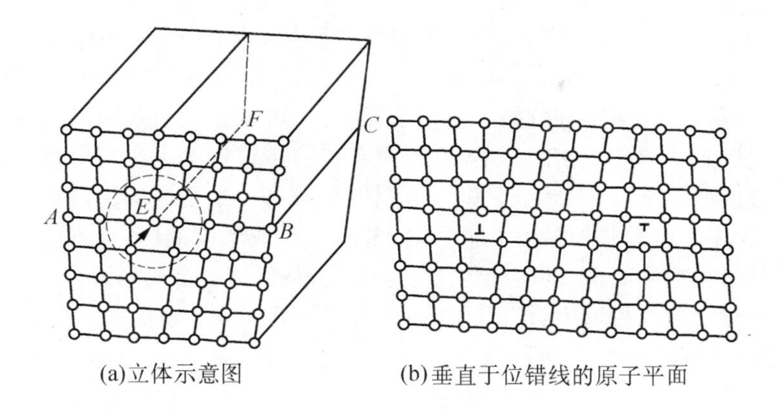

图 1.40　刃型位错示意图

事实上,晶体中的位错并不是由于加额外半原子面造成的,它的形成可能有多种原因,例如晶体在塑性变形时,局部区域的晶体发生滑移,即可形成位错,如图 1.41 所示。设想在晶体右上角施加一切应力,促使右上部晶体中原子沿着滑移面 *ABCD* 自右至左移动一个原子间距(图 1.41(a)),由于此时晶体左上角原子尚未滑移,于是在晶体内部就出现了已滑移区和未滑移区的边界,在边界附近,原子排列的规则性遭到了破坏,此边界线 *EF* 就相当于图 1.40 中额外半原子面的边缘,其结构恰好是一个正刃型位错。因此,可以把位错理解为晶体中已滑移区和未滑移区的边界。

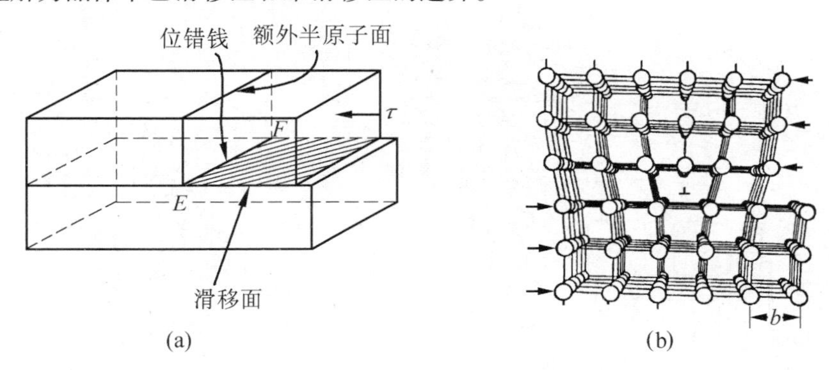

图 1.41　晶体局部滑移造成的刃型位错

从图 1.41(b)中可以看出,在位错线周围一个有限区域内,原子离开了原来的平衡位置,即产生了晶格畸变,并且在额外半原子面左右两边的畸变是对称的。就好像通过额外半原子面对周围原子施加一弹性应力,这些原子就产生一定的弹性应变一样,所以可以把位错线周围的晶格畸变区看成是存在着一个弹性应力场。就正刃型位错而言,滑移面上边的原子显得拥挤,原子间距变小,晶格受到压应力;晶格下边的原子则显得稀疏,原子间距变大,晶格受到拉应力;而在滑移面上,晶格受到的是切应力。在位错中心,即额外半原子面的边缘处,晶格畸变最大,随着距位错中心距离的增加,畸变程度逐渐减小。通常把晶格畸变程度大于其正常原子间距 1/4 的区域称为位错宽度,其值约为 3 ~ 5 个原子间距。位错线的长度很长,一般为数百到数万个原子间距,相形之下,位错宽度显得非常之小,可以把位错看成是线缺陷,但实际上,位错是一条具有一定宽度的细长的晶格畸变管道。

刃型位错的应力场可以与间隙原子和置换原子发生弹性交互作用。各种间隙原子及尺寸较大的置换原子,它们的应力场是压应力,因此与正刃型位错的上半部分的应力相同,二者相互排斥;但与下半部分的应力相反,因而二者相互吸引。所以这些点缺陷大多易于被吸引而跑到正刃型位错的下半部分,或者负刃型位错的上半部分聚集起来。对于尺寸较小的置换原子来说,则易于聚集于刃型位错的另一半受压应力的地方。正因为如此,所以刃型位错往往总是携带着大量的溶质原子,形成所谓的"柯氏气团"。这样一来,就会使位错的晶格畸变降低,同时使位错难于运动,从而造成金属的强化。

从以上的刃型位错模型中,可以看出其具有以下几个重要特征:

① 刃型位错有一额外半原子面。

② 位错线是一个具有一定宽度的细长的晶格畸变管道,其中既有正应变,又有切应变。对于正刃型位错,滑移面之上晶格受到压应力,滑移面之下为拉应力。负刃型位错与此相反。

③ 位错线与晶体滑移的方向相垂直,即位错线运动的方向垂直于位错线。

2. 螺型位错

如图 1.42(a)所示,设想在立方晶体右端施加一切应力,使右端上下两部分沿滑移面 *ABCD* 发生了一个原子间距的相对切变,于是就出现了已滑移区和未滑移面的边界 *BC*,*BC* 就是螺形位错线。从滑移面上下相邻两层晶面上原子排列的情况(图 1.42(b))可以看出,在 aa' 的右侧,晶体的上下两部分相对错动了一个原子间距,但在 aa' 和 *BC* 之间,则

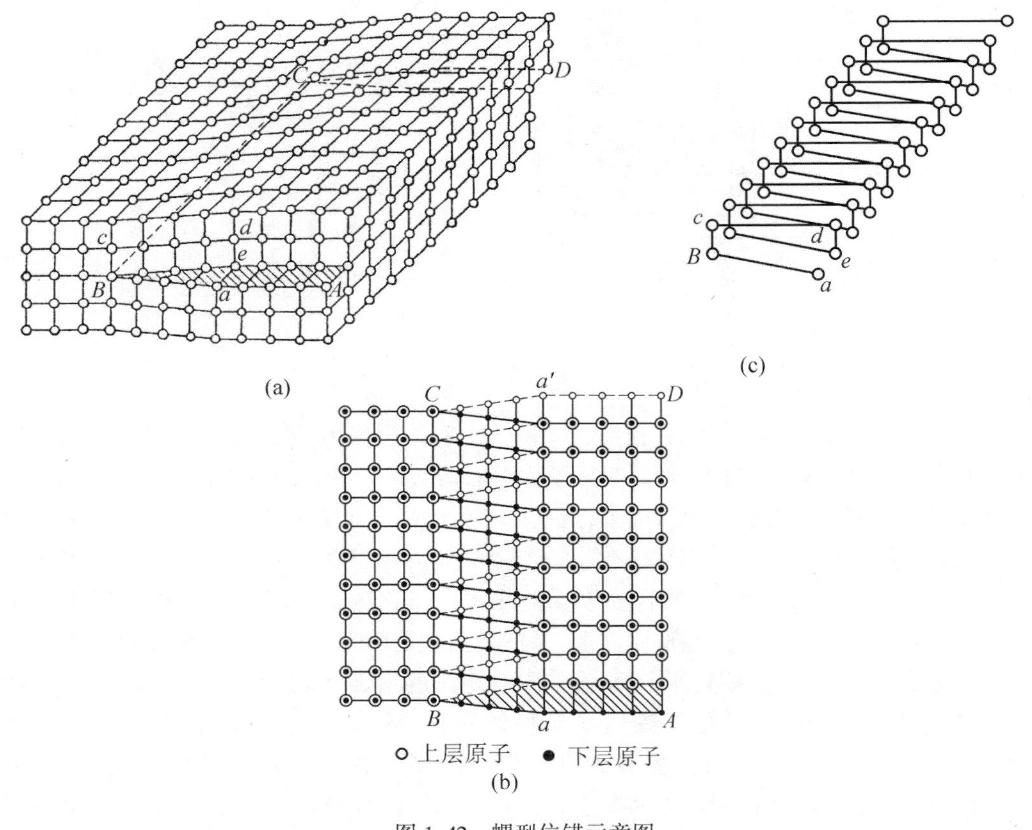

图 1.42 螺型位错示意图

发现上下两层相邻原子发生了错排和不对齐的现象。这一地带称为过渡地带,此过渡地带的原子面被扭曲成了螺旋型。如果从 a 开始,按顺时针方向依次连接此过渡地带的各原子,每旋转一周,原子面就沿滑移方向前进一个原子间距,犹如一个右旋螺纹(图1.42(c))一样。由于位错线附近的原子是按螺旋型排列的,所以这种位错叫做螺型位错。

根据位错线附近呈螺旋形排列的原子的旋转方向的不同,螺型位错可分为左螺型位错和右螺型位错两种。通常用拇指代表螺旋的前进方向,而以其余四指代表螺旋的旋转方向。凡符合右手法则的称为右螺型位错,符合左手法则的称为左螺型位错。

螺型位错与刃型位错不同,它没有额外半原子面。在晶格畸变的细长管道中,只存在切应变,而无正应变,并且位错线周围的弹性应力场呈轴对称分布。此外,从螺型位错的模型中还可以看出,螺型位错线与晶体滑移方向平行,但位错线前进的方向与刃型位错相同,即与位错线相垂直。

综上所述,螺型位错具有以下重要特征:

① 螺型位错没有额外半原子面。

② 螺型位错线是一个具有一定宽度的细长的晶格畸变管道,其中只有切应变,而无正应变。

③ 位错线与滑移方向平行,位错线运动的方向与位错线垂直。

3. 柏氏矢量

从上面介绍的两种基本类型的位错模型得知,在位错线附近的一定区域内,均发生了晶格畸变,位错的类型不同,则位错区域内的原子排列情况与晶格畸变的大小和方向都不相同。人们设想,最好能有一个量,用它不但可以表示位错的性质,而且可以表示晶格畸变的大小和方向,从而使人们在研究位错时能够摆脱位错区域内原子排列具体细节的约束,这就是所谓的柏氏矢量。现在以刃型位错为例,说明柏氏矢量的确定方法(图1.43)。

① 在实际晶体中(图1.43(a)),从距位错一定距离的任一原子 M 出发,以至相邻原子为一步,沿逆时针方向环绕位错线作一闭合回路,称之为柏氏回路。

② 在完整晶体中(图1.43(b))以同样的方向和步数作相同的回路,此时的回路没有封闭。

③ 由完整晶体的回路终点 Q 到始点 M 引一矢量 $\boldsymbol{b}$,使该回路闭合,这个矢量 $\boldsymbol{b}$ 即为这条位错线的柏氏矢量。

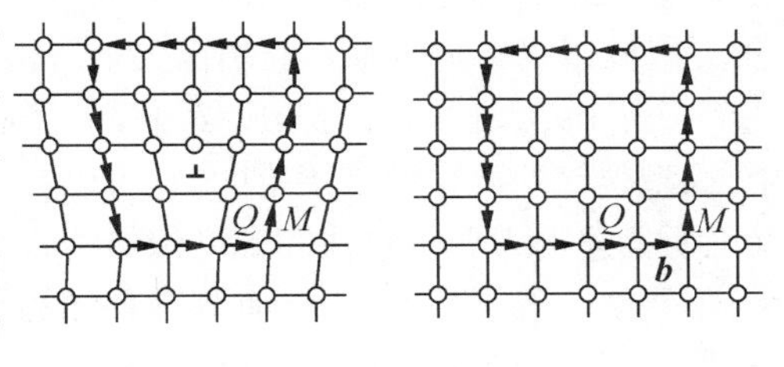

(a)实际晶体的柏氏回路　(b)完整晶体的相应回路

图1.43　刃型位错柏氏矢量的确定

从柏氏回路可以看出,刃型位错的柏氏矢量与其位错线相垂直,这是刃型位错的一个重要特征。

螺型位错的柏氏矢量同样可用柏氏回路求出。与刃型位错一样,也是在含有螺型位错的晶体中作柏氏回路(图1.44),然后在完整晶体中作相似的回路,前者的回路闭合,后者的回路则不闭合,自终点向始点引一矢量 $\boldsymbol{b}$,使回路闭合,这个矢量就是螺型位错的柏氏矢量。螺型位错的柏氏矢量与其位错线平行,这是螺型位错的重要特征。通常规定,柏氏矢量与位错线方向相同的为右螺型位错,相反者为左螺型位错。

柏氏矢量是描述位错实质的一个很重要的标志,它集中反映了位错区域内畸变总量

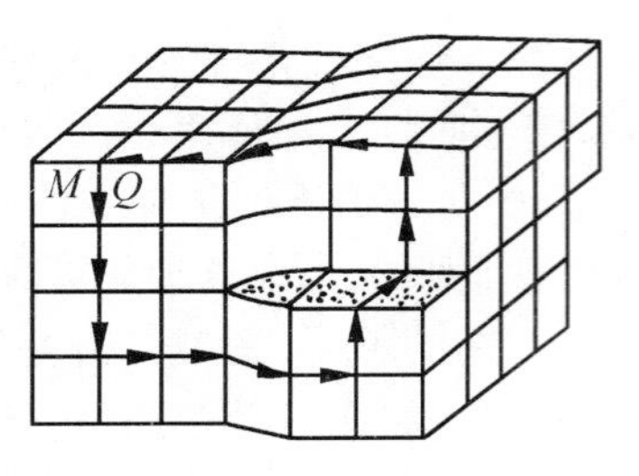

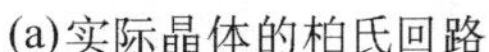
(a)实际晶体的柏氏回路

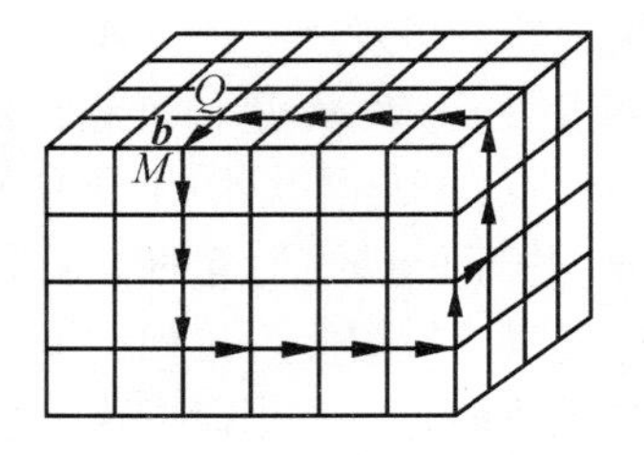

(b)完整晶体的相应回路

图 1.44　螺型位错柏氏矢量的确定

的大小和方向,现将它的一些重要特性归纳如下:

① 用柏氏矢量可以判断位错的类型,不需要再去分析晶体中是否存在额外半原子面等原子排列的具体细节。如:位错线与柏氏矢量垂直,就是刃型位错;位错线与柏氏矢量平行,就是螺型位错。

② 用柏氏矢量可以表示位错区域晶格畸变总量的大小。位错周围的所有原子,都不同程度地偏离其平衡位置,位错中心的原子偏移量最大,离位错中心越远的原子,偏移量越小。通过柏氏回路将这些畸变叠加起来,畸变总量的大小即可由柏氏矢量表示出来。显然,柏氏矢量越大,位错周围的晶格畸变越严重。因此,柏氏矢量是一个反映位错引起的晶格畸变大小的物理量。

③ 用柏氏矢量可以表示晶体滑移的方向和大小。已知位错线是晶体在滑移面上已滑移区和未滑移区的边界线,位错线运动时扫过滑移面,晶体即发生滑移,其滑移量的大小即柏氏矢量 $\boldsymbol{b}$,滑移的方向即柏氏矢量的方向。

④ 一条位错线的柏氏矢量是恒定不变的,它与柏氏回路的大小和回路在位错线上的位置无关,回路沿位错线任意移动或任意扩大,都不会影响柏氏矢量。

⑤ 刃型位错线和与之垂直的柏氏矢量所构成的平面就是滑移面,刃型位错的滑移面只有一个。由于螺型位错线与柏氏矢量平行,所以包含柏氏矢量和位错线的平面可以有无限个,螺型位错的滑移面是不定的,它可以在更多的滑移面上进行滑移。

前面所描述的刃型位错线和螺型位错线都是一条直线,这是一种特殊情况。在实际晶体中,位错线一般是弯曲的,具有各种各样的形状,但是由于一根位错线具有惟一的柏氏矢量,所以当柏氏矢量与位错线既不平行又不垂直而是交成任意角度时,则位错是刃型和螺型的混合类型,因而称为混合型位错,它是晶体中较常见的一种位错线。

从图 1.45(a)可以看出,晶体的右上角在外力的作用下发生切变时,其滑移面上 ACB 的上层原子相对于下层原子移动了一段距离(其大小等于 $\boldsymbol{b}$)之后,就出现了已滑移区与未滑移区的边界线$\widehat{AC}$,这条边界线就是一条位错线。若它的柏氏矢量为 $\boldsymbol{b}$,那么可以看出,位错线上的不同线段与柏氏矢量具有不同的交角。如图 1.45(b)所示,在点 A 附近,位错线与柏氏矢量平行,所以是螺型位错,点 C 附近与柏氏矢量垂直,所以是刃型位错,其余部分与柏氏矢量斜交,因而是混合型位错。它可以分解为刃型位错分量和螺型位错分量,它们分别具有刃型位错和螺型位错的特征。图 1.46 给出了混合位错滑移面上下层原子的排列情况。

4. 位错密度

应用一些物理的和化学的实验方法可以将晶体中的位错显示出来。如用浸蚀法可得

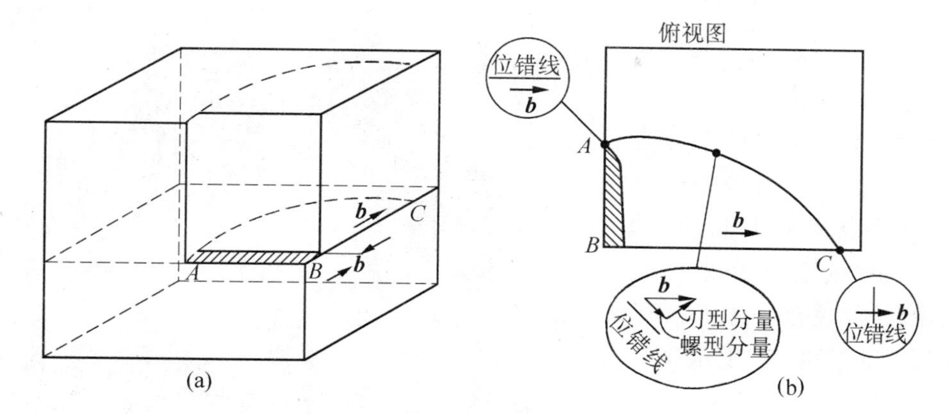

图1.45　混合位错的产生

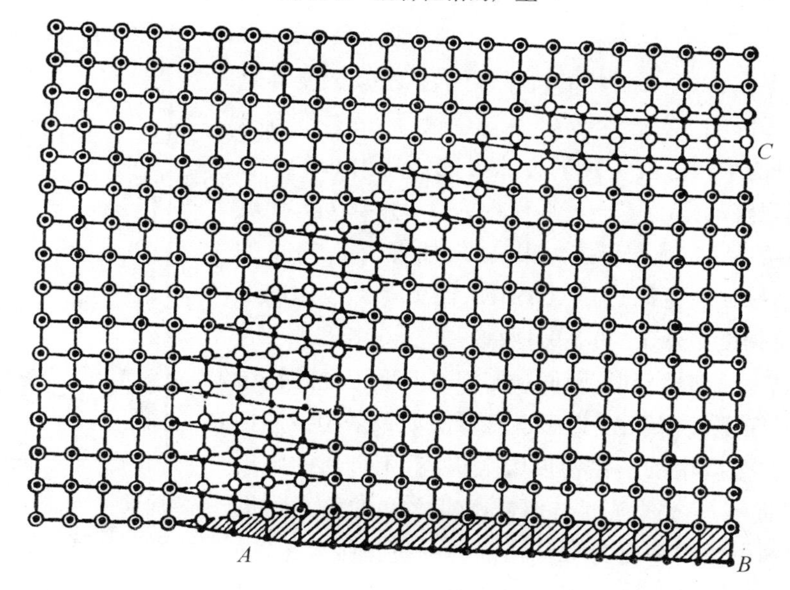

图1.46　混合位错的结构

到位错腐蚀坑，由于位错附近的能量较高，所以位错在晶体表面露头的地方最容易受到腐蚀，从而产生蚀坑。位错蚀坑与位错是一一对应的。此外，用电子显微镜可以直接观察金属薄膜中的位错组态及分布，还可以用X射线衍射等方法间接地检查位错的存在。

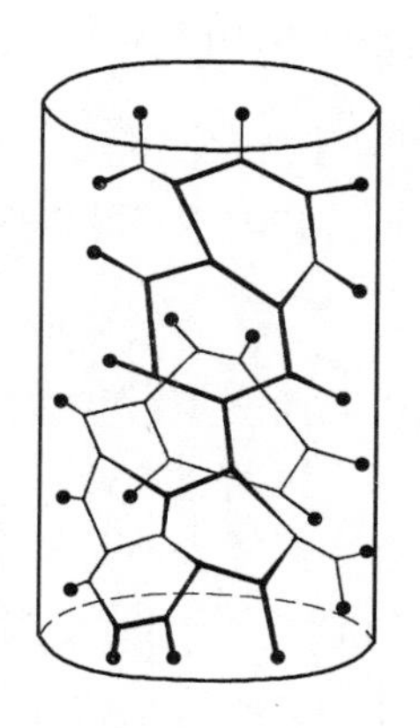

图1.47　晶体中的位错网络示意图

由于位错是已滑移区和未滑移区的边界，所以位错线不能终止在晶体内部，而只能中止在晶体的表面或晶界上。在晶体内部，位错线一定是封闭的，或者自身封闭成一个位错圈，或者构成三维位错网络，图1.47是晶体中三维位错网络示意图，图1.48是晶体中位错的实际照片。

在实际晶体中经常含有大量的位错，通常把单位体积中所包含的位错线的总长度称为位错密度，即

$$\rho = \frac{L}{V}$$

式中,V 是晶体体积;L 为该晶体中位错线的总长度;ρ 的单位为 m^{-2}。位错密度的另一个定义是,穿过单位截面积的位错线数目,单位也是 m^{-2}。一般在经过充分退火的多晶体金属中,位错密度达 $10^{10} \sim 10^{12} m^{-2}$,而经剧烈冷塑性变形的金属中,其位错密度高达 $10^{15} \sim 10^{16} m^{-2}$,这相当于在 1 cm^3 的金属内,含有千百万千米长的位错线。

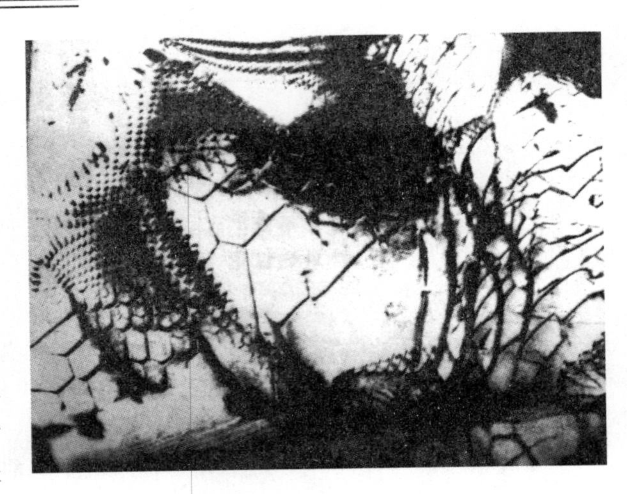

图 1.48 实际晶体中的位错网络 2 000×

位错的存在,对金属材料的机械性能、扩散及相变等过程有着重要的影响。如果金属中不含位错,那么它将有极高的强度,目前采用一些特殊的方法已能制造出几乎不含位错的结构完整的小晶体——直径约为 0.05 ~ 2 μm,长度为2 ~ 10 mm 的晶须,其变形抗力很高,例如直径 1.6 μm 的铁晶须,其抗拉强度竟高达13 400 MPa,而工业上应用的退火纯铁,抗拉强度则低于300 MPa,两者相差 40 多倍。不含位错的晶须,不易塑性变形,因而强度很高。而工业纯铁中含有位错,易于塑性变形,所以强度很低。如果采用冷塑性变形等方法使金属中的位错密度大大提高,则金属的强度也可以随之提高。金属强度与位错密度之间的关系如图 1.49所示。图中位错密度为 ρ_m 时,晶体的抗拉强度最小,相当于退火状态下的晶体强度,当经过加工变形后,位错密度增加,由于位错之间的相互作用和制约,晶体的强度便又上升。

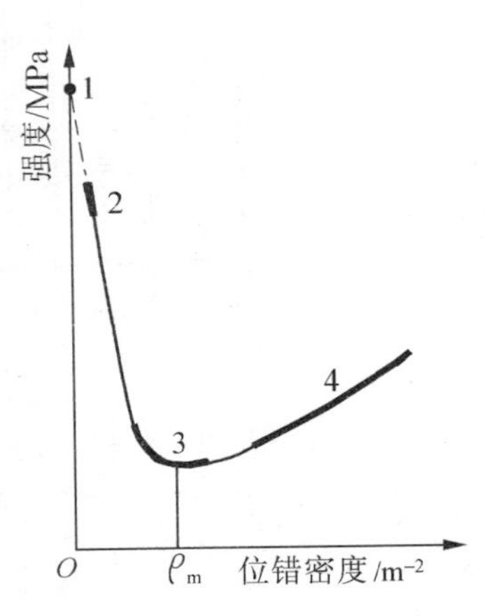

图 1.49 晶体的强度与位错密度的关系

1—理论强度;2—晶须强度;3—未强化的纯金属强度;4—合金化、加工硬化或热处理的合金强度

1.4.3 面缺陷

晶体的面缺陷包括晶体的外表面(表面或自由界面)和内界面两类,其中的内界面又有晶界、亚晶界、孪晶界、堆垛层错和相界等。

1.晶体表面

晶体表面是指金属与真空或气体、液体等外部介质相接触的界面。处于这种界面上的原子,会同时受到晶体内部的自身原子和外部介质原子或分子的作用力。显然,这两个作用力不会平衡,内部原子对界面原子的作用力显著大于外部原子或分子的作用力。这样,表面原子就会偏离其正常平衡位置,并因此牵连到邻近的几层原子,造成表面层的晶格畸变。

由于在表面层产生了晶格畸变,所以其能量就要升高,将这种单位面积上升高的能量称为比表面能,简称表面能(J/m^2)。表面能也可以用单位长度上的表面张力(N/m)表示。

影响表面能的因素主要有:

① 外部介质的性质。介质不同,则表面能不同。外部介质的分子或原子对晶体界面原子的作用力与晶体内部分子式或原子对界面原子的作用力相差越悬殊,则表面能越大,反之则表面能越小。

② 裸露晶面的原子密度。实验结果表明,表面能的大小随裸露晶面的不同而异。当裸露的表面是密排晶面时,则表面能最小,非密排晶面的表面能则较大,因此,晶体易于使其密排晶面裸露在表面。

③ 晶体表面的曲率。表面能的大小与表面的曲率有关,表面的曲率越大,则表面能越大,即表面的曲率半径越小,则表面能越高。

此外,表面能的大小还与晶体的性质有关,如晶体本身的结合能高,则表面能大。结合能的大小与晶体的熔点有关,熔点高,则结合能大,因而表面能也往往较高。

2. 晶界

晶体结构相同但位向不同的晶粒之间的界面称为晶粒间界,或简称晶界。当相邻晶粒的位向差小于10°时,称为小角度晶界;位向差大于10°时,称为大角度晶界。晶粒的位向差不同,则其晶界的结构和性质也不同。现已查明,小角度晶界基本上由位错构成,大角度晶界的结构却十分复杂,目前还不十分清楚,而多晶体金属材料中的晶界大都属于大角度晶界。

(1) 小角度晶界。小角度晶界的一种类型是对称倾侧晶界,如图 1.50 所示,它是由两个晶粒相互倾斜 $\theta/2$ 角($\theta < 10°$)所构成(图 1.51)。由图 1.50 中可以看出,对称倾侧晶界是由一系列相隔一定距离的刃型位错所组成,有时将这一列位错称为"位错墙"。

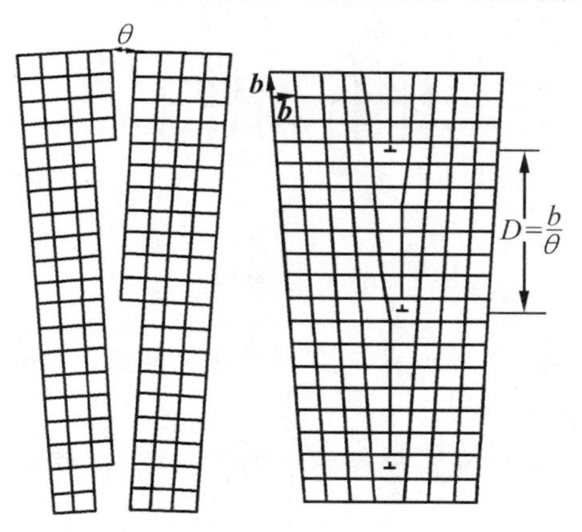

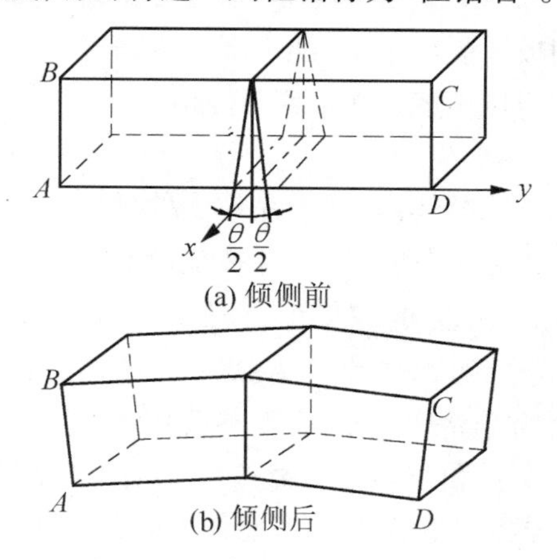

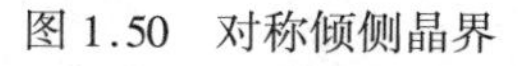
图 1.50 对称倾侧晶界

图 1.51 对称倾侧晶界的形成

小角度晶界的另一种类型是扭转晶界,图 1.52 示出了扭转晶界的形成模型,它是将一个晶体沿中间晶面切开(图 1.52(a)),然后使右半晶体沿垂直于切面的 y 轴旋转 θ 角($\theta < 10°$),再与左半晶体汇合在一起(图 1.52(b)),结果使晶体的两部分之间形成了扭转晶界。该晶界上的原子排列如图 1.53 所示,它由互相交叉的螺型位错网络所组成。

小角度晶界的位错结构已经实验证明,图1.54表示$PbMoO_4$单晶亚晶界上腐蚀坑的分布。

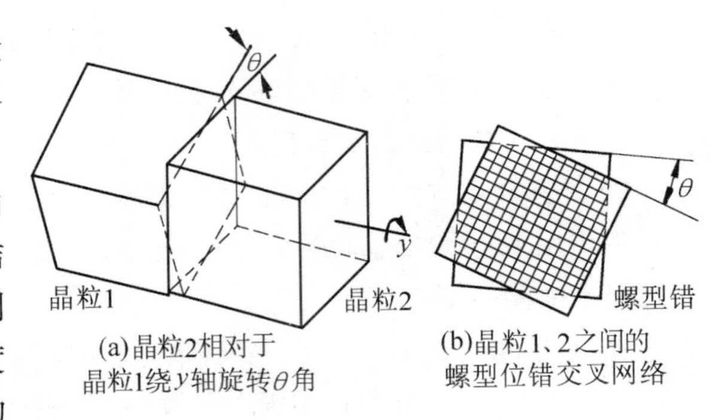

图1.52　扭转晶界形成模型

对称倾侧晶界和扭转晶界是小角度晶界的两种简单型式,前者的晶界结构由刃型位错组成,后者的晶界结构则由螺型位错组成。对于大多数小角度晶界,则一般是刃型位错和螺型位错的组合。

(2) 大角度晶界。当相邻晶粒间的位向差大于10°时,晶粒间的界面属于大角度晶界。一般认为,大角度晶界可能接近于图1.55所示的模型,即相邻晶粒在邻接处的形状是由不规则的台阶所组成。界面上既包含有不属于任一晶粒的原子A,也含有同时属于两晶粒的原子D;既包含有压缩区*B*,也包含有扩张区*C*。总之,大角度晶界中的原子排列比较紊乱,但也存在一些比较整齐的区域。因此,可以把晶界看做是原子排列紊乱的区域(简称坏区)与原子排列较整齐的区域(简称好区)交替相间而成。晶界很薄,纯金属中大角度晶界的厚度不超过3个原子间距。

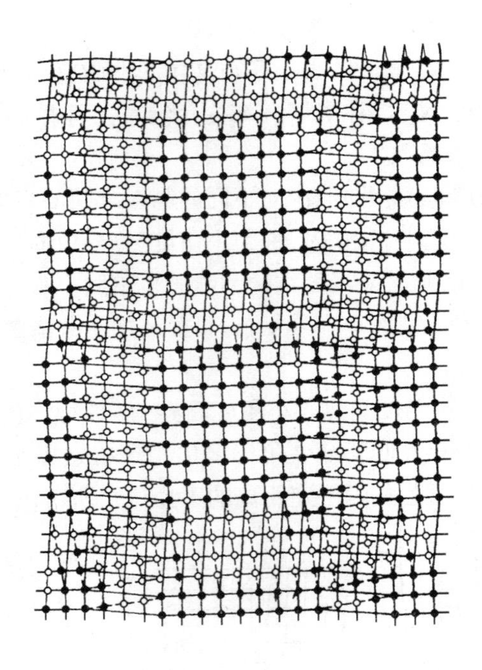

• 晶界下面的原子；　○ 晶界上面的原子

图1.53　扭转晶界的结构

3. 亚晶界

在实际晶体内,每个晶粒内的原子排列并不是十分齐整的,往往能够观察到这样的亚结构,它们由直径10～100 μm的晶块组成,彼此间存在着不大的(几十分到1、2度)位向差。这些晶块之间的内界面就称之为亚晶粒间界,简称亚晶界,如图1.56所示。

亚结构和亚晶界的涵义是广泛的,它们分别泛指尺寸比晶粒更小的所有细微组织和这些细微组织的分界面。它们可以在凝固时形成,也可在形变及形变后的回复再结晶时形成,还可在固态相变时形成。如金属结晶时于晶粒内部出现的嵌镶块组织(如胞状组织)和它们的界面,以及经变形和退火后(多边形化)出现的亚晶粒和它们之间的界面等均属于此类。

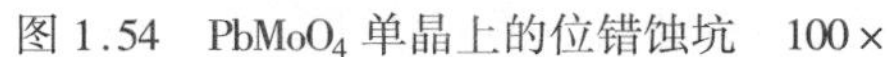

图 1.54　$PbMoO_4$ 单晶上的位错蚀坑　100×

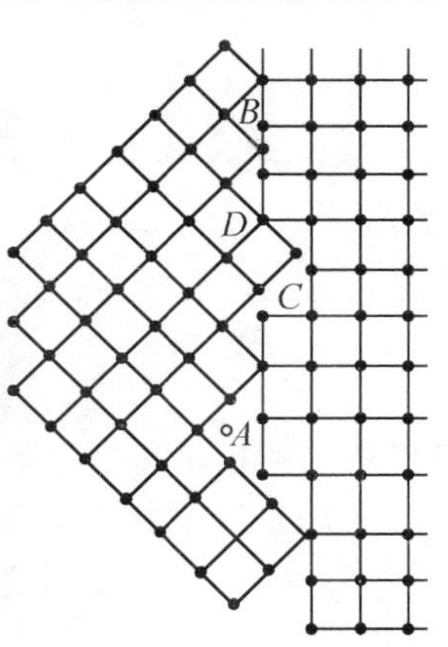

图 1.55　大角晶界模型

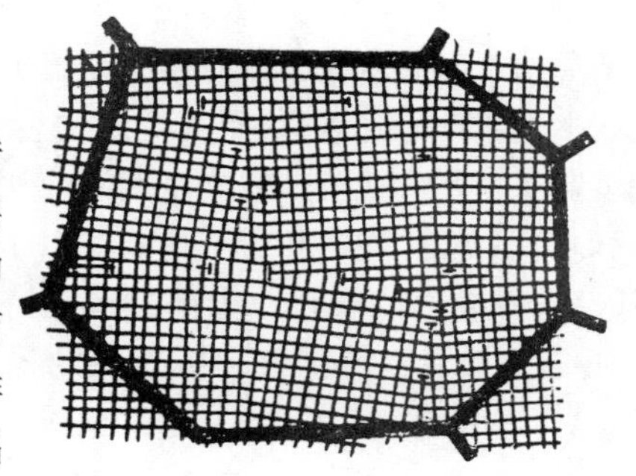

图 1.56　金属晶粒内的亚结构示意图

4．堆垛层错

在实际晶体中，晶面堆垛顺序发生局部差错而产生的一种晶体缺陷称为堆垛层错，简称层错，它也是一种面缺陷。在讨论金属的晶体结构时曾经指出，晶体结构可以看成由许多密排晶面按一定顺序堆垛而成，如面心立方晶格是以密排面{1 1 1}按 *ABCABC*…顺序堆垛的，密排六方晶格则是以密排面{0 0 0 1}按 *ABAB*…顺序堆垛的。现在以面心立方晶体为例，说明堆垛层错的结构。如用符号▽表示 *AB*、*BC*、*CA* 的次序，而以△表示 *BA*、*CB*、*AC* 的次序，则面心立方晶体的堆垛次序为▽▽▽▽▽▽…假如在堆垛次序中出现相反符号△，这就表示存在堆垛层错，如

A　B　C　A　C　A　B　C　A

↑

▽　▽　▽　△　▽　▽　▽　▽

箭头就表示层错存在。它相当于在正常堆垛次序中抽出了一层原子面（*B* 面），这样的层错常称为抽出型。此外还有插入型，如

A　B　C　B　A　B　C　A

↑　↑

▽　▽　△　△　▽　▽　▽

这时有两处堆垛顺序出现了差错，它相当有一层 B 原子面插入 *C* 层和 *A* 层原子面之间。

堆垛层错的存在破坏了晶体的周期性完整性，引起能量升高。通常把产生单位面积层错所需的能量称为层错能，表 1.5 列举了一些金属的层错能。金属的层错能越小，则层错出现的几率越大，如在奥氏体不锈钢和 α-黄铜中，可以看到大量的层错，而在铝中则根

本看不到层错。

表 1.5 某些金属及合金的层错能

金 属	Ni	Al	Cu	Au	Ag	黄铜($x(Zn) = 10\%$)	不锈钢
层错能/($10^{-7}J\cdot cm^3$)	400	200	70	60	20	35	15

5.相界

具有不同晶体结构的两相之间的分界面称为相界。相界的结构有三类，即共格界面、半共格界面和非共格界面。所谓共格界面是指界面上的原子同时位于两相晶格的结点上，为两种晶格所共有。界面上原子的排列规律既符合这个相晶粒内原子排列的规律，又符合另一个相晶粒内原子排列的规律。图 1.57(a)是一种具有完善共格关系的相界，在相界上，两相原子匹配得很好，几乎没有畸变，显然，这种相界的能量最低，但这种相界很少。一般两相的晶体结构或多或少地会有所差异，因此，在共格界面上，两相的原子间距存在着差异，从而必然导致弹性畸变，即相界某一侧的晶体(原子间距大的)受到压应力，而另一侧(原子间距小的)受到拉应力(图 1.57(b))。界面两边原子排列相差越大，则弹性畸变越大，从而使相界的能量提高。当相界的畸变能高至不能维持共格关系时，则共格关系破坏，变成非共格相界(图 1.57(d))。介于共格与非共格之间的是半共格相界(图 1.57(c))，界面上的两相原子部分地保持着对应关系，其特征是在相界面上每隔一定距离就存在一个刃型位错。非共格界面的界面能最高，半共格的次之，共格界面的界面能最低。

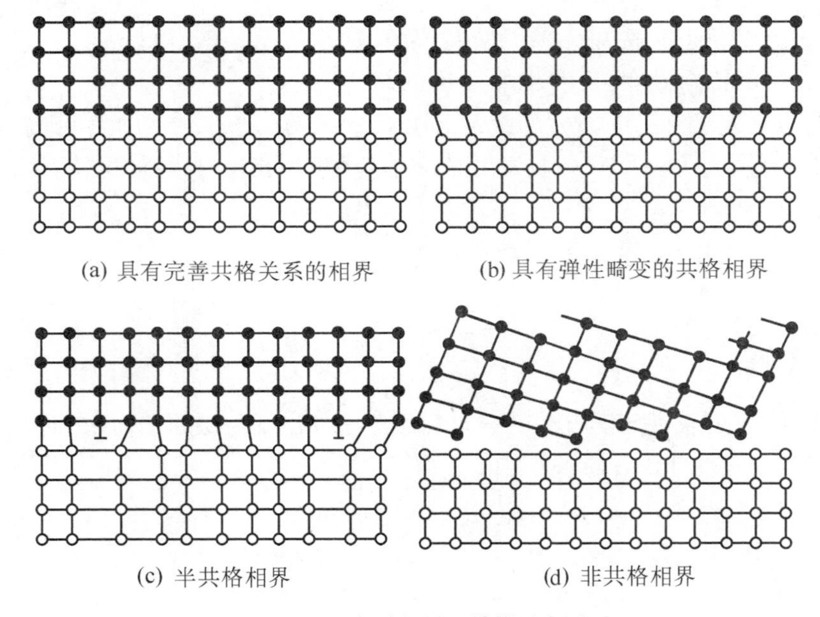

(a) 具有完善共格关系的相界　(b) 具有弹性畸变的共格相界

(c) 半共格相界　(d) 非共格相界

图 1.57　各种相界面结构示意图

6.晶界特性

由于晶界的结构与晶粒内部有所不同，就使晶界具有一系列不同于晶粒内部的特性。首先，由于晶界上的原子或多或少地偏离了其平衡位置，因而就会或多或少地具有界面能或晶界能，界面能(晶界能)越高，则晶界越不稳定。因此，高的界面能就有向低的界面能转化的趋势，这就导致了晶界的运动。晶粒长大和晶界的平直化都可减少晶界的总面积，从而降低晶界的总能量。理论和实验结果都表明，大角度晶界的界面能远高于小角度晶界的界面能，所以，大角度晶界的迁移速率较小角度晶界大。当然，晶界的迁移是原子的扩散过程，只在比较高的温度下才有可能进行。

由于界面能的存在，当金属中存在能降低界面能的异类原子时，这些原子就将向晶界偏聚，这种现象称为内吸附。例如往钢中加入微量的硼（$w(B)<0.005\%$），即向晶界偏聚，这对钢的性能有重要影响。相反，凡是提高界面能的原子，将会在晶粒内部偏聚，这种现象叫做反内吸附。内吸附和反内吸附现象对金属和合金的性能以及相变过程有着重要的影响。

由于晶界上存在晶格畸变，因而在室温下对金属材料的塑性变形起着阻碍作用，在宏观上表现为使金属材料具有更高的强度和硬度。显然，晶粒越细，金属材料的强度和硬度越高。因此，对于在较低温度下使用的金属材料，一般总是希望获得较细小的晶粒。

此外，由于界面能的存在，使晶界的熔点低于晶粒内部，且易于腐蚀和氧化。晶界上的空位、位错等缺陷较多，因此，原子的扩散速度较快，在发生相变时，新相晶核往往首先在晶界形成。

习　题

1.什么是金属键？请用金属键解释金属的特性。

2.画图用双原子模型说明金属中原子为什么呈周期性规则排列，而且趋于紧密排列。

3.填表

晶格类型	晶胞参数	晶胞原子数 n	原子半径 r	配位数	致密度 K	间隙类型	间隙半径	间隙数目	举例	原子密排面堆垛方式
bcc										
fcc										
hcp										

注：*bcc* 为体心立方晶格；*fcc* 为面心立方晶格；*hcp* 为密排立方晶格。

4.什么是晶体结构？什么是晶格？什么是晶胞？

5.作图表示立方晶系$(\bar{1}02)$、$(0\bar{1}\bar{2})$、(421)晶面和$[\bar{1}02]$、$[\bar{2}11]$、$[346]$晶向。

6.立方晶系的$\{111\}$晶面构成一个八面体，试作图画出该八面体，并注明各晶面的晶面指数。

7.已知 Fe 和 Cu 在室温下的晶格常数分别为 0.286 nm 和 0.360 7 nm，求 1 cm^3 中 Fe 和 Cu 的原子数各为多少？

8.钛在冷却到 883℃时从 *bcc* 转变为 *hcp* 结构，此时其原子半径增加 2%，求单位质量的钛发生此转变时体积变化的百分比。

9. 在立方晶系中画出{112}的所有晶面。

10. 已知面心立方晶格的晶格常数为 a，分别试算(100)、(110)和(111)晶面的晶面间距；并求出[100]、[110]和[111]晶向上的原子排列密度(某晶向上的原子排列密度是指该晶向上单位长度排列原子的个数)。

11. 何谓多晶型转变？以 Fe 为例说明之；Fe 加热至 912℃会发生多晶型转变，如果原子半径不变，试求出此时的体积变化。

12. 何谓晶带？何谓晶带轴？画出以[001]为晶带轴的共带面。

13. 六方晶系中的$(11\bar{2}1)$、$(1\bar{2}11)$、$(\bar{3}211)$、$(\bar{1}\bar{1}22)$晶向中哪些属于$[11\bar{2}3]$晶带？

14. 何谓组元？何谓相？何谓固溶体？固溶体的晶体结构有何特点？何谓置换固溶体？影响其固溶度的因素有哪些？

15. 何谓固溶强化？置换固溶体和间隙固溶体的强化效果哪个大？为什么？

16. 何谓间隙相？它与间隙固溶体及复杂晶格间隙化合物有何区别？

17. Ag 和 Al 都具有面心立方晶格，原子半径接近，但它们在固态下却不能无限互溶，试解释其原因.

18. 碳可以溶入 α-Fe 和 γ-Fe 的间隙中，α-Fe 的致密度 $K=0.68$，γ-Fe 的 $K=0.74$，但 γ-Fe 的溶碳能力却比 α-Fe 大，通过计算说明原因(α-Fe 在 727℃时原子半径为 0.125 2 nm，γ-Fe 在 1 148℃时原子半径为 0.129 3 nm)

19. 说明固溶体和金属化合物在晶体结构和机械性能方面的区别。

20. 点缺陷分为哪几种，画图说明之；它们对金属性能有何影响？

21. 何谓刃型位错和螺型位错？定性说明刃型位错的弹性应力场与异类原子的相互作用，对金属力学性能有何影响？

22. 晶体的面缺陷分为哪几类？影响表面能的因素有哪些？晶界有何特性？

23. 何谓柏氏矢量？用柏氏矢量判断图中所示的位错环中 A、B、C、D、E 五段位错各属于哪一类位错。

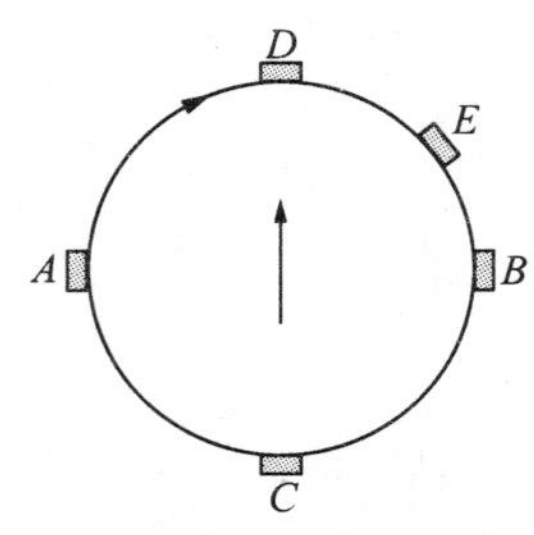

第2章

纯金属的结晶

金属由液态转变为固态的过程称为凝固,由于凝固后的固态金属通常是晶体,所以又将这一转变过程称之为结晶。一般的金属制品都要经过熔炼和铸造,也就是说都要经历由液态转变为固态的结晶过程。金属在焊接时,焊缝中的金属也要发生结晶。金属结晶后所形成的组织,包括各种相的晶粒形状、大小和分布等,将极大地影响到金属的加工性能和使用性能。对于铸件和焊接件来说,结晶过程就基本上决定了它的使用性能和使用寿命,而对于尚需进一步加工的铸锭来说,结晶过程既直接影响它的轧制和锻压工艺性能,又不同程度地影响其制成品的使用性能,因此,研究和控制金属的结晶过程,已成为提高金属机械性能和工艺性能的一个重要手段。

此外,液相向固相的转变又是一个相变过程。因此,掌握结晶过程的基本规律将为研究其他相变奠定基础。纯金属和合金的结晶,两者既有联系又有区别,显然,合金的结晶比纯金属的结晶要复杂些,为了便于研究问题,这里先介绍纯金属的结晶。

2.1 金属结晶的现象

结晶过程是一个十分复杂的过程,尤其是金属不透明,其结晶过程不能直接观察,更给研究带来困难。为了揭示金属结晶的基本规律,这里先从结晶的宏观现象入手,进而再去研究结晶过程的微观本质。

2.1.1 结晶过程的宏观现象

利用图2.1所示的实验装置,先将纯金属放入坩埚中加热熔化成液态,然后插入热电

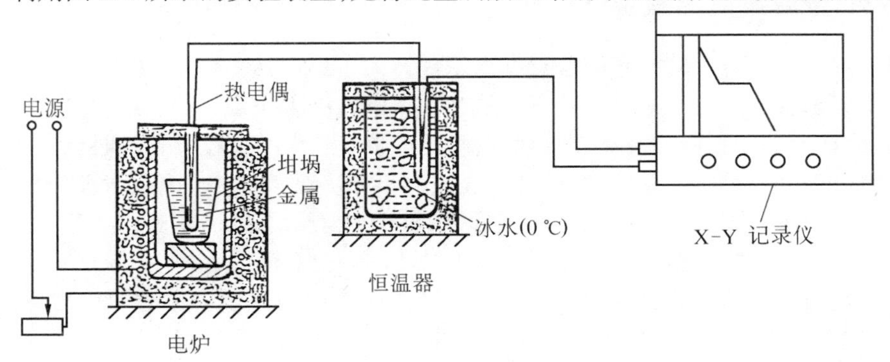

图2.1 热分析装置示意图

偶以测量温度,让液态金属缓慢而均匀地冷却,并用 X－Y 记录仪将冷却过程中的温度与时间记录下来,便获得了图 2.2 所示的冷却曲线。这一实验方法称为热分析法,冷却曲线又称热分析曲线。从热分析曲线可看出结晶过程的两个十分重要的宏观特征。

1. 过冷现象

从图 2.2 可以看出,金属在结晶之前,温度连续下降,当液态金属冷却到理论结晶温度 T_m(熔点)时,并未开始结晶,而是需要继续冷却到 T_m 之下某一温度 T_n,液态金属才开始结晶。金属的实际结晶温度 T_n 与理论结晶温度 T_m 之差,称为过冷度,以 ΔT 表示,$\Delta T = T_m - T_n$。过冷度越大,则实际结晶温度越低。

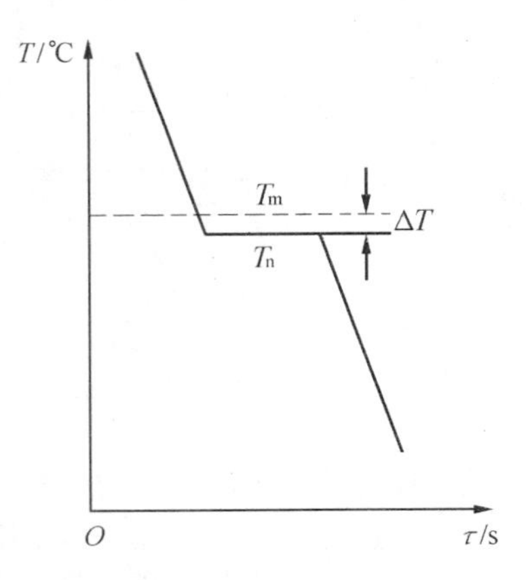

图 2.2　纯金属结晶时的冷却曲线示意图

过冷度随金属的本性和纯度的不同,以及冷却速度的差异可以在很大的范围内变化。金属不同,过冷度的大小也不同;金属的纯度越高,则过冷度越大。当以上两因素确定之后,过冷度的大小主要取决于冷却速度,冷却速度越大,则过冷度越大,即实际结晶温度越低。反之,冷却速度越慢,则过冷度越小,实际结晶温度越接近理论结晶温度。但是,不管冷却速度多么缓慢,也不可能在理论结晶温度进行结晶。对于一定的金属来说,过冷度有一最小值,若过冷度小于此值,结晶过程就不能进行。

2. 结晶潜热

1 mol 物质从一个相转变为另一个相时,伴随着放出或吸收的热量称为相变潜热。金属熔化时从固相转变为液相要吸收热量,而结晶时从液相转变为固相则放出热量,前者称为熔化潜热,后者称为结晶潜热,它可以从图 2.2 冷却曲线上反映出来。当液态金属的温度到达结晶温度 T_n 时,由于结晶潜热的释放,补偿了散失到周围环境的热量,所以在冷却曲线上出现了平台,平台延续的时间就是结晶过程所用的时间,结晶过程结束,结晶潜热释放完毕,冷却曲线便又继续下降。冷却曲线上的第一个转折点,对应着结晶过程的开始,第二个转折点则对应着结晶过程的结束。

在结晶过程中,如果释放的结晶潜热大于向周围环境散失的热量,温度将会上升,甚至发生已经结晶的局部区域的重熔现象。因此,结晶潜热的释放和散失,是影响结晶过程的一个重要因素,应当予以重视。

2.1.2　金属结晶的微观过程

结晶过程是怎样进行的?它的微观过程怎样?为了搞清这一问题,20 世纪 20 年代,人们首先研究了透明的易于观察的有机物的结晶过程,结果发现,无论是非金属还是金属,在结晶时均遵循着相同的规律,即结晶过程是形核与长大的过程。结晶时首先在液体中形成具有某一临界尺寸的晶核,然后这些晶核再不断凝聚液体中的原子而长大。形核过程与长大过程既紧密联系又相互区别。图 2.3 示意地表示了微小体积的液态金属的结晶过程。当液态金属过冷至理论结晶温度以下的实际结晶温度时,晶核并未立即出生,而是经过了一定时间后才开始出现第一批晶核。结晶开始前的这段停留时间称为孕育期。随着时间的推移,已形成的晶核不断长大,与此同时,液态金属中又产生第二批晶核。依此类推,原有的晶核不断长大,同时又不断产生新的第三批、第四批……晶核,就这样,液态金属中不断形核、不断长大,使液态金属越来越少,直到各个晶体相互接触,液态金属耗尽,结晶过程便告结束。由一个晶核长成的晶体,就是一个晶粒。由于各个晶核是随机形成的,其位向各不相同,所以各晶粒的位向也不相同,这样就形成一块多晶体金属。如果在结晶过程中只有一个晶核形成并长大,那么就形成一块单晶体金属。

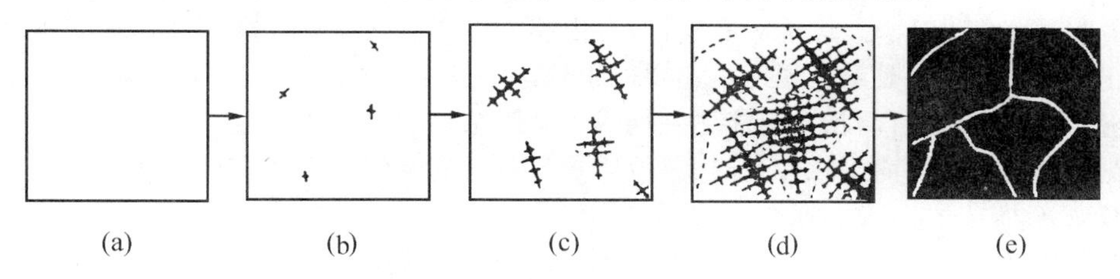

图 2.3　纯金属结晶过程示意图

总之,结晶过程是由形核和长大两个过程交错重叠在一起的,对一个晶粒来说,它严格地区分为形核和长大两个阶段,但从整体上来说,两者是互相重叠交织在一起的。

2.2　金属结晶的热力学条件

为什么液态金属在理论结晶温度不能结晶,而必须在一定的过冷条件下才能进行呢?这是由热力学条件决定的。由热力学知道,物质的稳定状态一定是其自由能最低的状态。在某种条件下,物质自动地从甲状态转变至乙状态,一定是在这种条件下:甲状态的自由能较高而不稳定,乙状态的自由能较低而更稳定。物质总是力求处于自由能最低的状态,所以才发生由甲状态变至乙状态的自动转变过程,而促使这种转变发生的驱动力,就是这两种状态的自由能之差值。

金属各相的状态都有其相应的自由能。状态的自由能(G)可用下式表示

$$G = H - TS \tag{2.1}$$

式中,H 为焓;T 为热力学温度;S 是熵。无论金属是液态还是固态,其自由能均随温度和压力的变化而变化,即

$$\mathrm{d}G = V\mathrm{d}p - S\mathrm{d}T \tag{2.2}$$

式中,V 为体积;p 为压力。在冶金系统中,一般处理液态和固态金属时,压力可视为常数,即 $\mathrm{d}p=0$,所以上式可写为

$$\frac{\mathrm{d}G}{\mathrm{d}T} = -S \tag{2.3}$$

熵的物理意义是表征系统中原子排列混乱程度的参数。温度升高,原子的活动能力提高,因而原子排列的混乱程度增加,即熵值增加,系统的自由能也就随着温度的升高而降低。图 2.4 是纯金属液、固两相自由能随温度变化的示意图。由图可见,液相和固相的自由能都随着温度的升高而降低。由于液态金属原子排列的混乱程度比固态金属的大,即 $S_L > S_S$,也就是液相自由能曲线的斜率较固相的大,所以液相自由能降低得更快些。既然两条曲线的斜率不同,因而两条曲线必然在某一温度相交,此时的液、固两相的自由能相等,即 $G_L = G_S$,它表示两相可

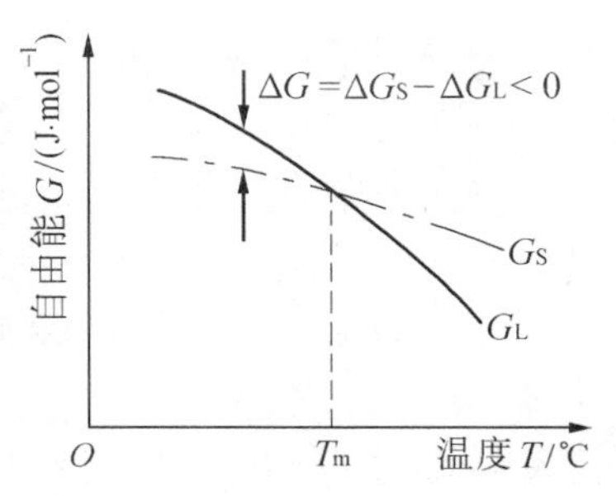

图 2.4　液相和固相自由能随温度变化示意图

以同时共存，具有同样的稳定性，既不熔化，也不结晶，处于热力学平衡状态，这一温度就是理论结晶温度 T_m。从图 2.4 还可以看出，只有当温度低于 T_m 时，固态金属的自由能才低于液态金属的自由能，液态金属可以自发地转变为固态金属。如果温度高于 T_m，液态金属的自由能低于固态金属的自由能，此时不但液态金属不能转变为固态金属，相反，固态金属还要熔化为液态。因为只有这样，自由能才能降低，过程才可以自动进行。由此可见，液态金属要结晶，其结晶温度一定要低于理论结晶温度 T_m，此时的固态金属自由能低于液态金属的自由能，两相自由能之差构成了金属结晶的驱动力。

现在分析当液相向固相转变时，单位体积自由能的变化 ΔG_V 与过冷度 ΔT 的关系。

因为 $\Delta G_V = G_L - G_S$，所以由式(2.1)可知

$$\Delta G_V = H_L - TS_L - (H_S - TS_S) = (H_L - H_S) - T(S_L - S_S) \tag{2.4}$$

式中的 $H_L - H_S = L_m$ 即熔化潜热。当结晶温度 $T = T_m$ 时，$\Delta G_V = 0$，即

$$L_m = T_m(S_L - S_S) = T_m \Delta S \tag{2.5}$$

当 $T < T_m$ 时，由于 ΔS 的变化很小，可以视为常数，将式(2.5)代入式(2.4)，即得

$$\Delta G_V = L_m - T\frac{L_m}{T_m} = L_m\left(1 - \frac{T}{T_m}\right) = L_m\left(\frac{T_m - T}{T_m}\right) = L_m\frac{\Delta T}{T_m} \tag{2.6}$$

由此可见，两相自由能之差 ΔG_V 与过冷度 ΔT 成正比，即 ΔG_V 随过冷度 ΔT 的增大而呈直线增加。当 ΔT 等于零时，ΔG_V 也等于零。

要获得结晶过程所必需的驱动力，一定要使实际结晶温度低于理论结晶温度，这样才能满足结晶的热力学条件。过冷度越大，液、固两相自由能的差值越大，即相变驱动力越大，结晶速度便越快，这就说明了金属结晶时为什么必须过冷的根本原因。

2.3　金属结晶的结构条件

金属的结晶是晶核的形成和长大的过程，而晶核是由晶胚生成的，那么，晶胚又是什么？它是怎样转变为晶核的？这些问题都涉及到液态金属的结构条件，因此，了解液态金属的结构，对于深入理解结晶时的形核和长大过程十分重要。

由于液体具有良好的流动性，所以人们曾经认为，液态金属的结构与气体相似，是以单原子状态存在的，并进行着无规则的热运动。但是大量的实验结果表明，液态金属的结构与固态相似，而与气态金属根本不同。例如：

金属熔化时的体积增加很小（$\varphi(B) = 3\% \sim 5\%$），说明固态金属与液态金属的原子间距相差不大；

液态金属的配位数比固态金属的有所降低，但变化不大，而气态金属的配位数却是零；

金属熔化时的熵值较室温时的熵值有显著增加，这意味着其原子排列的有序程度受到很大的破坏；

液态金属结构的 X 射线研究结果表明，在液态金属的近邻原子之间具有某种与晶体结构类似的规律性，这种规律性不像晶体延伸至远距离。

根据以上的实验结果，可以勾画出液态金属结构的示意图，如图 2.5 所示。可见，在液体中的微小范围内，存在着紧密接触规则排列的原子集团，称为近程有序，但在大范围

内原子是无序分布的，而在晶体中大范围内的原子却是呈有序排列的，称之为远程有序。

应当指出，液态金属中近程规则排列的原子集团并不是固定不动、一成不变的，而是处于不断的变化之中。由于液态金属原子的热运动很激烈，而且原子间距较大，结合较弱，所以液态金属原子在其平衡位置停留的时间很短，很容易改变自己的位置，这就使近程有序的原子集团只能维持短暂的时间即被破坏而消失。与此同时，在其它地方又会出现新的近程有序的原子集团。前一瞬间属于这个近程有序原子集团的原子，下一瞬间可能属于另一个近程有序的原子集团。液态金属中的这种近程有序的原子集团就是这样处于瞬间出现、瞬间消失、此起彼伏、变化不定的状态之中，仿佛在液态金属中不断涌现出一些极微小的固态结构一样。这种不断变化着的近程有序原子集团称为结构起伏，或称为相起伏。

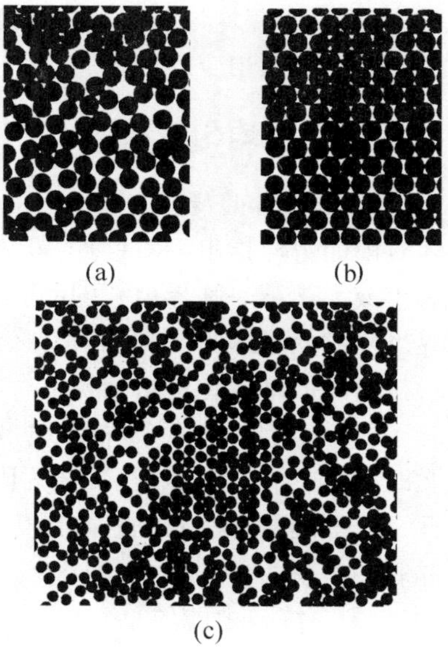

(a) (b)

(c)

图2.5 液体(a)、晶体(b)和液体中的相起伏(c)示意图

在液态金属中，每一瞬间都涌现出大量的尺寸不等的相起伏，在一定的温度下，不同尺寸的相起伏出现的几率不同，尺寸大的和尺寸小的相起伏出现的几率都很小，在每一温度下出现的尺寸最大的相起伏有一极大值 r_{max}。r_{max}的尺寸大小与温度有关，温度越高，r_{max}尺寸越小；温度越低，则 r_{max}尺寸越大(图2.6)。在过冷的液相中，r_{max}尺寸可达几百个原子范围。根据结晶的热力学条件可以判断，只有在过冷液体中出现尺寸较大的相起伏，才有可能在结晶时转变为晶核，这些相起伏就是晶核的胚芽，称为晶胚。

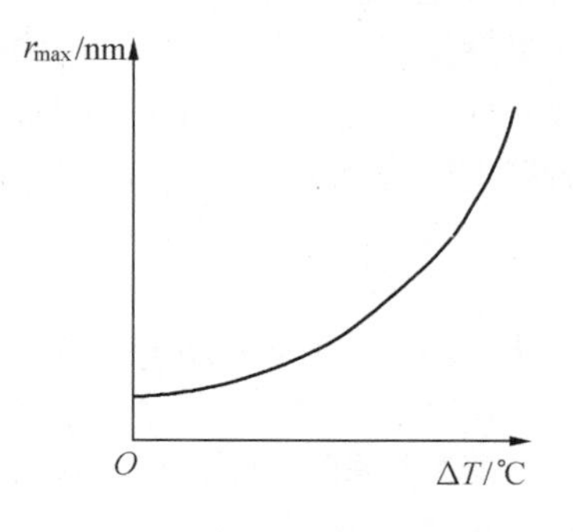

图2.6 最大相起伏尺寸与过冷度的关系

总之，液态金属的一个重要特点是存在着相起伏，只有在过冷液体中的相起伏才能成为晶胚。但是，并不是所有的晶胚都可以转变成为晶核，要转变成为晶核，必须满足一定的条件，这就是下面所要讨论的形核规律。

2.4 晶核的形成

在过冷液体中形成固态晶核时，可能有两种形核方式：一种是均匀形核，又称均质形核或自发形核；另一种是非均匀形核，又称异质形核或非自发形核。若液相中各个区域出现新相晶核的几率都是相同的，这种形核方式即为均匀形核；反之，新相优先出现于液相中的某些区域称为非均匀形核。前者是指液态金属绝对纯净，无任何杂质，也不和型壁接触，只是依靠液态金属的能量变化，由晶胚直接形核的过程。显然这是一种理想情况。在实际液态金属中，总是或多或少地含有某些杂质。因此，晶胚常常依附于这些固态杂质质点(包括型壁)上形成晶核，所以实际金属的结晶主要按非均匀形核方式进行。为了便于讨论，首先研究均匀形核，由此得出的基本规律不但对研究非均匀形核有指导作用，而且也是研究固态相变的基础。

2.4.1　均匀形核

1. 形核时的能量变化

前面曾经指出，在过冷的液体中并不是所有的晶胚都可以转变为晶核，只有那些尺寸等于或大于某一临界尺寸的晶胚才能稳定地存在，并能自发地长大。这种等于或大于临界尺寸的晶胚即为晶核。为什么过冷液体形核要求晶核具有一定的临界尺寸，这需要从形核时的能量变化进行分析。

在一定的过冷度条件下，固相的自由能低于液相的自由能，当在此过冷液体中出现晶胚时，一方面原子从液态转变为固态将使系统的自由能降低，它是结晶的驱动力；另一方面，由于晶胚构成新的表面，产生表面能，从而使系统的自由能升高，它是结晶的阻力。若晶胚的体积为 V，表面积为 S，液、固两相单位体积自由能之差为 ΔG_V，单位面积的表面能为 σ，则系统自由能的总变化为

$$\Delta G = -V\Delta G_V + \sigma S \tag{2.7}$$

式(2.7)右端的第一项是液体中出现晶胚时所引起的体积自由能的变化，如果是过冷液体，则 ΔG_V 为负值，否则为正值。第二项是液体中出现晶胚时所引起的表面能变化，这一项总是正值。显然，第一项的绝对值越大，越有利于结晶；第二项的绝对值越小，也越有利于结晶。为了计算上的方便，假设过冷液体中出现一个半径为 r 的球状晶胚，它所引起的自由能变化为

$$\Delta G = -\frac{4}{3}\pi r^3\Delta G_V + 4\pi r^2\sigma \tag{2.8}$$

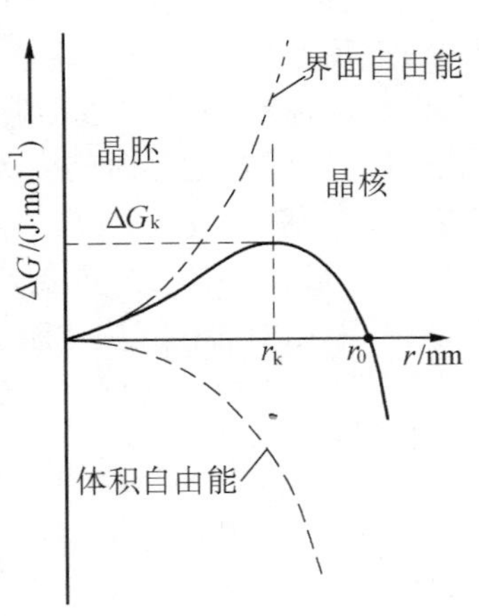

图 2.7　晶核半径与 ΔG 的关系

由式(2.8)可知，体积自由能的变化与晶胚半径的立方成正比，而表面能的变化与半径的平方成正比。总的自由能是体积自由能和表面能的代数和，它与晶胚半径的变化关系如图 2.7 所示，它是由式(2.8)中第一项和第二项两条曲线叠加而成的。由于第一项即体积自由能随 r^3 而减小，而第二项即表面能随 r^2 而增加，所以当 r 增大时，体积自由能的减小比表面能增加得快。但在开始时，表面能项占优势，当 r 增加到某一些临界尺寸后，体积自由能的减小将占优势。于是在 ΔG 与 r 的关系曲线上出现了一个极大值 ΔG_k，与之相对应的 r 值为 r_k。由图可知：当 $r < r_k$ 时，随着晶胚尺寸 r 的增大，则系统的自由能增加，显然这个过程不能自动进行，这种晶胚不能成为稳定的晶核，而是瞬时形成，又瞬时消失；当 $r > r_k$ 时，随着晶胚尺寸的增大，系统的自由能降低，这一过程可以自动进行，晶胚可以自发地长成稳定的晶核，因此它将不再消失；当 $r = r_k$ 时，这种晶胚既可能消失，也可能长大成为稳定的晶核，因此把半径为 r_k 的晶胚称为临界晶核，r_k 称为临界晶核半径。

对式(2.8)进行微分并令其等于零，就可以求出临界晶核半径 r_k

$$r_k = \frac{2\sigma}{\Delta G_V} \tag{2.9}$$

由式(2.9)可知,临界晶核半径与晶核的表面能 σ 成正比,而与单位体积自由能 ΔG_V 成反比。因此,只要设法增加 ΔG_V,减少 σ,均可使临界晶核半径减小。

如何增加 ΔG_V 呢? 从式(2.6)可以看出,液、固两相自由能之差与 ΔT 成正比,过冷度越大,则 ΔG_V 也就越大。将式(2.6)代入式(2.9)可得

$$r_k = \frac{2\sigma T_m}{L_m \Delta T} \tag{2.10}$$

晶核的临界半径 r_k 与过冷度 ΔT 成反比,过冷度越大,则临界半径越小,如图 2.8 所示。

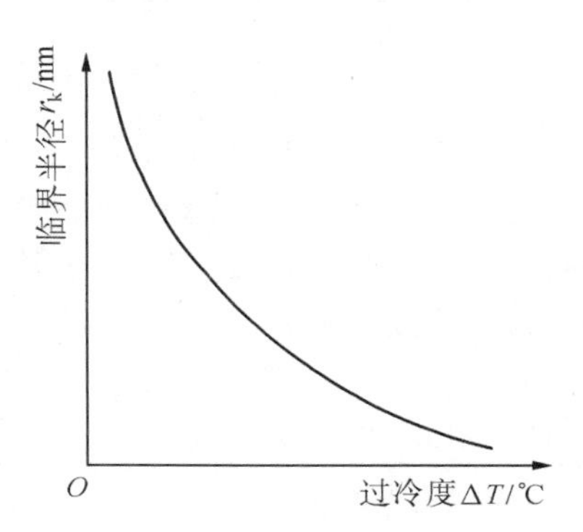

图 2.8　临界晶核半径与过冷度的关系

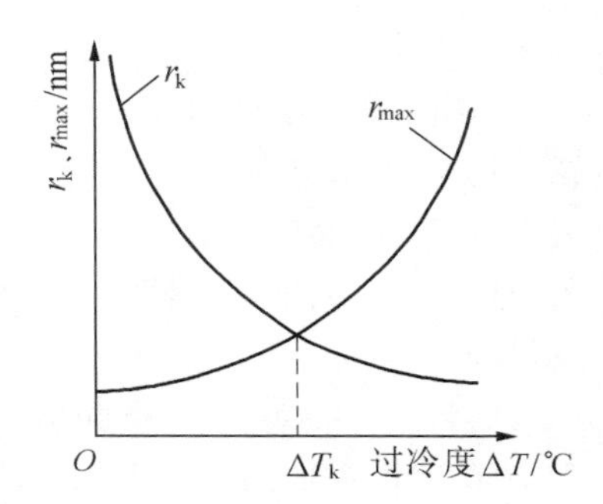

图 2.9　最大晶胚尺寸 r_{max}和临界核半径 r_k 与过冷度的关系

此外,在过冷液体中所存在的最大相起伏尺寸 r_{max}与过冷度的关系曾示于图 2.6,现将图 2.8 与图 2.6 结合起来,可得图 2.9。从此图中可以看出,两条曲线的交点所对应的过冷度 ΔT_k 就是临界过冷度。显然,当 $\Delta T < \Delta T_k$ 时,在过冷液体中存在的最大晶胚尺寸 r_{max}小于临界晶核半径 r_k,不能转变成为晶核;当 $\Delta T = \Delta T_k$ 时,$r_{max} = r_k$,正好达到临界晶核半径,这些晶胚就有可能转变成为晶核;当 $\Delta T > \Delta T_k$ 时,无论是最大尺寸的晶胚,还是较小尺寸的晶胚,其尺寸均达到或超过了 r_k,此时液态金属的结晶易于进行。

由此可见,液态金属能否结晶,液体中的晶胚能否生成为晶核,很重要的一点就是看晶胚的尺寸是否达到了临界晶核半径的要求。而要满足这一点,就必须使液体的过冷度达到或超过临界过冷度,只有此时,过冷液体中的最大晶胚尺寸才能达到或超过临界晶核半径 r_k。过冷度越大,则超过 r_k 的晶胚数量越多,结晶越易于进行。

为了用实验方法测出均匀形核的过冷度大小,需要采用特殊的方法。这是因为一般金属中总是含有杂质,不符合均匀形核的条件。为避免这些杂质的影响,设法将液体分成直径为 10～15 μm 的极微小的液滴,这样每个液滴中含有杂质的几率大大下降。用这种方法测出的一些常见金属均匀形核的过冷度如表 2.1 所示。有人曾用数学方法进行过计算,得出均匀形核的过冷度大约为 $0.2T_m$(T_m 用热力学温度表示),这与实验结果基本相符。

表 2.1 一些常见金属液滴均匀形核能达到的过冷度

金属	熔点 T_m/K	过冷度 ΔT/℃	$\Delta T/T_m$	金属	熔点 T_m/K	过冷度 ΔT/℃	$\Delta T/T_m$
Hg	234.2	58	0.287	Ag	1233.7	227	0.184
Ga	303	76	0.250	Au	1336	230	0.172
Sn	505.7	105	0.208	Cu	1356	236	0.174
Bi	544	90	0.166	Mn	1493	308	0.206
Pb	600.7	80	0.133	Ni	1725	319	0.185
Sb	903	135	0.150	Co	1763	330	0.187
Al	931.7	130	0.140	Fe	1803	295	0.164
Ge	1231.7	227	0.184	Pt	2043	370	0.181

2. *形核功*

从图 2.7 已知，当晶胚半径大于 r_k 时，随着 r 的增加，系统的自由能下降，过程可以自动进行，即晶胚可以转变成为晶核。但是，晶核半径在 $r_k \sim r_0$ 范围内时，系统的自由能 ΔG 仍然大于零，即晶核的表面能大于体积自由能，阻力大于驱动力，这与 $r > r_0$ 时的情况不同，此时的 $\Delta G < 0$，这种晶核肯定是稳定的。那么，尺寸在 $r_k \sim r_0$ 范围内的晶核能够成为稳定晶核吗？

为了回答这一问题，首先将晶核半径在 $r_k \sim r_0$ 范围内的 ΔG 极大值求出，显然，当 $r = r_k$ 时，ΔG 的极大值为 ΔG_k。现将式(2.9)代入式(2.8)，求得

$$\Delta G_k = -\frac{4}{3}\pi\left(\frac{2\sigma}{\Delta G_V}\right)^3\Delta G_V + 4\pi\left(\frac{2\sigma}{\Delta G_V}\right)^2\sigma = \frac{1}{3}\left[4\pi\left(\frac{2\sigma}{\Delta G_V}\right)^2\sigma\right] = \frac{1}{3}4\pi r_k^2\sigma = \frac{1}{3}S_k\sigma \tag{2.11}$$

式中，$S_k = 4\pi r_k^2$ 为临界晶核的表面积。

由式(2.11)可见，形成临界晶核时自由能的变化为正值，且恰好等于临界晶核表面能的 1/3。这表明，形成临界晶核时，体积自由能的下降只补偿了表面能的 2/3，还有 1/3 的表面能没有得到补偿，需要另外供给，即需要对形核作功，故称 ΔG_k 为形核功。这一形核功是过冷液体形核时的主要障碍，过冷液体需要一段孕育期才开始结晶的原因正在于此。

形核功从哪里来？事实上，这部分能量可以由晶核周围的液体对晶核作功来提供。在液态金属中不但存在着结构起伏，而且还存在着能量起伏。在一定温度下，系统有一定的自由能值与之相对应，但这指的是宏观平均能量。其实在各微观区域内的自由能并不相同，有的微区高些，有的微区低些，即各微区的能量也是处于此起彼伏、变化不定的状态。这种微区内暂时偏离平衡能量的现象即为能量起伏。当液相中某一微观区域的高能原子附着于晶核上时，将释放一部分能量，一个稳定的晶核便在这里形成，这就是形核时所需能量的来源。

由此可见，过冷液相中的相起伏和能量起伏是形核的基础，任何一个晶核都是这两种起伏的共同产物。当然，如若晶胚的半径大于 r_0，此时的液、固两相体积自由能差值大于晶胚的表面能，驱动力大于阻力，那么晶胚 就可以转变成为稳定晶核，而不再需要外界提供能量了。

形核功的大小也与过冷度有关，将式(2.6)和式(2.10)代入式(2.8)中，可得

$$\Delta G_k = -\frac{4}{3}\pi\left(\frac{2\sigma T_m}{L_m\Delta T}\right)^3\frac{L_m\Delta T}{T_m} + 4\pi\left(\frac{2\sigma T_m}{L_m\Delta T}\right)^2\sigma = \frac{16\pi\sigma^3 T_m^2}{3L_m^2}\cdot\frac{1}{\Delta T^2} \tag{2.12}$$

上式表明，临界形核功与过冷度的平方成反比，过冷度增大，临界形核功显著降低，从而使结晶过程易于进行。

3. 形核率

形核率是指在单位时间单位体积液体中形成的晶核数目，用 N 表示，单位为 $cm^{-3}\cdot s^{-1}$。

形核率对于实际生产十分重要，形核率高，意味着单位体积内的晶核数目多，结晶结束后可以获得细小晶粒的金属材料。这种金属材料不但强度高，而且塑性、韧性也好。

形核率受两个方面因素的控制：一方面是随着过冷度的增加，晶核的临界半径和形核功都随之减小，结果使晶核易于形成，形核率增加；另一方面无论是临界晶核的形成，还是临界晶核的长大，都必须伴随着液态原子向晶核的扩散迁移，没有液态原子向晶核上的迁移，临界晶核就不可能形成，即使形成了也不可能长大成为稳定晶核。但是增加液态金属的过冷度，就势必降低原子的扩散能力，结果给形核造成困难，使形核率减少。这一对相互矛盾的因素决定了形核率的大小，因此形核率可用下式表示

$$N = N_1\cdot N_2 \tag{2.13}$$

式中，N_1 为受形核功影响的形核率因子；N_2 为受原子扩散能力影响的形核率因子，形核率 N 则是以上两者的综合。图2.10(a)为 N_1、N_2 和 N 与温度关系的示意图。

由于 N_1 主要受形核功的控制，而形核功 ΔG_k 与过冷度的平方成反比，过冷度越大，则形核功越小，因而形核率增加，故 N_1 随过冷度的增加，也即温度的降低而增大。N_2 主要取决于原子的扩散能力，温度越高(过冷度越小)，则原子的扩散能力越大，因而 N_2 越大。在由两者综合而成的形核率 N 的曲线上出现了极大值。从该曲线可以看出，开始时形核率随过冷度的增加而增大，当超过极大值之后，形核率又随过冷度的增加而减小，当过冷度非常大时，形核率接近于零。这是因为温度较高，过冷度较小时，原子有足够高的扩散能力，此时的形核率主要受形核功的影响，过冷度增加，形核功减小，晶核易于形成，因而形核率增大；但当过冷度很大(超过极大值后)时，矛盾发生转化，原子的扩散能力转而起主导作用，所以尽管随着过冷度的增加，形核功进一步减少，但原子扩散越来越困难，形核率反而明显降低了。对于纯金属而言，其均匀形核的形核率与过冷度的关系如图2.10(b)所示。这一实验结果说明，在到达一定的过冷度之前，液态金属中基本上不形核，一旦温度降至某一温度时，形核率急剧增加，一般将这一温度称为有效成核温度。由于一般金属的晶体结构简单，凝固倾向大，形核率在到达曲线的极大值之前即已凝固完毕，看

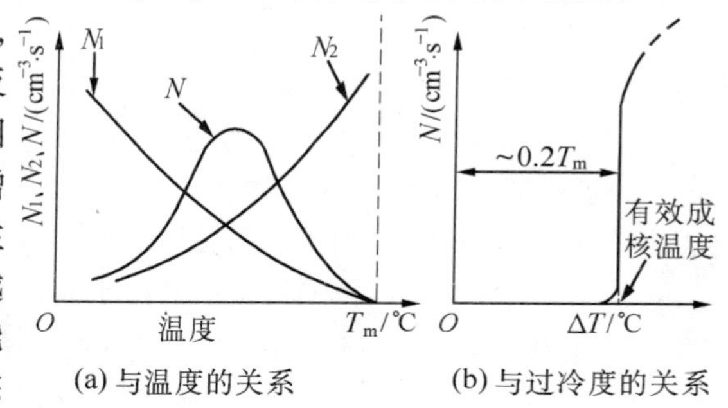

(a) 与温度的关系　(b) 与过冷度的关系

图2.10　形核率与温度及过冷度的关系

不到曲线的下降部分。但是如果采用极快速的冷却技术，例如使冷却速度大于 10^7 ℃·s^{-1}，那么就可使液态金属过冷至远远超过其极大值，到达形核率为零的温度，这时的液态金属没有形核即已凝固成固体，它的原子排列状况与液态金属相似，这种材料称为非晶态金属，又称金属玻璃。非晶态金属具有强度高、韧性大、耐腐蚀性能好、导磁性强等优良性质，引起了人们极大的兴趣和重视，是一种很有发展前途的金属材料。

2.4.2 非均匀形核

由表 2.1 可知，均匀形核需要很大的过冷度，如纯铝结晶时的过冷度为 130℃，而纯铁的过冷度则高达 295℃。如果相变只能通过均匀形核实现的话，那么我们周围的物质世界就要改变样子。例如，雨云中只有少数蒸气压较高的才能凝为雨滴，降雨量将大大减少，人工降雨也无法实现。又如钢铁工业的铸锭和机械工业的铸件，也将在很大的过冷度下凝固，造成其中的偏析加重，内应力增大，甚至在冷却过程中就可能开裂。然而在空气中悬浮着大量的尘埃，它能有效地促进雨云中雨滴的形成。在液态金属中总是存在一些微小的固相杂质质点，并且液态金属在凝固时还要和型壁相接触，于是晶核就可以优先依附于这些现成的固体表面上形成，这种形核方式就是非均匀形核，它使形核时的过冷度大大降低，一般不超过 20℃。

1. 临界晶核半径和形核功

均匀形核时的主要阻力是晶核的表面能，对于非均匀形核，当晶核依附于液态金属中存在的固相质点的表面上形核时，就有可能使表面能降低，从而使形核可以在较小的过冷度下进行。但是，在固相质点表面上形成的晶核可能有各种不同的形状，为了便于计算，设晶核为球冠形，如图 2.11 所示。θ 表示晶核与基底的接触角（或称润湿角），$\sigma_{\alpha L}$表示晶核与液相之间的表面能，$\sigma_{\alpha\beta}$表示晶核与基底之间的表面能，$\sigma_{L\beta}$表示液相与基底之间的表面能。表面能在数值上可以用表面张力的数值表示。当晶核稳定存在时，三种表面张力在交点处达到平衡，即

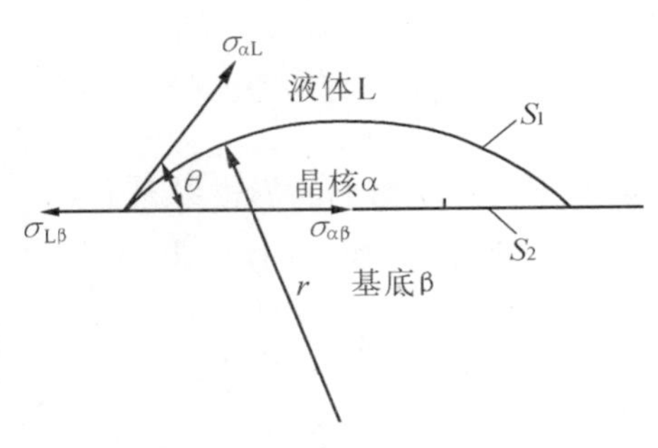

图 2.11 非均匀形核示意图

$$\sigma_{L\beta} = \sigma_{\alpha\beta} + \sigma_{\alpha L}\cos\theta \tag{2.14}$$

根据初等几何，可以求出晶核与液体的接触面积 S_1，晶核与基底的接触面积 S_2 和晶核的体积 V

$$S_1 = 2\pi r^2(1-\cos\theta) \tag{2.15}$$

$$S_2 = \pi r^2\sin^2\theta \tag{2.16}$$

$$V = \frac{1}{3}\pi r^3(2-3\cos\theta+\cos^3\theta) \tag{2.17}$$

在基底 β 上形成晶核时总的自由能变化 $\Delta G'$ 应为

$$\Delta G' = -V\Delta G_V + \Delta G_S \tag{2.18}$$

总的表面能 ΔG_S 由三部分组成：一是晶核球冠面上的表面能 $\sigma_{\alpha L}\cdot S_1$；二是晶核底面上的表面能 $\sigma_{\alpha\beta}\cdot S_2$；三是已经消失的原来基底底面上的表面能 $\sigma_{L\beta}\cdot S_2$。于是

$$\Delta G_S = \sigma_{\alpha L}\cdot S_1 + \sigma_{\alpha\beta}\cdot S_2 - \sigma_{L\beta}\cdot S_2 =$$

$$\sigma_{\alpha L}S_1 + (\sigma_{\alpha\beta} - \sigma_{L\beta})S_2 \tag{2.19}$$

将各有关项代入式(2.18),可得

$$\Delta G' = -\frac{1}{3}\pi r^3(2 - 3\cos\theta + \cos^3\theta)\Delta G_V + 2\pi r^2(1 - \cos\theta)\sigma_{\alpha L} + \pi r^2\sin^2\theta(\sigma_{\alpha L} - \sigma_{L\beta})$$

将式(2.14)和公式 $\sin^2\theta = (1 - \cos^2\theta)$代入上式,并整理之,即得

$$\Delta G' = \left(-\frac{4}{3}\pi r^3\Delta G_V + 4\pi r^2\sigma_{\alpha L}\right)\left(\frac{2 - 3\cos\theta + \cos^3\theta}{4}\right) \tag{2.20}$$

按照均匀形核求临界晶核半径和形核功的方法,即可求出非均匀形核的临界晶核半径 r_k'和形核功 $\Delta G_k'$

$$r_k' = \frac{2\sigma_{\alpha L}}{\Delta G_V} = \frac{2\sigma_{\alpha L}T_m}{L_m\Delta T} \tag{2.21}$$

$$\Delta G_k' = \frac{1}{3}4\pi r_k^2\sigma_{\alpha L}\left(\frac{2 - 3\cos\theta + \cos^3\theta}{4}\right) \tag{2.22}$$

将式(2.21)和式(2.22)分别与均匀形核的式(2.9)和式(2.11)相比较,可以看出,非均匀形核临界球冠半径与均匀形核的临界半径是相等的。当 $\theta = 0$ 时,非均匀形核的球冠体积等于零(图 2.12(a)),$\Delta G_k' = 0$,表示完全润湿,不需要形核功。这说明液体中的固相杂质质点就是现成的晶核,可以在杂质质点上直接结晶长大,这是一种极端情况。当 $\theta = 180°$时,非均匀晶核为一球体(图 2.12(c)),大小与均匀形核时的晶核相等,$\Delta G_k' = \Delta G_k$,形核功也相等,这是另一种极端情况。一般的情况是 θ 角在 0~180°之间变化,非均匀形核的球冠体积小于均匀形核的晶核体积(图 2.12(b)),$\Delta G_k'$恒小于 ΔG_k。θ 越小,$\Delta G_k'$越小,非均匀形核越容易,需要的过冷度也越小。

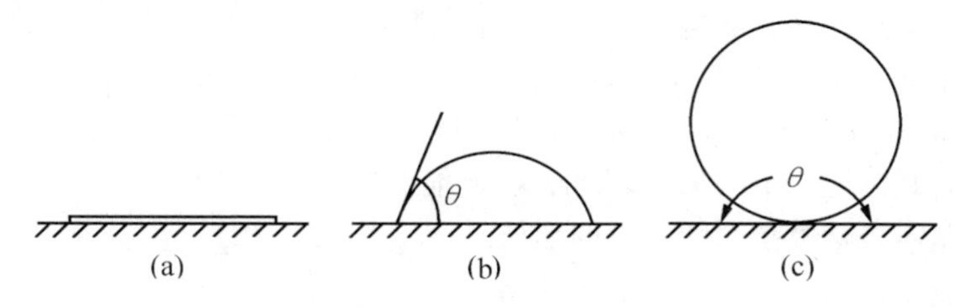

图 2.12 不同润湿角的晶核形状

2. 形核率

非均匀形核的形核率与均匀形核的相似,但除了受过冷度和温度的影响外,还受固态杂质的结构、数量、形貌及其它一些物理因素的影响。

(1) 过冷度的影响。由于非均匀形核所需的形核功 $\Delta G_k'$很小,因此在较小的过冷度条件下,当均匀形核还微不足道时,非均匀形核就明显开始了。图 2.13 为均匀形核与非均匀形核的形核率随过冷度变化的比较。从两者的对比可知,当非均匀形核的形核率相当可观时,均匀形核的形核率还几乎为零。当过冷度约为 $0.02T_m$ 时,非均匀形核具有最大的形核率,这只相当于均匀形核达到最大形核率时所需过冷度($0.2T_m$)的 1/10。由于非均匀形核取决于适当的夹杂物质点的存在,因此其形核率可能越过最大值,并在高的过冷度处中断。这是因为在非均匀形核时,晶核在夹杂物底面上的分布,逐渐使那些有利于新晶核形成的表面减少。当可被利用的形核基底全部被晶核所覆盖时,非均匀形核也就中止了。

(2) 固体杂质结构的影响。非均匀形核的形核功与 θ 角有关,θ 角越小,形核功越

小,形核率越高。那么,影响 θ 角的因素是什么呢?

由式(2.14)可知,θ 角的大小取决于液体、晶核及固态杂质三者之间表面能的相对大小,即

$$\cos\theta = \frac{\sigma_{L\beta} - \sigma_{\alpha\beta}}{\sigma_{\alpha L}}$$

当液态金属确定之后,$\sigma_{\alpha L}$便固定不变,那么 θ 角便只取决于 $\sigma_{L\beta} - \sigma_{\alpha\beta}$的差值。为了获得较小的 θ 角,应使 $\cos\theta$ 趋近于 1。只有当 $\sigma_{\alpha\beta}$越小时,$\sigma_{\alpha L}$才越接近于 $\sigma_{L\beta}$,$\cos\theta$ 才能越接近于 1。也就是说,固态质点与晶核的表面能越小,它对形核的催化效应便越高。很明显,$\sigma_{\alpha\beta}$取决于晶核(晶体)与固态杂质的结构(原子排列的几何状态、原子大小、原子间距等)上的相似程度。两个相互接触的晶面结构越近似,它们之间的表面能便越小,即使在接触面的某一个方向上的原子排列配合得比较好,也会使表面能降低一些。以上条件(结构相似、尺寸相当)称为点阵匹配原理,凡满足这个条件的界面,就可能对形核起到催化作用,它本身就是良好的形核剂,或称为活性质点。

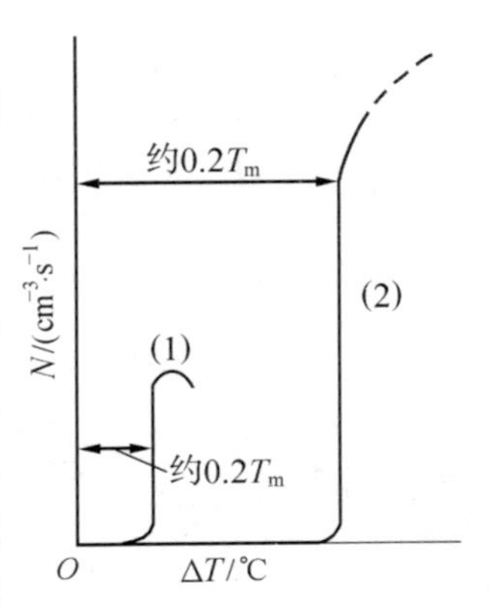

图 2.13 非均匀形核率(1)与均匀形核率(2)随过冷度而变化的比较

在铸造生产中,往往在浇注前加入形核剂,增加非均匀形核的形核率,以达到细化晶粒的目的。例如锆能促进镁的非均匀形核,这是因为两者都具有密排六方晶格。镁的晶格常数为 a = 0.320 22 nm,c = 0.519 91 nm;锆的晶格常数为 a = 0.322 3 nm,c = 0.512 3 nm,两者的大小很接近,而且锆的熔点(1 855℃)远高于镁的熔点 659℃。所以,在液态镁中加入很少量的锆,就可大大提高镁的形核率。

又如,铁能促进铜的非均匀形核,这是因为,在铜的结晶温度 1 083℃以下,γ-Fe 和 Cu 都是面心立方晶格,而且晶格常数相近:γ-Fe 的 $a \approx$ 0.365 2 nm,Cu 的 $a \approx$ 0.368 8 nm。所以在液态铜中加入少量的铁,就能促进铜的非均匀形核。

再如,钛在铝合金中是非常有效的形核剂,钛在铝合金中形成 $TiAl_3$,它与铝的晶格类型不同:铝为面心立方晶格,晶格常数 a = 0.405 nm,$TiAl_3$ 为正方晶格,晶格常数 $a = b$ = 0.543 nm,c = 0.859 nm。不过当 $(0\,0\,1)_{TiAl_3} /\!/ (0\,0\,1)_{Al}$时,Al 的晶格只要旋转 45°,即$[1\,0\,0]_{TiAl_3} /\!/ [1\,1\,0]_{Al}$时,即可与 $TiAl_3$ 较好对应(图 2.14),从而有效地细化铝的晶粒组织。

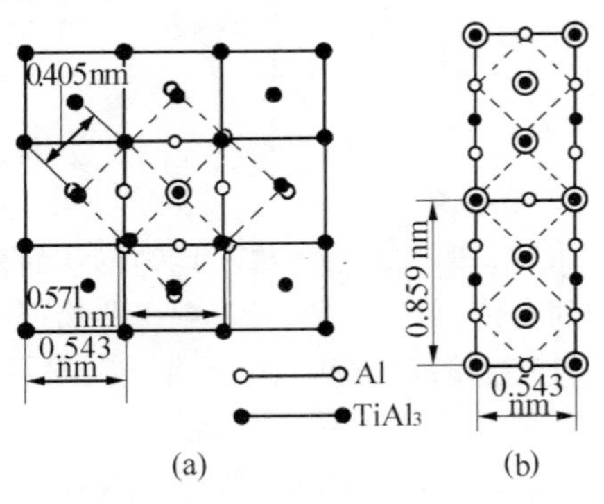

图 2.14 Al 与 $TiAl_3$ 共格对应情况

应当指出,点阵匹配原理已被大量的实验所证明,但在实际应用时有时会出现例外情况,尚有待于进一步研究。

(3) 固体杂质形貌的影响。固体杂质表面的形状各种各样,有的呈凸曲面,有的呈凹曲面,还有的为深孔,这些基面具有不同的形核率。例如,有三个不同形状的固体杂质,如图 2.15 所示,形成三个晶核,它们具有相同的曲率半径 r 和相同的 θ 角,但三个晶核的体积却不同。凹面上形成的晶核体积最小(图 2.15(a)),平面上的次之(图 2.15(b)),凸面

上的最大(图 2.15(c))。由此可见，在曲率半径、接触角相同的情况下，晶核体积随界面曲率的不同而改变。凹曲面的形核效能最高，因为较小体积的晶胚便可达到临界晶核半径，平面的效能居中，凸曲面的效能最低。因此，对于相同的固体杂质颗粒，若其表面曲率不同，它的催化作用也不同，在凹曲面上形核所需过冷度比在平面、凸面上形核所需过冷度都要小。铸型壁上的深孔或裂纹属于凹曲面情况，在金属结晶时，这些地方有可能成为促进形核的有效界面。

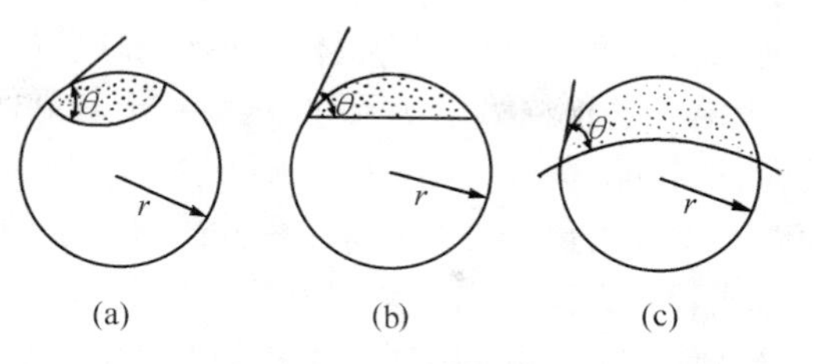

图 2.15　不同形状的固体杂质表面形核的晶核体积

(4) 过热度的影响。过热度是指金属熔点与液态金属温度之差。液态金属的过热度对非均匀形核有很大的影响。当过热度不大时，可能不使现成质点的表面状态有所改变，这对非均匀形核没有影响；当过热度较大时，有些质点的表面状态改变了，如质点内微裂缝及小孔减少，凹曲面变为平面，使非均匀形核的核心数目减少；当过热度很大时，将使固态杂质质点全部熔化，这就使非均匀形核转变为均匀形核，形核率大大降低。

(5) 其它影响因素。非均匀形核的形核率除受以上因素影响外，还受其它一系列物理因素的影响，例如在液态金属凝固过程中进行振动或搅动，一方面可使正在长大的晶体碎裂成几个结晶核心，另一方面又可使受振动的液态金属中的晶核提前形成。

用振动或搅动提高形核率的方法，已被大量实验证明是行之有效的。

综上所述，金属的结晶形核有以下要点：

① 液态金属的结晶必须在过冷的液体中进行，液态金属的过冷度必须大于临界过冷度，晶胚尺寸必须大于临界晶核半径 r_k。前者提供形核的驱动力，后者是形核的热力学条件所要求的。

② r_k 值大小与晶核表面能成正比，与过冷度成反比。过冷度越大，则 r_k 值越小，形核率越大，但是形核率有一极大值。如果表面能越大，形核所需的过冷度也应越大。凡是能降低表面能的办法都能促进形核。

③ 形核既需要结构起伏，也需要能量起伏，二者皆是液体本身存在的自然现象。

④ 晶核的形成过程是原子的扩散迁移过程，因此结晶必须在一定温度下进行。

⑤ 在工业生产中，液体金属的凝固总是以非均匀形核方式进行。

2.5　晶 核 长 大

当液态金属中出现第一批略大于临界晶核半径的晶核后，液体的结晶过程就开始了。结晶过程的进行，固然依赖于新晶核的连续不断地产生，但更依赖于已有晶核的进一步长大。对每一个单个晶体(晶粒)来说，稳定晶核出现之后，马上就进入了长大阶段。晶体的长大从宏观上来看，是晶体的界面向液相逐步推移的过程；从微观上看，则是依靠原子逐个由液相中扩散到晶体表面上，并按晶体点阵规律的要求，逐个占据适当的位置而与晶体稳定牢靠地结合起来的过程。由此可见，晶体长大的条件是：第一，要求液相不断地向晶体扩散供应原子，这就要求液相有足够高的温度，以使液态金属原子具有足够的扩散能力；第二，要求晶体表面能够不断而牢靠地接纳这些原子，但是晶体表面上任意地点接纳这些原子的难易程度并不相同，晶体表面接纳这些原子的位置多少与晶体的表面结构有关，并应符合结晶过程的热力学条件，这就意味着晶体长大时的体积自由能的降低应大于晶体表面能的增加。因此，晶体的长大必须在过冷的液体中进行，只不过它所需要的过冷度比形核时小得多而已。一般说来，液态金属原子的扩散迁移并不十分困难，因而，决定晶体长大方式和长大速度的主要因素是晶核的界面结构、界面附近的温度分布及潜热的释放和逸散条件。此二者的结合，就决定了晶体长大后的形态。由于晶体的形态与结晶后的组织有关，因此对于晶体形态及其影响因素应予以重视。

2.5.1 固液界面的微观结构

固液界面的微观结构有两种类型，即光滑界面和粗糙界面。

1. *光滑界面*

图 2.16(a)属于光滑界面。从显微尺度来看，光滑界面呈参差不齐的锯齿状，界面两则的固液两相是截然分开的(上图)，在界面的上部，所有的原子都处于液体状态，在界面的下部，所有的原子均处于固体状态，即所有的原子都位于结晶相晶体结构所规定的位置上。这种界面通常为固相的密排晶面。由于这种界面呈曲折的锯齿状，所以又称为小平面界面。当从原子尺度观察时，这种界面是光滑平整的(下图)。

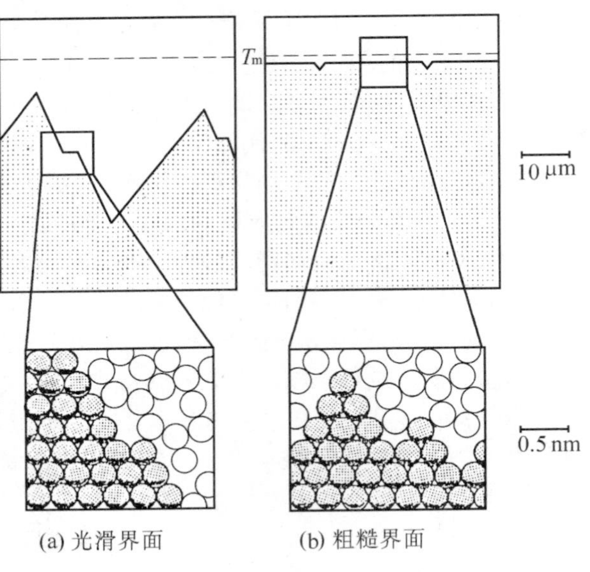

图 2.16 固液界面的微观结构

2. *粗糙界面*

图 2.16(b)属于粗糙界面。从微观尺度观察时，这种界面是平整的(上图)；当从原子尺度观察时，这种界面高低不平，并存在着厚度为几个原子间距的过渡层。在过渡层中，液相与固相的原子犬牙交错分布(下图)，所以这类界面是粗糙的，又称为非小平面界面。

除了少数透明的有机材料外，大多数材料(包括金属材料)是不透明的，因此不能依赖用直接观察的方法确定界面的性质。那么，如何判断材料界面的微观结构类型呢？杰克逊(K. A. Jackson)对此进行了深入的研究。当晶体与液体处于平衡状态时，从宏观上看，其界面是静止的。但是从原子尺度看，晶体与液体的界面并不是静止的，每一时刻都有大量的固相原子离开界面进入液相，同时又有大量液相原子进入固相晶格上的原子位置，与固相连接起来，只不过两者的速率相等。设界面上可能具有的原子位置数为 N，其中 N_A 个位置为固相原子所占据，那么界面上被固相原子占据位置的比例为 $x = N_A/N$，液相原子占据的位置比例则为 $1 - x$。如果界面上有近 50% 的位置为固相原了所占据，即 $x \approx 50\%$(或 $1 - x \approx 50\%$)，这样的界面即为粗糙界面(图 2.16(b))。如果界面上近于 0% 或 100% 的位置为晶体原子所占据，则这样的界面为光滑界面(图 2.16(a))。

界面的平衡结构应当是界面能最低的结构，当在光滑界面上任意添加原子时，其界面自由能的变化 ΔG_S 可以用下式表示

$$\frac{\Delta G_S}{NkT_m} = \alpha x(1-x) + x\ln x + (1-x)\ln(1-x)$$

式中，k 为波尔兹曼常数；α 是杰克逊因子。

α 是一个重要的参量，它决定于材料的种类和晶体在液相中生长系统的热力学性质。取不同的 α 值，作 $\Delta G_S/NkT_m$ 与 x 的关系曲线，如图 2.17 所示。由此图可得出如下结论：

(1) 当 $\alpha \leqslant 2$，在 $x = 0.5$ 处，界面能处于最小值，即相当于相界面上的一半位置为固相原子所占据，这样的界面即对应于粗糙界面。

(2) 当 $\alpha \geqslant 5$，在 x 靠近 0 处或 1 处，界面能最小，即相当于界面上的原子位置有极少量或极大量为固相原子所占据，这样的界面即对应于光滑界面。

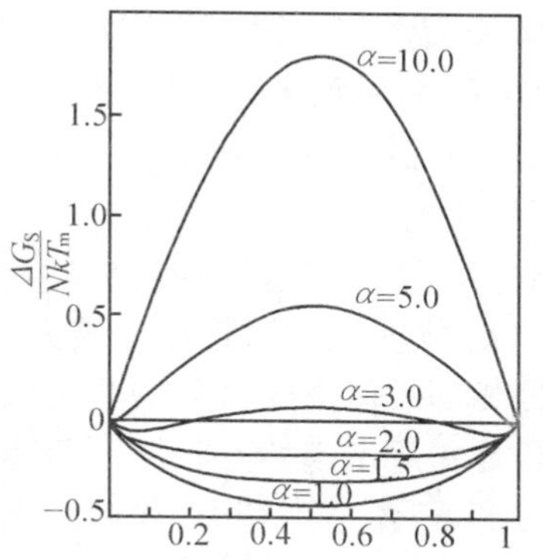

图 2.17　取不同的 α 值时，$\frac{\Delta G_S}{NkT_m}$ 与 x 的关系曲线图

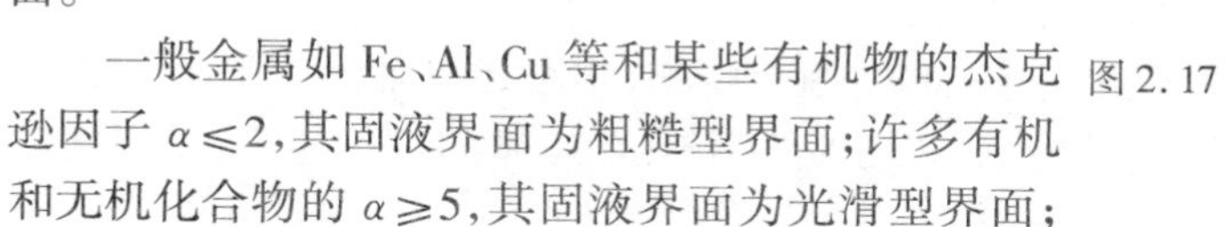

一般金属如 Fe、Al、Cu 等和某些有机物的杰克逊因子 $\alpha \leqslant 2$，其固液界面为粗糙型界面；许多有机和无机化合物的 $\alpha \geqslant 5$，其固液界面为光滑型界面；少数材料如 Be、Sb、Ga、Ge、Si 等的 $\alpha = 2 \sim 5$，处于中间状态，情况比较复杂，其固液界面常属于混合型。

2.5.2　晶体长大机制

界面的微观结构不同，则其接纳液相中迁移过来的原子的能力也不同，因此在晶体长大时将有不同的机制。

1. 二维晶核长大机制

当固液界面为光滑界面时，若液相原子单个的扩散迁移到界面上是很难形成稳定状态的，这是由于它所带来的表面自由能的增加，远大于其体积自由能的降低。在这种情况下，晶体的长大只能依靠所谓的二维晶核方式，即依靠液相中的结构起伏和能量起伏，使一定大小的原子集团几乎同时降落到光滑界面上，形成具有一个原子厚度并且有一定宽度的平面原子集团，如图 2.18 所示。根据热力学的分析，这个原子集团带来的体积自由能的降低必须大于其表面能的增加，它才能在光滑界面上形成稳定状态。好像是润湿角 $\theta = 0°$ 时的非均匀形一样，形成了一个大于临界晶核半径的晶核，这晶核即为二维晶核。二维晶核形成后，它的四周就出现了台阶，后迁移来的液相原子一个个填充到这些台阶处，这样所增加的表面能较小，直到整个界面铺满一层原子后，又变成了光滑界面，而后又需要新的二维晶核的形成，否则生长即告中断。晶体以这种方式长大时，其长大速度十分缓慢（单位时间内晶体长大的线速度称为长大速度，用 G 表示，单位为 $cm \cdot s^{-1}$）。

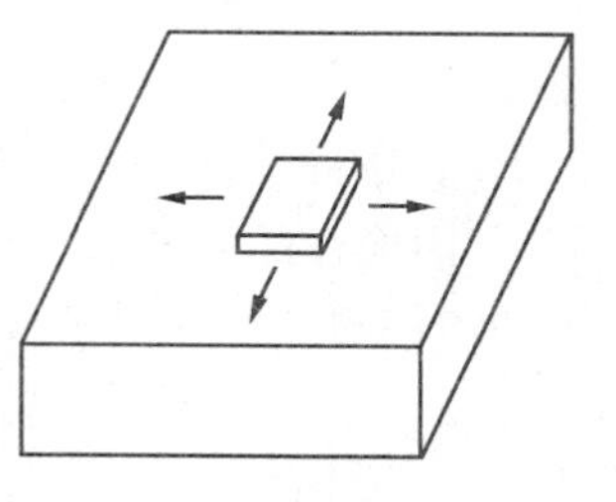

图 2.18

2. 螺型位错长大机制

在通常情况下,具有光滑界面的晶体,其长大速度比按二维晶核长大方式快得多,这是由于在晶体长大时,总是难以避免形成种种缺陷,这些缺陷所造成的界面台阶使原子容易向上堆砌,因而较二维晶核机制长大速度快。

图 2.19 表示光滑界面出现螺型位错露头时的晶体长大过程。螺型位错在晶体表面露头处,即在晶体表面形成台阶,这样,液相原子一个一个地堆砌到这些台阶处,新增加的表面能很小,完全可以被体积自由能的降低所补偿。每铺一排原子,台阶即向前移动一个原子间距,所以,台阶各处沿着晶体表面向前移动的线速度相等。但由于台阶的起始点不动,所以台阶各处相对于起始点移动的角速度不等。离起始点越近,角速度越大;离起始点越远,则角速度越小。于是随着原子的铺展,台阶先是发生弯曲(图 2.20),而后即以起始点为中心回旋起来,这种台阶永远不会消失,所以这个过程也就一直进行下去。台阶每横扫界面一次,晶体就增厚一个原子间距,但由于中心的回旋速度快,中心必将突出出来,形成螺钉状的晶体,螺旋上升的晶面叫做"生长蜷线"。图 2.21 是 SiC 晶体的生长蜷线,是用光学显微镜观察的结果。

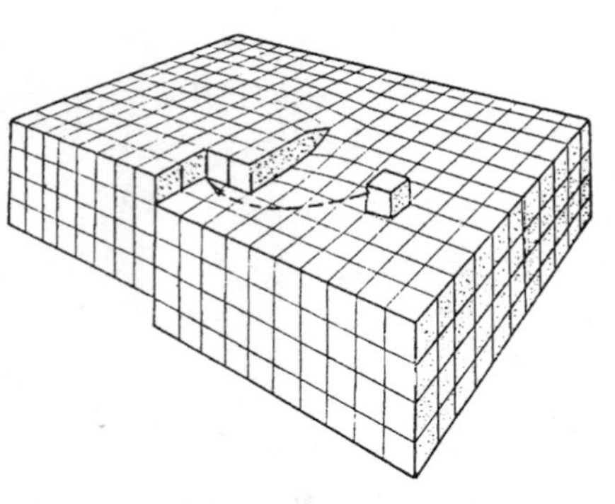

图 2.19　螺型位错长大机制示意图

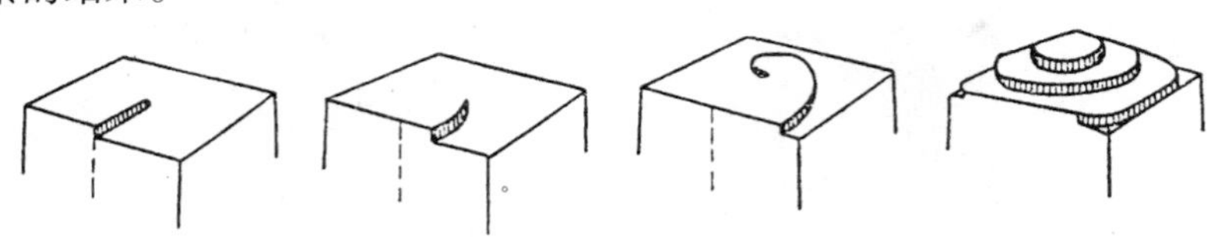

图 2.20　螺型位错露头处生长蜷线的形成

3. 垂直长大机制

在光滑界面上,位置不同,接纳液相原子的能力也不同,在台阶处,液相原子与晶体接合得比较牢固,因而在晶体的长大过程中,台阶起着十分重要的作用。然而平滑界面上的台阶不能自发地产生,只能通过二维晶核产生。这个事实意味着:一方面在光滑界面上生长的不连续性(当晶体生长了一层以后,必须通过重新形成二维晶核才能产生新的台阶);另一方面,表明晶体缺陷(如螺型位错)在光滑界面生长中起着重要作用,这些缺陷提供了永远没有穷尽的台阶。

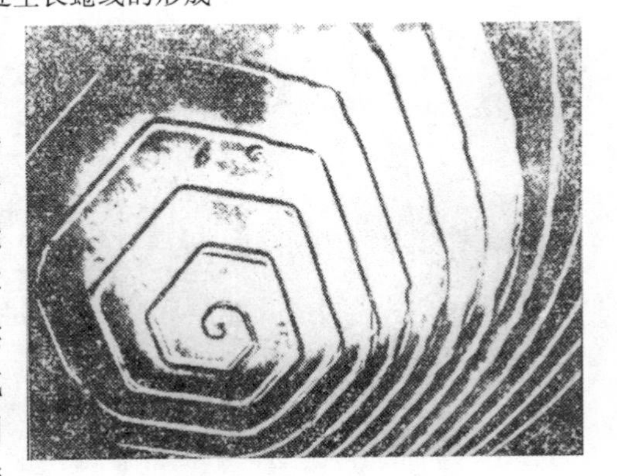

图 2.21　螺旋长大的 SiC 晶体

但是在粗糙界面上,几乎有一半应按晶体规律而排列的原子位置虚位以待,从液相中扩散过来的原子很容易填入这些位置,与晶体连接起来,如图 2.16(b)所示。由于这些位置接待原子的能力是等效的,在粗糙界面上的所有位置都是生长位置,所以液相原子可以连续、垂直地向界面添加,界面的性质永远不会改变,从而使界面迅速地向液相推移。晶体缺陷在粗糙界面的生长过程中不起明显作用。这种长大方式称为垂直长大。它的长大速度很快,大部分金属晶体均以这种方式长大。

2.5.3 固液界面前沿液体中的温度梯度

除了固液界面的微观结构对晶体长大有重大影响外,固液界面前沿液体中的温度梯度也是影响晶体长大的一个重要因素,它可分为正温度梯度和负温度梯度两种。

1. 正温度梯度

正温度梯度是指液相中的温度随至界面距离的增加而提高的温度分布状况。一般的液态金属均在铸型中凝固,金属结晶时放出的结晶潜热通过型壁传导散出,故靠近型壁处的液体温度最低,结晶最早发生,而越接近熔液中心的温度越高,这种温度的分布情况即为正温度梯度,如图2.22(a)所示,其结晶前沿液体中的过冷度随至界面距离的增加而减小。

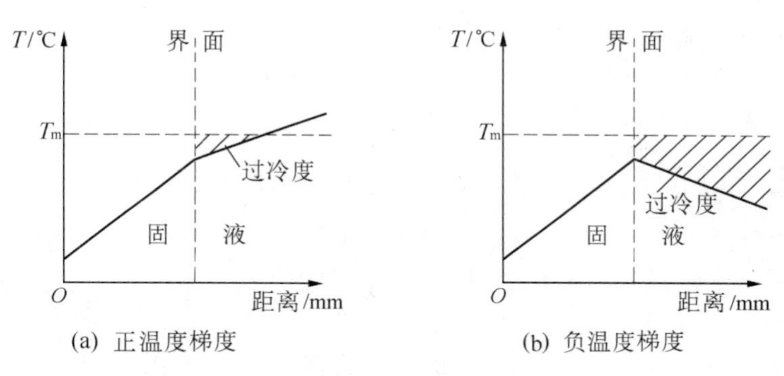

图2.22 液态金属中两种温度分布方式

2. 负温度梯度

负温度梯度是指液相中的温度随至界面距离的增加而降低的温度分布状况,如图2.22(b)所示,也就是说,过冷度随至界面距离的增加而增大。此时所产生的结晶潜热既可通过已结晶的固相和型壁散失,也可通过尚未结晶的液相散失。

负温度梯度可以这样理解:液态金属在结晶时通常要发生几度甚至数十度的过冷,而晶体长大时,只需要界面处有几分之一度的过冷度就可以进行。晶核长大时所放出的结晶潜热使界面的温度很快升高到接近金属熔点 T_m 的温度,随后放出的结晶潜热就主要由已结晶的固相流向周围的液体,于是在固液界面前沿的液体中建立起负的温度梯度。此外,实际金属总是或多或少地含有某些杂质,这样,在界面前沿的液相中就会出现成分过冷,随至界面距离的增加过冷度也将增大,下一章对此将作详细介绍。

2.5.4 晶体生长的界面形状——晶体形态

晶体的形态问题是一个十分复杂而未能彻底解决的问题,自然界中存在的各式各样美丽的雪晶,就体现了形态的复杂性。晶体的形态不仅与生长机制有关(螺型位错在界面的露头处所形成的生长蜷线令人信服地证明了这一点),而且还与界面的微观结构、界面前沿的温度分布和生长动力学规律等很多因素有关。鉴于问题的复杂性,下面仅就界面的微观结构和界面前沿温度分布的几种典型情况叙述如下。

1. 在正的温度梯度下生长的界面形态

在这种条件下，结晶潜热只能通过已结晶的固相和型壁散失，相界面向液相中的推移速度受其散热速率的控制。根据界面微观结构的不同，晶体形态有两种类型：

(1) 光滑界面的情况。对于光滑界面的晶体来说，其显微界面为某一晶体学小平面，与熔点 T_m 交有一定角度，但从宏观来看，仍为平行于 T_m 等温面的平直面，如图 2.23(a)所示。这种情况有利于形成规则形状的晶体，现以简单立方晶体为例进行说明。

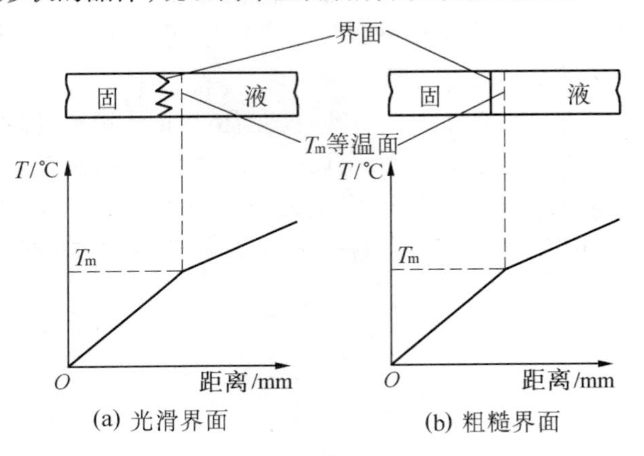

(a) 光滑界面　　(b) 粗糙界面

图 2.23　在正的温度梯度下晶体生长时的界面形态

在讨论形核问题时曾经假定，形成一个球形晶核时，其界面上各处的表面能相同。但实际上晶体的界面是由许多晶体学小平面组成的，晶面不同，则原子密度不同，从而导致其具有不同的表面能。研究表明，晶体的外形主要与各个晶面的法向生长速度有关。原子密度大的晶面，其长大速度较小；原子密度小的晶面，其长大速度较大，但长大速度较大的晶面易于被长大速度小的晶面所制约，这一关系可以示意地用图 2.24 来说明。图中实线八角形代表晶体从 τ_1 开始生长，依次经历 τ_2、τ_3、τ_4 等不同时刻时的截面，箭头表示晶面的法向长大速度。由图可以看出，简单立方晶体的{1 0 0}晶面为密排晶面，{1 1 0}为非密排晶面。因此[1 0 1]方向长大速度大，[1 0 0]、[0 0 1]等方向的长大速度小，密排面逐渐加大，非密排面逐渐缩小而消失，最终只剩下密排晶面，显然这是一个必然的结果。这样就可得出结论：以光滑界面结晶的晶体，若无其它因素干扰，大多可以成长为以密排晶面为表面的晶体，具有规则的几何外形。例如亚金属 Sb、Si 等和合金中的一些金属间化合物，在金相显微镜下观察时，往往具有规则的形状。

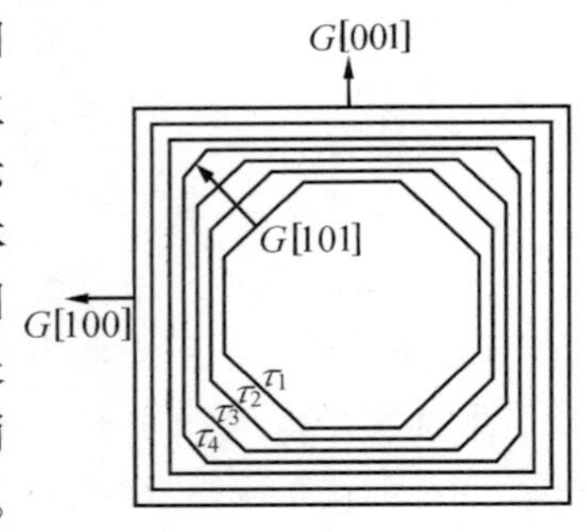

图 2.24　晶体形状与各界面长大速度 G 的关系

(2) 粗糙界面的情况。具有粗糙界面的晶体，在正的温度梯度下成长时，其界面为平行于熔点 T_m 等温面的平直界面，它与散热方向垂直，如图 2.23(b)所示。一般说来，这种晶体成长时所需的过冷度很小，界面温度几乎与熔点 T_m 相重合，所以晶体在生长时界面只能随着液体的冷却而均匀一致地向液相推移，一旦局部偶有突出，它便进入低于临界过冷度甚至熔点 T_m 以上的温度区域，成长立刻减慢下来，甚至被熔化掉。所以固液界面始终可以近似地保持平面。在这种条件下，晶体界面的移动完全取决于散热方向和散热条件，不管成长有无差别，都要“一刀切”，从而具有平面状的长大形态，可将这种长大方式称为平面长大方式。

2. 在负的温度梯度下生长的界面形态

具有粗糙界面的晶体在负的温度梯度下成长时，其界面的移动不再为已结晶的固相和型壁的散热条件所控制，也不再以平面方式长大。由于界面前沿的液体中的过冷度较大，如果界面的某一局部发展较快，偶有突出，则它将伸入到过冷度更大的液体中，从而更加有利于突出尖端向液体中的成长(图 2.25)，虽然此突出尖端在横向也将生长，但结晶潜热的散失提高了该尖端周围液体的温度，而在尖端的前方，潜热的散失要容易得多，因而其横向生长速度远比朝前方的长大速度小，故此突出前端很快长成一个细长的晶体，称为主干。

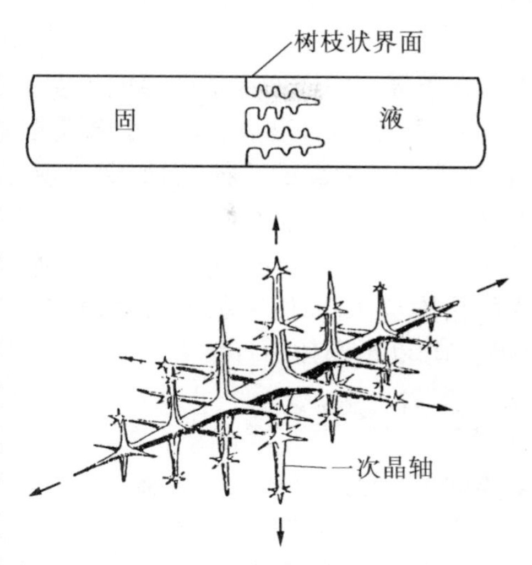

图 2.25　树枝状晶体生长示意图

假如刚开始形成的晶核为多面体晶体，那么这些光滑的小平面界面在负的温度梯度下也是不稳定的，在多面体晶体的尖端或棱角处，很快长出细长的主干。这些主干即为一次晶轴或一次晶枝。在主干形成的同时，主干与周围过冷液体的界面也是不稳定的，主干上同样会出现很多凸出尖端，它们长大成为新的晶枝，称为二次晶轴或二次晶枝。对一定的晶体来说，二次晶轴与一次晶轴具有确定的角度，如在立方晶系中，二者是相互垂直的。二次晶枝发展到一定程度后，又在它上面长出三次晶枝，如此不断地枝上生枝，同时各次晶枝又在不断地伸长和壮大，由此而形成如树枝状的骨架，故称为树枝晶，简称枝晶，每一个枝晶长成一个晶粒(图 2.26(a))。当所有的枝晶都严密合缝地对接起来，且液相消失时，就分不出树枝状了，只能看到各个晶粒的边界(图 2.26(b))。如果金属不纯，则在枝与枝之间最后凝固的地方留存杂质，其树枝状轮廓依然可见。倘若在结晶过程中间，在形成了一部分金属晶体之后，立即把其余的液态金属抽掉，这时就会看到，正在长大着的晶体确实呈树枝状。有时在金属锭的表面最后结晶终了时，由于晶枝之间缺乏液态金属去填充，结果就留下了树枝状的花纹。图2.27为在钢锭中观察到的树枝晶。

不同结构的晶体，其晶轴的位向可能不同，如表 2.2 所示。面心立方晶格和体心立方晶格的金属，其树枝晶的各次晶轴均沿〈1 0 0〉的方向长大，各次晶轴之间相互垂直。其它不是立方晶系的金属，各次晶轴彼此可能并不垂直。

长大条件不同，则树枝晶的晶轴在各个方向上的发展程度也会不同，如枝晶在三维空间得以均衡发展，各方向上的一次轴近似相等，这时所形成的晶粒叫做等轴晶粒。如果枝晶某一个方向上的一次轴长得很长，而在其它方向长大时受到阻碍，这样形成的细长晶粒叫做柱状晶粒。

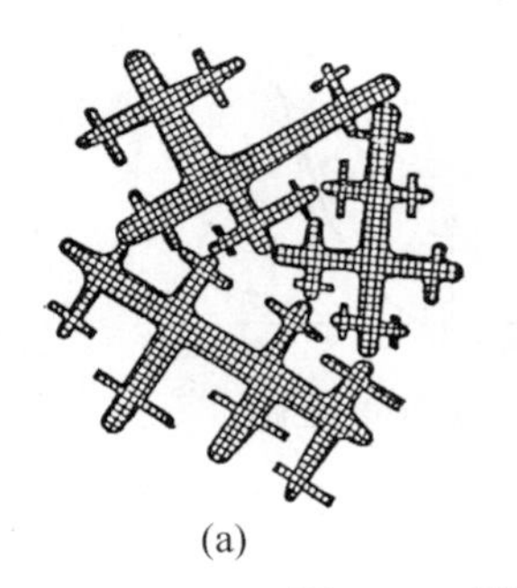
(a)

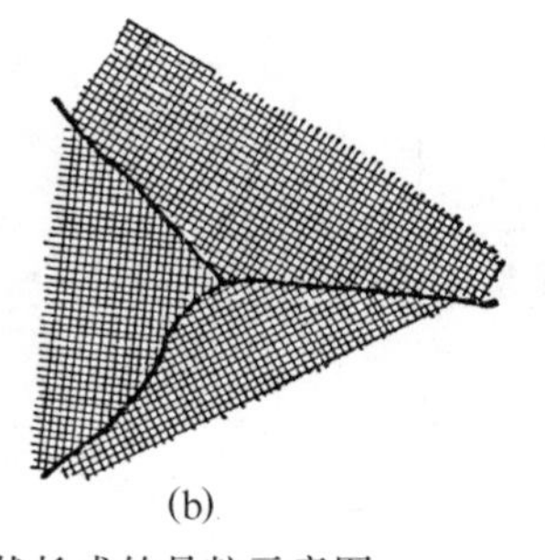
(b)

图 2.26　树枝状长成的晶粒示意图

树枝状生长是具有粗糙界面物质的最常见的晶体长大方式，一般的金属结晶时，均以树枝状生长方式长大。

具有光滑界面的物质在负的温度梯度下长大时，如果杰克逊因子 α 值不太大，仍有可能形成树枝状晶体，但往往带有小平面的特征，例如锑出现带有小平面的树枝状晶体即为此例(图 2.28)。但是负的温度梯度较小时，仍有可能长成规则的几何外形。对于 α 值很大的晶体来说，即使在负的温度梯度下，仍有可能长成规则形状的晶体。

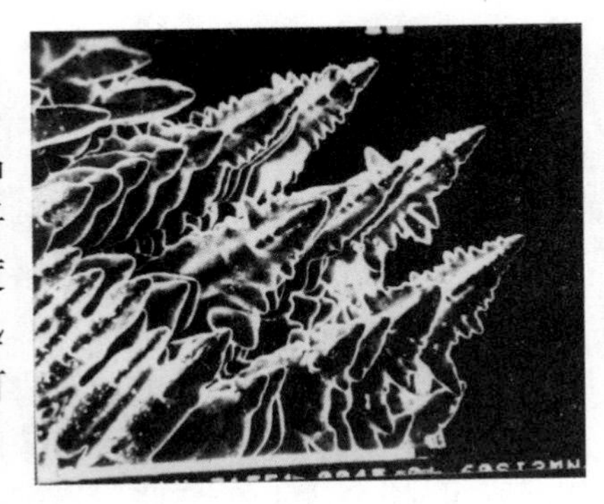

图 2.27 钢锭中的树枝状晶体 50×

2.5.5 长大速度

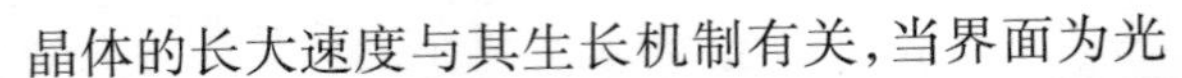

晶体的长大速度与其生长机制有关，当界面为光滑界面并以二维晶核机制长大时，其长大速度非常小。当以螺型位错机制长大时，由于界面上的缺陷所能提供的、向界面上添加原子的位置也很有限，故长大速度也不大。大量的研究结果表明，对于具有粗糙界面的大多数金属来说，由于是垂直长大机制，所以长大速度较以上两者要快得多。过冷度对长大速度也有很大影响，具有光滑界面的非金属和具有粗糙界面的金属，它们的长大速度与过冷度的关系如图2.29所示。该图表明，当过冷度为零时，长大速度也为零。随着过冷度的增大，长大速度先是增大，达极大值后，又减小。显然，这也是两个相互矛盾因素共同作用的结果。过冷度小时，固液两相自由能的差值较小，结晶的驱动力小，所以长大速度小。当过冷度很大时，温度过低，原子的扩散迁移困难，所以长大速度也小。当过冷度为中间某个数值时，固液两相自由能差足够大，原子的扩散能力也足够大，所以长大

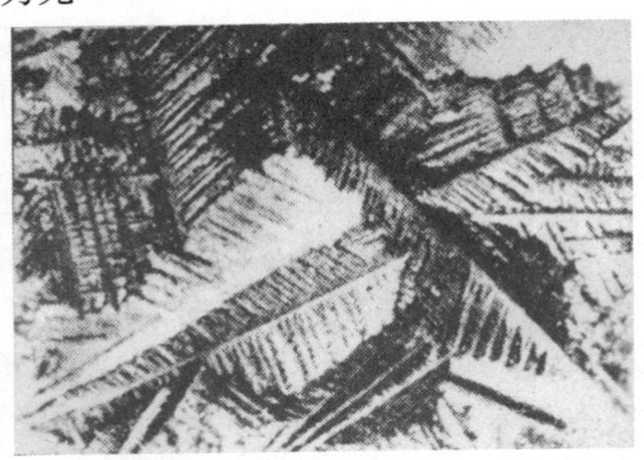

图 2.28 纯锑锭表面的树枝晶

表 2.2 树枝晶的晶轴位向

金 属	晶格类型	晶轴位向
Ag、Al、Au、Cu、Pb	面心立方	〈1 0 0〉
α - Fe	体心立方	〈1 0 0〉
β - Sn(c/a = 0.545 6)	体心正方	〈1 1 0〉
Mg(c/a = 1.623 5)	密排六方	〈1 0 $\bar{1}$ 0〉
Zn(c/a = 1.856 3)	密排六方	〈0 0 0 1〉

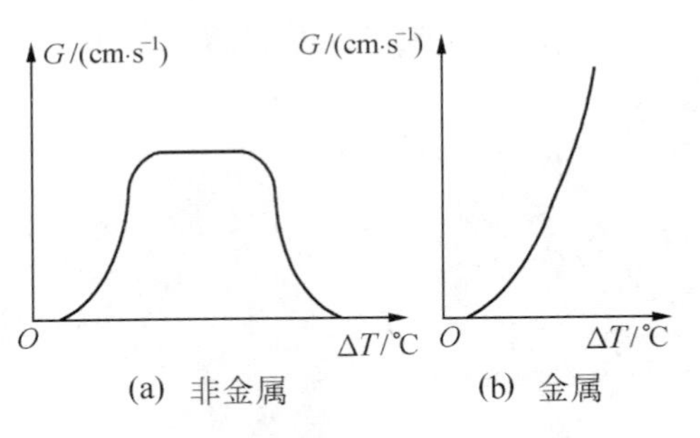

图 2.29 晶体成长的线速变 G 与过冷度 ΔT 的关系

速度达到极大值。但对于金属来说，由于结晶温度较高，形核和长大都快，它的过冷能力小，即不等过冷到较低的温度时结晶过程已经结束，所以其长大速度一般都不超过极大值。

综上所述，晶体长大的要点如下：

① 具有粗糙界面的金属，其长大机理为垂直长大，所需过冷度小，长大速度大。

② 具有光滑界面的金属化合物、亚金属（如 Si、Sb 等）或非金属等，其长大机理有两种方式：其一为二维晶核长大方式；其二为螺型位错长大方式。它们的长大速度都很慢，所需的过冷度很大。

③ 晶体生长的界面形态与界面前沿的温度梯度和界面的微观结构有关，在正的温度梯度下长大时，光滑界面的一些小晶面互成一定角度，呈锯齿状；粗糙界面的形态为平行于 T_m 等温面的平直界面，呈平面长大方式。在负的温度梯度下长大时，一般金属和亚金属的界面都呈树枝状，只有那些 α 值较高的物质仍然保持着光滑界面的形态。

2.5.6　晶粒大小的控制

晶粒的大小称为晶粒度，通常用晶粒的平均面积或平均直径来表示。

晶粒大小对金属的机械性能有很大影响，在常温下，金属的晶粒越细小，强度和硬度则越高，同时塑性韧性也越好。表 2.3 列出了晶粒大小对纯铁机械性能的影响。由表可见，细化晶粒对于提高金属材料的常温机械性能作用很大，这种用细化晶粒来提高材料强度的方法称为细晶强化。但是，对于高温下工作的金属材料，晶粒过于细小反而不好，一般希望得到适中的晶粒度。对于制造电动机和变压器的硅钢片来说，晶粒反而越粗大越好。因为晶粒越大，则其磁滞损耗越小，效能越高。此外，除了钢铁等少数金属材料外，其它大多数金属不能通过热处理改变其晶粒度大小，因此，通过控制铸造和焊接时的结晶条件来控制晶粒度的大小，便成为改善机械性能的重要手段。

表 2.3　晶粒大小对纯铁机械性能的影响

晶粒平均直径 d/mm	抗拉强度 σ_b/MPa	屈服强度 σ_s/MPa	延伸率 δ/%
9.7	165	40	28.8
7.0	180	38	30.6
2.5	211	44	39.5
0.20	263	57	48.8
0.16	264	65	50.7
0.10	278	116	50.0

金属结晶时，每个晶粒都是由一个晶核长大而成的。晶粒的大小取决于形核率和长大速度的相对大小。形核率越大，则单位体积中晶核数目越多，每个晶核的长大余地越小，因而长成的晶粒越细小。反之，形核率越小而长大速度越大，则会得到越粗大的晶粒。因此，晶粒度取决于形核率 N 和长大速度 G 之比，N/G 比值越大，晶粒越细小。根据分析计算，单位体积中的晶粒数目 Z_V 为

$$Z_V = 0.9\left(\frac{N}{G}\right)^{3/4}$$

单位面积中的晶粒数目 Z_S 为

$$Z_S = 1.1(\frac{N}{G})^{1/2}$$

由此可见,凡能促进形核、抑制长大的因素,都能细化晶粒。反之,凡是抑制形核、促进长大的因素,都使晶粒粗化。根据结晶时形核和长大的规律,为了细化铸锭和焊缝区的晶粒,在工业生产中可以采用以下几种方法:

1. 控制过冷度

形核率和长大速度都与过冷度有关,过冷度增加,形核率和长大速度均随之增加,但两者的增加速率不同,形核率的增长率大于长大速度的增长率,如图 2.30 所示。在一般金属结晶时的过冷度范围内,过冷度越大,则比值 N/G 越大,因而晶粒越细小。

增加过冷度的方法主要是提高液态金属的冷却速度。在铸造生产中,为了提高铸件的冷却速度,可以采用金属型或石墨型代替砂型,增加金属型的厚度,降低金属型的温度,采用蓄热多、散热快的金属型,局部加冷铁,以及采用水冷铸型等。增加过冷度的另一种方法是采用低的浇注温度、减慢铸型温度的升高,或者进行慢浇注。这样做一方面可使铸型温度不至升高太快,另一方面由于延长了凝固时间,晶核形成的数目增多,结果即可获得较细小的晶粒。

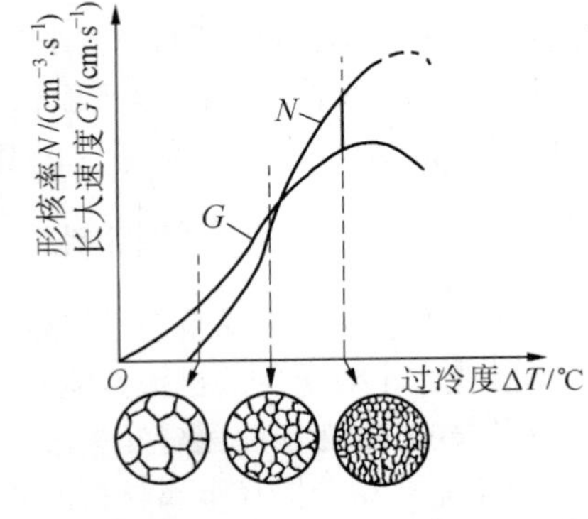

图 2.30 金属结晶时形核率和长大速度与过冷度的关系

若将液态金属喷洒在一个吸热能力很强的冷却板上,它所产生的冷却速度可达 10^6℃·s^{-1},此时在液体中形成极大数量的晶核,它们尚未来得及长大便相互碰撞接触了。用这种方法得到的铸件很薄且表面粗糙不平整。最近曾有人用这种方法生产出晶粒大小为十分之几微米的 Al－Cu 合金,发现它的强度比用一般铸造方法得到的强度高 6 倍以上。

2. 变质处理

用增加过冷度的方法细化晶粒只对小型或薄壁的铸件有效,对较大的厚壁铸件就不适用。因为当铸件断面较大时,只是表层冷得快,而心部冷得很慢,因此无法使整个铸件体积内都获得细小而均匀的晶粒。为此,工业上广泛采用变质处理的方法。

变质处理是在浇注前往液态金属中加入形核剂(又称变质剂),促进形成大量的非均匀晶核来细化晶粒。例如,在铝合金中加入钛、锆、钒,在铸铁中加入硅铁或硅钙合金就是如此。还有一类变质剂,它虽不能提供结晶核心,但能起阻止晶粒长大的作用,因此又称其为长大抑制剂。例如将钠盐加入 Al－Si 合金中,钠能富集于硅的表面,降低硅的长大速度,使合金的组织细化。

3. 振动、搅动

对即将凝固的金属进行振动或搅动,一方面是依靠从外面输入能量促使晶核提前形成,另一方面是使成长中的枝晶破碎,使晶核数目增加,这已成为一种有效的细化晶粒组织的重要手段。

进行振动和搅动的方法很多,例如用机械的方法使铸型振动或变速转动;使液态金属流经振动的浇注槽;进行超声波处理;在焊枪上安装电磁线圈,造成晶体和液体的相对运动等等,均可细化晶粒组织。

习　题

1. 解释名词：过冷现象、过冷度、近程有序、远程有序、结构起伏、能量起伏、均匀形核、形核功、临界形核半径、活性质点、变质处理、变质剂、形核率、生长线速度。

2. 根据结晶的热力学条件解释。为什么金属结晶时一定要有过冷度？冷却速度与过冷度有什么关系？

3. 结晶过程的普遍规律是什么？绘图说明纯金属的结晶微观过程。

4. 何谓结构起伏？它与过冷度有何关系？

5. 综述金属的均匀形核过程：

(1) 证明临界晶核半径 $r_k = 2\sigma / \Delta G_V$；

(2) 证明 $r_k = 2\sigma / L_m \Delta T$；

(3) 证明临界形核功 $\Delta G_k = S_k \sigma / 3$；

(4) 均匀形核的条件是什么？

(5) 过冷度对形核率 N 有何影响？

6. 何谓非均匀形核？叙述非均匀形核的必要条件。

7. 非均匀形核时，球冠状晶核以及晶核与基底的关系如教科书中第49页图2.11所示，试推导出临界晶核曲率半径和形核功。

8. 影响接触角 θ 的因素有哪些？选择什么样的异相质点可以促进非均匀形核？

9. 试比较均匀形核与非均匀形核的异同点，说明非均匀形核为何往往比均匀形核容易。

10. 设晶核为一立方体，推导临界晶核半径边长和临界形核功。

11. 晶核长大的条件是什么？过冷度对长大方式和长大速度有什么影响？

12. 常温下晶粒大小对金属性能有何影响？根据凝固理论，试述细化晶粒的方法有哪些？

13. 试述铸锭的典型组织特点及形成原因。

第3章

二元合金相图和合金的凝固

工业上广泛使用的金属材料是合金，为了研究合金的化学成分、组织与性能之间的关系，就必须了解合金中组织的形成及其变化规律，合金相图正是研究这些规律的有效工具。

相图是表示合金系中的合金状态与温度、成分之间关系的图解。利用相图可以知道各种成分的合金在不同温度下存在哪些相、各个相的成分及其相对含量。这些知识无疑是十分重要的，但它不能指出相的形状、大小及分布状况，即不能指出合金的组织状况，这些主要取决于相的特性及其形成规律，为此就必须研究其在结晶过程中的变化规律。尽管如此，相图仍不失为研究金属材料的重要工具。掌握相图的分析和使用方法，有助于了解合金的组织状态和预测合金的性能，并根据要求研制新的合金。在生产实践中，合金相图可作为进行合金熔炼、铸造、锻造及热处理的重要依据。

3.1 二元合金相图的建立

3.1.1 二元相图的表示方法

合金存在的状态通常由合金的成分、温度和压力三个因素确定，合金的化学成分变化时，合金中所存在的相及相的相对含量也随之发生变化。同样，当温度和压力发生变化时，合金所存在的状态也要发生改变。由于合金的熔炼、加工处理都是在常压下进行，所以合金的状态可由合金的成分和温度两个因素确定。对于二元系合金来说，通常用横坐标表示成分，纵坐标表示温度，如图 3.1 所示。横坐标上的任一点均表示一种合金的成分，如 A、B 两点表示组成合金的两个组元，点 C 的成分为 $w(\text{B}) = 40\%$、$w(\text{A}) = 60\%$；点 D 的成分为 $w(\text{B}) = 60\%$、$w(\text{A}) = 40\%$ 等。

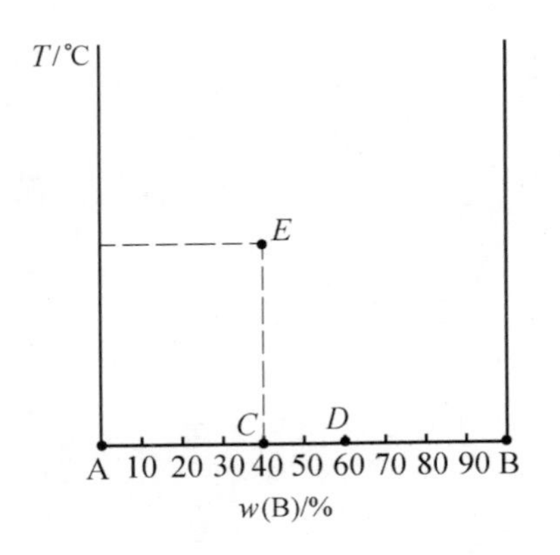

图 3.1 二元相图的表示方法

在成分和温度坐标平面上的任意一点称为表象点，一个表象点的坐标值表示一个合金的成分和温度，如图 3.1 中的点 E 表示合金的成分 $w(\text{B}) = 40\%$、$w(\text{A}) = 60\%$，温度为 500℃。

3.1.2　二元合金相图的测定方法

建立相图的方法有实验测定和理论计算两种,但目前用的相图大部分都是根据实验方法建立起来的。通过实验测定相图时,首先要配制一系列成分不同的合金,然后再测定这些合金的相变临界点(温度),如液相向固相转变的临界点(结晶温度),固态相变临界点,最后把这些点标在温度-成分坐标图上,把各相同意义的点连结成线,这些线就在坐标图划分出一些区域,这些区域即称为相区,将各相区所存在的相的名称标出,相图的建立工作即告完成。

测定临界点的方法很多,如热分析法、金相法、膨胀法、磁性法、电阻法、X射线结构分析法等。除金相法和X射线结构分析法外,其它方法都是利用合金的状态发生变化时,将引起合金某些性质的突变来测定其临界点的。下面以Cu-Ni合金为例,说明用热分析法测定二元合金相图的过程。

首先配制一系列不同成分的合金,测出从液态到室温的冷却曲线。图3.2(a)给出纯铜、纯镍的含量分别为$w(Ni)=30\%$、$w(Ni)=50\%$、$w(Ni)=70\%$的Cu-Ni合金及纯镍的冷却曲线。可见,纯铜和纯镍的冷却曲线都有一水平阶段,表示其结晶的临界点。其它三种合金的冷却曲线都没有水平阶段,但有两次转折,两个转折点所对应的温度代表两个临界点,表明这些合金都是在一个温度范围内进行结晶的,温度较高的临界点是结晶开始的温度,称为上临界点,温度较低的临界点是结晶终了的温度,称为下临界点。结晶开始后,由于放出结晶潜热,以致使温度的下降变慢,在冷却曲线上出现了一个转折点;结晶终了后,不再放出结晶潜热,温度的下降变快,于是又出现了一个转折点。

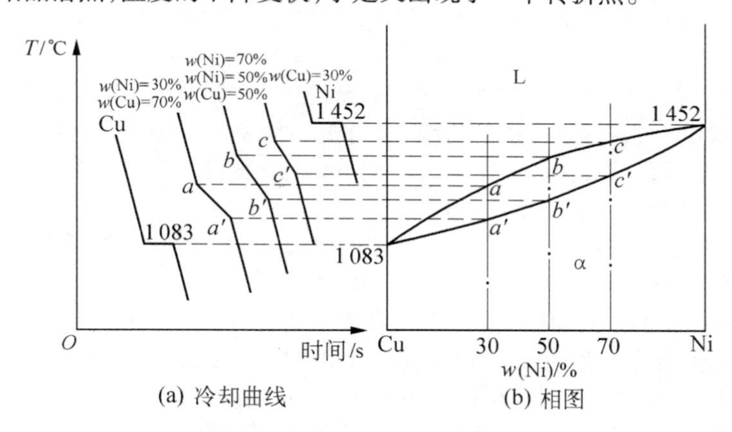

(a) 冷却曲线　(b) 相图

图3.2　用热分析法建立Cu-Ni相图

将上述的临界点标在温度-成分坐标图中,再将相应的临界点连接起来,就得到图3.2(b)所示的Cu-Ni相图。其中上临界点的连接线称为液相线,表示合金结晶的开始温度或加热过程中熔化终了的温度;下临界点的连接线称为固相线,表示合金结晶终了的温度或在加热过程中开始熔化的温度。这两条曲线把Cu-Ni合金相图分成三个相区,在液相线之上,所有的合金都处于液态,是液相单相区,以L表示;在固相线以下,所有的合金都已结晶完毕,处于固态,是固相单相区,经X射线结构分析或金相分析表明,所有的合金都是单相固溶体,以α表示;在液相线和固相线之间,合金已开始结晶,但结晶过程尚未结束,是液相和固相的两相共存区,以α+L表示。至此,相图的建立工作即告完成。

为了精确地测定相图,应配制较多数目的合金,采用高纯度金属和先进的实验设备,并同时采用几种不同的方法进行测定。

3.1.3 相律及杠杆定律

1. 相律及其应用

相律是检验、分析和使用相图的重要工具,所测定的相图是否正确,要用相律检验,在研究和使用相图时,也要用到相律。相律是表示在平衡条件下,系统的自由度数、组元数和相数之间的关系,是系统平衡条件的数学表达式。相律可用下式表示

$$f = c - p + 2 \tag{3.1}$$

当系统的压力为常数时,则为

$$f = c - p + 1 \tag{3.2}$$

式中,c 是系统的组元数,p 为平衡条件下系统中的相数,f 为自由度数。所谓自由度是指在保持合金系中相的数目不变的条件下,合金系中可以独立改变的影响合金状态的内部和外部因素的数目。影响合金状态的因素有合金的成分、温度和压力,当压力不变时,则合金的状态由成分和温度两个因素确定。因此,对纯金属而言,成分固定不变,只有温度可以独立改变,所以纯金属的自由度数最多只有 1 个。而对二元系合金来说,已知一个组元的含量,则合金的成分即可确定,因此合金成分的独立变量只有一个,再加上温度因素,所以二元合金的自由度数最多为 2 个。依次类推,三元系合金的自由度数最多为 3 个,四元系为 4 个……

下面讨论应用相律的几个例子。

(1) 利用相律可以确定系统中可能存在的最多平衡相数。

例如,对单元系来说,组元数 $c = 1$,由于自由度不可能出现负值,所以当 $f = 0$ 时,同时共存的平衡相数应具有最大值,代入相律公式(3.2),即得

$$p = 1 - 0 + 1 = 2$$

可见,对单元系来说,同时共存的平衡相数不超过 2 个。例如,纯金属结晶时,温度固定不变,自由度为零,同时共存的平衡相为液、固两相。但这并不是说,单元系中能够出现的相数不能超过 2 个,而是说,在某一固定的温度下,单元系的各种不同的相中只能有两个同时存在,而其它各相则在别的条件下存在。

同样,对二元系来说,组元数 $c = 2$,当 $f = 0$ 时,$p = 2 - 0 + 1 = 3$,说明二元系中同时共存的平衡相数最多为 3 个。

(2) 利用相律可以解释纯金属与二元合金结晶时的一些差别。

例如,纯金属结晶时存在液、固两相,其自由度为零,说明纯金属在结晶时只能在恒温下进行。二元合金结晶时,在两相平衡条件下,其自由度 $f = 2 - 2 + 1 = 1$,说明此时还有一个可变因素(温度),因此,二元合金将在一定温度范围内结晶。如果二元合金出现三相平衡共存时,则其自由度 $f = 2 - 3 + 1 = 0$,说明此时的温度不但恒定不变,而且三个相的成分也恒定不变,结晶只能在各个因素完全恒定不变的条件下进行。

2. 杠杆定律

在合金的结晶过程中,合金中各个相的成分以及它们的相对含量都在不断地发生着变化。为了了解相的成分及其相对含量,这就需要应用杠杆定律。在二元系合金中,杠杆定律只适用于两相区,因为对单相区来说无此必要,而三相区又无法确定,这是由于在三相恒温线上,三个相可以任何比例相平衡之故。

要确定相的相对含量,首先必须确定相的成分。根据相律可知,当二元系处于两相共存时,其自由度为 1,这说明只有一个独立变量,例如温度可变,那么两个平衡相的成分均随温度的变化而变化。事实上,这是一对代表两个平衡相的成分和温度的共轭曲线,或者

说，两平衡相的成分和温度必须是，也只能是一一相对应的。当温度恒定时，自由度为零，两个平衡相的成分也即随之固定不变。两个相成分点之间的连线（等温线）称为连接线。实际上两个平衡相成分点即为连接线与平衡曲线的交点。下面以 Cu－Ni 合金为例进行说明。

如图3.3所示，在 Cu－Ni 二元合金相图中，液相线是表示液相的成分随温度变化的平衡曲线，固相线是表示固相的成分随温度变化的平衡曲线。合金Ⅰ在温度 t_1 时，处于两相平衡状态，即 $L \rightleftharpoons \alpha$，要确定液相 L 和固相 α 的成分，可通过温度 t_1 作一水平线段 $a\ r\ b$，分别与液、固相线相交于 a 和 b，a、b 两点在成分坐标上的投影 C_L 和 C_α，即分别表示液、固两相的成分。

下面计算液相和固相在温度 t_1 时的相对含量。设合金的总质量为1，液相的质量为 w_L，固相的质量为 w_α，则有

$$w_L + w_\alpha = 1$$

此外，合金Ⅰ中的含镍量等于液相和固相中镍的含量之和，即

$$w_L C_L + w_\alpha C_\alpha = 1C$$

由以上两式可以得出

$$\frac{w_L}{w_\alpha} = \frac{rb}{ar} \tag{3.3}$$

如果将合金Ⅰ成分 C 的点 r 看做支点，将 w_L、w_α 看做作用于 a 和 b 的力，则按力学杠杆原理可得出式(3.3)（图3.4）。因此将上式称为杠杆定律，这只是一种比喻。

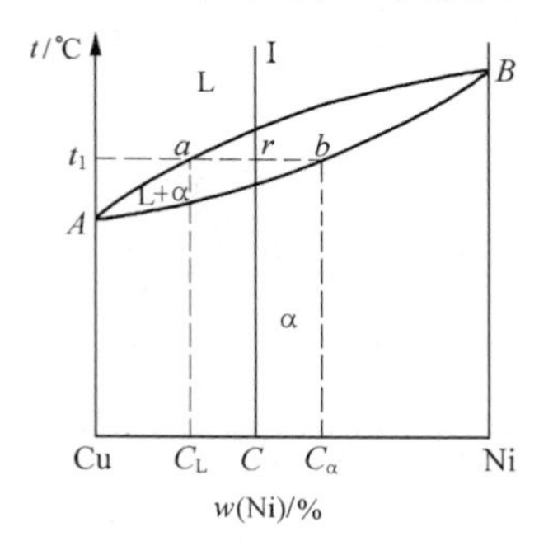

图3.3　杠杆定理的证明

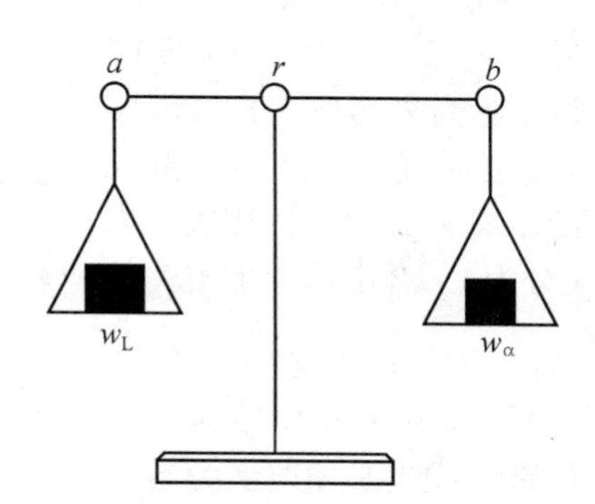

图3.4　杠杆定律的力学比喻

式(3.3)也可以换写成下列形式

$$w_L = \frac{rb}{ab} \times 100\%$$

$$w_\alpha = \frac{ar}{ab} \times 100\%$$

这两式可以直接用来求出两相的相对含量。

3.2　匀晶相图及固溶体的结晶

两组元在液态无限互溶、固态也无限互溶的二元合金相图，称为匀晶相图。具有这类相图的二元合金系主要有：Cu－Ni、Ag－Au、Cr－Mo、Cd－Mg、Fe－Ni、Mo－W等。在这类合金中，结晶时都是从液相结晶出单相的固溶体，这种结晶过程称为匀晶转变。应当指出，

几乎所有的二元合金相图都包含有匀相转变部分，因此掌握这一类相图是学习二元合金相图的基础。现以 Cu－Ni 相图为例进行分析。

3.2.1　相图分析

Cu－Ni 二元合金相图如图 3.5 所示。该相图十分简单，只有两条曲线，上面一条是液相线，下面一条是固相线，液相线和固相线把相图分成三个区域：即液相区 L、固相区 α 以及液、固两相并存区 L＋α。

3.2.2　固溶体合金的平衡结晶过程

平衡结晶是指合金在极缓慢冷却条件下进行结晶的过程。下面以 $w(\mathrm{Ni})=30\%$ 的 Cu－Ni 合金为例进行分析。

由图 3.5 可以看出，当合金自高温缓慢冷至 t_1 温度时，开始从液相中结晶出 α 固溶体，根据平衡相成分的确定方法，可知其成分为 α_1，此时的相平衡关系是 $L_1 \xrightleftharpoons{t_1} \alpha_1$。由图中可见，$\alpha_1$ 中的镍的含量超过了合金的镍的含量。运用杠杆定律，可以求出 α_1 的含量为零，说明在温度 t_1 时，结晶刚刚开始，固相实际尚未形成。当温度缓慢冷至 t_2 温度时，便有一定数量的 α 固溶体结晶出来。此时的固相成分为 α_2，液相成分为 L_2，合金的相平衡关系是：$L_2 \xrightleftharpoons{t_2} \alpha_2$。为了达到这种平衡，除了在 t_2 温度直接从液相中结晶出的 α_2 外，原有的 α_1 相也必须改变为与 α_2 相同的成分。与此同时，液相成分也由 L_1 向 L_2 变化。在温度不断下降的过程中，α 相的成分将不断地沿固相线变化，液相成分也不断地沿液相线变化。同时，α 相的数量不断增多，而液相 L 的数量不断减少，两相的含量可用杠杆定律求出。

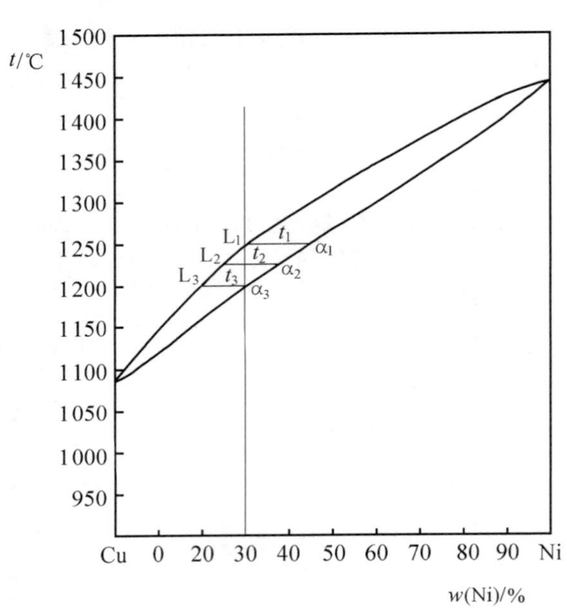

图 3.5　Cu－Ni 相图及典型合金平衡结晶过程分析

当冷却到 t_3 温度时，最后一滴液体结晶成固溶体，结晶终了，得到了与原合金成分相同的 α 固溶体。图 3.6 示意地说明了该合金平衡结晶时的组织变化过程。

固溶体合金的结晶过程也是一个形核和长大的过程。形核的方式可以是均匀形核，也可以是依靠外来质点的非均匀形核。和纯金属相同，固溶体在形核时，既需要结构起伏，以满足其晶核大小超过一定临界值的要求，又需要能量起伏，以满足形成新相对形核功的要求。此外，由于固溶体结晶时所结晶出的固相成分与原液相的成分不同，因此它还需要成分（浓度）起伏。

通常所说的液态合金成分是指宏观的平均成分，但是，从微观角度来看，由于原子运动的结果，在任一瞬间，液相中总会有某些微小体积可能偏离液相的平均成分，这些微小体积的成分、大小和位置都是在不断地变化着，这就是成分起伏。固溶体合金的形核地点便是在那些结构起伏、能量起伏和成分起伏都能满足要求的地方。结晶时过冷度越大，临界晶核半径越小，形核时所需的能量起伏越小，同时结晶出来的固相成分和原液相成分也越接近，即越容易满足对成分起伏的要求。可见，过冷度越大，固溶体合金的形核率越大，越容易获得细小的晶粒组织。

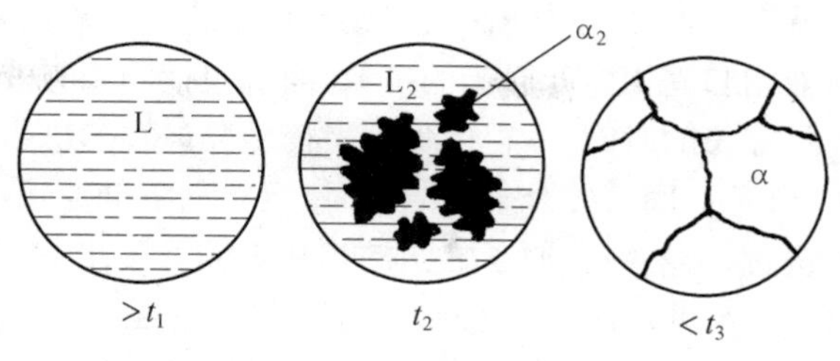

图3.6　固溶体合金平衡结晶时组织变化示意图

和纯金属不同，固溶体合金在结晶时有以下两个显著特点：

1. 异分结晶

固溶体合金结晶时所结晶出的固相成分与液相成分不同，这种结晶出的晶体与母相化学成分不同的结晶称为异分结晶，或称选择结晶。而纯金属结晶时，所结晶的晶体与母相的化学成分完全一样，所以称之为同分结晶。既然固溶体的结晶属于异分结晶，那么在结晶时的溶质原子必然要在液相和固相之间重新分配，这种溶质原子的重新分配程度通常用分配系数表示。平衡分配系数 k_0 定义为：在一定温度下，固液两平衡相中溶质浓度之比值，即

$$k_0 = c_\alpha / c_L \tag{3.4}$$

式中，c_α 和 c_L 为固相和液相的平衡浓度，假定液相线和固相线为直线，则 k_0 为常数，如图3.7所示。当液相线和固相线随着溶质浓度的增加而降低时，则 $k_0 < 1$，反之则 $k_0 > 1$。

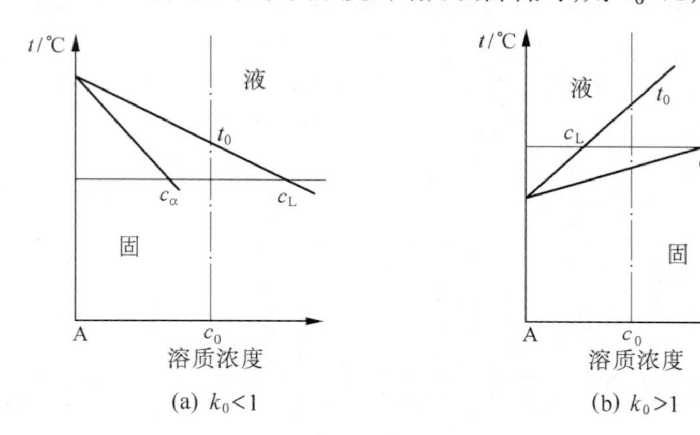

图3.7　分配系数

显然，当 $k_0 < 1$ 时，k_0 值越小，则液相线和固相线之间的水平距离越大；当 $k_0 > 1$ 时，k_0 值越大，则液相线和固相线之间的水平距离也越大。k_0 值的大小，实际上反映了溶质组元重新分配的强烈程度。

2. 固溶体合金的结晶需要一定的温度范围

固溶体合金的结晶需要在一定的温度范围内进行，在此温度范围内的每一温度下，只能结晶出一定数量的固相。随着温度的降低，固相的数量增加，同时固相和液相的成分分别沿着固相线和液相线而连续地改变，直至固相的成分与原合金的成分相同时，才结晶完

毕。这就意味着，固溶体合金在结晶时，始终进行着溶质和溶剂原子的扩散过程，其中不但包括液相和固相内部原子的扩散，而且包括固相与液相通过界面进行原子的互扩散，这就需要足够长的时间，才得以保证平衡结晶过程的进行。

由此可见，固溶体合金在结晶时，溶质和溶剂原子必然要发生重新分配，而这种重新分配的进行，必然需要原子之间的相互扩散。对此，下面做进一步的说明。

由图 3.8 可知，假如成分为 C_0 的合金在温度 t_1 时开始结晶，按照相平衡关系，此时形成成分为 k_0C_1 的固体晶核，但是由于该晶核是在成分 C_0 的原液相中形成，因此势必要将多余的溶质原子通过固液界面向液相中排出，使界面处的液相成分达到该温度下的平衡成分 C_1，但此时远离界面的液相成分仍保持着原来的成分 C_0，这样，在界面的邻近区域即形成了浓度梯度，如图 3.9(a)所示。由于浓度梯度的存在，就必然引起液相内溶质 B 和溶剂 A 原子的相互扩散，即界面处的 B 原子向远离界面的液相内扩散，而远处液相中的 A 原子向界面处扩散，结果使界面处的溶质原子浓度自 C_1 降至 C_0'，如图 3.9(b)所示。但是在 t_1 温度下，只能存在 $L_{C_1} \rightleftharpoons \alpha_{k_0C_1}$ 的相平衡，界面处液相成分的任何偏离都将破坏这一相平衡关系，这是不能允许的。为了保持界面处原来的相平衡关系，只有使界面向液相中移动，即晶体长大，而晶体长大所排出的溶质原子使相界面处的液相浓度恢复到平衡成分 C_1，如图 3.9(c)所示。相界面处相平衡关系的重新建立，又造成液相成分的不均匀，出现浓度梯度，这势必又引起原子的扩散，破坏相平衡。为了维持原来的相平衡，最后又促使晶体进一步长大。如此反复，直到液相成分全部变到 C_1 为止，如图 3.9(d)的所示。

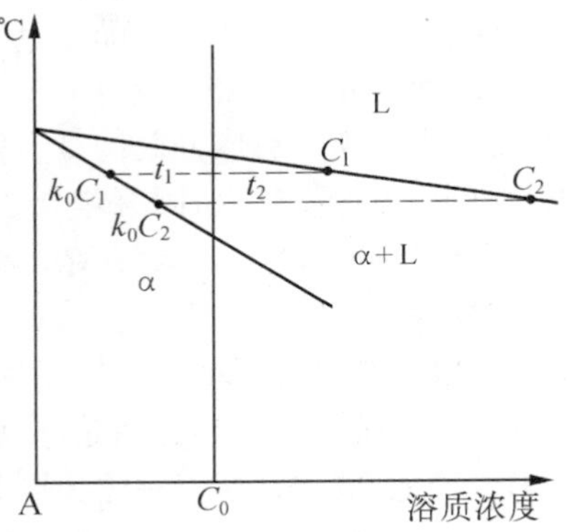

图 3.8 固溶体合金的平衡结晶

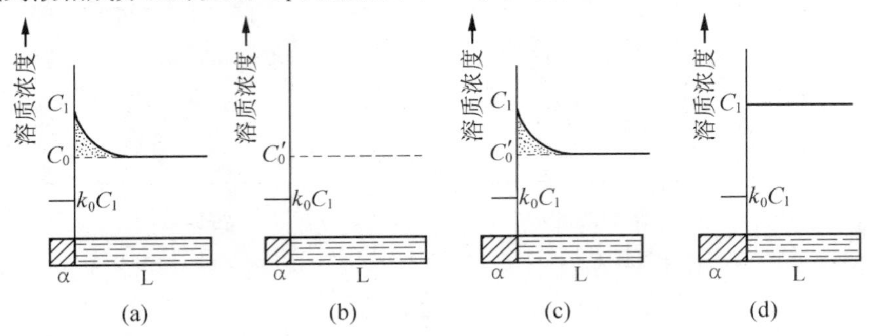

图 3.9 固溶体合金在温度 t_1 时的结晶过程

当温度自 t_1 降至 t_2 时，结晶过程的继续进行，一方面依赖于在温度 t_1 时所形成晶体的继续长大，另一方面是在温度 t_2 时重新形核并长大。

在 t_2 时的重新形核和长大过程与 t_1 时的相似，只不过此时的液相成分已是 C_1，新的晶核是在 C_1 成分的液相中形成，且晶核的成分为 k_0C_2，与其相邻的液相成分为 C_2，建立了新的相平衡：$L_{C_2} \rightleftharpoons \alpha_{k_0C_2}$，远离固液界面的液相成分仍为 C_1。此外，在 t_1 温度时形成的晶体在 t_2 继续长大时，由于在 t_2 时新生的晶体成分为 k_0C_2，因此又出现了新旧固相间的成分不均匀问题。这样一来,无论在液相内还是在固相内都形成了浓度梯度。于是,不但在液相内存在扩散过程,而且在固相内也存在扩散过程,这就使相界面处液相和固相的浓度都发生了改变,从而破坏了相界面处的相平衡关系。这是不能允许的。为了建立 t_2 温度下的相平衡关系,使相界面处液相的成分仍为 C_2,固相成分仍为 k_0C_2,只能使已结晶的固相进一步长大或由液相内结晶出新的晶体,以排出一部分溶质原子,达到相平衡时所需要的溶质浓度。这样的过程需要反复进行,一直到液相成分完全变为 C_2,固相成分完全变为 k_0C_2 时,液相和固相内的相互扩散过程才会停止。由于原子在液相中扩散较快,因此在液相中的成分较快地达到均匀时,固相内还在不断地进行扩散过程,使固溶体的成分和数量逐渐达到平衡状态所要求的那样,在 t_2 下的结晶过程也就完成了。上述过程可以用图 3.10 示意。

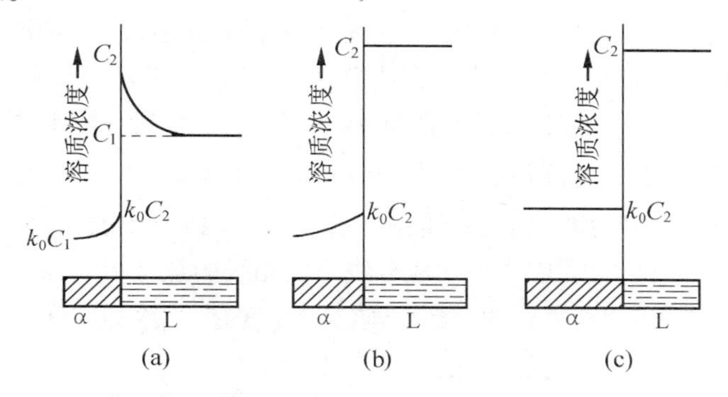

图 3.10　固溶体合金在温度 t_2 时的结晶过程

结晶过程的进一步进行,有待于进一步降低温度。

依次类推,直到温度达到 t_3 时,最后一滴液体结晶成固体,固溶体的成分完全与合金成分(C_0)一致,成为均匀的单相固溶体组织时,结晶过程即告终了。

综上所述,可以将固溶体的结晶过程概述如下:固溶体晶核的形成(或原晶体的长大),产生相内(液相或固相)的浓度梯度,从而引起相内的扩散过程,这就破坏了相界面处的平衡(造成不平衡),因此,晶体必须长大,才能使相界面处重新达到平衡。可见,固溶体晶体的长大过程是平衡→不平衡→平衡→不平衡的辩证发展过程。

3.2.3　固溶体的不平衡结晶

如上所述,固溶体的结晶过程是与液相和固相内的原子扩散过程密切相关的,只有在极缓慢的冷却条件下,即在平衡结晶条件下,才能使每个温度下的扩散过程进行完全,使液相或固相的整体处处均匀一致。然而在实际生产中,液态合金浇入铸型之后,冷却速度较大,在一定温度下扩散过程尚未进行完全时温度就继续下降,这样就使液相尤其是固相内保持着一定的浓度梯度,造成各相内成分的不均匀。这种偏离平衡结晶条件的结晶,称为不平衡结晶。不平衡结晶的结果,对合金的组织和性能有很大影响。

在不平衡结晶时,设液体中存在着充分的混合条件,即液相的成分可以借助扩散、对流或搅拌等作用完全均匀化,而固相内却来不及进行扩散。显然这是一种极端情况。由图 3.11 可知,成分为 C_0 的合金过冷至 t_1 温度开始结晶,首先析出成分为 α_1 的固相,液相的成分为 L_1,当温度下降至 t_2 时,析出的固相成分为 α_2,它是依附在 α_1 晶体上生长的。如果是平衡结晶的话，通过扩散，晶体内部由 α_1 成分可以变化至 α_2，但是由于冷却速度快，固相内来不及进行扩散，结果使晶体内外的成分很不均匀。此时整个已结晶的固相成分为 α_1 和 α_2 的平均值 α_2'。在液相内，由于能充分进行混合，使整个液相的成分时时处处均匀一致，沿液相线变化至 L_2。当温度继续下降至 t_3 时，结晶出的固相成分为 α_3，同样由于固相内无扩散，使整个固体的实际成分为 α_1、α_2、α_3 的平均值 α_3'，液相的成分沿液相线变至 L_3，此时如果是平衡结晶的话，t_3 温度已相当于结晶完毕的固相线温度，全部液体应当在此温度下结晶完毕，已结晶的固相成分应为合金成分 C_0。但是由于是不平衡结晶，已结晶的固相平均成分不是 α_3，而是 α_3'，与合金的成分 C_0 不同，仍有一部分液体尚未结晶，一直要到 t_4 温度才能结晶完毕。此时固相的平均成分由 α_3'变化到 α_4'，与合金原始成分 C_0 一致。

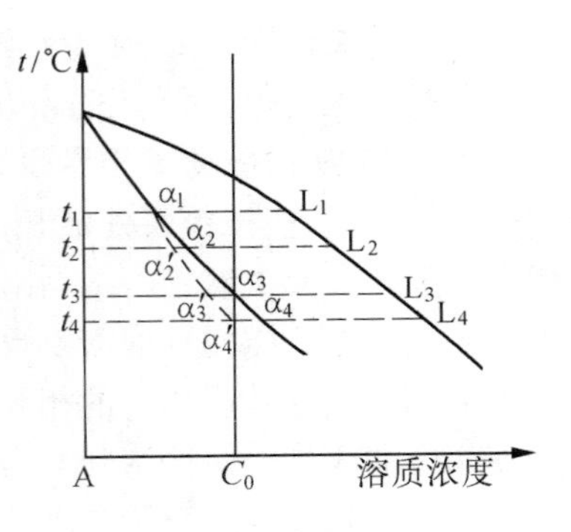

图 3.11 匀晶系合金的不平衡结晶

若把每一温度下的固相平均成分线连结起来，就得到图 3.11 虚线所示的 $\alpha_1\alpha_2'\alpha_3'\alpha_4'$ 固相平均成分线。应当指出，固相平均成分线与固相线的意义不同，固相线的位置与冷却速度无关，位置固定，而固相平均成分线则与冷却速度有关，冷却速度越大，则偏离固相线的程度越大。当冷却速度极为缓慢时，则与固相线重合。

图 3.12 为固溶体合金不平衡结晶时的组织变化示意图。由图可见，固溶体合金平衡结晶的结果，使前后从液相中结晶出的固相成分不同，再加上冷速较快，不能使成分扩散均匀，结果就使每个晶粒内部的化学成分很不均匀，先结晶的含高熔点组元较多，后结晶的含低熔点组元较多，在晶粒内部存在着浓度差别，这种在一个晶粒内部化学成分不均匀的现象，称为晶内偏析。由于固溶体晶体通常是树枝状，枝干和枝间的化学成分不同，所以又称为枝晶偏析。对存在晶内偏析的组织作显微分析，即可对上述分析进行验证。图 3.13(a)为 Cu - Ni 合金的铸态组织，经侵蚀后枝干和枝间的颜色存在着明显的差别，说明它们的化学成分不同。其中枝干先结晶，含高熔点的镍较多，不易侵蚀，呈亮白色。枝间后结晶，含低熔点的铜较多，易受侵蚀。图 3.13(b)为电子探针测试结果，进一步证实了枝干富镍、枝间富铜这一枝晶偏析现象。

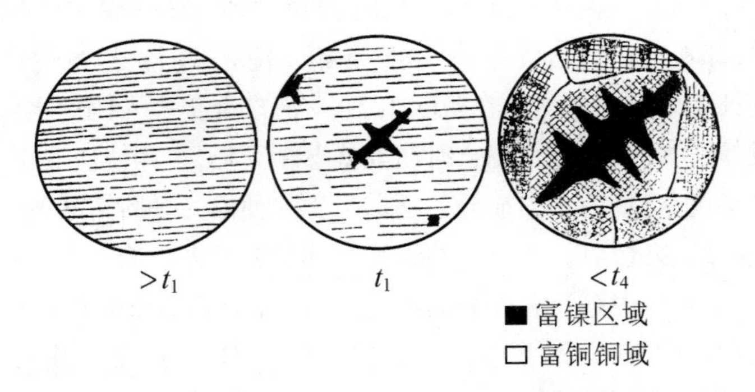

图 3.12 固溶体在不平衡结晶时的组织变化示意图

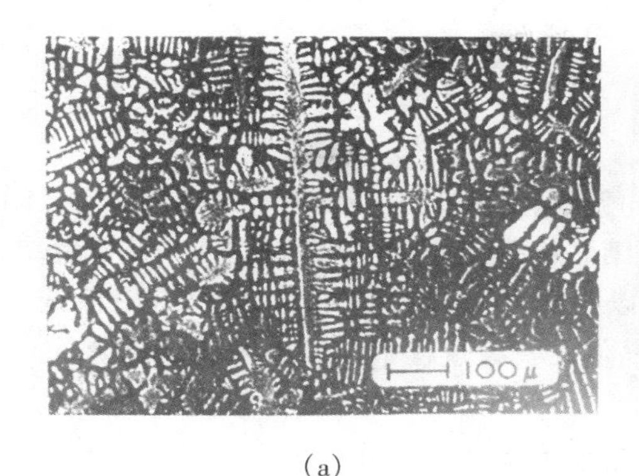

(a)

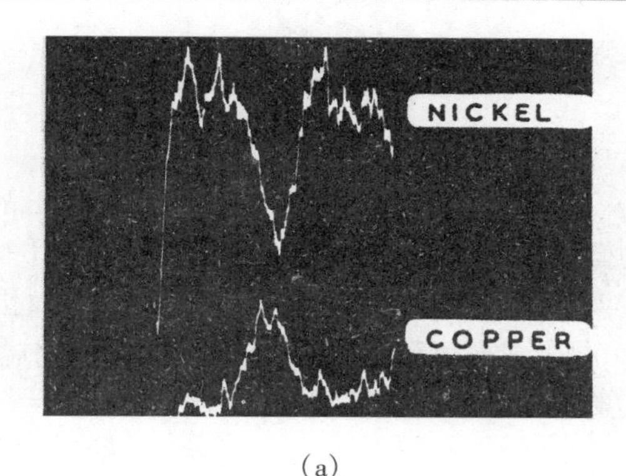

(a)

图 3.13　Cu－Ni 合金的铸态组织与微区分析

晶内偏析的大小与分配系数 k_0 有关,也即与液相线和固相线间的水平距离或成分间隔有关。在上面所讨论的情况下,偏析的最大程度为

$$C_0 - C_{\alpha_1} = C_0 - k_0 C_0 = C_0(1 - k_0)$$

当 $k_0 < 1$ 时,k_0 值越小,则偏析越大;当 $k_0 > 1$ 时,k_0 越大,偏析也越大。

溶质原子的扩散能力对偏析程度也有影响,如果结晶的温度较高,溶质原子扩散能力又大,则偏析程度较小;反之,则偏析程度较大。例如,钢中的硅的扩散能力比磷大,所以硅的偏析较小,而磷的偏析较大。

冷却速度对偏析的影响比较复杂,一般说来,冷却速度越大,则晶内偏析程度越严重。但是,冷却速度大,过冷度也大,可以获得较为细小的晶粒,尤其是对于小型铸件,当以极快的速度过冷至很低的温度(例如图 3.11 的 t_3 温度)才开始结晶时,反而能够得到成分均匀的铸态组织。

晶内偏析对合金的性能有很大影响,严重的晶内偏析会使合金的机械性能下降,特别是使塑性和韧性显著降低,甚至使合金不容易压力加工。晶内偏析也使合金的抗蚀性能降低。为了消除晶内偏析,工业生产上广泛应用扩散退火或均匀化退火的方法,即将铸件加热至低于固相线 100～200℃的温度,进行较长时间保温,使偏析元素充分进行扩散,以达到成分均匀化的目的,图 3.14 为经扩散退火后的 Cu－Ni 合金组织,电子探针分析结果表明,其化学成分是均匀的,枝晶偏析已经予以消除。

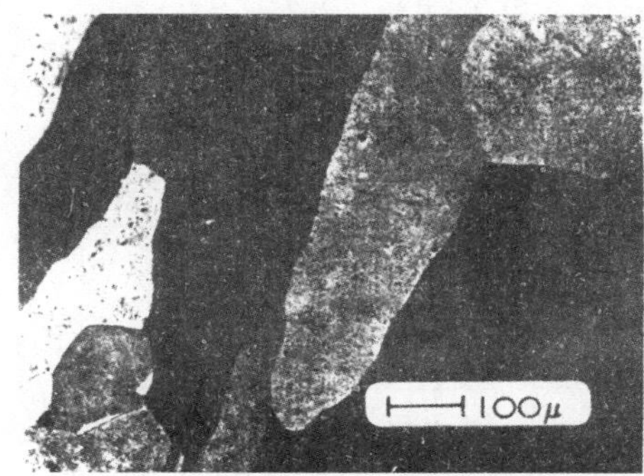

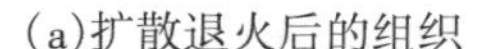

(a)扩散退火后的组织

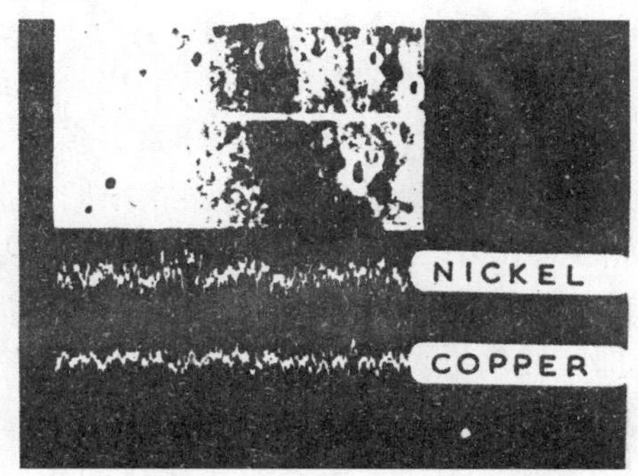

(b)微区分析

图 3.14　经扩散退火后的 Cu－Ni 合金组织及微区分析

3.2.4　区域偏析和区域提纯

1. 区域偏析

固溶体合金在不平衡结晶时所形成的晶内偏析，是属于一个晶粒范围内枝干与枝间的微观偏析。除此之外，固溶体合金在不平衡结晶时还往往造成宏观偏析或区域偏析，即在大范围内化学成分不均匀的现象。下面仍以固相内无扩散，液相借助扩散、对流或搅拌，化学成分可以充分混合的情况为例，阐述晶体在长大过程中的溶质原子分布情况，说明造成宏观偏析或区域偏析的原因。

如图 3.15 所示，假定成分为 C_0 的液态合金在圆管内自左端向右端逐渐凝固，并假设

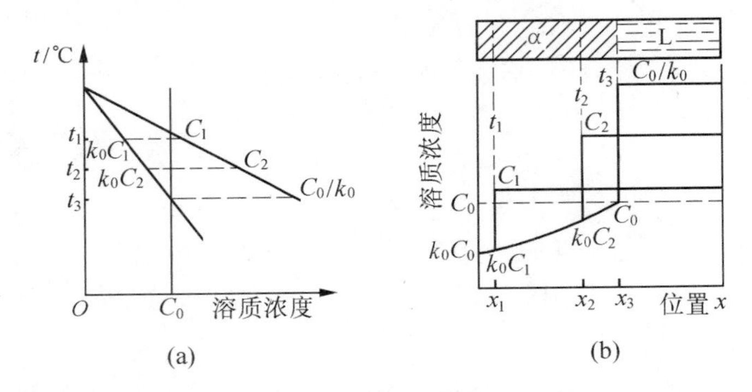

图 3.15　区域偏析形成过程

固液界面保持平面。当合金在 t_1 温度开始结晶时，结晶出的固相成分为 k_0C_1，液相成分为 C_1(图 3.15(a))，晶体长度为 x_1(图 3.15(b))，当温度降至 t_2 时，析出的固相成分为 k_0C_2，这就意味着，在温度 t_1 时形成的晶体长大至 x_2 的位置，由于液相的成分能够充分混合，所以晶体长大时向液相中排出的溶质原子使液相成分整体而均匀地沿液相线由 C_1 变至 C_2。当温度降至 t_3 时，晶体由 x_2 长大至 x_3，此时晶体的成分为 C_0，即原合金的成分，晶体长大时所排出的溶质原子使液相成分变至 C_0/k_0。由于固相内无扩散，故先后结晶的固相成分依次为 $k_0C_1 \rightarrow k_0C_2 \rightarrow C_0$。由图可以看出，尽管此时相界面处的固相成分已达到 C_0，但已结晶的固相成分平均值仍低于合金成分，因此仍保持着较多的液相。在以后的结晶过程中，液相中的溶质原子越来越富集，结晶出来的固相成分也越来越高，以至最后结晶的固相成分往往要比原合金成分高好多倍。从左端开始结晶，到右端结晶终了，固相中的成分分布曲线如图 3.16 中的曲线 b 所示。由此可见，对于铸锭或铸件来说，这就造成大范围内化学成分不均匀，即区域偏析。

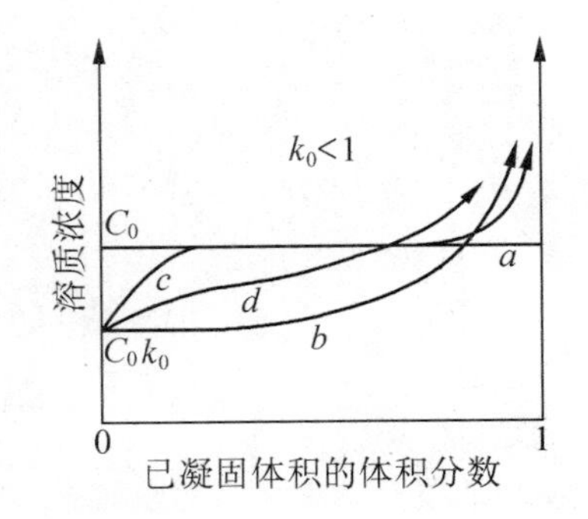

图 3.16　单向结晶时的溶质分布

a—平衡凝固；b—溶液中溶质完全混合；c—溶液中溶质只借扩散而混合；d—溶液中溶质部分地混合

上述结晶过程若是平衡结晶的话，由于结晶过程十分缓慢，无论是在液相还是在固相内，溶质原子均可以充分进行混合，虽然刚开始结晶出的固相成分为 k_0C_1，但当结晶至右端时，整个固相的成分都达到了均匀的合金成分 C_0，溶质原子的分布相当于图 3.16 中的水平直线 a。

在实际的结晶过程中，液相中的溶质原子不可能时时处处混合的十分均匀，因此上面讨论的是一种极端情况。下面讨论另外一种极端情况，即固相中无扩散，液相中除了扩散之外，没有对流或搅拌，即液相中的溶质原子混合很差。为了讨论问题方便，仍然假定液态合金于圆管中从左端凝固，相界面为一平面，并逐步向液相中推移，如图3.17所示。成分为 C_0 的合金在 t_1 温度开始结晶，结晶处的固相成分为 k_0C_1（图3.17(a)），此时将从已结晶的固相向液相排出一部分溶质原子。但是由于液相中无对流或搅拌的作用，不能将这部分溶质原子迅速输送到远处的液体中，于是在相界面的邻近液相中形成浓度梯度，溶质原子只能借助浓度梯度的作用向远处的液相中输送。但是由于扩散速度慢，所以使溶质原子在相界面处有所富集。随着温度的不断降低，晶体不断长大和相界面向液相中的逐渐推移，溶质的富集层便越来越厚，浓度梯度越来越大，溶质原子的扩散速度也随着浓度梯度的增高而加快（图3.17(b)）。

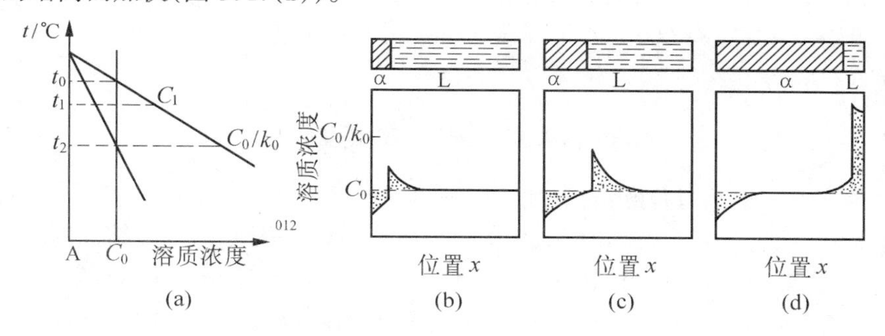

图3.17　液相中只有扩散的单向结晶过程

当温度达到 t_2 时，相界面处液相的成分达到 C_0/k_0，固相成分达到 C_0，此时从固相中排到相界面上的溶质数目恰好等于扩散离开相界面的溶质数目，即达到了稳定态，此时固相成分保持原合金成分 C_0，界面处的液相成分保持 C_0/k_0，由于扩散进行得很慢，远离相界面的液体成分仍保持 C_0，（图3.17(c)）。此后结晶即在 t_2 温度下进行，直至结晶临近终了，最后剩下的少量液体，其浓度又开始升高（图3.17(d)）。最后结晶的那一小部分晶体，其浓度往往较合金的浓度高出许多倍。溶质浓度沿整个晶体的分布曲线如图3.16中的曲线 c。

实际的不平衡结晶，既不会像第一种情况那样，液体中的成分随时都可以混合均匀，也不会像第二种情况那样，液体中仅仅存在扩散，液体的成分很不均匀。大多数是介于两种极端的中间情况，其溶质原子的分布情况如图3.16中的曲线 d 所示。在分析铸件或铸锭的结晶时，应当结合凝固的具体条件进行分析。

2. 区域提纯

区域偏析对合金的性能有很大影响，但依据这一原理，可以提纯金属。如从图3.16中的曲线 b 可以看出，在定向凝固和加强对流或搅拌的情况下，可以使试棒起始凝固端部的纯度得以提高。设想，如果将杂质富集的末端切去，然后再熔化，再凝固，金属的纯度就可不断地得以提高，但是这种提纯的步骤颇为繁复。

20世纪50年代初期，人们利用这一原理，创造出区域熔炼技术，获得了极好的提纯效果。它不是将金属棒全部熔化，而是将圆棒分小段进行熔化和凝固，也就是使金属棒从一端向另一端顺序地进行局部熔化，凝固过程也随之顺序地进行（图3.18）。由于固溶体是选择结晶，先结晶的晶体将溶质（杂质）排入熔化部分的液体中。如此当熔化区走过一遍之后,圆棒中的杂质就富集于另一端,重复多次,即可达到目的,这种方法就是区域提纯。从提纯的效果看,熔化区的长度(L)越短,则提纯效果越好。这是由于熔区较长时,会将已经推到另一端的溶质原子重新熔化而又跑到低的一端。通常熔区的长度不大于试样全长的1/10。

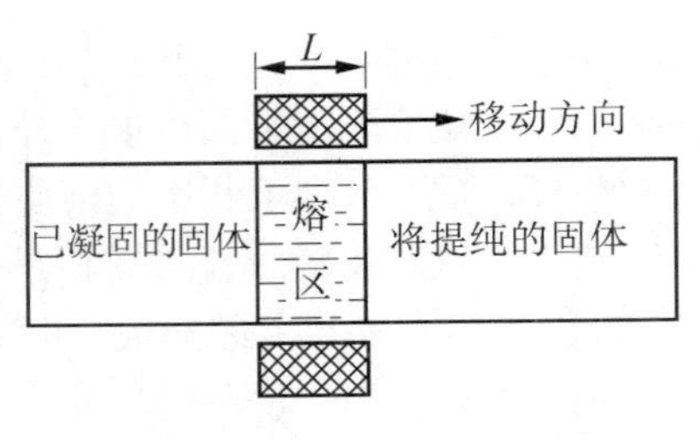

图3.18　区域熔炼示意图

提纯效果还与k_0的大小及液相搅拌的激烈程度有关。k_0越小,则提纯效果越好;搅拌越激烈,液体的成分越均匀,则结晶出的固相成分越低,提纯效果越好。为此,最好采用感应加热,熔区内有电磁搅拌,使液相内的溶质浓度易于均匀,这样加热区的前进速度也可大些。如此反复几次,就使金属棒的纯度大大提高。例如,对于$k_0=0.1$的情况,只需进行五次区域熔纯,就可使金属棒前半部分的杂质含量降低至原来的1/1 000。因此,区域提纯已广泛应用于提纯半导体材料、金属、金属化合物及有机物等。

3.2.5　成分过冷及其对晶体成长形状的影响

在讨论纯金属结晶时曾经指出,如果固液界面前沿液体中的温度梯度是正值,则其呈平面状生长;当温度梯度为负值时,则其呈树枝状成长。在固溶体合金结晶时,即使温度梯度是正值,也经常发现呈树枝状成长,还有的呈胞状成长。造成这一现象的原因是由于固溶体合金在结晶时,溶质组元重新分布,在固液界面处形成溶质的浓度梯度,从而产生成分过冷的缘故。

1. 形成成分过冷的条件及其影响因素

为了讨论问题方便起见,设C_0成分的固溶体合金为定向凝固,在液体中只有扩散,而无对流或搅拌,图3.19(a)的分配系数$k_0<1$,液相线和固相线均为直线。液态合金中的温度分布如图3.19(b)所示,温度梯度为正值,它只受散热条件的影响,与液体中的溶质分布情况无关。当C_0成分的液态合金温度降至t_0时,结晶出的固相成分为k_0C_0,由

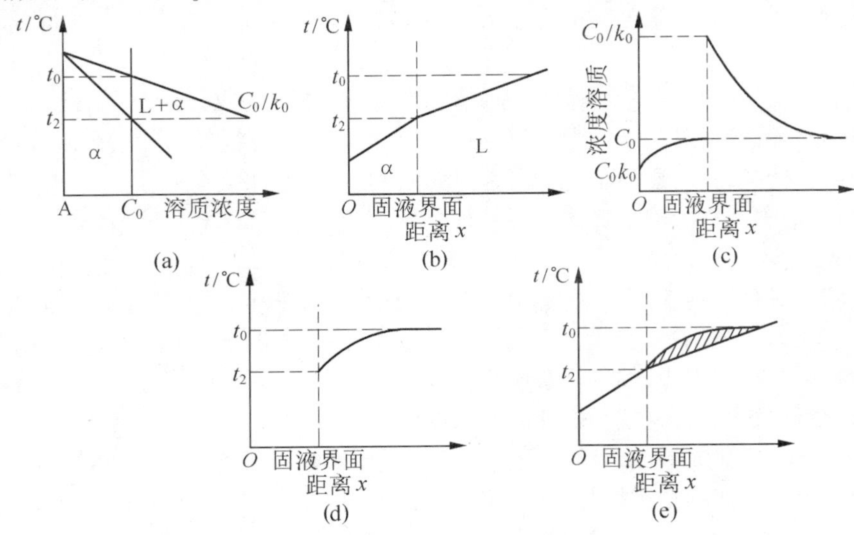

图3.19　成分过冷示意图

于液相中只有扩散而无对流或搅拌，所以随着温度的降低，在晶体成长的同时，不断排出的溶质便在固液界面处堆集，形成具有一定浓度梯度的边界层，界面处的液相成分和固相成分分别沿着液相线和固相线变化。当温度到达 t_2 时，固相的成分为 C_0，液相的成分为 C_0/k_0，界面处的浓度梯度达到了稳定态，而远离界面的液体成分仍为 C_0。在界面处的溶质分布情况如图 3.19(c)所示。

固溶体合金的平衡结晶温度与纯金属不同，纯金属的平衡结晶温度（熔点）是固定不变的，而固溶体合金的平衡结晶温度则随合金成分的不同而变化。当 $k_0<1$ 时，合金的平衡结晶温度随着溶质浓度的增加而降低（图 3.19(a)），这一变化规律由其液相线表示。这样一来，由于液体边界层中的溶质浓度随距界面的距离 x 的增加而减小，故边界层中的平衡结晶温度也将随距离 x 的增加而上升。边界层中的平衡结晶温度与距离 x 的变化关系示于图 3.19(d)中。在 $x=0$ 处，溶质浓度最高，其值为 C_0/k_0（图 3.19(c)），相应地结晶温度也最低（图 3.19(a)、(d)），此后随 x 的增加，溶质浓度不断降低，平衡结晶温度也随之增高，至达到原合金成分 C_0 时，相应地，其平衡结晶温度升至 t_0。

如果将图 3.19(b)和(d)叠加在一起，就构成了图 3.19(e)。由此图可见，在固液界面前方一定范围内的液相中，其实际温度低于平衡结晶温度，在界面前方出现了一个过冷区域，平衡结晶温度与实际温度之差即为过冷度，这个过冷度是由于液相中的成分变化而引起的，所以称之为成分过冷。

从图 3.19(e)还可以看出，出现成分过冷的极限条件是液体的实际温度梯度与界面处的平衡结晶曲线恰好相切。实际温度梯度进一步增大，就不会出现成分过冷；而实际温度梯度减小，则成分过冷区增大。形成成分过冷的这一临界条件可用以下数学式表达

$$\frac{G}{R}=\frac{mC_0}{D}\frac{1-k_0}{k_0} \tag{3.5}$$

式中，G 为固液界面前沿液相中的实际温度梯；，R 为结晶速度；m 为液相线斜率；D 为液相中溶质的扩散系数；k_0 为分配系数。

只有$\frac{G}{R}<\frac{mC_0}{D}\cdot\frac{1-k_0}{k_0}$时才会产生成分过冷。对一定的合金系而言，其液相线斜率 m、分配系数 k_0 和液相中溶质原子的扩散系数 D 均为定值，因此，液相中的温度梯度 G 越小，成长速度 R 和溶质的浓度 C_0 越大，则越有利于形成成分过冷。图 3.20 给出了几种不同的温度梯度值，可见，温度梯度越平缓，成分过冷区则越大，生产上就是通过控制 G 的大小来控制成分过冷区的大小的。对于不同的合金系而言，液相线越徒，D 值越小，$k_0<1$ 时 k_0 越小，$k_0>1$ 时 k_0 越大，则产生成分过冷的倾向越大。

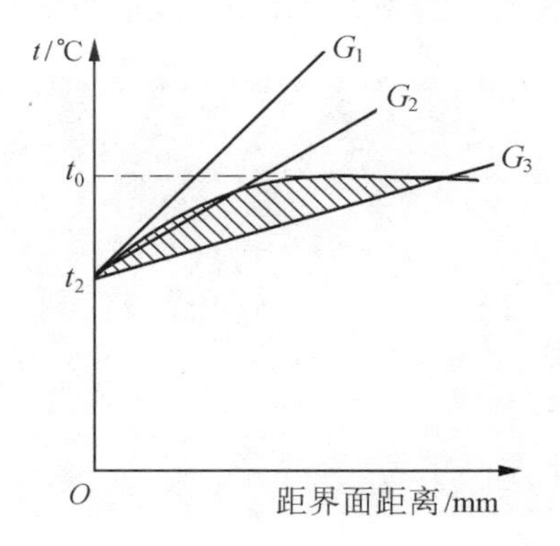

图 3.20　温度梯度对成分过冷的影响

2. 成分过冷对晶体成长形状的影响

由于金属的界面为粗糙界面，因此在正的温度梯度下，当不出现成分过冷时，则固溶体与纯金属相似，固液界面呈平面状成长，但当出现成分过冷时，则其界面可能呈胞状成长或树枝状成长。

由图 3.19 已知，C_0 成分的合金在结晶时，

由于溶质原子的排出，其平衡结晶温度逐步降至 t_2，因此界面处的实际温度也只有通过散热，使其温度降至 t_2 后晶体才能继续生长。若此时的温度梯度为 G_1(图 3.20)，则晶体呈平面状生长，长大速度完全由散热条件所控制，最后形成平面状晶粒界面。如果温度梯度为 G_2，在界面前沿有较小的成分过冷区，界面上的偶然突出部分可伸入过冷区长大(图 3.21(a))。由于突出部分不仅沿原生长方向(纵向)生长，而且在垂直于原生长方向(横向)也在生长，于是不仅要在纵向排出溶质，在横向也要排出，但是由于突出部分的顶端的溶质原子向远离界面的液体中的扩散条件比两侧的好，其结果使相邻的突出部分之间的沟槽的溶质浓度增加得比顶端快，于是沟槽内溶质富集(图 3.21(b))。如前所述，液体的平衡结晶温度随着溶质的增加而降低，并且晶体的长大速度与过冷度有关。因此，溶质富集的沟槽的平衡结晶温度较低，过冷度变小，其长大速度不如顶部快，因而使沟槽不断加深。在一定条件下，界面最终可达到一稳定形状(图 3.21(c))。此后的晶体生长就是该稳定的凹凸不平界面以恒速向液体中推进。

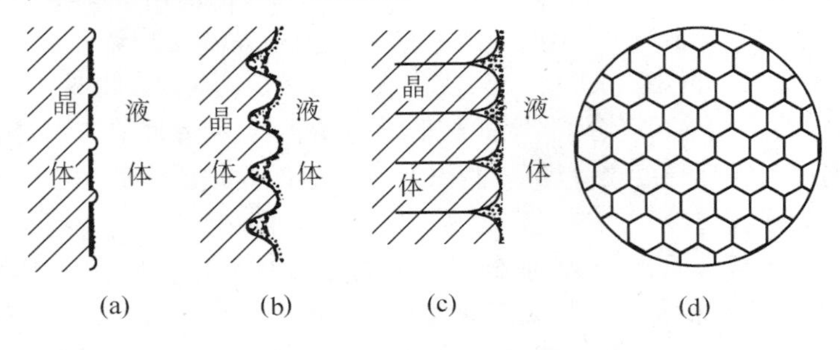

图 3.21　胞状界面的形成过程

这种凹凸不平的界面通常称为胞状界面，具有胞状界面的晶粒组织称为胞状组织或胞状结构，因为它的显微形态很像蜂窝，所以又称为蜂窝组织，它的横截面的典型形态呈规则的六边形(图 3.21(d))。应当指出，在一个晶粒内的各个胞具有基本相同的结晶学位向，胞与胞之间并没有被分离成晶粒，所以胞状组织是晶粒内的一种亚结构。另外，在胞状组织的交界面上，存在着溶质的富集($k_0<1$)或贫乏($k_0>1$)，形成显微偏析，因而在抛光腐蚀后，也可显现出胞状组织。

当温度梯度为 G_3 时(图 3.20)，成分过冷区进一步增大，合金的结晶条件与纯金属在负的温度梯度下的结晶条件相似，晶体以树枝状的方式长大，一般的固溶体都是以这种方式生长的。图 3.22 为 Al－Cu 合金在不同的成分过冷条件下所形成的三种晶粒组织。

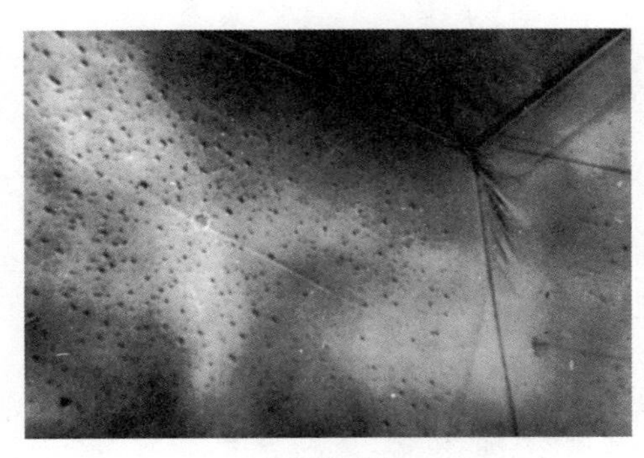

(a)平面晶

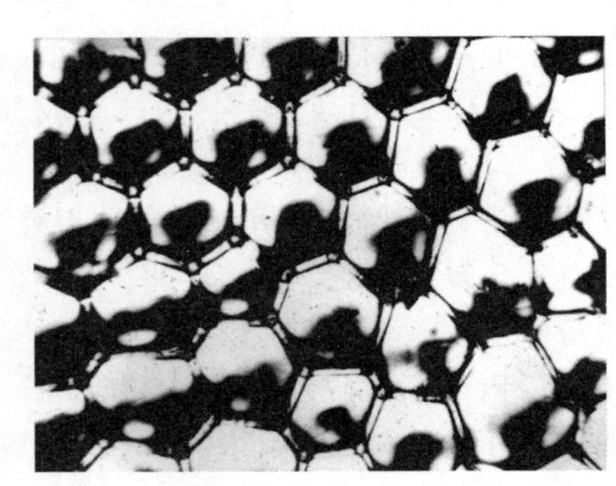

(b)胞状晶

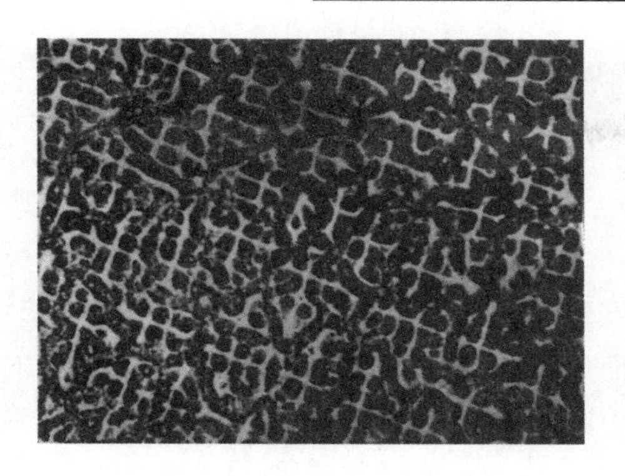

(c)树枝晶

图 3.22　Al - Cu 合金的三种晶粒组织

综上所述，固溶体晶体的生长形态与成分过冷有密切的关系，随着成分过冷的增大，固溶体晶体由平面状向胞状、树枝状的形态发展。合金成分 C_0、液相内的温度梯度 G 和凝固速度 R 是影响成分过冷的主要因素，控制这三个因素，就可以获得不同的固溶体晶体生长形态。

3.3　共晶相图及其合金的结晶

两组元在液态时相互无限互溶，在固态时有限互溶，发生共晶转变，形成共晶组织的二元系相图，称为二元共晶相图。Pb - Sn、Pb - Sb、Ag - Cu、Pb - Bi 等合金系的相图属于共晶相图，在 Fe - C、Al - Mg 等相图中，也包含有共晶部分。下面以 Pb - Sn 相图为例，对共晶相图及其合金的结晶进行分析。

3.3.1　相图分析

图 3.23 为 Pb - Sn 二元共晶相图，图中 *AE*、*BE* 为液相线，*AMNB* 为固相线，*MF* 为 Sn 在 Pb 中的溶解度曲线，*NG* 为 Pb 在 Sn 中的溶解度曲线。

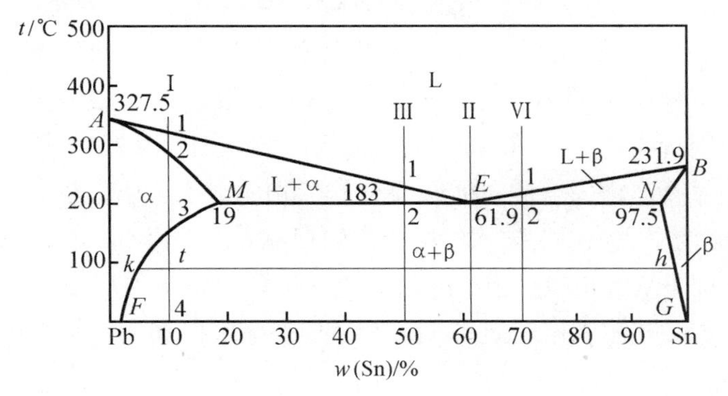

图 3.23　Pb - Sn 合金相图

相图中有三个单相区：即液相 L 及固溶体 α 相和 β 相。α 相是 Sn 溶于 Pb 中的固溶体，β 相是 Pb 溶于 Sn 中的固溶体。各个单相区之间有三个两相区，即 L + α、L + β 和 α + β。在 L + α、L + β 与 α + β 两相区之间的水平线 *MEN* 表示 α + β + L 三相共存区。

在三相共存水平线所对应的温度下，成分相当于点 E 的液相(L_E)同时结晶出与 M 点相对应的 α_M 和点 N 所对应的 β_N 两个相，形成两个固溶体的混合物。这种转变的反应式为

$$L_E \overset{t_E}{\rightleftharpoons} \alpha_M + \beta_N$$

根据相律可知，在发生三相平衡转变时，自由度等于零($f = 2 - 3 + 1 = 0$)，所以这一转变必然在恒温下进行，而且三个相的成分应为恒定值，在相图上的特征是三个相区与水平线只有一个接触点，其中液体单相区在中间，位于水平线之上，两端是两个固相单相区。这种在一定的温度下，由一定成分的液相同时结晶出两个成分一定的固相的转变过程，称为共晶转变或共晶反应。共晶转变的产物为两个相的混合物，称为共晶组织。

相图中的 MEN 水平线称为共晶线，点 E 称为共晶点，点 E 对应的温度称为共晶温度，成分对应于共晶点的合金称为共晶合金，成分位于共晶点以左、点 M 以右的合金称为亚共晶合金，成分位于共晶点以右、点 N 以左的合金称为过共晶合金。

此外，应当指出，当三相平衡时，其中任意两相之间也必然平衡，即 $\alpha - L$、$\beta - L$、$\alpha - \beta$ 之间也存在着相互平衡关系，ME、EN 和 MN 分别为它们之间的连接线，在这种情况下就可以利用杠杆定律分别计算平衡相的含量。

3.3.2 典型合金的平衡结晶过程及组织

1. $w(Sn) < 19\%$ 的合金(合金Ⅰ)

现以 $w(Sn) = 10\%$ 的合金Ⅰ为例进行分析。从图 3.23 可以看出，当合金Ⅰ缓慢冷却到点 1 时，开始从液相中结晶出 α 固溶体。随着温度的降低，α 固溶体的数量不断增多，而液相的数量不断减少，它们的成分分别沿固相线 AM 和液相线 AE 发生变化。合金冷却到点 2 时，结晶完毕，全部结晶成 α 固溶体，其成分与原始的液相成分相同。这一过程与匀晶系合金的结晶过程完全相同。

继续冷却时，在点 2～3 温度范围内，α 固溶体不发生变化。当温度下降到了点 3 以下时，锡在 α 固溶体中呈过饱和状态，因此，多余的锡就以 β 固溶体的形式从 α 固溶体中析出。随着温度的继续降低，α 固溶体的溶解度逐渐减小，因此这一析出过程将不断进行，α 相和 β 相的成分分别沿 MF 线和 NG 线变化，如在温度 t 时，析出的 β 相的成分为 h，与成分为 k 的 α 相维持平衡。由固溶体中析出另一个固相的过程称为脱溶，即过饱和固溶体的分解过程，也称之为二次结晶。二次结晶析出的相称为次生相或二次相，次生的 β 固溶体以 β_{II} 表示，以区别于从液相中直接结晶出来的 β 初晶。β_{II} 优先从 α 相晶界析出，有时也从晶粒内的缺陷部位析出。由于固态下原子的扩散能力小，析出的次生相不易长大，一般都比较细小。

合金结晶结束后形成以 α 相为基体的两相组织。图 3.24 为该合金的显微组织。图中的黑色基体为 α 相，白色颗粒为 β_{II}。β_{II} 分布在 α 相的晶界上，或在 α 相晶粒内析出。该合金的冷却曲线见图3.25，图 3.26 是其平衡结晶过程示意图。

成分位于 F 与 M 之间的所有合金，平衡结晶过程均与上述合金相似，其显微组织也

是由 $\alpha+\beta_{II}$ 两相所组成，只是两相的相对含量不同。合金成分越靠近点 M，β_{II} 的含量越多。两相的含量可用杠杆定律求出，如合金Ⅰ的 α 和 β_{II} 相的含量分别为

$$w_\alpha=\frac{4G}{FG}\times 100\%$$

$$w_{\beta_{II}}=\frac{F4}{FG}\times 100\%$$

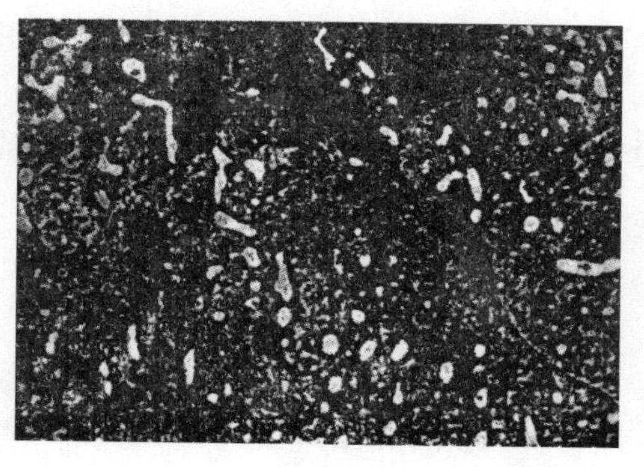

图 3.24　$w(\mathrm{Sn})=10\%$ 的 Pb－Sn 合金显微组织 500×

2. 共晶合金(合金Ⅱ)

共晶合金Ⅱ中，$w(\mathrm{Sn})=61.9\%$，其余为铅。当合金Ⅱ缓慢冷却至温度 t_E(183℃)时，发生共晶转变

$$\mathrm{L}_E \overset{t_E}{\rightleftharpoons} \alpha_M+\beta_N$$

这个转变一直在共晶温度 t_E(183℃)下进行，直到液相完全消失为止。这时所得到的组织是 α_M 和 β_N 两个相的混合物，亦称共晶组织。α_M 和 β_N 相的含量可分别用杠杆定律求出

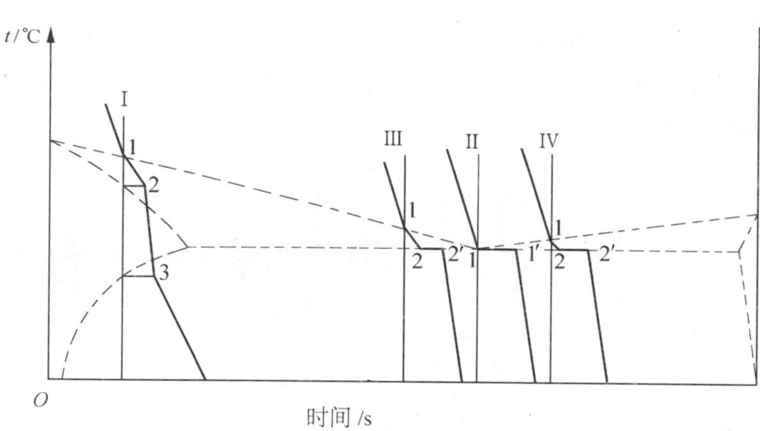

图 3.25　各种典型 Pb－Sn 合金的冷却曲线

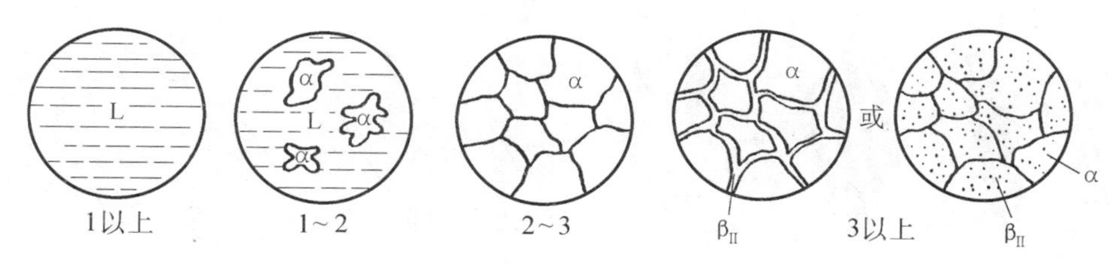

图 3.26　$w(\mathrm{Sn})=10\%$ 的 Pb－Sn 合金平衡结晶过程

$$w_{\alpha_M}=\frac{EN}{MN}\times 100\%=\frac{97.5-61.9}{97.5-19}\times 100\%\approx 45.4\%$$

$$w_{\beta_M}=\frac{ME}{MN}\times 100\%=\frac{61.9-19}{97.5-19}\times 100\%\approx 54.6\%$$

继续冷却时，共晶组织中的 α 和 β 相都要发生溶解度的变化，α 相成分沿着 *MF* 线变化，β 相的成分沿着 *NG* 线变化，分别析出次生相 β_{II} 和 α_{II}，这些次生相常与共晶组织中的同类相混在一起，在显微镜下难以分辨。

图 3.27 是 Pb－Sn 共晶合金的显微组织，α 和 β 呈层片状交替分布，其中黑色的为 α 相，白色的为 β 相。该合金的冷却曲线见图 3.25，图 3.28 是该合金平衡结晶过程的示意图。

共晶组织是怎样形成的？现以层片状的共晶组织说明于下。

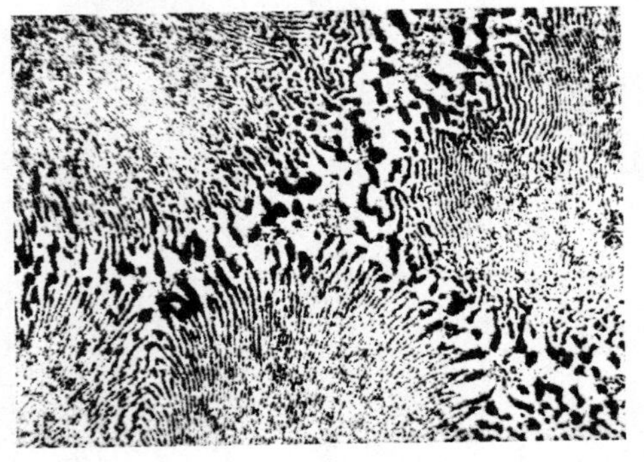
图 3.27　铅锡共晶合金的显微组织

和纯金属和固溶体合金的结晶过程一样，共晶转变同样要经过形核和长大的过程，在形核时，两个相中总有一个在先，一个在后，首先形核的相叫领先相，如果领先相是 α，由于 α 相中的含锡量比液相中的少，多余的锡从晶体中排出，使界面附近的液相中锡量富集。这就给 β 相的形成在成分上创造了条件，而 β 相的形核又要排出多余的铅，使界面前沿液相中铅量富集，这又给 α 相的形核在成分上创造了条件。于是两相就交替地形核和长大，构成了共晶组织(图 3.29(a))。进一步的研究表明，共晶组织中的两个相都不是孤立的，α 片与 α 片、β 片与 β 片分别互相联系，共同构成一个共晶领域。这样，两个相就不需要反复形核，很可能是以图 3.29(b)所示的“搭桥”方式形成的。

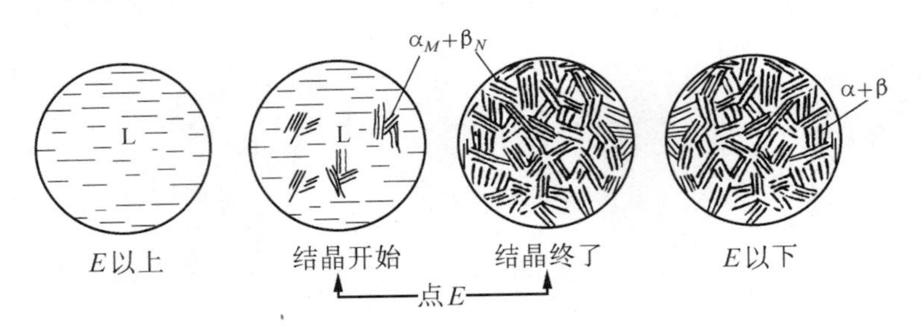

图 3.28　共晶合金的平衡结晶过程

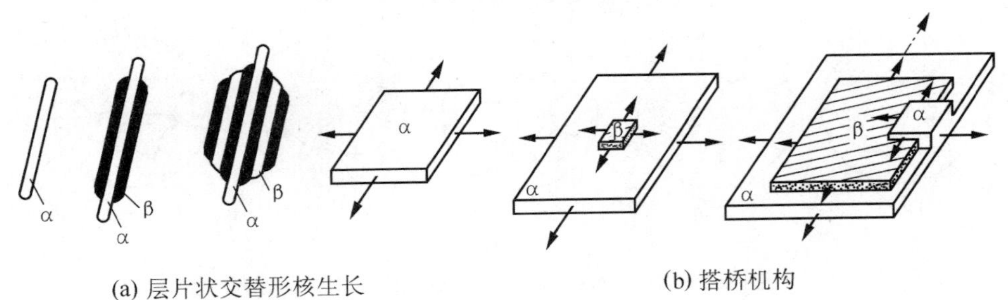

图 3.29　层片状共晶的形核与生长示意图

共晶组织的形态很多，按其中两相的分布形态可将它们分为层片状、棒状(条状或纤维状)、球状(短棒状)、针片状、螺旋状等，如图 3.30 所示。共晶组织的具体形态受到多种因素的影响。近年来有人提出，共晶组织中的两个组成相的本质是其形态的决定性因素。在研究纯金属结晶时已知，晶体的生长形态与固液界面的结构有关。金属的界面为粗糙界面，亚金属和非金属为光滑界面。因此，金属-金属型的两相共晶组织大多为层片状或棒状，金属-非金属型的两相共晶组织常具有复杂的形态，表现为针片状或骨骼状等。

3. 亚共晶合金(合金Ⅲ)

下面以 $w(\mathrm{Sn}) = 50\%$ 的合金Ⅲ为例，分析其结晶过程。

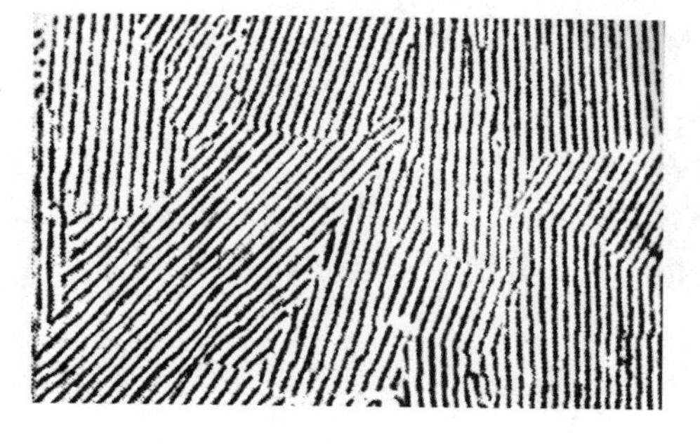

(a)层片状(Pb－Sn)200×

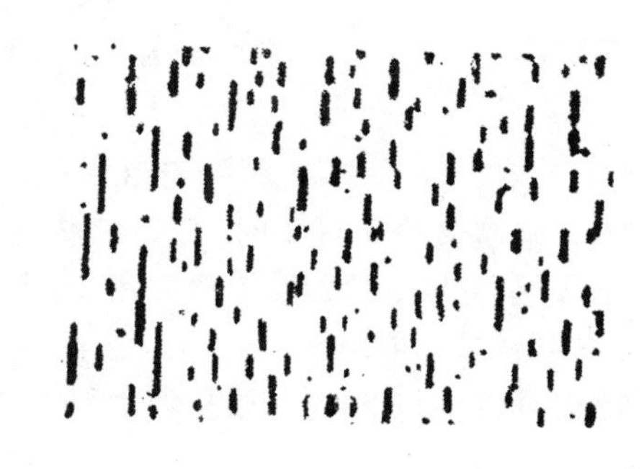

(b)棒状

(c)球状($Cu - Cu_2O$)

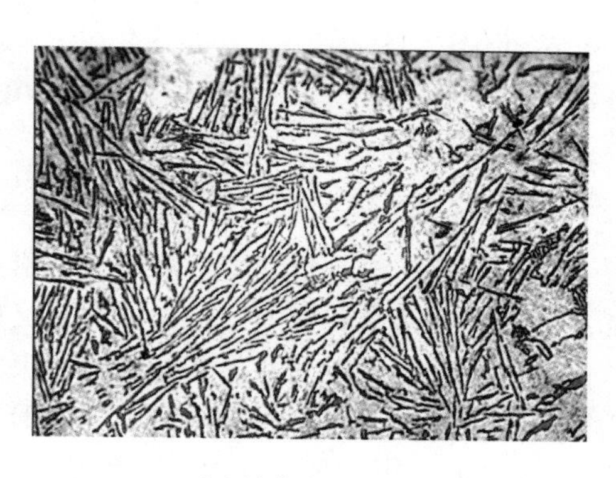

(d)针状(Al－Si)

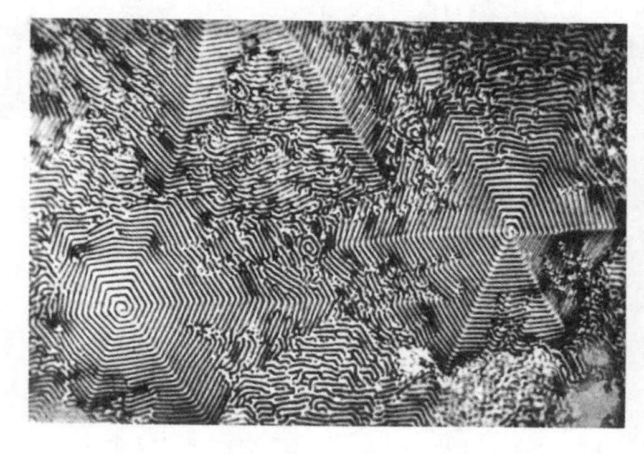

(e)螺旋状(Zn－MgZn)100×

(f)蛛网状

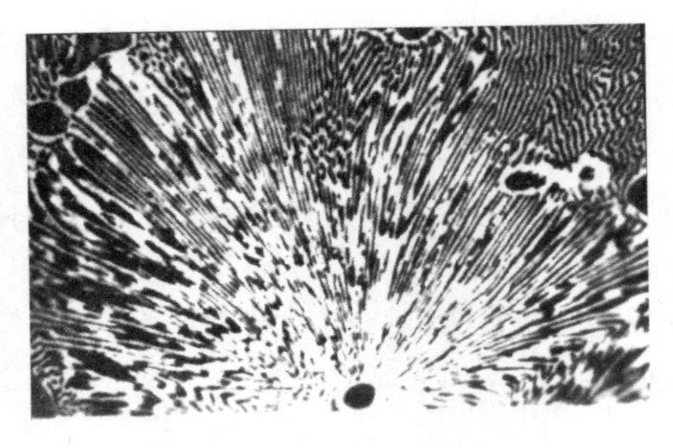

(g)放射状(Cu－P)　200×

图 3.30　各种形态的共晶组织

当合金缓慢冷至点 1 时,开始结晶出 α 固溶体。在点 1～2 温度范围内,随着温度的缓慢下降,α 固溶体的数量不断增多,α 相和液相的成分分别沿着 AM 和 AE 线变化。这一阶段的转变属于匀晶转变。

当温度降至点 2 时,α 相和剩余液相的成分分别到达点 M 和点 E,两相的质量分数分别为

$$w_\alpha = \frac{E2}{ME} \times 100\% = \frac{61.9-50}{61.9-19} \times 100\% \approx 27.8\%$$

$$w_L = \frac{M2}{ME} \times 100\% = \frac{50-19}{61.9-19} \times 100\% \approx 72.2\%$$

在温度 t_E、成分为点 E 的液相便发生共晶转变

$$L_E \xrightleftharpoons{t_E} \alpha_M + \beta_N$$

这一转变一直进行到剩余液相全部形成共晶组织为止。共晶转变前形成的 α 初晶又称先共晶相。亚共晶合金在共晶转变刚刚结束之后的组织是由先共晶相 α 和共晶组织(α＋β)所组成,其中共晶组织的量即为温度刚到达 t_E 时液相的量。

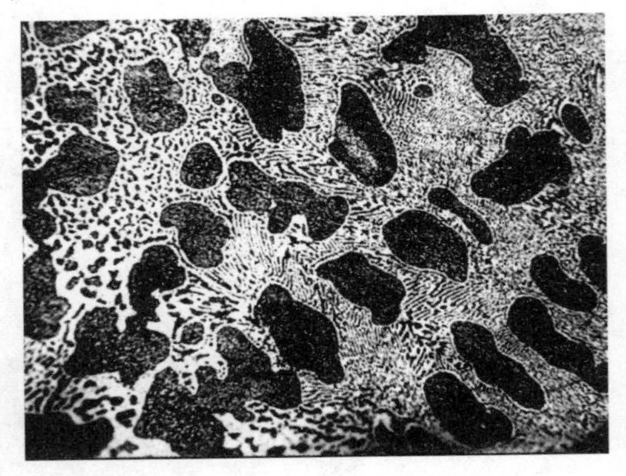

图 3.31　w(Sn)＝50%的 Pb－Sn 合金的显微组织
500×

在点 2 以下继续冷却时,将从 α 相(包括先共晶 α 相和共晶组织中的 α 相)和 β 相(共晶组织中的)分别析出次生相 β_{II} 和 α_{II}。在显微镜下,只有从先共晶 α 相中析出的 β_{II} 可能观察到,共晶组织析出的 α_{II} 和 β_{II} 一般难以分辨。图 3.31 为合金Ⅲ的显微组织,图中暗黑色树枝状晶部分是先共晶 α 相,之中的白色颗粒为 β_{II},黑白相间分布的是共晶组织。图 3.25 为该合金的冷却曲线,平衡结晶过程示于图 3.32中。

关于先共晶相的形态,如果是固溶体,则一般呈树枝状,图 3.31 组织中的呈卵形的先共晶相,实际上是树枝状晶体。若先共晶相为亚金属和非金属(如 Sb、Bi、Si 等)或化合物时,则一般具有较规则的外形。如在 Pb－Sb 二元系合金中,过共晶合金的先共晶相是锑晶体,它呈灰黑色有规则的片状外形,见图 3.33。

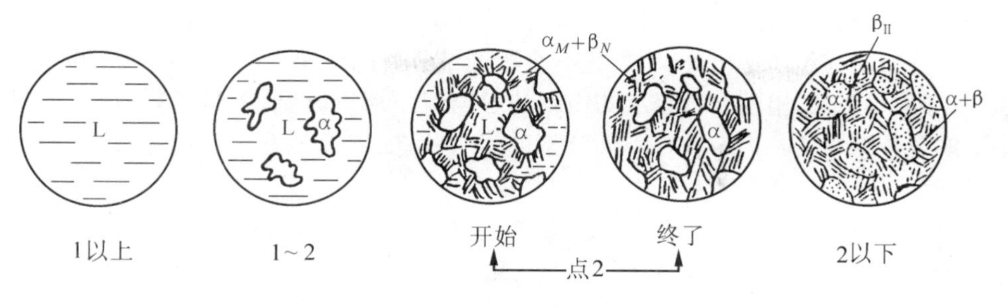

图3.32　亚共晶合金的平衡结晶过程

图3.33　过共晶Pb-Sb合金的显微组织　500×

4.过共晶合金(合金Ⅳ)

过共晶合金的平衡结晶过程与亚共晶合金相似,所不同的是先共晶相不是α而是β,图3.34是$w(\mathrm{Sn})=70\%$的合金Ⅳ的显微组织,图中亮白色卵形部分为β初晶,其余为共晶组织。

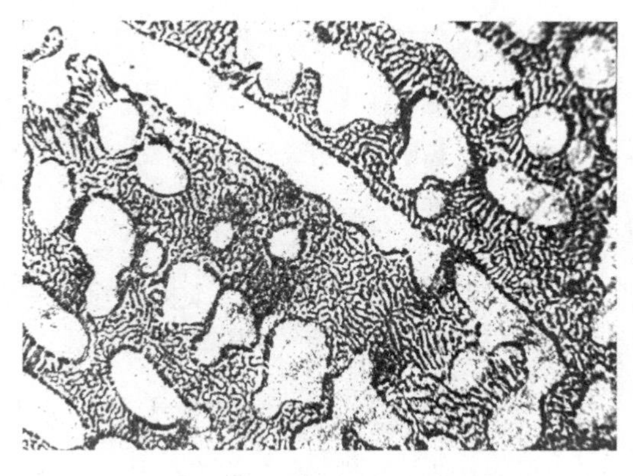

图3.34　$w(\mathrm{Sn})=70\%$的Pb-Sn合金显微组织　500×

根据图3.23的相图,综合上述分析可知,虽然点$F\sim G$之间的合金均由α和β两相所组成,但是由于合金成分和结晶过程的变化,相的大小、数量和分布状况,即合金的组织,发生很大的变化。如在$F\sim M$成分范围内,合金的组织为$\alpha+\beta_{II}$,亚共晶合金的组织为$\alpha+\beta_{II}+$共晶组织$(\alpha+\beta)$,共晶合金完全为共晶组织$(\alpha+\beta)$,过共晶合金的组织为$\beta+\alpha_{II}+$共晶组织$(\alpha+\beta)$,在点$N\sim G$之间的合金组织为$\beta+\alpha_{II}$。其中的α、β、α_{II}、β_{II}及$(\alpha+\beta)$在显微组织中均能清楚地区分开,是组成显微组织的独立部分,称之为组织组成物。从相的本质看，它们都是由 α 和 β 两相所组成，所以 α、β 两相称为合金的相组成物。

为了分析研究组织的方便，常常把合金平衡结晶后的组织直接填写在合金相图上，如图 3.35 所示。这样，相图上所表示的组织与显微镜下所观察到的显微组织能互相对应，便于了解合金系中任一合金在任一温度下的组织状态，以及该合金在结晶过程中的组织变化。

无论是合金的组织组成物还是相组成物，它们的相对含量都可以用杠杆定律来计算。例如，$w(\mathrm{Sn})=30\%$ 的亚共晶合金在 183℃共晶转变结束后，先共晶 α 相和共晶组织(α + β)的含量分别为

$$w_{\alpha}=\frac{2E}{ME}\times 100\%=\frac{61.9-30}{61.9-19}\times 100\%\approx 74.4\%$$

$$w_{(\alpha+\beta)}=\frac{2M}{ME}\times 100\%=\frac{30-19}{61.9-19}\times 100\%\approx 25.6\%$$

相组成物 α 相和 β 相的含量分别为

$$w_{\alpha}=\frac{2N}{MN}\times 100\%=\frac{97.5-30}{97.5-19}\times 100\%\approx 86\%$$

$$w_{\beta}=\frac{M2}{MN}\times 100\%=\frac{30-19}{97.5-19}\times 100\%\approx 14\%$$

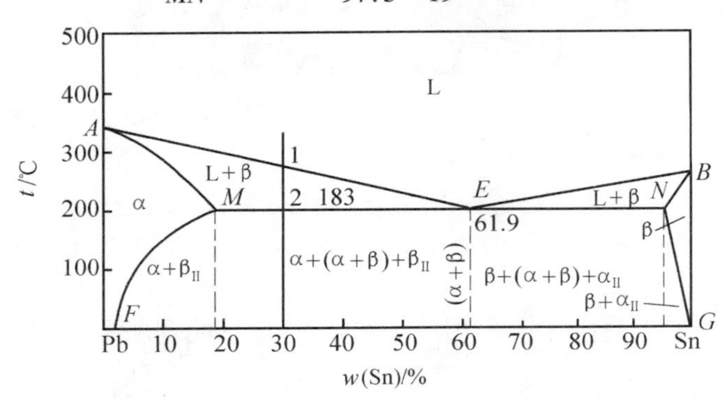

图 3.35 标明组织组成物的 Pb - Sn 相图

3.3.3 不平衡结晶及组织

在实际生产中，往往冷却速度较快，凝固时的原子扩散过程不能充分进行，致使共晶系合金的结晶过程和显微组织与平衡状态发生了某些偏离。

1. 伪共晶

在平衡结晶条件下，只有共晶成分的合金才能获得完全的共晶组织。但当不平衡结晶时，成分在共晶点附近的亚共晶或过共晶合金，也可能得到全部共晶组织。这种非共晶成分的合金所得到共晶组织称为伪共晶。通常将形成全部共晶组织的成分和温度范围称为伪共晶区，如图 3.36 所示。由图可以看出，在不平衡结晶时，由于冷速较大，将会产生过冷，当液态合金过冷到两条液相线的延长线所包围的影线区时，就可得到共晶组织。这是因为此时的液态合金对于 α 相和 β 相都是过饱和的，所以既可以结晶出 α，又可以结晶出 β，它们同时结晶出来就形成了共晶组织，图中的影线区即为伪共晶区。当亚共晶合金Ⅰ过冷至 t_1 温度以下结晶时，就可以得到全部的共晶组织。从形式上看，越靠近共晶成分的合金，越容易得到伪共晶组织，可是事实并不全是这样，实际的伪共晶区与上述的伪

共晶区有不同程度的偏离，例如工业上广泛应用的Al-Si系合金的伪共晶区就不是液相线的延长线所包围的区域。在金属合金系中，伪共晶区的形状有两类，如图3.37所示，其中的图3.37(a)表示随温度的降低伪共晶区相对于共晶点近乎对称地扩大，属于这一类的为金属-金属型共晶，如Pb-Sn、Ag-Cu、Cd-Zn系等；图3.37(b)为伪共晶区偏向一边歪斜地扩大，金属-非金属(亚金属)共晶如Al-Si、Sn-Bi系等属于这一类。伪共晶区的形状主要取决于共晶组织中两个相单独生长时的长大速度和过冷度的关系。如果两个相单独生长时的长大速度与过冷度的关系差别不大，则伪共晶区向共晶点下面两边呈对称性地扩大(图3.37(a))；如果两个相的长大速度与过冷度的关系相差很大，其中一个相的长大速度随过冷度的增加下降很快，此时该相的生长就会被抑制，使伪共晶区歪斜地偏向该相一边(图3.37(b))。那么，什么因素影响相的长大速度呢？主要是各相本身的晶体结构及其固液界面的性质。晶体结构复杂并呈光滑界面的相，其长大速度随温度的降低而下降较快，所以伪共晶区即向该相区偏斜。

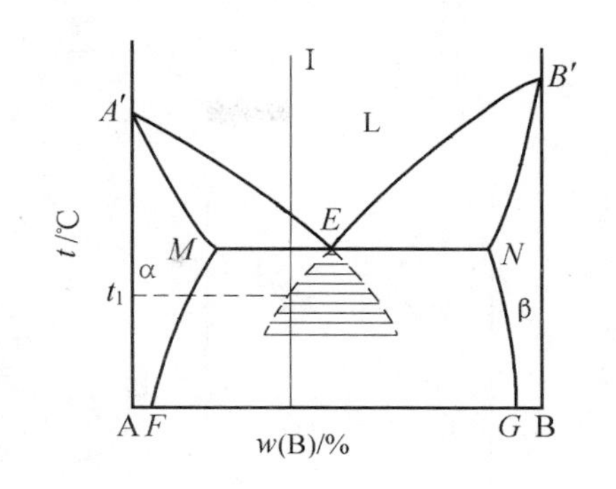

图3.36　伪共晶示意图

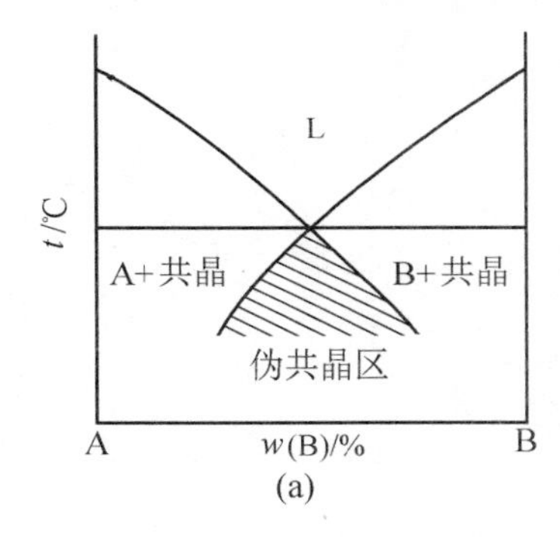

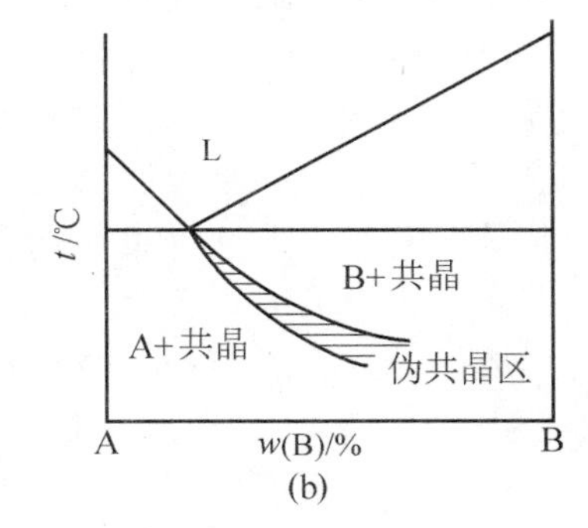

图3.37　两类伪共晶区

伪共晶区在相图中的位置对说明合金中出现的不平衡组织很有帮助。例如在Al-Si合金系中，共晶合金在快冷条件下结晶后会得到亚共晶组织，其原因可以从图3.38得到说明。图中的伪共晶区偏向硅的一侧，这样，共晶成分的液相表象点a不会过冷到伪共晶区内，只有先结出α相，α相向液体中排出Si溶质原子，当液体的成分到达点b时，才能发生共晶转变。其结果好像共晶点向右移动了一样，共晶合金变成了亚共晶合金。

2. 离异共晶

在先共晶相数量较多而共晶组织甚少的情况下，有时共晶组织中与先共晶相相同的那一相，会依附于先共晶相上生长，剩下的另一相则单独存在于晶界处，从而使共晶组织的特征消失，这种两相分离的共晶称为离异共晶。离异共晶可以在平衡条件下获得，也可以在不平衡条件下获得。例如，在合金成分偏离共晶点很远的亚共晶(或过共晶)合金中，它的共晶转变是在已存在大量先共晶相的条件下进行的，此时如果冷却速度十分缓慢，过冷度很小，那么共晶中的α相如果在已有的先共晶相α上长大，要比重新形核再长大容易得多。这样，α相易于与先共晶α相合为一体，而β相则存在于α相的晶界处。当合金成分越接近点M(或点N)时(图3.39合金Ⅰ)，越易发生离异共晶。

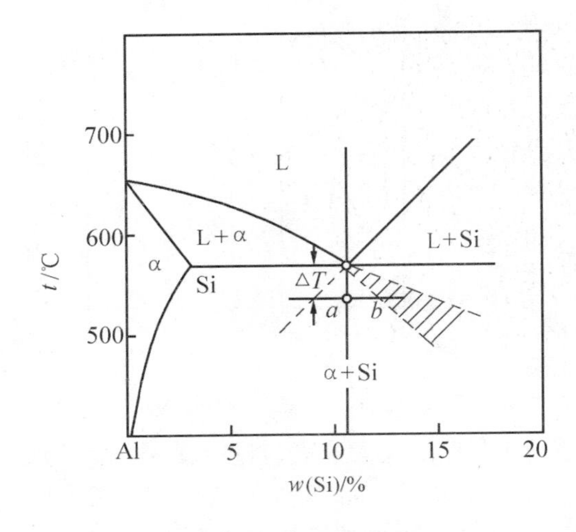

图 3.38 Al - Si 合金的伪共晶区

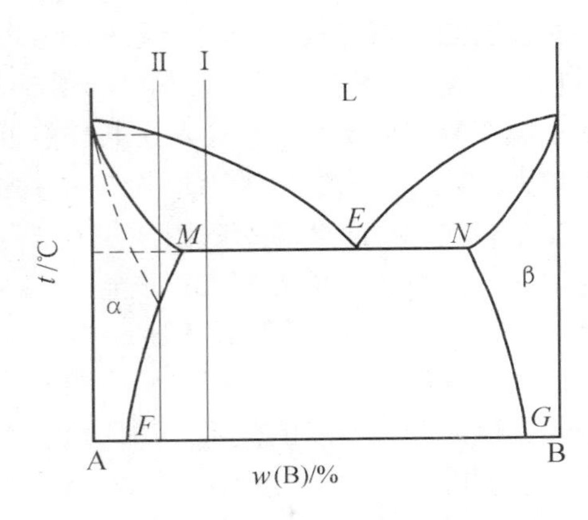

图 3.39 离异共晶示意图

此外，点 M 左面的合金（合金Ⅱ）在平衡冷却时，结晶的组织中不可能存在共晶组织，但是在不平衡结晶时，其固相的平均成分线将偏离平衡固相线，如图 3.39 中的虚线所示，于是合金冷却至共晶温度时仍有少量的液相存在。此时的液相成分接近于共晶成分，这部分剩余液体将会发生共晶转变，形成共晶组织。但是，由于此时的先共晶相数量很多，共晶组织中的 α 相可能依附于先共晶相上长大，形成离异共晶。w(Cu) = 4% 的 Al - Cu 合金在铸造条件下，将会出现离异共晶，如图 3.40 所示。在钢中因偏析而形成的 Fe - FeS 共晶，也往往是离异共晶，其中 FeS 分布在晶界上。

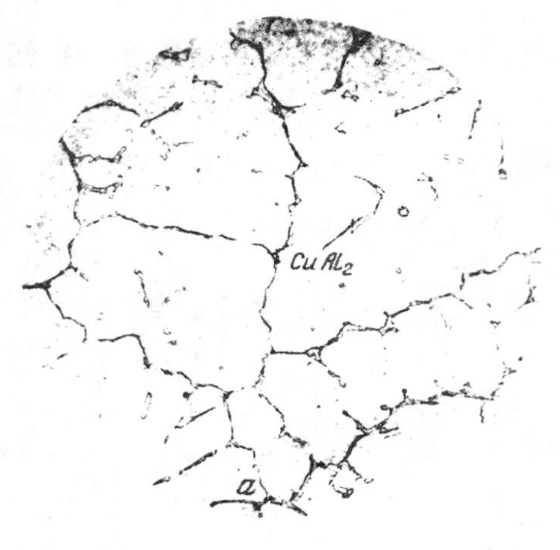

图 3.40 w(Cu) = 4% 的 Al - Cu 铸造合金中的离异共晶组织 100×

离异共晶可能给合金的性能带来不良影响，对于不平衡结晶所出现的这种组织，经均匀化退火后，能转变为平衡态的固溶体组织。

3.4 包晶相图及其合金的结晶

两组元在液态相互无限互溶、在固态相互有限溶解，并发生包晶转变的二元合金系相图，称为包晶相图。具有包晶转变的二元合金系有 Pt - Ag、Sn - Sb、Cu - Sn、Cu - Zn 等。下面以 Pt - Ag 合金系为例，对包晶相图及其合金的结晶过程进行分析。

3.4.1 相图分析

Pt - Ag 二元合金相图如图3.41所示。图中 ACB 为液相线，$APDB$ 为固相线，PE 及 DF 分别是银溶于铂中和铂溶于银中的溶解度曲线。

相图中有三个单相区，即液相 L 及固相 α 和 β。其中 α 相是银溶于铂中的固溶体，β

相是铂溶于银中的固溶体。单相区之间有三个两相区,即L+α、L+β和α+β。两相区之间存在一条三相(L、α、β)共存水平线,即 *PDC* 线。

水平线 *PDC* 是包晶转变线,所有成分在 *P* 与 *C* 之间范围内的合金在此温度都将发生三相平衡的包晶转变,这种转变的反应式为

$$L_C + \alpha_P \overset{t_D}{\rightleftharpoons} \beta_D$$

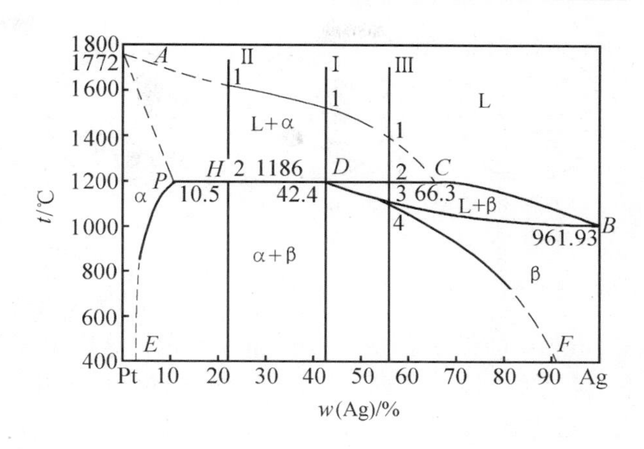

图3.41　Pt-Ag合金相图

这种在一定温度下,由一定成分的固相与一定成分的液相作用,形成另一个一定成分的固相的转变过程,称之为包晶转变或包晶反应。根据相律可知,在包晶转变时,其自由度为零($f = 2 - 3 + 1 = 0$),即三个相的成分不变,且转变在恒温下进行。在相图上,包晶转变的特征是:反应相是液相和一个固相,其成分点位于水平线的两端,所形成的固相位于水平线中间的下方。

相图中的点 *D* 称为包晶点,点 *D* 所对应的温度(t_D)称为包晶温度,*PDC* 线称为包晶线。

3.4.2　典型合金的平衡结晶过程及组织

1. $w(\mathrm{Ag}) = 42.4\%$ 的Pt-Ag合金(合金Ⅰ)

由图3.41可以看出,当合金Ⅰ自液态缓慢冷却到与液相线相交的点1时,开始从液相中结晶出α相。在继续冷却过程中,α相的数量不断增多,液相的数量不断减少,α相和液相的成分分别沿固相线 *AP* 和液相线 *AC* 线变化。

当温度降低到 t_D(1 186℃)时,合金中α相的成分达到点 *P*,液相的成分达到点 *C*,它们的含量可分别由杠杆定律求出

$$w_L = \frac{PD}{PC} \times 100\% = \frac{42.4 - 10.5}{66.3 - 10.5} \times 100\% = 57.17\%$$

$$w_\alpha = \frac{DC}{PC} \times 100\% = \frac{66.3 - 42.4}{66.3 - 10.5} \times 100\% = 42.83\%$$

在温度 t_D,液相L和固相α发生包晶转变

$$L_C + \alpha_P \overset{t_D}{\rightleftharpoons} \beta_D$$

转变结束后,液相和α相消失,全部转变为β固溶体。

合金继续冷却时,由于Pt在β相中的溶解度随着温度的降低而沿 *DF* 线不断减小,将不断地从β相中析出次生相α_{II}。合金的室温组织为$\beta + \alpha_{II}$,其平衡结晶过程示意图如图3.42所示。

包晶转变是液相 L_C 和固相 α_P 发生作用而生成新相β的过程,这种作用应首先发生在 L_C 和 α_P 的相界面上,所以β相通常依附在α相上生核并长大,将α相包围起来,β相成为α相的外壳,故称之为包晶转变。但是,这样一来L和α就被β相隔开了,它们之间的进一步作用只有通过β进行原子互扩散才能进行。即α相中的铂原子通过β向α中扩

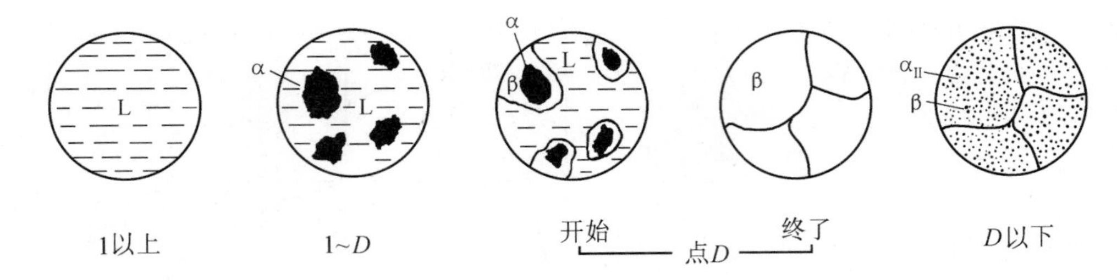

图3.42　合金Ⅰ的平衡结晶过程

散，液相中的银原子通过β向α相中扩散。这样，β相将不断地消耗着L相和α相而生长，L相和α相的数量不断减少。随着时间的延长，β相越来越厚，扩散距离越来越远，包晶转变也必将越加困难。因此，包晶转变需要花费相当长的时间，直到最后把液相和α相全部消耗完毕为止。包晶转变结束后，在平衡组织中已看不出任何包晶转变过程的特征。

2. $w(\mathrm{Ag}) = 10.5\% \sim 42.4\%$ 的Pt－Ag合金（合金Ⅱ）

现以图3.41中的合金Ⅱ为例进行分析。当合金缓慢冷却至液相线点1时，开始结晶出初晶α，随着温度的降低，初晶α的数量不断增多，液相的数量不断减少，α相和L相的成分分别沿着 AP 线和 AC 线变化，在点1～2之间属于匀晶转变。

当温度降低至点2时，α相和液相的成分分别为点 P 和点 C，两者的含量分别为

$$w_{\mathrm{L}} = \frac{PH}{PC} \times 100\%$$

$$w_{\alpha} = \frac{HC}{PC} \times 100\%$$

在温度为 t_D（点2）时，成分相当于点 P 的α相和点 C 的液相共同作用，发生包晶转变，转变为β固溶体。即

$$\mathrm{L}_C + \alpha_P \xrightleftharpoons{t_D} \beta_D$$

与上面的合金Ⅰ相比较，合金Ⅱ在 t_D 温度时的α相的相对量较多，因此，包晶转变结束后，除了新形成的β相外，还有剩余的α相。在 t_D 温度以下，由于β和α固溶体的溶解度的变化，随着温度的降低，将不断从β相中析出 α_{II}，从α相中析出 β_{II}，因此，该合金的室温组织为 $\alpha+\beta+\alpha_{II}+\beta_{II}$。合金的平衡结晶过程示意图如图3.43所示。

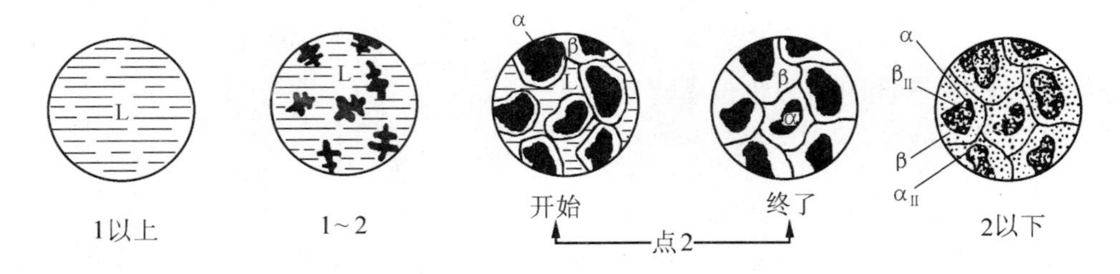

图3.43　合金Ⅱ的平衡结晶过程

3. $w(\mathrm{Ag}) = 42.4\% \sim 66.3\%$ 的Pt－Ag合金（合金Ⅲ）

当合金Ⅲ冷却到与液相线相交的点1时，开始结晶出初晶α相，在点1～2之间，随着温度的降低，α相数量不断增多，液相数量不断减少，这一阶段的转变属于匀晶转变。当冷却到 t_D 温度时，发生包晶转变，即 $\mathrm{L}_C + \alpha_P \xrightleftharpoons{t_D} \beta_D$。用杠杆定律可以计算出，合金Ⅲ中液

相的相对量大于合金Ⅰ中液相的相对量，所以包晶转变结束后，仍有液相存在。

当合金的温度从点2继续降低时，剩余的液相继续结晶出β固溶体，在点2～3之间，合金的转变属于匀晶转变，β相的成分沿 *DB* 线变化，液相的成分沿 *CB* 线变化。在温度降低到点3时，合金Ⅲ全部转变为β固溶体。

在点3～4之间的温度范围内，合金Ⅲ为单相固溶体，不发生变化。在点4以下，将从β固溶体中析出α_{II}。因此，该合金的室温组织为$\beta+\alpha_{\text{II}}$。合金的平衡结晶过程示意图如图3.44所示。

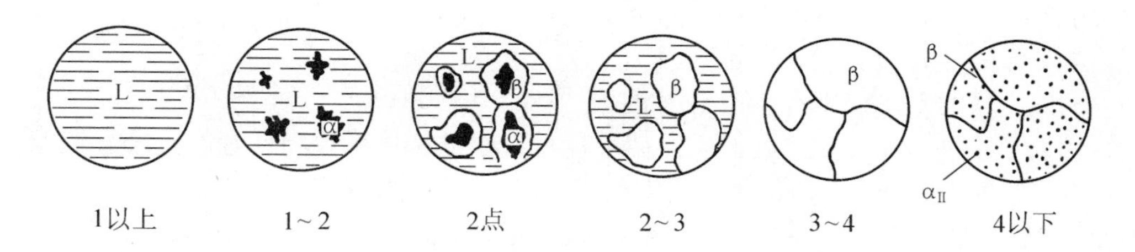

图3.44　合金Ⅲ的平衡结晶过程

3.4.3　不平衡结晶过程及组织

如上所述，当合金发生包晶转变时，新生成的β相依附于已有的α相上生核并长大，β相很快将α相包围起来，从而使α相和液相被β相分隔开。欲继续进行包晶转变，则必须通过β相层进行原子扩散，液体才能和α相继续相互作用形成β相。原子在固体中的扩散速度比在液体中低得多，所以包晶转变是一个十分缓慢的过程。在实际生产条件下，由于冷却速度较快，包晶转变将被抑制而不能继续进行，剩余的液体在低于包晶转变温度下，直接转变为β相。这样一来，在平衡转变时本来不存在的α相就被保留下来，同时β相的成分也很不均匀。这种由于包晶转变不能充分进行而产生的化学成分不均匀现象称包晶偏析。

应当指出，如果转变温度很高（例如铁碳合金）、原子扩散较快，则包晶转变有可能彻底完成。

和共晶系合金一样，位于点 *P* 左侧的（图3.45）在平衡冷却条件下本来不应发生包晶转变的合金，在不平衡条件下，由于平均固相成分线向下偏移，使最后凝固的液相可能发生包晶反应，形成一些不应出现的β相。

包晶转变产生的不平衡组织，可采用长时间的扩散退火来减少或消除。

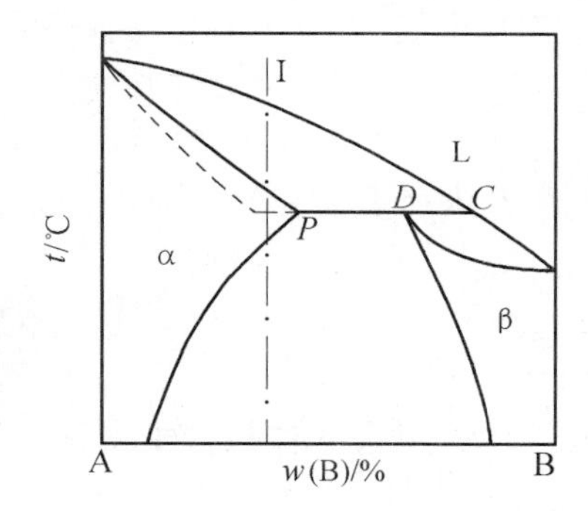

图3.45　因快冷而可能发生的包晶反应示意图

3.4.4　包晶转变的实际应用

包晶转变有两个显著特点：一是包晶转变的形成相依附在初晶相上形成；二是包晶转变的不完全性。根据这两个特点，在工业生产中可有下述应用。

1. 在轴承合金中的应用

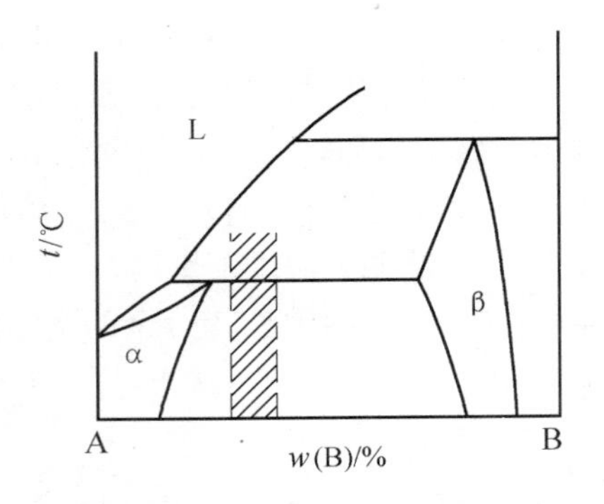

图 3.46 适宜做轴承合金的成分范围

滑动轴承是一种重要的机器零件。当轴在滑动轴承中运转时，轴和轴承之间必然有强烈的摩擦和磨损。由于轴是机器中十分重要的零件，价格昂贵，更换困难，所以希望轴在工作中所受磨损最小。为此，希望轴承材料的组织由具有足够塑性和韧性的基体及均匀分布的硬质点所组成。这些硬质点一般是金属化合物，所占体积分数为 $\varphi = 5\% \sim 50\%$。软的基体使轴承具有良好的磨合性，不会因受冲击而开裂。硬的质点使轴承具有小的摩擦系数和良好的抗咬合性能。图 3.46 影线区中的合金有可能满足以上要求，这些合金先结晶出硬的化合物，然后通过包晶反应形成软的固溶体，并把硬的化合物质点包围起来，从而得到在软的基体上分布着硬的化合物质点的组织。在轴运转时，软的基体很快被磨损而凹下去，贮存润滑油，硬的质点比较抗磨便凸起来，支承轴所施加的压力，这样就可保证理想的摩擦条件和极低的摩擦系数。Sn－Sb 系轴承合金就属此例。

2. 包晶转变的细化晶粒作用

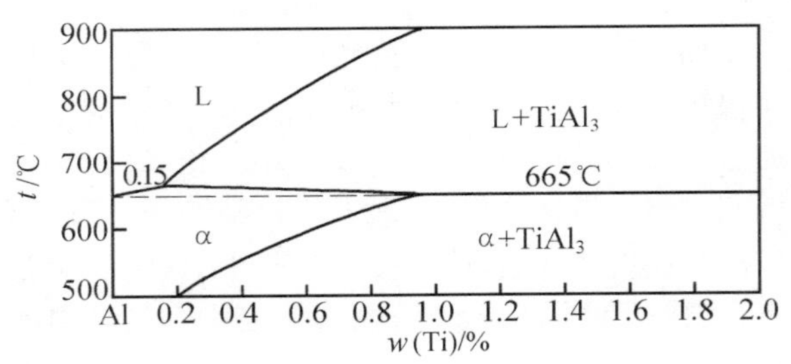

图 3.47 Al－Ti 相图一角

利用包晶转变可以细化晶粒。例如在铝及铝合金中添加少量的钛，可获得显著的细化晶粒效果。由 Al－Ti 相图(图 3.47)可以看出，当 $w(\mathrm{Ti}) > 0.15\%$ 之后，合金首先从液体中析出初晶 $TiAl_3$，然后在 665℃ 发生包晶转变 $L + TiAl_3 \rightleftharpoons \alpha$。$TiAl_3$ 对 α 相起非均匀形核作用，它依附于 $TiAl_3$ 上形核长大。由于从液体中析出的 $TiAl_3$ 细小而弥散，其非均匀形核作用效果很好，细化晶粒作用显著。同样，在铜及铜合金中加入少量的铁与镁，在镁合金中加入少量的锆或锆的盐类，均因在包晶转变前形成大量细小的化合物，起非均匀形核作用，从而具有良好的细化晶粒效果。

3.5 其它类型的二元合金相图

除了匀晶、共晶和包晶三种最基本的二元合金相图之外，还有其它类型的二元合金相图，现简要介绍如下几种：

3.5.1 组元间形成化合物的相图

在有些二元系合金中，组元间可能形成金属化合物，这些化合物可能是稳定的，也可能是不稳定的。根据化合物的稳定性，形成金属化合物的二元合金相图也有两种不同的类型。

1. 形成稳定化合物的相图

稳定化合物是指具有一定熔点，在熔点以下保持其固有结构而不发生分解的化合物。

Mg-Si 二元合金相图(图 3.48)就是一种形成稳定化合物的相图。当 $w(\mathrm{Si}) = 36.6\%$ 时,Mg 与 Si形成稳定的化合物 Mg_2Si,它具有一定的熔点,在熔点以下能保持其固有的结构。在相图中,稳定化合物是一条垂线,它表示 Mg_2Si 的单相区。这样,可把 Mg_2Si 看做一个独立组元,把相图分成两个独立部分,Mg-Si 相图由 Mg-Mg_2Si、Mg_2Si-Si 两个共晶相图并列而成,可以分别进行分析。

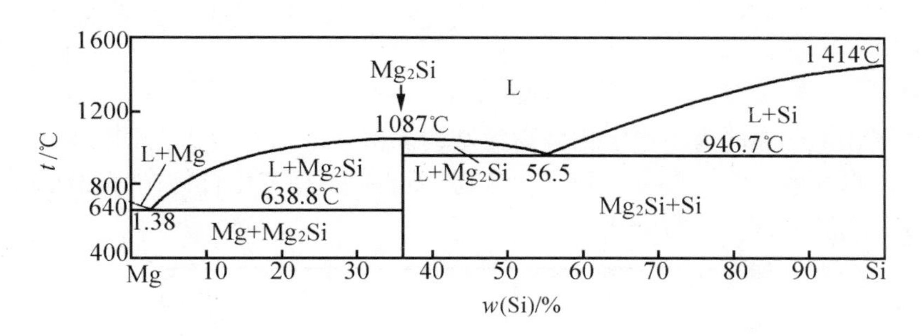

图 3.48　Mg-Si 合金相图

有时,两个组元可以形成多个稳定化合物,这样就可将相图分成更多的简单相图来进行分析。例如在 Mg-Cu 相图(图 3.49)中,存在两个稳定化合物 Mg_2Cu 和 $MgCu_2$,其中的 $MgCu_2$ 对组元有一定的溶解度,即形成以化合物为基的固溶体,在相图中就不是一条垂线,而是一个区域了。此时,可以用虚线(垂线)把这一单相区分开,这样就把 Mg-Cu 相图分成了 Mg-Mg_2Cu、Mg_2Cu-$MgCu_2$、$MgCu_2$-Cu 三个简单的共晶相图。图中的 γ 相是以 $MgCu_2$ 为基的固溶体。

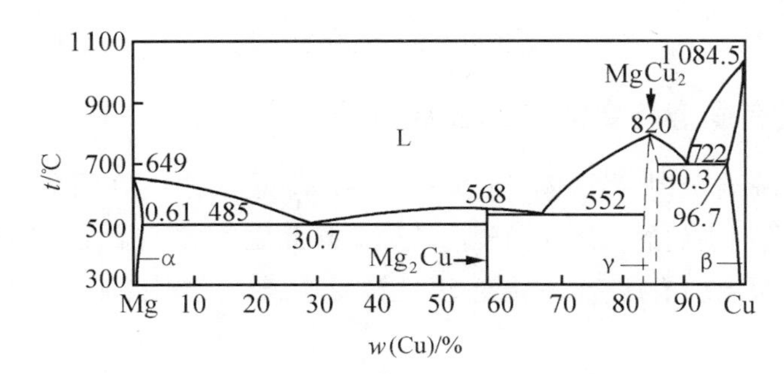

图 3.49　Mg-Cu 合金相图

形成稳定化合物的二元系很多,除了 Mg-Si、Mg-Cu 外,还有 Cu-Th、Cu-Ti、Fe-B、Fe-P、Fe-Zr、Mg-Sn 等。

2. *形成不稳定化合物的二元相图*

不稳定化合物是指加热时发生分解的那些金属化合物。

图 3.50 为 K-Na 合金相图。从图中可以看出,K-Na 合金在 6.9℃以下形成不稳定的化合物 KNa_2,将其加热至 6.9℃时分解为液体和钠晶体。这个化合物是包晶转变的产物:$L + Na \rightleftharpoons KNa_2$。

如果包晶转变形成的不稳定化合物与组元间有一定的溶解度,那么,它在相图上就不再是一条垂线,而是变成一个相区。图 3.51 所示的 Sn-Sb 合金相图就是这种类型的二

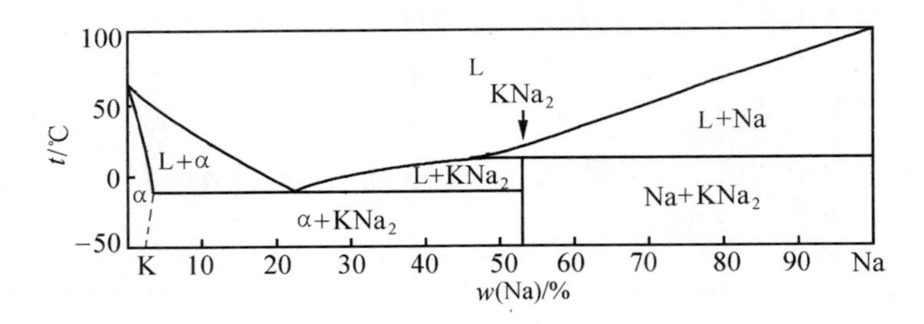

图 3.50 K－Na 合金相同

元合金相图,β′(或 β)即为不稳定化合物为基的固溶体。通过以上两例可以看出,凡是由包晶转变所形成的化合物都是不稳定化合物,不能把不稳定化合物作为独立组元,从而把相图分成几个独立部分进行分析。

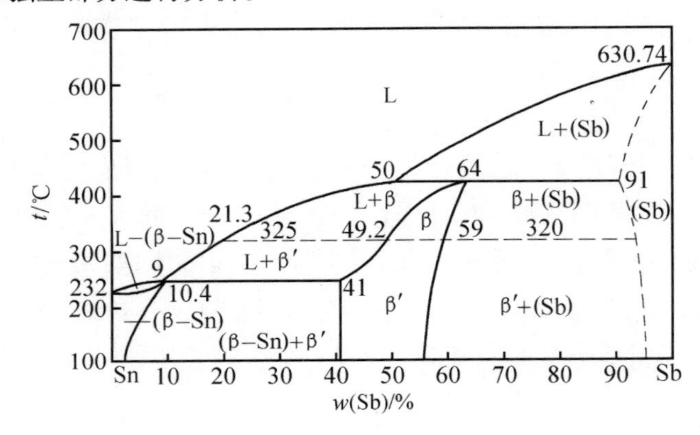

图 3.51 Sn－Sb 合金相图

3.5.2 具有固态转变的二元合金相图

在有些二元系合金中,当液体凝固完毕后继续降低温度时,在固态下还会发生各种型式的相转变,如前面提到的固溶体的脱溶转变。除此之外,常见的还有共析转变、包析转变、固溶体的异晶转变、有序-无序转变、磁性转变等,现在分别说明它们在相图上的特征。

1. 共析转变

一定成分的固相,在一定温度下分解为另外两个一定成分的固相的转变过程,称为共析转变。在相图上,这种转变与共晶转变相似,都是由一个相分解为两个相的三相恒温转变,三相成分点在相图上的分布也一样,所不同的只是共析转变的反应相是固相,而不是液相。例如 $Fe-Fe_3C$ 相同(图 4.5)的 *PSK* 线即为共析线,点 *S* 是共析点,其反应式为 $\gamma_S \xrightleftharpoons{727℃} \alpha_P + Fe_3C$。由于是固相分解,其原子扩散比较困难,容易产生较大的过冷,所以共析组织远比共晶组织细密。共析转变对合金的热处理强化有重大意义,钢铁及钛合金的热处理就是建立在共析转变的基础上。

2. 包析转变

包析转变在相图上的特征与包晶转变相类似,所不同的是包析转变的两个反应相都是固相,而包晶转变的反应相中有一个液相。例如 Fe－B 系相图(图 3.52)中的 910℃水

平线即为包析线,其反应式为

$$\gamma + Fe_2B \overset{910℃}{\rightleftharpoons} \alpha$$

3. 固溶体的异晶转变

当合金中的组元有同素异晶转变时,则以组元为基的固溶体也具有异晶转变,例如 $Fe - Fe_3C$ 相图中,在靠近 Fe 的一侧即存在 $\alpha \to \gamma$ 的固溶体异晶转变。

4. 有序-无序转变

有些合金系在一定成分和一定温度范围内会发生有序-无序转变,在相图上常用虚线或细直线表示,见图3.51,β 相为无序固溶体,β′则为有序固溶体。

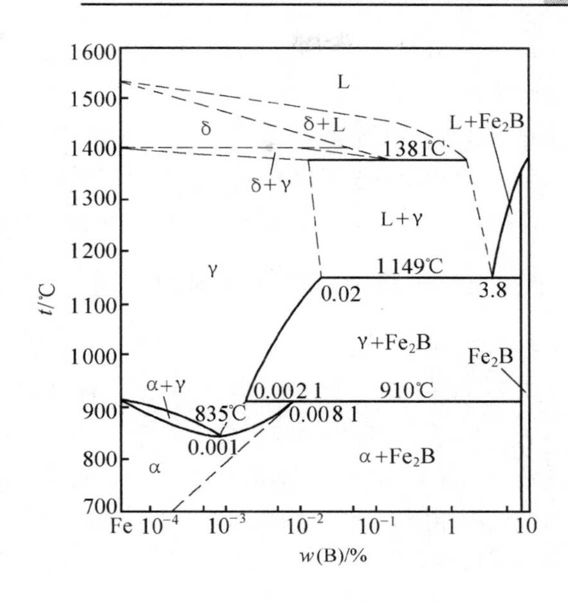

图3.52　Fe - B 相图

5. 磁性转变

某些合金中的组成相会因温度改变而发生磁性转变,在相图上用点线表示,见图4.5。

3.6　二元相图的分析和使用

二元相图反映了二元系合金的成分、温度和平衡相之间的关系,根据合金的成分及温度(即表象点在相图中的位置),即可了解该合金存在的平衡相、相的成分及其相对含量。掌握了相的性质及合金的结晶规律,就可以大致判断合金结晶后的组织和性能。因此,合金相图在新材料的研制和制订加工工艺过程中起着重要的指导作用。有许多二元合金相图看起来十分复杂,而实际上是一些基本相图的综合,只要掌握各类相图的特点和转变规律,就能化繁为简,易于分析。

3.6.1　相图分析步骤

① 首先看相图中是否存在稳定化合物,如存在的话,则以稳定化合物为独立组元,把相图分成几个部分进行分析。

② 在分析各相区时先要熟悉单相区中所标的相,然后根据相区接触法则辨别其它相区。相区接触法则是指在相图中,相邻相区的相数差为一(点接触情况除外),即两个单相区之间必定有一个由这两个相所组成的两相区,两个两相区之间必须以单相区或三相共存水平线隔开。

③ 找出三相共存水平线及与其相接触(以点接触)的三个单相区,从这三个单相区与水平线相互配置位置可以确定三相平衡转变的性质。这是分析复杂相图的关键步骤。共晶和共析转变均属于分解型转变,反应相是一个,它位于水平线中间的上方,共晶的是液

相,共析的为固相;生成相是两个固相,分别位于水平线的两端。包晶和包析转变均属于合成型转变。反应相是两个,位于水平线的两端,其中有一个液相者属于包晶转变,两个均是固相者为包析转变;生成相是一个固相,它位于水平线中间的下方。

④ 应用相图分析具体合金的结晶过程和组织。

掌握了以上规律和相图分析方法,就可以对各种相图进行分析。

3.6.2 应用相图时要注意的问题

1. 相图反映的是在平衡条件下相的平衡,而不是组织的平衡

相图只能给出合金在平衡条件下存在的相、相的成分和相对含量,并不能表示相的形状、大小和分布等,即不能给出合金的组织状态。例如,固溶体合金的晶粒大小及形态,共晶系合金的先共晶相和共晶的形态及分布等,而这些主要取决于相的特性及其形成条件。因而在使用相图分析实际问题时,既要注意合金中存在的相、相的成分和相对含量,还要注意相的特性和结晶条件对组织的影响,了解合金的成分、相的结构、组织与性能之间的变化关系,并考虑在生产实际条件下如何加以控制。

2. 相图给出的是平衡状态时的情况

相图只表示平衡状态的情况,而平衡状态只有在非常缓慢加热和冷却,或者在给定温度长期保温的情况下才能达到。在生产实际条件下很少能够达到平衡状态,如当冷却速度较快时,相的相对含量和组织会发生很大变化,甚至于将高温相保留到室温,或者出现一些新的亚稳相。如前所述的不平衡结晶时产生的枝晶偏析、区域偏析,共晶相图中的固溶体合金可能出现少量共晶组织(或离异共晶),亚(或过)共晶合金可能获得全部共晶组织(伪共晶),包晶反应可能不完全等。因此在应用相图时,不但要掌握合金在平衡条件下的相变过程,而且要掌握在不平衡条件下的相变过程和组织变化规律,否则的话,以相图的平衡观点来分析合金不平衡条件下的组织,并以此制订合金的热加工工艺,就往往会产生错误,甚至造成废品。如共晶相图中的固溶体合金,若按平衡条件分析,结晶后应为单相固溶体,但当冷却速度较快时,会出现部分共晶组织,若还按平衡结晶条件下将此铸件加热到略高于共晶温度时,则其共晶部分就会熔化,造成废品。因此在制订热加工工艺时,必须予以注意。

3. 二元相图只反映二元系合金相的平衡关系

二元相图只反映了二元系合金相的平衡关系,实际生产中所使用的金属材料不只限于两个组元,往往含有或有意加入其它元素,此时必须考虑它们对相图的影响,尤其是当其它元素含量较高时,相图中的平衡关系会发生重大变化,甚至完全不能适用。此外,在查阅相图资料时,也要注意到数据的准确性,因为原材料的纯度、测定方法的正确性和仪器的灵敏度以及合金是否达到平衡状态等,都会影响临界点的位置、平衡相的成分,甚至相区的位置和形状等。

3.6.3 根据相图判断合金的性能

相图与合金在平衡状态下的性能之间有一定的联系。图 3.53 表示各类合金的相图和合金机械性能及物理性能之间的关系。对于匀晶系合金而言,合金的强度和硬度均随

着溶质组元含量的增加而提高。若A、B两组元的强度大致相同的话，则合金的最高强度应是溶质浓度大约为50%（溶质物质的量的比）的地方；若B组元的强度明显高于A组元，则其强度的最大值偏向B组元一侧。合金塑性的变化规律正好与上述相反，塑性值随着溶质浓度的增加而降低。

固溶体合金的电导率与成分的变化关系与强度和硬度的相似，均呈曲线变化。这是由于随着溶质浓度的增加，晶格畸变增大，从而增加了合金中自由电子运动的阻力。同理可以推测，热导率的变化关系与电导率相同，而电阻的变化却与之相反。因此工业上常采用 $w(\text{Ni}) = 50\%$ 的 Cu－Ni 合金作为制造加热元件、测量仪表及可变电阻器的材料。

共晶相图和包晶相图的端部均为固溶体，其成分与性能的变化关系已如上述。相图的中间部分为两相混合物，在平衡状态下，当两相的大小和分布都比较均匀时，合金的性能大致是两相性能的算术平均值，合金的机械性能和物理性能与成分的关系呈直线变化。若共晶组织十分细密，且在不平衡结晶出现伪共晶时，其强度和硬度将偏离直线关系而出现峰值，如图3.53(b)中的虚线所示。

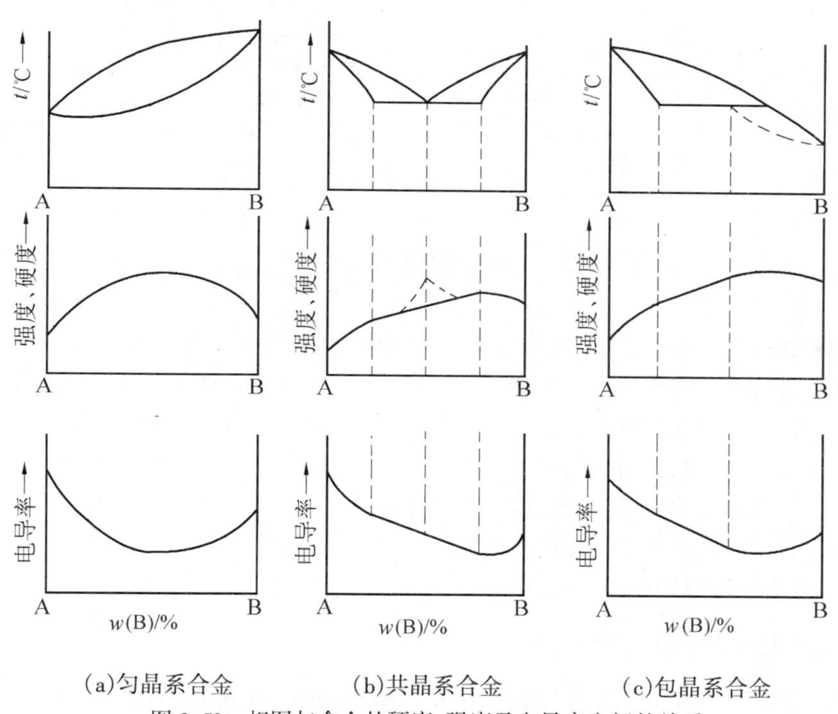

图3.53　相图与合金的硬度、强度及电导率之间的关系

从铸造工艺性能来看，共晶合金的熔点低，并且是恒温凝固，故熔液的流动性好，凝固后容易形成集中缩孔，而分散缩孔（疏松）少，热裂和偏析的倾向较小。因此，铸造合金宜选择接近共晶成分的合金。图3.54表示合金的流动性、缩孔性质与相图的关系。此图还表明，固溶体合金的流动性不如纯金属和共晶合金，而且液相线与固相线间隔越大，即结晶温度范围越大，形成枝晶偏析的倾向性越大，其流动性也越差，分散缩孔多而集中缩孔小。

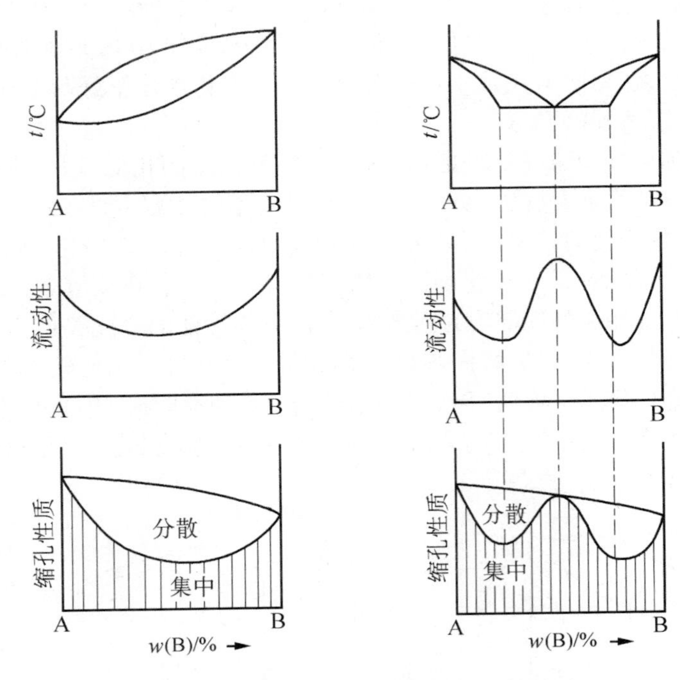

图 3.54 相图与合金铸造性能之间的关系

3.7 铸锭的组织与缺陷

在实际生产中,液态金属是在铸锭模或铸型中凝固的,前者得到铸锭,后者得到铸件。虽然它们的结晶过程均遵循着结晶的普遍规律,但是由于铸锭或铸件冷却条件的复杂性,因而给铸态组织带来很多特点。铸态组织包括晶粒大小、形状和取向、合金元素和杂质的分布以及铸锭中的缺陷(缩孔、气孔、偏析……)等。对铸件来说,铸态组织直接影响到它的机械性能和使用寿命;对铸锭来说,铸态组织不但影响到它的压力加工性能,而且还影响到压力加工后的金属制品的组织和性能。因此,应该了解铸锭(铸件)的组织及其形成规律,并设法改善铸锭(铸件)的组织。

3.7.1 铸锭三晶区的形成

铸锭的宏观组织通常由三个晶区所组成,即外表层的细晶区、中间的柱状晶区和心部的等轴晶区,如图 3.55(a)所示。

1. 表层细晶区

当高温的金属液体倒入铸模之后,结晶首先从模壁处开始。这是由于温度较低的模壁有强烈地吸热和散热作用,使靠近模壁的一薄层液体产生极大地过冷,加上模壁可以作为非均匀形核的基底,因此在此一薄层液体中立即产生大量的晶核,并同时向各个方向生长。由于晶核数目多,故邻近的晶核很快彼此相遇,不能继续生长,这样便在靠近模壁处形成一薄层很细的等轴晶粒区。

表层细晶区的形核数目决定于下列因素:模壁的形核能力以及模壁处所能达到的过冷度大小。后者主要依赖于铸锭模的表面温度、铸锭模的热传导能力以及浇注温度等因

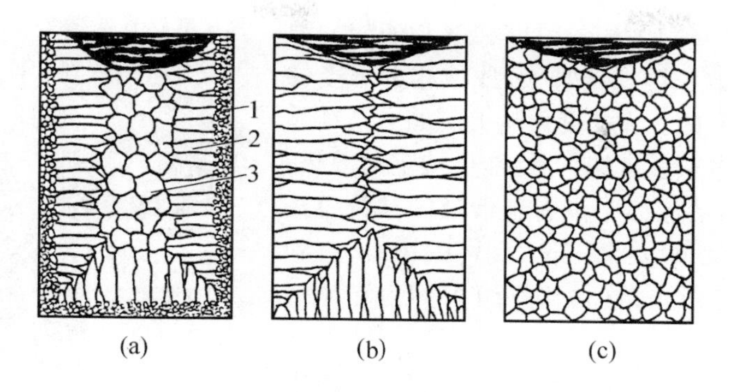

图3.55 铸锭组织示意图

1—细晶区;2—柱状晶区;3—等轴晶区

素。如果铸锭模的表面温度低、热传导能力好以及浇注温度较低的话,便可以获得较大的过冷度,从而使形核率增加,细晶区的厚度增大;相反,如果浇注温度高,铸锭模的散热能力小而使其温度升高很快的话,就可大大降低晶核数目,细晶区的厚度也要相应地减小。

细晶区的晶粒十分细小、组织致密、机械性能很好。但纯金属铸锭表层细晶区的厚度一般都很薄,有的只有几个毫米厚,因此没有多大实际意义。而合金铸锭一般则具有较厚的表层细晶区。

2. 柱状晶区

柱状晶区由垂直于模壁的粗大的柱状晶构成。在表层细晶区形成的同时,一方面模壁的温度由于被液态金属加热而迅速升高,另一方面由于金属凝固后收缩,使细晶区和模壁脱离,形成一空气层,给液态金属的散热造成困难。此外,细晶区的形成还释放出大量的结晶潜热,也促使模壁温度升高。由于上述种种原因造成模壁温度升高的结果,导致液态金属冷却减慢,温度梯度变得平缓,这时即开始形成柱状晶区。这是因为:首先,尽管在结晶前沿的液体中有适当的过冷度,但这一过冷度很小。这样小的过冷度虽不能生成新的晶核,但有利于细晶区靠近液相的某些小晶粒的继续长大,而离界面稍远处的液态金属尚处于过热之中,自然也不能形核。因此结晶主要靠这些小晶粒的继续长大来进行;其次,垂直于模壁方向散热最快,因而晶体沿其相反方向择优生长成柱状晶。晶体的长大速度是各向异性的,一次晶轴方向长大速度最大,但是由于散热条件的影响,因此只有那些一次轴平行于散热方向,即垂直于模壁的晶粒长大速度最快,迅速地优先长入液体中,而那些主轴斜生的晶粒则被“挤掉”,不能发展,如图3.56所示。由于这些优先成长的晶粒并排向液体中生长,侧面受到彼此的限制而不能侧向生长,只能沿散热方向生长,结果便形成了柱状晶区。各柱状晶的位向都是一次晶轴方向,例如立方晶系各个柱状晶的一次晶轴都是〈0 0 1〉方向,结果柱状晶区在性能上就显示出了各向异性,这种晶体学位向一致的铸态组织称为“铸造织构”或“结晶织构”。

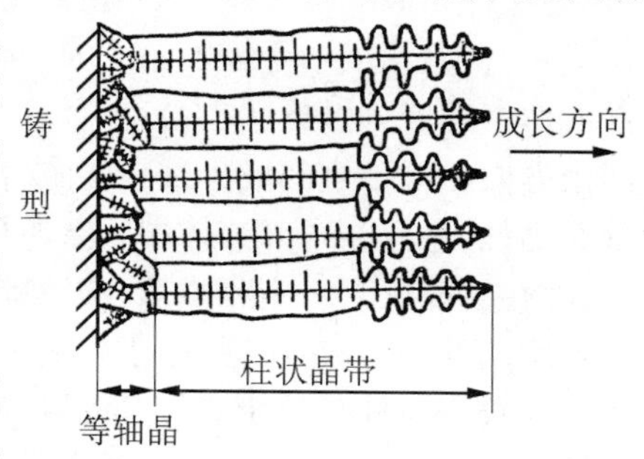

图3.56 由表层细晶区晶粒发展成柱状晶的示意图

由此可见,柱状晶区形成的外因是传热的方向性,内因是晶体生长的各向异性。柱状晶的长大速度与已凝固固相的温度梯度和液相的温度梯度有关,固相的温度梯度越大,或液相的温度梯度越小时,则柱状晶的长大速度便越大。如果已结晶固相的导热性好,散热速度快,始终能保持定向散热,并且在柱状晶前沿的液体中没有新形成的晶粒阻挡的话,那么柱状晶就可以一直长大到铸锭中心,直到与其它柱状晶相遇而止,这种铸锭组织称为穿晶组织,如图3.57所示。

图3.57 穿晶组织

柱状晶区的发展程度主要决定于它前面液体中是否有正在成长的晶粒阻挡它的成长,在它前面液体中若存在生成的新的晶粒,柱状晶区的发展也就停止了。

在柱状晶区,晶粒彼此间的界面比较平直,气泡缩孔很小,组织比较致密。但当沿不同方向生长的两组柱状晶相遇时,会形成柱晶间界。柱晶间界是杂质、气泡、缩孔较富集的地区,因而是铸锭的脆弱结合面,例如在方形铸锭中的对角线处就很容易形成脆弱界面,或简称弱面。当压力加工时,易于沿这些弱面形成裂纹或裂开。此外,柱状晶区的性能有方向性,对塑性好的金属或合金,即使全部为柱状晶组织,也能顺利通过热轧而不致开裂。而对塑性差的金属或合金,如钢铁和镍基合金等,则应力求避免形成发达的柱状晶区,否则往往导致热轧开裂而产生废品。

3. 中心等轴晶区

随着柱状晶的发展,冷却速度逐渐减慢,温度梯度越来越平缓,柱状晶的长大速度也就越来越小,但在柱状晶的晶枝伸展区(固液两相共存),由于晶枝的相互封锁和干扰,排出的溶质不能向远处液体扩散,从而使晶枝间的溶质浓度增高,熔点下降,再加上潜热的逸散困难,使各级晶枝变得细长瘦弱,而且根部逐渐萎缩,如图3.58所示,甚至还会发生局部重熔而自动脱落的现象。液体的流动更会加强晶枝的脱落,并将已脱落的残枝碎片带到铸淀中部。此外,在表层细晶区形成时,由于液体的强烈对流作用,也会将晶枝硬性剥落而带入液体中。

可见,在柱状晶的长大过程中,在铸锭中部的液体中就已经存在着大量的可作为晶核的碎枝残片,这是形成中心等轴晶区的一个主要原因。另一方面,随着柱状晶的长大,结晶前沿液体中的成分过冷区也会逐渐加大,这就可能在柱状晶前沿重新形核,特别是当由相对两个方向相向推进的成分过冷区重合时(图3.59),便会促使铸锭中部迅速形核和长大。除此之外,悬浮在中部液体中的杂质质点,也可成为新的结晶核心。总之,以上情况都说明,在柱状晶长到一定程度后,在铸锭中部就开始了形核长大过程,由于中部液体温度大致是均匀的,所以每个晶粒的成长在各方向上也是接近一致的,因此即形成了等轴晶。当它们长到与柱状晶相遇,全部液体凝固完毕,最后即形成中心等轴晶区。

与柱状晶区相比,等轴晶区的各个晶粒在长大时彼此交叉,枝杈间的搭接牢固,裂纹不易扩展,不存在明显的脆弱界面;各晶粒取向不尽相同,其性能也没有方向性。这是等轴晶区的优点。其缺点是等轴晶的树枝状晶体比较发达,分枝较多,因而显微缩孔也较多,组织不够致密。但显微缩孔一般均未氧化,因此经热压力加工后,一般均可焊合,对性能影响不大。由此可见,一般的铸锭尤其是铸件,都要求得到发达的等轴晶组织。

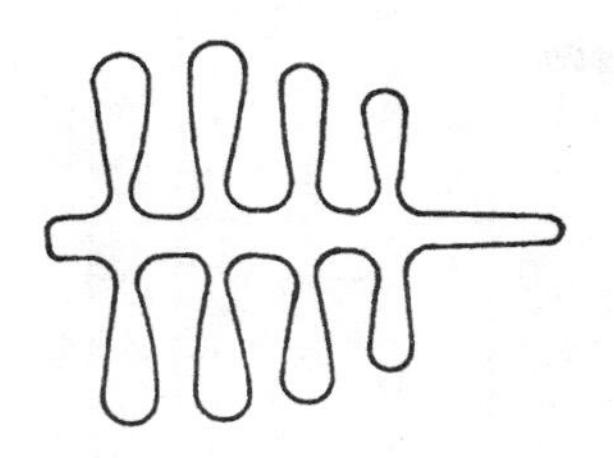

图 3.58　枝晶萎缩示意图

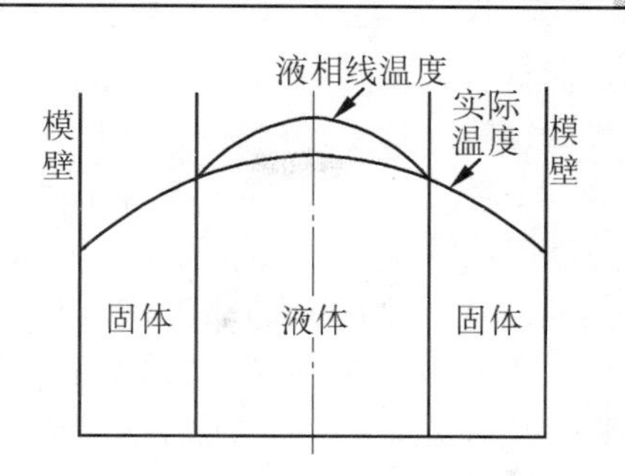

图 3.59　铸锭模内成分过冷示意图

3.7.2　铸锭组织的控制

在一般情况下,铸锭的宏观组织有三个晶区,当然这并不是说,所有铸锭(铸件)的宏观组织均由三个晶区所组成,由于凝固条件的复杂性,在某些条件下纯金属的铸锭只有柱状晶区(图 3.55(b)),而在另外一些情况下却只有等轴晶区(图 3.55(c))。合金的铸锭一般都具有明显的三个晶区,但当浇注条件变化时,其三个晶区的所占比例也往往不相同。由于不同的晶区具有不同的性能,因此必须设法控制结晶条件,使性能好的晶区所占比例尽可能大,而使不希望的晶区所占比例尽可能地小。例如柱状晶区的特点是组织致密、性能具有方向性,缺点是存在弱面,但是这一缺点可以通过改变铸型结构(如将断面的直角连接改为圆弧连接)来解决,因此塑性好的铝、铜等铸锭都希望得到尽可能多的致密的柱状晶。影响柱状晶生长的因素主要有以下几点:

1. 铸锭模的冷却能力

铸锭模及刚结晶的固体的导热能力越大,越有利于柱状晶的生成。生产上经常采用导热性好与热容量大的铸模材料,增大铸模的厚度及降低铸模温度等。如果铸模的冷却能力很大,以致使整个铸件都在很大的过冷度下结晶,这时不但不能得到较大的柱状晶区,反而促进等轴晶的发展(形核率增大),如采用水冷结晶器进行连续铸锭时,就可以使铸锭全部获得细小的等轴晶粒。

2. 浇注温度与浇注速度

由图 3.60 可以看出,柱状晶的长度随浇注温度的提高而增加,当浇注温度达到一定值时,可以获得完全的柱状晶区。这是由于浇注温度或者浇注速度的提高,将使温度梯度增大,因而有利于柱状晶区的发展。

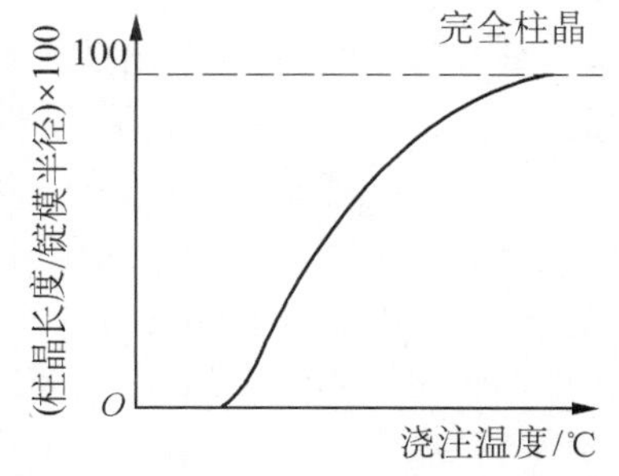

图 3.60　柱状晶的长度与浇注温度的关系

3. 熔化温度

熔化温度越高,液态金属的过热度越大,晶枝的碎枝残片和非金属夹杂物熔解得越多,非均匀形核数目减少,从而减少了柱状晶前沿液体中形核的可能性,有利于柱状晶区的发展。

使整个铸件获得全部柱状晶的技术在工业生产中已经获得了应用。如前所述,柱状晶的一个重要特点是其性能具有各向异性,磁性铁合金正好利用这一性质,它的最大导磁率方向是〈0 0 1〉晶向,而柱状晶的一次晶轴也正好是这一方向。又如对于燃气轮机叶片,它的负荷具有方向性,因此要求在某一方向具有较高的性能。对于这样的铸件可以采用定向凝固技术,使之得到全部的柱状晶组织。图3.61为浇铸柱状晶汽轮机叶片用的定向凝固装置。其外面是一个感应加热炉体,炉子中间放置一个装凝固金属液的模子,模子下面用水激冷。将铸型预先加热到金属的熔点以上,然后把过热的液体倒入模中。其后将水冷铜板连同铸型一起以一定速度从炉中往下移动,保证从上往下散热并使液体中的温度梯度为正,使侧旁和上方的液体中不另形核成长,结果整个汽轮机叶片便可全部获得柱状晶组织。

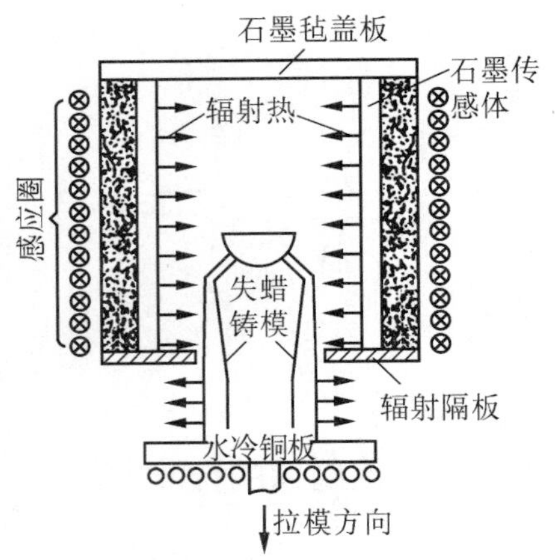

图3.61　定向凝固装置示意图

对于钢铁等许多材料的铸锭和大部分铸件来说,一般都希望得到尽可能多的等轴晶。限制柱状晶的发展,细化晶粒,成为改善铸造组织,提高铸件性能的重要途径。为此应设法提高液态金属中的形核率,从图3.62可以看出,浇注温度越低,则晶粒尺寸越小;对于大型铸件进行变质处理是最常用的方法。此外还可采用一些物理方法如振动、搅动等以细化晶粒。

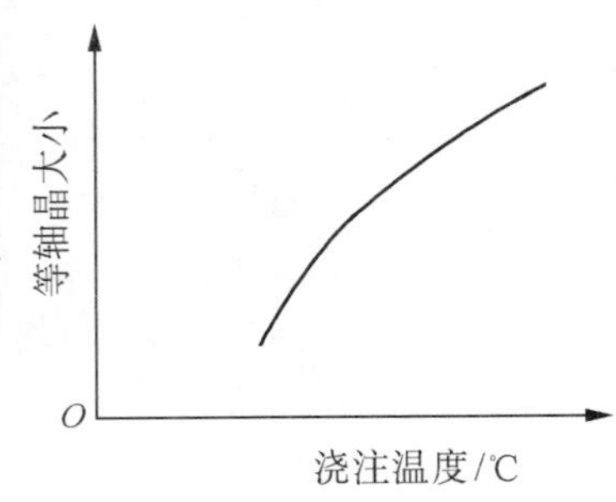

图3.62　等轴晶粒尺寸与浇注温度的关系

3.7.3　铸锭缺陷

在铸锭或铸件中,经常存在一些缺陷,常见的有缩孔、气孔和偏析等。

1. 缩孔

大多数液态金属的密度比固态的小,因此结晶时发生体积收缩。金属收缩后,原来能填满铸型的液态金属,凝固后就不再能填满,如果没有液态金属继续补充的话,就会出现收缩孔洞,称之为缩孔。

缩孔是一种重要的铸造缺陷,对性能影响很大,它的出现是不可避免的,人们只能通过改变结晶时的冷却条件和铸锭的形状来控制其出现的部位和分布状况。

缩孔分为集中缩孔和分散缩孔(缩松)两类。

(1) 集中缩孔。图3.63为集中缩孔形成过程示意图。当液态金属浇入铸型后,与型壁先接触的一层液体先结晶,中心部分的液体后结晶,先结晶部分的体积收缩可以由尚未结晶的液态金属来补充,而最后结晶部分的体积收缩则得不到补充。应当指出,体积收缩不仅在结晶时发生,在结晶之后的冷却过程中仍会发生(固态收缩),其大小与结晶收缩几乎相等,所以人们在室温下所看到的缩孔深度是结晶收缩和固态收缩共同造成的。

缩孔的另一种形式叫二次缩孔或中心线缩孔,如图3.64所示。由于铸锭上部已先凝固,而下部仍处于液体状态,当其凝固收缩时得不到液体的及时补充,因此便形成了二次缩孔。

集中缩孔和二次缩孔都破坏了铸锭的完整性,并使其附近含有较多的杂质,在以后的轧制过程中随铸锭整体的延伸而伸长,并不能焊合,造成废品,所以必须在轧制前予以切

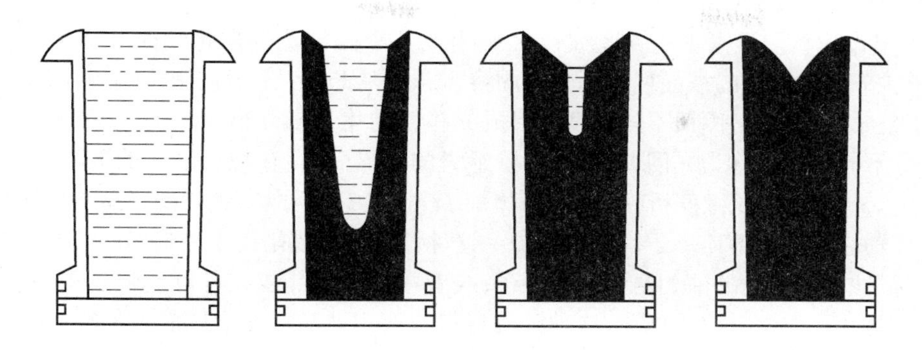

图3.63　集中缩孔形成过程示意图

除。如果铸锭模设计得不当,浇注工艺掌握得不好,则缩孔长度可能增大,甚至贯穿铸锭中心,严重影响铸锭质量。如果只切除了明显的集中缩孔,未切除暗藏的二次缩孔(中心线缩孔),将给以后的机械产品留下隐患,造成事故。

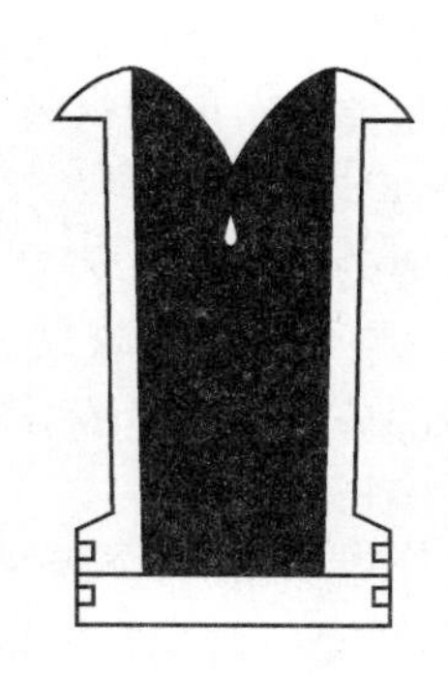

图3.64　铸锭中的二次缩孔示意图

为了缩短缩孔的长度,使铸锭的收缩尽可能地提高到顶部,从而减少切头率,提高材料的利用率。通常采用的方法:一是加快底部的冷却速度,如在铸锭模底部安放冷铁,使凝固尽可能地自下而上进行,从而使缩孔大大减小;二是在铸锭顶部加保温冒口,使铸锭上部的液体最后凝固,收缩时可得到液体的补充,把缩孔集中到顶部的保温冒口中。此外,还可使铸锭模上薄下厚,锭子上大下小,这样也可缩短缩孔长度。

(2) 分散缩孔(缩松)。大多数金属结晶时,是以树枝晶方式长大的,在柱状晶,尤其是在粗大的中心等轴晶形成过程中,由于树枝晶的充分发展以及各晶枝间相互穿插和相互封锁作用,使一部分液体被孤立分割于各枝晶之间,凝固收缩时得不到液体的补充,于是在结晶结束之后,便在这些区域形成许多分散的显微缩孔,称为缩松。缩松使铸锭的致密度降低,在一般情况下,缩松处没有杂质,表面也未被氧化,在热压力加工时可以焊合。

2. 气孔(气泡)

在液态金属中总会或多或少地溶有一些气体,而气体在固体中的溶解度往往比在液体中小得多。这样一来,当液体凝固时,其中所溶解的气体将逐渐富集于结晶前沿的液体中,最后在固相和液相界面上的有利位置形核并长大,形成气泡,或称气孔。另外,气泡也可由于液体中的某些化学反应所产生的气体而造成。这些气泡长大到一定程度后便可能上浮,若浮出表面,即逸散到周围环境中,如果气泡来不及上浮,或铸锭表面已经凝固,则气泡将保留在铸锭内部,形成气孔。

铸锭内部的气孔在压力加工时一般都可以焊合,而靠近铸锭表层的皮下气孔,则可能由于表皮破裂而被氧化,因而在压力加工时便不能焊合,故在压力加工前必须予以除去,否则易在表面形成裂纹。

3. 偏析

铸锭(件)中的偏析不仅指合金组元的偏析,而且还指那些难于避免的存留在铸锭内部的各种杂质的偏析。根据偏析的范围,铸锭中的偏析可分为显微偏析和区域偏析(或宏观偏析)两大类。

(1) 显微偏析。显微偏析是指发生在一个或几个晶粒范围内化学成分不均匀的现象,如第二节已指出过的枝晶偏析;同样,固溶体合金从开始结晶到结晶终了的温度范围内,由于是非平衡结晶,因而不同温度所形成的晶粒的化学成分也不相同,这种晶粒之间化学成分不同的现象称为晶间偏析;在胞状组织的交界面上,存在着溶质的富集($k_0<1$)或贫乏($k_0>1$),这种显微偏析称为胞晶偏析。此外,还有一种晶界偏析,它指的是柱状晶之间或等轴晶粒之间溶质原子富集的现象。这种偏析的形成是由于柱状晶前端向液相纵深结晶时,柱状晶之间的液相富集溶质原子;或者中心等轴晶粒在各自生长过程中,晶粒之间未结晶的液相富集溶质原子,这种溶质富集的液相结晶后便形成晶界偏析。应当指出,当结晶速度很大时,晶粒之间的溶质富集程度可以很高,甚至达到合金的平均成分10倍以上。在这种情况下,合金组织中就可能出现不应该有的第二相或共晶体。

显微偏析虽可使材料的强度和硬度有一定程度的提高,但却使塑性特别是韧性显著下降,严重者甚至还可使抗拉强度下降。因此,如何减小和消除偏析,便成了工业生产中十分重要的问题。

(2) 区域偏析。区域偏析又称宏观偏析,它表示发生在铸锭宏观范围内的这一部分与另一部分之间化学成分不均匀的现象,根据其表现形式的不同,可分为正偏析、反偏析和比重偏析三类。

① 正偏析。如合金的分配系数小于1,先凝固的外层中溶质元素的含量低于后凝固的内层,这是正常偏析。根据溶质原子的分配规律,在不平衡结晶过程中,溶质原子在固相中基本上不扩散,则先结晶的固相中溶质原子浓度低于平均成分。如果结晶速度小,液体内的原子扩散比较充分,溶质原子通过对流可以向远离结晶前沿的区域扩散,使后结晶液体的浓度逐渐提高。凝固结束后,铸锭(件)内外溶质浓度差别较大,即正偏析严重。如果结晶速度较大,液相内不存在对流,原子扩散不充分,溶质只在晶枝间富集,则正偏析较小。

正偏析一般难以完全避免,通过压力加工和热处理也难以从根本上改善,它的存在使铸锭(件)的性能不一致,因此在浇注时应采取适当的控制措施。

② 反偏析。反偏析也称负偏析。它与正偏析相反,在分配系数小于1的合金中,铸锭(件)外层溶质元素含量反而比内层的含量高,这称之为反偏析。

反偏析形成的原因大致是,原来铸件中心地区富集溶质元素的液体,由于铸件凝固时发生收缩而在树枝晶之间产生空隙(此处为负压),加上温度的降低,使液体中的气体析出而形成压强,把铸件中心溶质浓度较高的液体沿着柱状晶之间的“渠道”吸至(压至)铸件的外层,形成反偏析。

③ 比重偏析。比重偏析是由组成相与熔液之间密度的差别所引起的一种区域偏析。如对亚共晶或过共晶合金来说,如果先共晶相与熔液之间的密度相差较大,则在缓慢冷却条件下凝固时,先共晶相则在液体中上浮或下沉,从而导致结晶后铸件上下部分的化学成分不一致,产生比重偏析。例如Pb-Sb合金在凝固过程中,先共晶相锑的密度小于液相,因而锑晶体上浮,形成了比重偏析。铸铁中石墨漂浮也是一种比重偏析。

比重偏析与合金组元的密度差、相图的结晶成分间隔及温度间隔等因素有关。合金组元间的密度差越大,相图的结晶成分间隔越大,则初晶与剩余液相的密度差也越大;相图的结晶的温度间隔越大,冷却速度越小,则初晶在液体中有更多的时间上浮或下沉,合金的比重偏析也越严重。

防止或减轻比重偏析的方法有两种:一是增大冷却速度,使先共晶相来不及上浮或下沉;二是加入第三种元素,凝固时先析出与液体密度相近的新相,构成阻挡先共晶相上浮或下沉的骨架。例如在Pb－Sb轴承合金中加入少量铜,使其先形成Cu_2Sb化合物,即可减轻或消除比重偏析。另外,热对流、搅拌也可以克服显著的比重偏析。

比重偏析有时被用来除去合金中的杂质或提纯贵金属。

习　题

1.何谓相图?有何用途?何谓相律?写出表达式。用相律可以说明哪些问题?推导杠杆定律,并说明杠杆定律在什么条件下可以应用。

2.什么是异分结晶?什么是分配系数?说明如何利用区域熔炼方法提纯金属,提纯效果与什么因素有关?

3.何谓枝晶偏析?是如何形成的?影响因素有哪些?对金属性能有何影响,如何消除?

4.什么是伪共晶?说明它的形成条件、组织形态及对材料力学性能的影响。

5.什么是离异共晶?举例说明离异共晶产生的原因及对合金性能的影响。

6.何谓共晶反应和包晶反应?写出反应式。试用相律说明相图上三相共存的条件。

7.以结晶时溶质原子重新分布的观点说明固溶体合金的平衡结晶过程。

8.什么是成分过冷?画图说明成分过冷是如何形成的(以固相中无扩散,液相中只有扩散而无对流搅拌的情况为例说明)。

9.试述纯金属与固溶体合金结晶过程中形核、长大的条件及方式有何异同。

10.何谓相组成物和组织组成物?画出冷却曲线,分析$w(Sn)=70\%$ Pb－Sn合金的平衡结晶过程,并计算室温下该合金相组成物和组织组成物的相对含量。

11.为什么利用包晶转变可以细化晶粒?举例说明之。什么是包晶偏析?如何消除。

12.如何根据相图大致判定合金的力学性能、物理性能和铸造性能?

13.何谓共析转变?与共晶转变比较有何异同?

14.试画出由两个包晶反应、一个共晶反应和一个包析反应组成的二元合金相图。

15.依据Pb－Sn相图,定性地绘出$w(Sn)=28\%$的亚共晶合金的冷却曲线和曲张各段上的合金组织(相图见教科书第79页,假设点F、G的成分分别为$w(Sn)=2\%$和$w(Sn)=99\%$),求合金在下列温度时组织中有哪些相及相的相对含量:

(1) $t>265$℃;(b) 刚冷至183℃,共晶转变尚未开始;

(2) 在183℃共晶转变完毕;(d)冷至室温。

16.依据Pt－Ag相图,示意地绘出$w(Ag)=22\%$的合金的冷却曲线及曲线各线段上的组织(相图见教科书中88页,假设点E、F的成分分别为$w(Ag)=2\%$和$w(Ag)=92\%$),求$w(Ag)=22\%$的合金在下列温度时组织中哪几个相及各相的相对含量:

(1) 刚冷至1 186℃,包晶反应尚未开始;

(2)在1 186℃,包晶反应完毕;

(3) 冷至室温。

17.组元A的熔点为1 000℃,组元B的熔点为700℃,在800℃时存在包晶反应:$\alpha(5\%B)+L(50\%B)\rightleftharpoons\beta(30\%B)$;在600℃时存在共晶反应:$L(80\%B)\rightleftharpoons\beta(80\%B)+\gamma(95\%B)$;在400℃时发生共析反应:$\beta(50\%B)\rightleftharpoons\alpha(2\%B)+\gamma(97\%B)$。根据以上数据画出相图。

第4章

铁碳合金

碳钢和铸铁都是铁碳合金，是应用最广泛的金属材料。铁碳合金相图是研究铁碳合金的重要工具，了解与掌握铁碳合金相图，对于钢铁材料的研究和使用、各种热加工工艺的制订以及工艺废品原因的分析都有很重要的指导意义。

铁碳合金中的碳有两种存在形式：渗碳体 Fe_3C 和石墨。在通常情况下，碳以渗碳体形式存在，即铁碳合金按 Fe－Fe_3C 系转变。但是 Fe_3C 是一个亚稳相，在一定条件下可以分解为铁（实际上是以铁为基的固溶体）和石墨，所以石墨是碳存在的更稳定状态。这样一来，碳碳相图就存在 Fe－Fe_3C 和 Fe－石墨两种形式，下面先研究 Fe－Fe_3C 相图。

4.1 铁碳合金的组元及基本相

4.1.1 纯铁

铁是元素周期表上的第 26 个元素，相对原子质量为 55.85，属于过渡族元素。在一个大气压① 下，它于 1 538℃熔化，2 738℃气化。在 20℃时的密度为 7.87 g·cm^{-3}。

1. 铁的同素异晶转变

如前所述，铁具有多晶型性，图 4.1 是铁的冷却曲线。由图可以看出，铁在 1 538℃结晶为 δ－Fe，X 射线结构分析表明，它具有体心立方晶格。当温度继续冷却至 1 394℃时，δ－Fe 转变为面心立方晶格的 γ－Fe，通常把 δ－Fe $\rightleftharpoons$ γ－Fe 的转变称为 A_4 转变，转变的平衡临界点称为点 A_4。当温度继续降至 912℃时，面心立方晶格的 γ－Fe 又转变为体心立方晶格的 α－Fe，把 γ－Fe $\rightleftharpoons$ α－Fe的转变称为 A_3 转

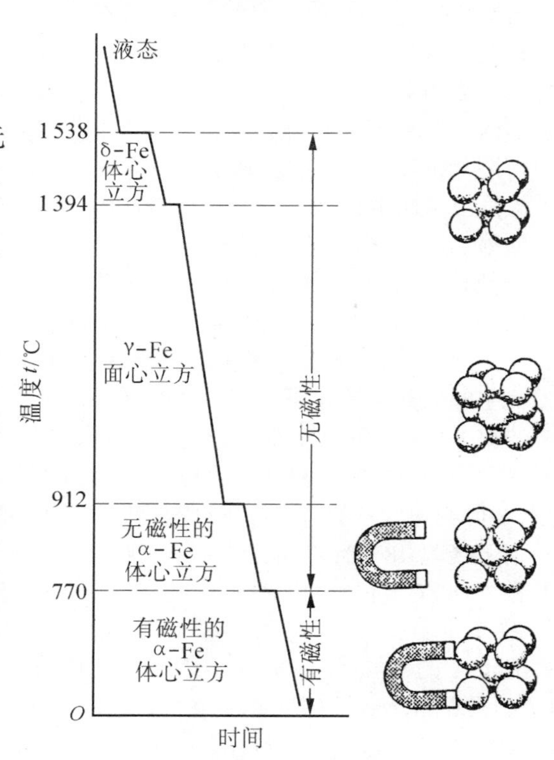

图 4.1　纯铁的冷却曲线及晶体结构变化

① 一个大气压 1 atm = 101 325 Pa。

变,转变的平衡临界点称为点 A_3。在912℃以下,铁的结构不再发生变化,这样一来,铁就具有三种同素异晶状态,即δ-Fe、γ-Fe和α-Fe。

固态下的同素异晶转变与液态结晶一样,也是形核与长大的过程,为了与液态结晶相区别,将这种固态下的相变结晶过程称为重结晶。图4.2为纯铁重结晶后所得到的组织示意图,其中图4.2(a)为结晶后形成的δ-Fe晶粒,图4.2(b)表示通过重结晶后(A_4 转变),由δ-Fe晶粒转变成的γ-Fe晶粒,图4.2(c)为最后又经过一次重结晶(A_3 转变)后的α-Fe晶粒。α-Fe的晶粒大小显然与γ-Fe晶粒大小有关,当然也与 A_3 转变的条件有关(这将在以后章节叙述)。由此可见,铁的多晶型转变具有很大的实际意义,它是钢的合金化和热处理的基础。

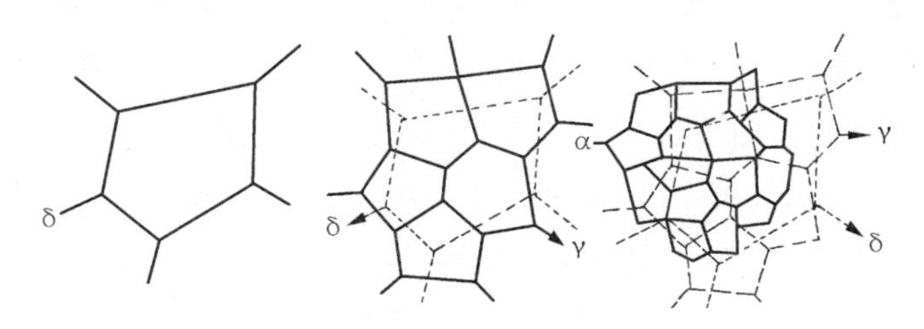

(a)初生的δ-Fe晶粒 (b)重结晶后的γ-Fe晶粒 (c)室温组织——α-Fe

图4.2 纯铁结晶后的组织

应当指出,α-Fe在770℃还将发生磁性转变,即由高温的顺磁性状态转变为低温的铁磁性状态。通常把这种磁性转变称为 A_2 转变,把磁性转变温度称为铁的居里点。在发生磁性转变时,铁的晶格类型不变,所以磁性转变不属于相变。

2. 铁素体与奥氏体

铁素体是碳溶于α-铁中的间隙固溶体,为体心立方晶格,常用符号F或α表示。奥氏体是碳溶于γ铁中的间隙固溶体,为面心立方晶格,常用符号A或γ表示。铁素体和奥氏体是铁碳相图中两个十分重要的基本相。

铁素体的溶碳能力比奥氏体小得多,根据测定,奥氏体的最大溶碳量 $w(C)=2.11\%$(于1 148℃),而铁素体的最大溶碳量仅为 $w(C)=0.021\ 8\%$(于727℃),在室温下的溶碳能力就更低了,一般在 $w(C)=0.001\%$ 以下。

面心立方晶格比体心立方晶格具有较大的致密度,为什么奥氏体比铁素体具有较大的溶碳能力呢?显然,这与晶体结构中的间隙尺寸有关。根据测量和计算,γ-Fe的晶格常数(950℃)为0.365 63 nm,其八面体间隙半径为0.053 5 nm,和碳原子0.077 nm比较接近,所以碳在奥氏体中的溶解度较大。α-Fe在20℃的晶格常数为0.286 63 nm,碳原子通常溶于八面体间隙中,而八面体的间隙半径只有0.018 62 nm,远小于碳的原子半径,所以碳在铁素体中的溶解度很小。

碳溶于体心立方晶格δ-Fe中的间隙固溶体称为δ铁素体,以δ表示,于1 495℃时的最大溶碳量为 $w(C)=0.09\%$。

铁素体的性能与纯铁基本相同,居里点也是770℃。奥氏体的塑性很好,但它具有顺磁性。

3. 纯铁的性能与应用

工业纯铁的含铁量一般为 $w(Fe)=99.8\%\sim99.9\%$,含杂质质量分数为0.1%~

0.2%,其中主要是碳。纯铁的机械性能因其纯度和晶粒大小的不同而差别很大,其大致范围如下:

抗拉强度 σ_b:176 ~ 274 MPa

屈服强度 σ_s:98 ~ 166 MPa

延伸率 δ:30% ~ 50%

断面收缩率 ψ:70% ~ 80%

冲击韧性 a_k:160 ~ 200 J/cm^2

硬度 HB:50 ~ 80

纯铁的塑性和韧性很好,但其强度很低,很少用作结构材料。纯铁的主要用途是利用它所具有的铁磁性。工业上炼制的电工纯铁具有高的磁导率,可用于要求软磁性的场合,如各种仪器仪表的铁心等。

4.1.2 渗碳体

渗碳体是铁与碳形成的间隙化合物,Fe_3C 含 $w(C) = 6.69\%$,可以用符号 C_m 表示,是铁碳相图中的重要基本相。

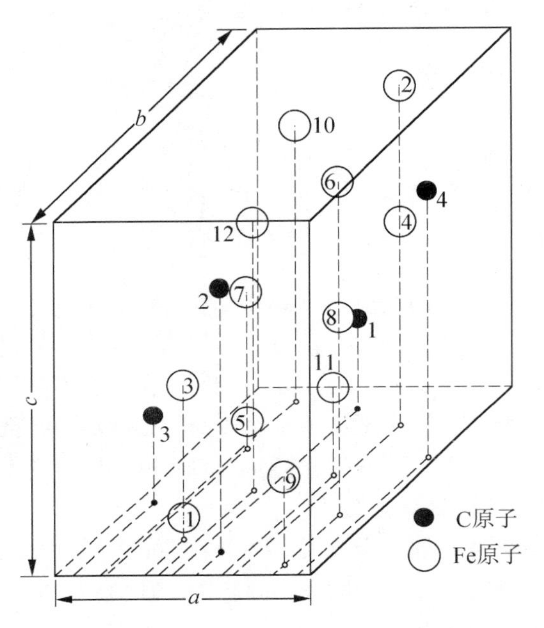

图 4.3 渗碳体晶胞中的原子配置

渗碳体属于正交晶系,晶体结构十分复杂,三个晶格常数分别为 a = 0.452 4 nm, b = 0.508 9 nm, c = 0.674 3 nm。图 4.3 是渗碳体晶胞的立体图,其中含有 12 个铁原子和 4 个碳原子,符合 Fe:C = 3:1 的关系。为了进一步阐明渗碳体的结构特征,图 4.4(a)画出了四个渗碳体晶胞沿[0 0 1]方向的俯视图。图中较大的圆圈表示铁原子,较小的圆圈表示碳原子。用双圈画的是(x, y)坐标完全相同,但 z 坐标不同的两个铁原子。用打剖面线和不打剖面线的办法表示 z 坐标不同的铁,碳原子。由图中可以看出,每个碳原子周围有 6 个铁原子,这 6 个原子组成一个三角棱柱,碳原子就位于这个三角棱柱的中心。这样的一个单独三角棱柱示于图 4.4(b),位于三角棱柱顶角的铁原子均为相邻两个三角棱柱所共有。因此,每个三角棱柱有 3 个铁原子和一个碳原子,构成 Fe_3C 分子式。这样的三角棱柱共有两层(图 4.4(a)),用虚线连接的是下面的一层,用点划线连接的则是上面的一层。

渗碳体具有很高的硬度,约为 800HB,但塑性很差,延伸率接近于零。渗碳体于低温下具有一定的铁磁性,但是在 230℃以上,铁磁性就消失了,所以 230℃是渗碳体的磁性转变温度,称为 A_0 转变。根据理论计算,渗碳体的熔点为 1 227℃。

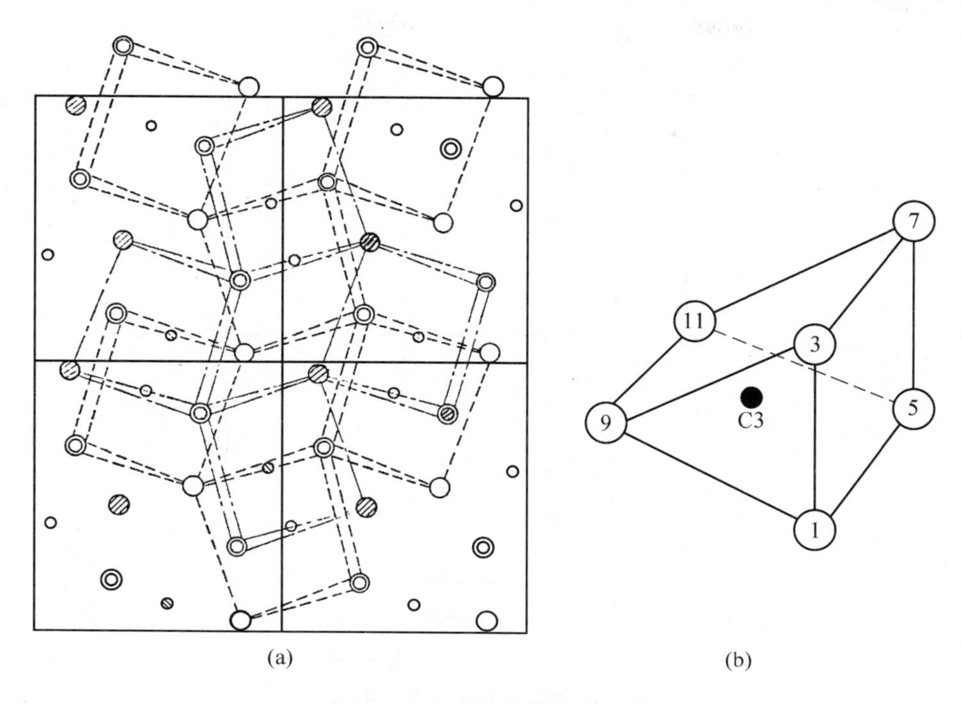

图4.4 渗碳体晶胞中的三角棱柱

4.2 Fe-Fe_3C 相图分析

4.2.1 相图中的点、线、区及其意义

图4.5是Fe-Fe_3C相图,图中各特性点的温度、碳浓度及意义示于表4.1中。特性点的符号是国际通用的,不能随意更换。

相图的液相线是*ABCD*,固相线是*AHJECF*,相图中有五个单相区:

*ABCD*以上——液相区(L)

AHNA——δ固溶体区(δ)

NJESGN——奥氏体区(γ或A)

GPQG——铁素体区(α或F)

DFKL——渗碳体区(Fe_3C或C_m)

相图中有七个两相区,它们分别存在于相邻两个单相区之间。这些两相区分别是:L+δ、L+γ、L+Fe_3C、δ+γ、γ+α、γ+Fe_3C及α+Fe。

此外,相图上有两条磁性转变线:*MO*为铁素体的磁性转变线,230℃虚线为渗碳体的磁性转变线。

Fe-Fe_3C相图上有三条水平线:即*HJB*——包晶转变线;*ECF*——共晶转变线;*PSK*——共析转变线。事实上,Fe-Fe_3C相图即由包晶反应、共晶反应和共析反应三部分连接而成。下面对这三部分进行分析。

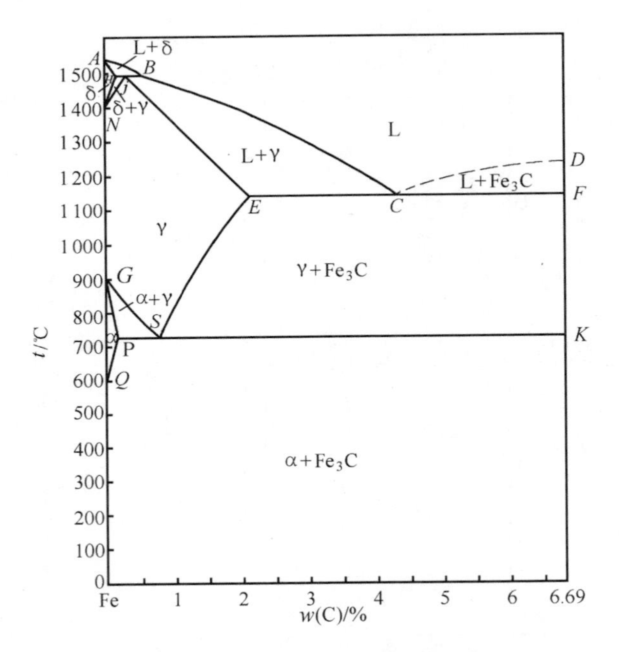

图 4.5　以相组成表示的铁碳相图

表 4.1　铁碳合金相图中的特性点

符号	温度/℃	w(C)/%	说　明	符号	温度/℃	w(C)/%	说　明
A	1 538	0	纯铁的熔点	*J*	1 495	0.17	包晶点
B	1 495	0.53	包晶转变时液态合金的成分	*K*	727	6.69	渗碳体的成分
C	1 148	4.30	共晶点	*M*	770	0	纯铁的磁性转变点
D	1 227	6.69	渗碳体的熔点	*N*	1 394	0	γ-Fe⇌δ-Fe 的转变温度
E	1 148	2.11	渗碳体的成分	*P*	727	0.021 8	碳在 α-Fe 中的最大溶解度
G	912	0	α-Fe⇌γ-Fe 转变温度(A_3)	*S*	727	0.77	共析点(A_1)
H	1 495	0.09	碳在 δ-Fe 中的最大溶解度	*Q*	600	0.005 7	600℃时碳在 α-Fe 中的溶解度

4.2.2　包晶的转变(水平线 *HJB*)

在 1 495℃的恒温下,w(C)=0.53%的液相与 w(C)=0.09%的 δ 铁素体发生包晶反应,形成 w(C)=0.17%的奥氏体,其反应式为

$$L_B + \delta_H \xrightleftharpoons{1\,495℃} \gamma_J$$

进行包晶反应时,奥氏体沿 δ 相与液相的界面生核,并向 δ 相和液相两个方向长大。包晶反应终了时,δ 相与液相同时耗尽,变为单相奥氏体。w(C)=0.09%~0.17%之间的合金,由于 δ 铁素体的量较多,当包晶反应结束后,液相耗尽,仍残留一部分 δ 铁素体。这部分 δ 相在随后的冷却过程中,通过同素异晶转变而变成奥氏体。w(C)=0.17%~0.53%之间的合金,由于反应前的 δ 相较少,液相较多,所以在包晶反应结束后,仍残留一定量的液相,这部分液相在随后冷却过程中结晶成奥氏体。

$w(C)<0.09\%$的合金，在按匀晶体转变为δ固溶体之后，继续冷却时将在NH与NJ线之间发生固溶体的同素异晶转变，转变为单相奥氏体。$w(C)=0.53\%\sim2.11\%$之间的合金，按匀晶转变凝固后，组织也是单相奥氏体。

总之，含碳质量分数小于2.11%的合金在冷却过程中，都可在一定的温度区间内得到单相的奥氏体组织。

应当指出，对于铁碳合金来说，由于包晶反应温度高，碳原子的扩散较快，所以包晶偏析并不严重。但对于高合金钢来说，合金元素的扩散较慢，就可能造成严重的包晶偏析。

4.2.3　共晶转变(水平线 *ECF*)

Fe－Fe_3相图上的共晶转变是在1 148℃的恒温下，由$w(C)=4.3\%$的液相转变为$w(C)=2.11\%$的奥氏体和渗碳体组成的混合物。其反应式为

$$L_C \xrightleftharpoons{1\ 148℃} \gamma_E + Fe_3C$$

共晶转变形成的奥氏体与渗碳体的混合物，称为莱氏体，以符号L_d表示。凡是在$w(C)=2.11\%\sim6.69\%$范围内的合金，都要进行共晶转变。

在莱氏体中，渗碳体是连续分布的相，奥氏体呈颗粒状分布在渗碳体的基底上。由于渗碳体很脆，所以莱氏体是塑性很差的组织。

4.2.4　共析转变(水平线 *PSK*)

Fe－Fe_3C相图上的共析转变是在727℃恒温下，由$w(C)=0.77\%$的奥氏体转变为为$w(C)=0.021\ 8\%$的铁素体和渗碳体组成的混合物，其反应式为

$$\gamma_S \xrightleftharpoons{727℃} \alpha_P + Fe_3C$$

共析转变的产物称为珠光体，用符号P表示。共析转变的水平线PSK，称为共析线或共析温度，常用符号A_1表示。凡是$w(C)=0.021\ 8\%$的铁碳合金都将发生共析转变。

经共析转变形成的珠光体是层片状的，其中的铁素体和渗碳体的质量分数可以用杠杆定律进行计算

$$w(F)==\frac{SK}{PK}=\frac{6.69-0.77}{6.69-0.021\ 8}\times100\%=88.7\%$$

$$w(Fe_3C)==100\%-w(F)==11.3\%$$

渗碳体与铁素体质量分数的比值为$w(Fe_3C)/w(F)\approx1/8$。这就是说，如果忽略铁素体和渗碳体比容上的微小差别，则铁素体的体积是渗碳体的8倍，在金相显微镜下观察时，珠光体组织中较厚的片是铁素体，较薄的片是渗碳体。

图4.6是不同放大倍率下的珠光体组织照片。珠光体组织中片层排列方向相同的领域叫做一个珠光体领域或珠光体团。相邻珠光体团的取向不同，在显微镜下，不同的珠光体团的片层粗细不同，这是由于它们的取向不同所致。

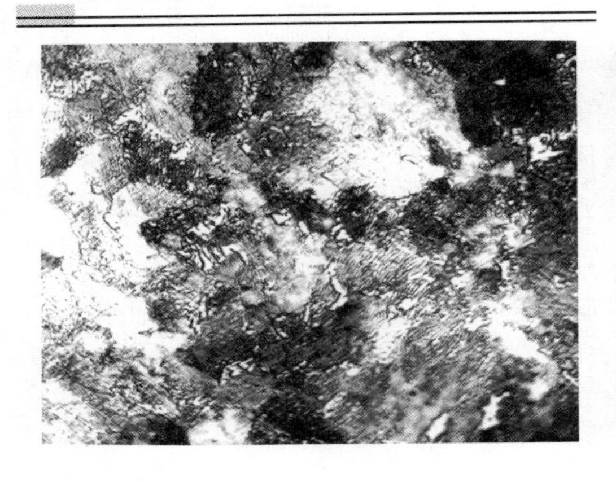

(a)500 ×

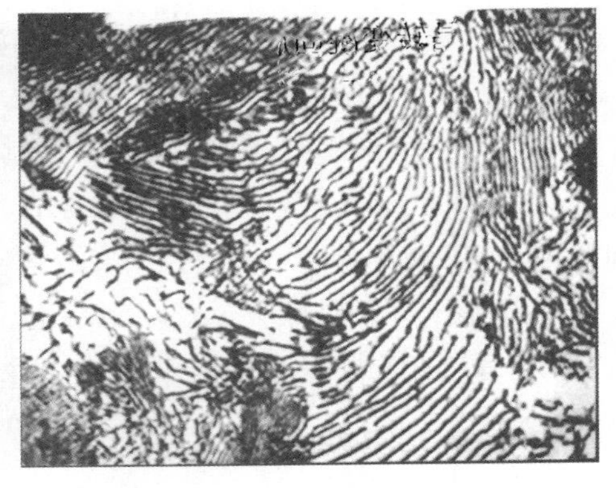

(b)1 000 ×

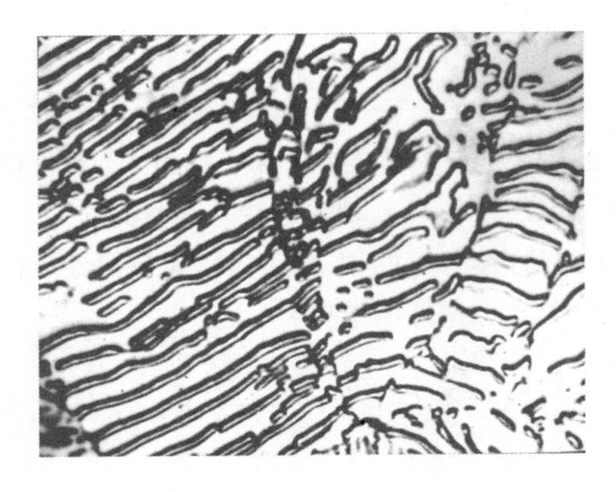

(c)6000 ×

图 4.6 不同放大倍数下的珠光体

4.2.5 三条重要的特性曲线

1. *GS* 线

GS 线又称为 A_3 线,它是在冷却过程中,由奥氏体析出铁素体的开始线,或者说在加热过程中,铁素体溶入奥氏体的终了线。事实上,*GS* 线是由点 *G*(点 A_3)演变而来,随着含碳质量分数的增加,使奥氏体向铁素体的同素异晶转变温度逐渐下降,从而由点 A_3 变成了 A_3 线。

2. *ES* 线

ES 线是碳在奥氏体中的溶解度曲线,当温度低于此曲线时,就要从奥氏体中析出次生渗碳体,通常称之为二次渗碳体,因此该曲线又是二次渗碳体的开始析出线。*ES* 线也叫 A_{Cm}线。

由相图可以看出,点 *E* 表示奥氏体的最大溶碳量,即奥氏体的溶碳量在1 148℃时为 $w(\mathrm{C}) = 2.11\%$,其摩尔比相当于 $w(\mathrm{C}) = 9.1\%$。这表明,此时的铁与碳的摩尔比约 10:1,相当于 2.5 个奥氏体晶胞中才有 1 个碳原子。

3. *PQ* 线

PQ 线是碳在铁素体中的溶解度曲线。铁素体中的最大溶碳量于 727℃时达到最大值,即 $w(\mathrm{C}) = 0.021\ 8\%$。随着温度的降低,铁素体中的溶碳量逐渐减少,在 300℃以下,溶碳量小于 0.001%。因此,当铁素体从 727℃冷却下来时,要从铁素体中析出渗碳体,称

之为三次渗碳体,记为 $Fe_3C_{Ⅲ}$。

4.3　铁碳合金的平衡结晶过程及组织

铁碳合金的组织是液态结晶和固态重结晶的综合结果,研究铁碳合金的结晶过程,目的在于分析合金的组织形成,以考虑其对性能的影响。为了讨论方便起见,先将铁碳合金进行分类。通常按有无共晶转变将基分为碳钢和铸铁两大类,即 $w(C)<2.11\%$ 的为碳钢,$w(C)>2.11\%$ 的为铸铁。$w(C)<0.0218\%$ 的为工业纯铁。按 $Fe-Fe_3C$ 系结晶的铸铁,碳以 Fe_3C 形式存在,断口呈亮白色,称为白口铸铁。

根据组织特征,将铁碳合金按含碳量划分为七种类型:

① 工业纯铁:$w(C)<0.0218\%$;

② 共析钢:$w(C)=0.77\%$;

③ 亚共析钢:$w(C)=0.0218\%\sim0.77\%$;

④ 过共析钢:$w(C)=0.77\%\sim2.11\%$;

⑤ 共晶白口铁:$w(C)=4.30\%$;

⑥ 亚共晶白口铁:$w(C)=2.11\%\sim4.30\%$;

⑦ 过共晶白口铁:$w(C)=4.30\%\sim6.69\%$。

现从每种类型中选择一种合金来分析其平衡结晶过程和组织。所选取的合金成分在相图上的位置见图 4.7。

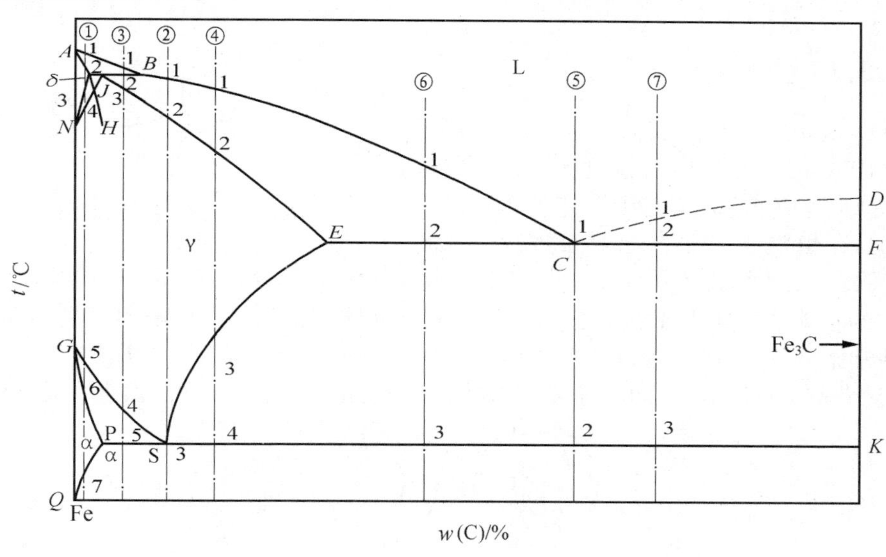

图 4.7　典型铁碳合金冷却时的组织转变过程分析

4.3.1　工业纯铁

$w(C)=0.01\%$ 的合金① 的结晶过程见图 4.8。合金熔液在点 1~2 温度区间内,按匀晶转变结晶出 δ 固溶体,δ 固溶体冷却至点 3 时,开始发生固溶体的同素异晶转变 δ→γ。奥氏体的晶核通常优先在 δ 相界上形成并长大,这一转变在点 4 结束,合金全部呈单相奥氏体。奥氏体冷却到点 5 时又发生同素异晶转变 γ→α,同样,铁素体也是在奥氏体晶界上优先形核，然后长大。当温度达到点 6 时，奥氏体全部转变为铁素体。铁素体冷却到点 7 时，碳在铁素体中的溶解量达到饱和，因此，当将铁素体冷却到点 7 以下时，渗碳体将从铁素体中析出。在缓慢冷却条件下，这种渗碳体常沿铁素体晶界呈片状析出，这种从铁素体中析出的渗碳体即为三次渗碳体。工业纯铁的室温组织见图 4.9。

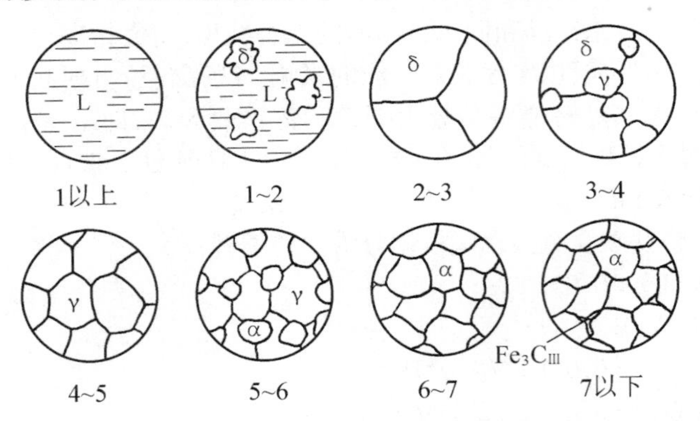

图 4.8　$w(C)=0.01\%$的工业纯铁结晶过程示意图

在室温下，析出三次渗碳体量最多的是 $w(C)=0.021\ 8\%$的铁碳合金，其含量可用杠杆定律求出

$$w(Fe_3C_{Ⅲ})=\frac{0.021\ 8}{6.69}\times 100\%=0.33\%$$

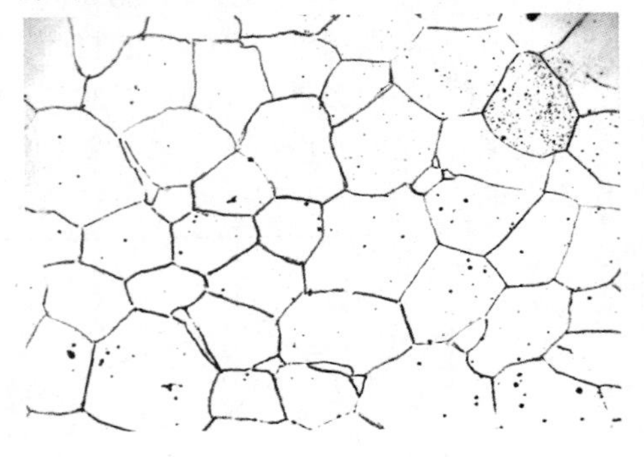

图 4.9　工业纯铁的室温组织

4.3.2　共析钢

共析钢即图 4.7 中的合金②，其结晶过程示意图见图 4.10。在点 1～2 温度区间，合金按匀晶转变结晶成奥氏体。奥氏体冷却到点 3 (727℃)，在恒温下发生共析转变 $\gamma_S \rightleftharpoons \alpha_P+Fe_3C$，转变产物为珠光体。珠光体中的渗碳体称为共析渗碳体。在随后的冷却过程中，铁素体中的含碳质量分数沿 *PQ* 线变化，于是从珠光体的铁素体相中析出三次渗碳体。在缓慢冷却条件下，三次渗碳体在铁素体与渗碳体的相界上形成，与共析渗碳体连接在一起，在显微镜下难以分辨，同时其数量也很少，对珠光体的组织和性能没有明显影响。

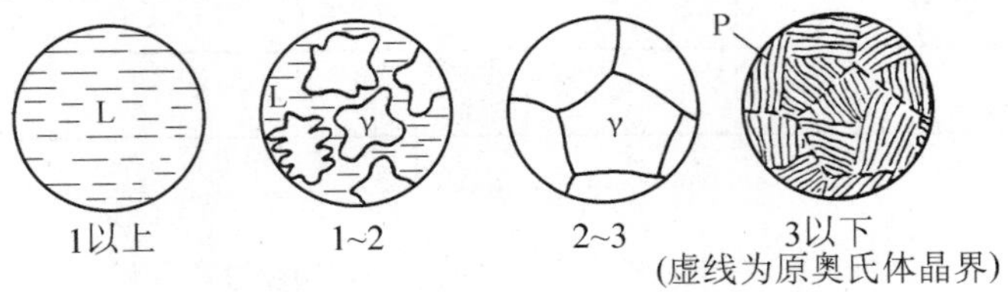

图 4.10　共析钢的结晶过程示意图

4.3.3　亚共析钢

现以 $w(C)=0.40\%$的碳钢为例进行分析，其在相图上的位置见图 4.7 中的合金③，结晶过程示意图如图 4.11 所示。在结晶过程中，冷却至 1～2 温度区间，合金按匀晶转变结晶出 δ 固溶体。当冷却到点 2 时，δ 固溶体的 $w(C)=0.09\%$，液相的含碳质量分数为

0.53%，此时的温度为1 495℃，于是液相和δ固溶体于恒温下发生包晶转变：$L_B + \delta_H \rightleftharpoons \gamma_J$，形成奥氏体。但由于钢中的$w_C$($w_C$>0.40%)>0.17%，所以包晶转变终了后，仍有液相存在，这些剩余的液相在点2~3之间继续结晶成奥氏体，此时液相的成分沿*BC*线变化，奥氏体的成分则沿*JE*线变化。温度降到点3，合金全部由w(C)=0.40%的奥氏体所组成。

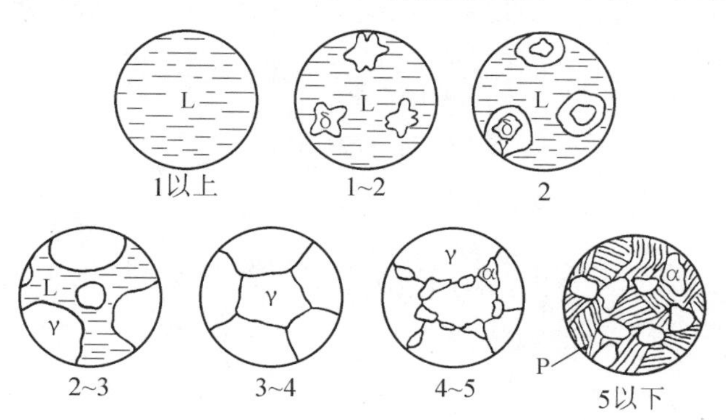

图4.11 w(C)=0.40%的碳钢结晶过程示意图

单相的奥氏体冷却到点4时，在晶界上开始析出铁素体。随着温度的降低，铁素体的数量不断增多，此时铁素体的成分沿*GP*线变化，而奥氏体的成分则沿*GS*线变化。当温度降至点5与共析线(727℃)相遇时，奥氏体的成分达到了点*S*，即含碳质量分数达到了0.77%，于恒温下发生共析转变$\gamma_S \rightleftharpoons \alpha_P + Fe_3C$，形成珠光体。在点5以下，先共析铁素体和珠光体中的铁素体都将析出三次渗碳体，但其数量很少，一般可忽略不计。因此，该钢在室温下的组织由先共析铁素体和珠光体所组成(图4.12(b))。

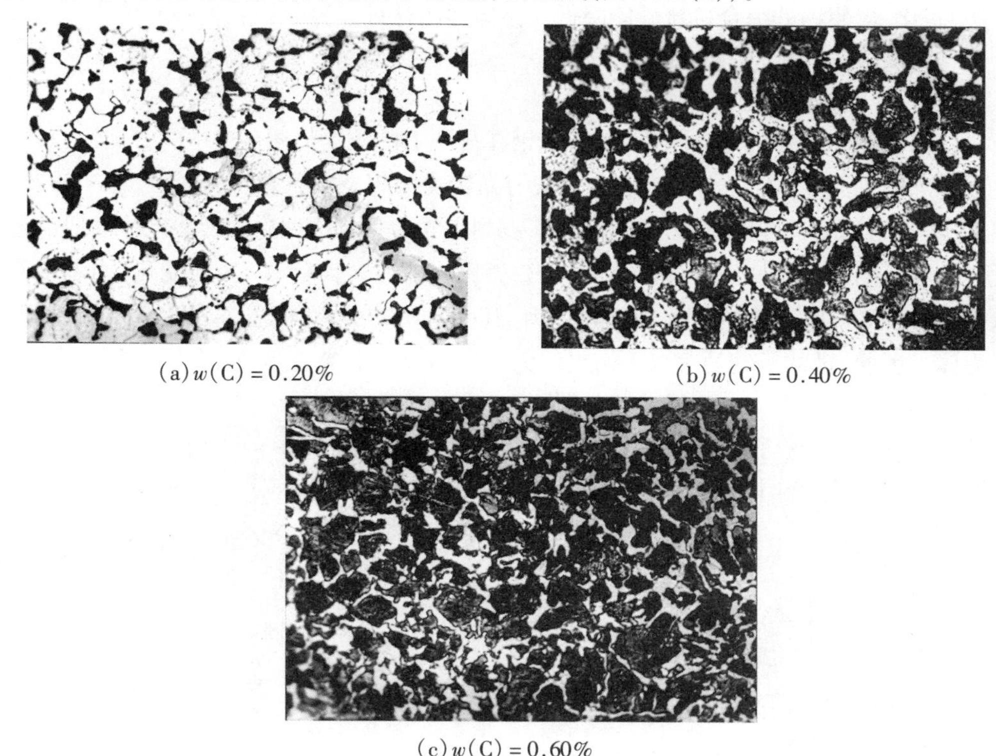

(a)w(C)=0.20%　(b)w(C)=0.40%

(c)w(C)=0.60%

图4.12 亚共析钢的室温组织 200×

亚共析钢的室温组织均由铁素体和珠光体组成。钢中含碳量越高,则组织中的珠光体量越多。图 4.12 为 $w(C)=0.2\%$、$w(C)=0.40\%$、$w(C)=0.60\%$ 亚共析钢的显微组织。由于放大倍数较小,不能清晰地观察到珠光体的片层特征,观察到的只是灰黑一片。

利用杠杆定律可以分别计算出钢中的组织组成物——先共析铁素体和珠光体的含量

$$w_{\alpha}=\frac{0.77-0.40}{0.77-0.0218}\times 100\%=49.5\%$$

$$w_{P}=1-49.5\%=50.5\%$$

同样,也可以算出相组成物的含量

$$w_{\alpha}=\frac{6.69-0.40}{6.69-0.0218}\times 100\%=94.3\%$$

$$w(Fe_3C)=1-94.3\%=5.7\%$$

根据亚共析钢的平衡组织,也可近似地估计其含碳质量分数:$w(C)\approx P\times 0.8\%$,其中 P 为珠光体在显微组织中所占面积的百分比,0.8%是珠光体 $w(C)=0.77\%$的近似值。

应当指出,含碳质量分数接近点 P 的亚共析钢(低碳钢)在铁素体的晶界处常出现一些游离的渗碳体。这种游离渗碳体既包括三次渗碳体,也包括珠光体离异的渗碳体,即在共析转变时,珠光体中的铁素体依附在已经存在的先共析铁素体上生长,最后把渗碳体留在晶界处。当继续冷却时,从铁素体中析出的三次渗碳体又会再附加在离异的共析渗碳体之上。渗碳体在晶界上的分布,将引起晶界脆性,使低碳钢的工艺性能(主要是冷冲压性能)恶化,也使钢的综合机械性能降低。渗碳体的这种晶界分布应设法避免。

4.3.4 过共析钢

以 $w(C)=1.2\%$的过共析钢为例,该钢在相图上的位置见图 4.7 中的合金④,其结晶过程示意图见图 4.13。合金在点 1~2 按匀晶转变为单相奥氏体。当冷至点 3 与 ES 线相遇时,开始从奥氏体中析出二次渗碳体,直到点 4 为止。这种先共析渗碳体一般沿着奥氏体晶界呈网状分布。由于渗碳体的析出,奥氏体中的含碳量沿 ES 线变化,当温度降到点 4 时(727℃),奥氏体的含碳量正好达到 $w(C)=0.77\%$,在恒温下发生共析转变,形成珠光体。因此,过共析钢的室温平衡组织为珠光体和二次渗碳体,如图 4.14 所示。

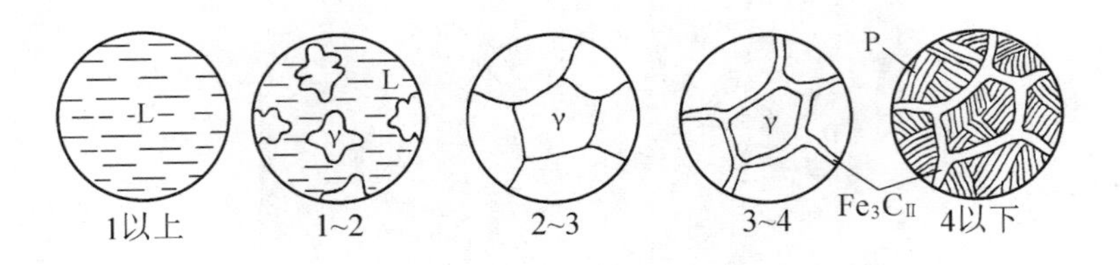

图 4.13 $w(C)=1.2\%$碳钢的结晶过程示意图

(a)硝酸酒精侵蚀，白色网状相为二次渗碳体，暗黑色为珠光体

(b)苦味酸钠的侵蚀，黑色为二次渗碳体，浅白色为珠光体

图4.14 w(C)=1.2%的过共析碳钢缓冷后的组织 500×

4.3.5 共晶白口铁

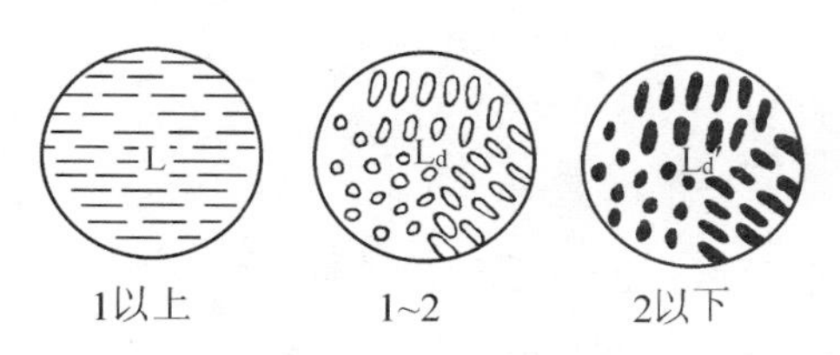

图4.15 共晶白口铁的结晶过程示意图

共晶白口铁的 w(C)=4.3%，如图4.7中的合金⑤，其结晶过程示意图见图4.15。液态合金冷却到点1(1 148℃)时，在恒温下发生共晶转变：$L_C \rightleftharpoons \gamma_E + Fe_3C$，形成莱氏体($L_d$)。当冷至点1以下时，碳在奥氏体中的溶解度不断下降，因此从共晶奥氏体中不断析出二次渗碳体，但由于它依附在共晶渗碳体上析出并长大，所以难以分辨。当温度降至点2(727℃)时，共晶奥氏体的含碳质量分数降至0.77%，在恒温下发生共析转变，即共晶奥氏体转变为珠光体。最后室温下的组织是珠光体分布在共晶渗碳体的基体上。室温莱氏体保持了在高温下共晶转变后所形成的莱氏体的形态特征，但组成相发生了改变。因此，常将室温莱氏体称为低温莱氏体或变态莱氏体，用符号 L_d'表示，其显微组织如图4.16所示。

4.3.6 亚共晶白口铁

图4.16 共晶白口铁的室温组织 500×

亚共晶白口铁的结晶过程比较复杂，现以 w(C)=3.0%的合金⑥(图4.7)为例进行分析。在结晶过程中，在点1~2之间按匀晶转变结晶出初晶(或先共晶)奥氏体，奥氏体的成分沿 JE 线变化，而液相的成分沿 BC 线变化，当温度降至点2时，液相成分到达共晶点 C，于恒温(1 148℃)下发生共晶转变，即$L_C \rightleftharpoons \gamma_E + Fe_3C$，形成莱氏体。当温度冷却到点2~3温度区间时，从初晶奥氏体和共晶奥氏体中都析出二次渗碳体。随着二次渗碳体的析出，奥氏体的成分沿着 ES 线不断降低，当温度到达点3

(727℃)时,奥氏体的成分也到达了点 S,于恒温下发生共析转变,所有的奥氏体都转变为珠光体。图 4.17 为其平衡结晶过程示意图,图 4.18 为合金的显微组织。图中大块黑色部分是由初晶奥氏体转变成的珠光体,由初晶奥氏体析出的二次渗碳体与共晶渗碳体连成一片,难以分辨。

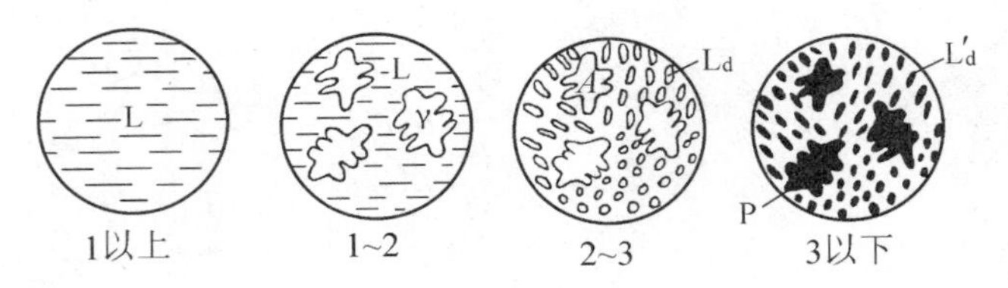

图 4.17 $w(C) = 3.0\%$的白口铁结晶过程示意图

根据杠杆定律计算,该白口铁的组织组成物中,初晶奥氏体的质量分数为

$$w_{\gamma} = \frac{4.3 - 3.0}{4.3 - 2.11} \times 100\% = 59.4\%$$

莱氏体的质量分数为

$$w_{L_d} = \frac{3.0 - 2.11}{4.3 - 2.11} \times 100\% = 40.6\%$$

从初晶奥氏体中析出二次渗碳体的含量为

$$w(Fe_3C_{II}) = \frac{2.11 - 0.77}{6.69 - 0.77} \times 59.4 = 13.4\%$$

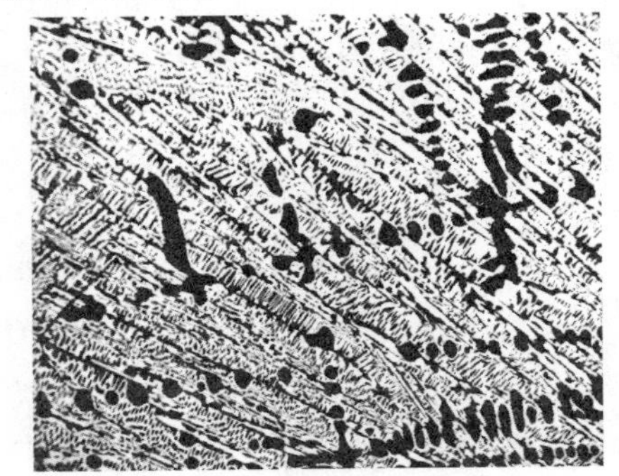

图 4.18 亚共晶白口铁的室温组织

4.3.7 过共晶白口铁

以 $w(C) = 5\%$的过共晶白口铁为例,其在相图上的位置见图 4.7 合金⑦,结晶过程的示意图如图 4.19 所示。在结晶过程中,该合金在 1 ~ 2 温度区间从液体中结晶出粗大的先共晶渗碳体,称为一次渗碳体 Fe_3C_I。随着一次渗碳体量的增多,液相成分沿着 DC 线变化,当温度降至点 2 时,液相的含碳质量分数达到

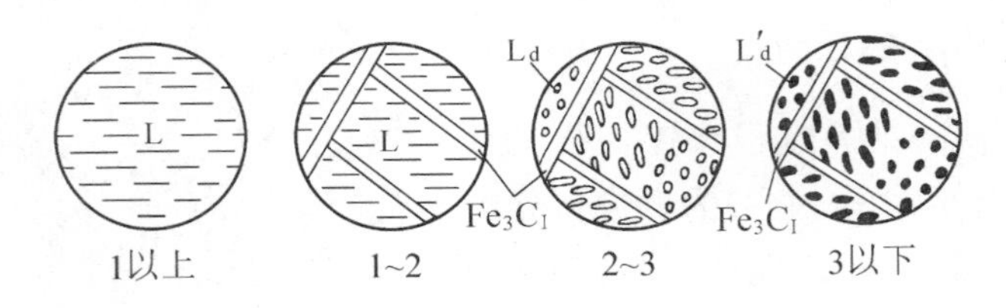

图 4.19 过共晶白口铁结晶过程示意图

$w(C) = 4.3\%$,于恒温下发生共晶转变,形成莱氏体。在继续冷却过程中,共晶奥氏体析出二次渗碳体,然后于 727℃恒温下发生共析转变,形成珠光体。因此,过共晶白口铁室温下的组织为一次渗碳体和低温莱氏体,其显微组织如图 4.20 所示。

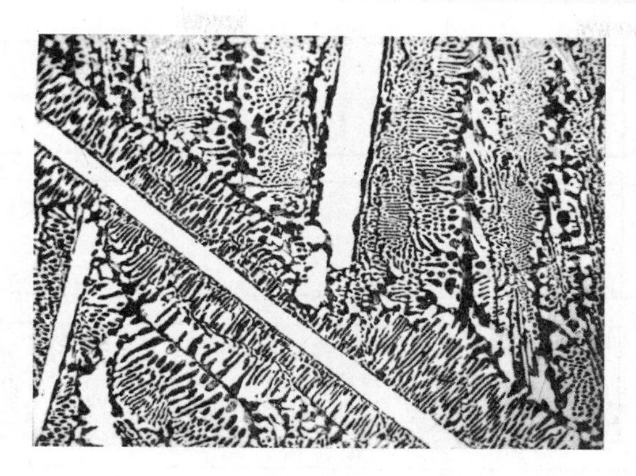

图 4.20　过共晶白口铁的室温组织

4.4　含碳质量分数对铁碳合金平衡组织和性能的影响

4.4.1　对平衡组织的影响

根据上一节对各类铁碳合金平衡结晶过程的分析,可将 Fe－Fe_3C 相图中的相区按组织组成物加以标注,如图 4.21 所示。

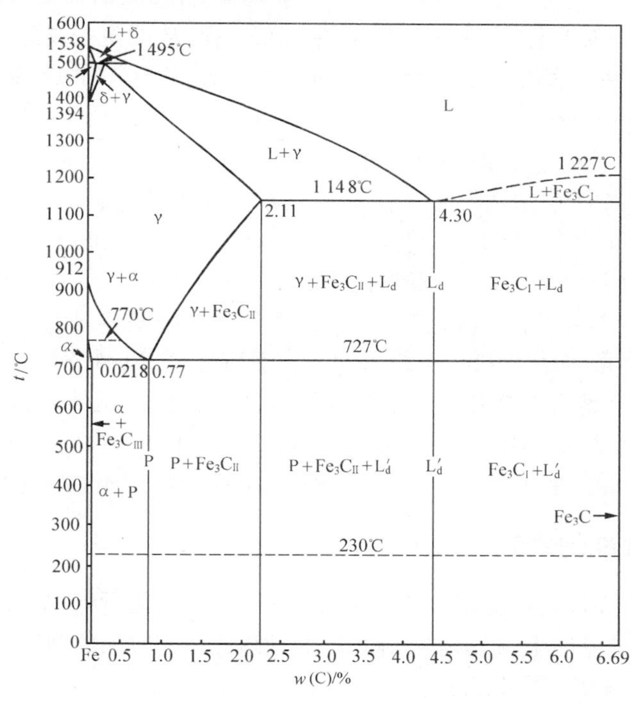

图 4.21　按组织区分的铁碳合金相图

根据杠杆定律进行计算的结果,可将铁碳合金的成分与平衡结晶后的组织组成物及相组成物之间的定量关系总结如图 4.22 所示。

从相组成的角度来看,铁碳合金在室温下的平衡组给皆由铁素体和渗碳体两相所组

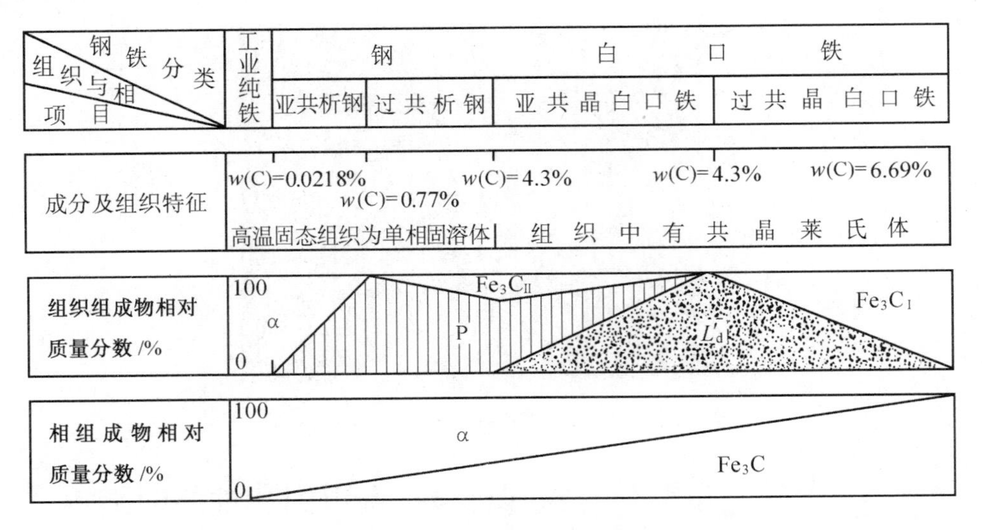

图 4.22 铁碳合金的成分与组织的关系

成。当含碳质量分数为零时,合金全部由铁素体所组成,随着含碳质量分数的增加,铁素体的含量呈直线下降,直到 $w(\mathrm{C})=6.69\%$时降低到零。与此相反,渗碳体的含量则由 0 增到 100%。

含碳质量分数的变化,不仅引起铁素体和渗碳体相对量的变化,而且要以引起组织的变化,显然,这是由于成分的变化,引起不同性质的结晶过程,从而使相发生变化而造成的。从图 4.21 和图 4.22 可以看出,随着含碳质量分数的增加,铁碳合金的组织变化顺序为

$$\mathrm{F \to F + Fe_3C_{III} \to F + P \to P \to P + Fe_3C_{II} \to P + Fe_3C_{II} + L'_d \to L'_d \to L'_d + Fe_3C_I}$$

可见,同一种组成相,由于生成条件的不同,虽然相的本质未变,但其形态可以有很大的差异。例如,从奥氏体中析出的铁素体一般呈块状,而经共析反应生成的珠光体中的铁素体,由于同渗碳体要相互制约,呈交替层片状。又如渗碳体,由于生成条件的不同,使其形态变得十分复杂,铁碳合金的上述组织变化主要是由它引起的。当$w(\mathrm{C})=0.021\,8\%$时,三次渗碳体从铁素体中析出,沿晶界呈小片状分布。共析渗碳体是经共析反应生成的,与铁素体呈交替层片状,而从奥氏体中析出的二次渗碳体,则以网络状分布于奥氏体的晶界。共晶渗碳体是与奥氏体相关形成的,在莱氏体中为连续的基体,比较粗大,有时呈鱼骨状。一次渗碳体是从液体中直接形成的,呈规则的长条状。由此可见,成分的变化,不仅引起相的相对含量的变化,而且引起组织的变化,对铁碳合金的性能产生很大影响。

4.4.2 对机械性能的影响

铁素体是软韧性,渗碳体是硬脆相。珠光体由铁素体和渗碳体所组成,渗碳体以细片状分散地分布在铁素体的基体上,起了强化作用。因此珠光体有较高的强度和硬度,但塑性较差。珠光体内的层片越细,则强度越高。在平衡结晶条件下,珠光体的机械性能大体是:

抗拉强度 σ_b: 1 000 MPa
屈服强度 $\sigma_{0.2}$: 600 MPa
延伸率 δ: 10%
断面收缩率 ψ: 12% ~ 15%
硬度 HB: 241

图4.23是含碳质量分数对退火碳钢机械性能的影响。由图可以看出,在亚共析钢中,随着含碳质量分数的增加,珠光体逐渐增多,强度、硬度升高,而塑性、韧性下降。当含碳质量分数达到0.77%时,其性能就是珠光体的性能。在过共析钢中,含碳质量分数在接近1%时其强度达到最高值,含碳质量分数继续增加,强度下降。这是由于脆性的二次渗碳体在含碳质量分数高于1%时于晶界形成连续的网络,使钢的脆性大大增加。因此在用拉伸试验测定其强度时,会在脆性的二次渗碳体处出现早期裂纹,并发展至断裂,使抗拉强度下降。

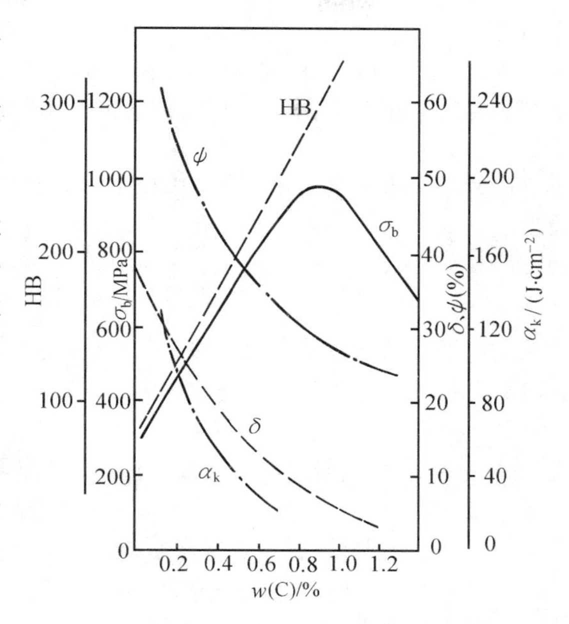

图4.23　含碳质量分数对平衡状态下碳钢机械性能的影响

在白口铁中,由于含有大量渗碳体,故脆性很大,强度很低。

渗碳体的硬度很高,但是极脆,不能使合金的塑性提高,合金的塑性变形主要由铁素体来提供。因此,合金中含碳质量分数增加而使铁素体减少时,铁碳合金的塑性不断降低。当组织中出现以渗碳体为基体的莱氏体时,塑性降低到接近零值。

冲击韧性对组织十分敏感。含碳质量分数增加时,脆性的渗碳体增多,当出现网状的二次渗碳体时,韧性急剧下降。总起来看,韧性比塑性下降的趋势要大。

硬度是对组织或组成相的形态不十分敏感的性能,它的大小主要决定于组成相的数量和硬度。因此,随着含碳质量分数的增加、高硬度渗碳体的增多、低硬度铁素体的减少,铁碳合金的硬度呈直线升高。

为了保证工业上使用的铁碳合金具有适当的塑性和韧性,合金中渗碳体相的数量不应过多。对碳素钢及普通低中合金钢而言,其含碳质量分数一般不超过1.3%。

4.4.3　对工艺性能的影响

1. 切削加工性能

金属材料的切削加工性问题,是一个十分复杂的问题,一般要从允许的切削速度、切削力、表面粗糙度等几个方面进行评价,材料的化学成分、硬度、韧性、导热性以及金属的组织结构和加工硬化程度等对其均有影响。

钢的含碳质量分数对切削加工性能有一定的影响。低碳钢中的铁素体较多,塑性韧性好,切削加工时产生的切削热较大,容易粘刀,而且切屑不易折断,影响表面粗糙度,因此切削加工性能不好。高碳钢中渗碳体多,硬度较高,严重磨损刀具,切削性能也差。中碳钢中的铁素体与渗碳体的比例适当,硬度和塑性也比较适中,其切削加工性能较好。一般认为,钢的硬度大致为250HB时切削加工性能较好。

钢的导热性对切削加工性能具有很大的意义。具有奥氏体组织的钢导热性低,切削热很少为工件所吸收,而基本上集聚在切削刃附近,因而使刃具的切削刃变热,降低了刀具寿命。因此,尽管奥氏体钢的硬度不高,但切削加工性能不好。

钢的晶粒尺寸并不显著影响硬度,但粗晶粒钢的韧性较差,切屑易断,因而切屑性能较好。

珠光体的渗碳体形态同样影响切削加工性,亚共析钢的组织是铁素体十片状珠光体,具有较好的切削加工性,若过共析钢的组织为片状珠光体十二次渗碳体,则其加工性能很差,若其组织是由粒状珠光体组成的,则可改善切削加工性能。

2. 可锻性

金属的可锻性是指金属在压力加工时,能改变形状而不产生裂纹的性能。

钢的可锻性首先与含碳质量分数有关。低碳钢的可锻性较好。随着含碳质量分数的增加,可锻性逐渐变差。

奥氏体具有良好的塑性,易于塑性变形。钢加热到高温可获得单相奥氏体组织,具有良好的可锻性。因此钢材的始轧或始锻温度一般在固相线以下 100～200℃范围内。终锻温度不能过低,以免钢材因温度过低而使塑性变差,导致产生裂纹。一般对亚共析钢终锻温度控制在 *GS* 线以上较近处,对过共析钢控制在 *PSK* 线以上较近处。

白口铸铁无论在低温或高温,其组织都是以硬而脆的渗碳体为基体,其可锻性很差。

3. 铸造性

金属的铸造性包括金属的流动性、收缩性和偏析倾向等。

(1) 流动性。流动性是指液态金属充满铸型的能力。流动性受很多因素的影响,其中最主要的是化学成分和浇注温度的影响。

在化学成分中,碳对流时影响最大,随着含碳质量分数的增加,钢的结晶温度间隔增大,流动性应该变差。但是,随着含碳质量分数的增加,液相线温度降低,因而,当浇注温度相同时,含碳质量分数高的钢,其液相线温度与钢液温度之差较大,即过热度较大,对钢液的流动性有利。所以钢液的流动性随含碳质量分数的提高而提高。浇注温度越高,流动性越好。当浇注温度一定时,过热度越大,流动性越好。

铸铁因其液相线温度比钢低,其流动性总是比钢好。亚共晶铸铁随含碳质量分数的提高,结晶温度间隔缩小,流动性也随之提高。共晶铸铁其结晶温度最低,同时又是在恒温下凝固,流动性最好。过共晶铸铁随着含碳质量分数的提高,流动性变差。

(2) 收缩性。铸铁从浇注温度至室温的冷却过程中,其体积和线尺寸减少的现象称为收缩性。收缩是铸造合金本身的物理性质,是铸件产生许多缺陷,如缩孔、缩松、残余内应力、变形和裂纹的基本原因。

金属从浇注温度冷却到室温要经历三个互相联系的收缩阶段:

① 液态收缩。从浇注温度到开始凝固(液相线温度)这一温度范围内的收缩为液态收缩。

② 凝固收缩。从凝固开始到凝固终止(固相线温度)这一温度范围内的收缩称凝固收缩。

③ 固态收缩。从凝固终止至冷却到室温这一温度范围内的收缩称为固态收缩。

液态收缩和凝固收缩表现为合金体积的缩小,其收缩量用体积分数表示,称为体收缩。它们是铸件产生缩孔、缩松缺陷的基本原因。合金的固态收缩虽然也是体积变化,但它只引起铸件外部尺寸的变化,其收缩量通常用长度百分数表示,称为线收缩。它是铸件产生内应力、变形和裂纹等缺陷的基本原因。

影响碳钢收缩性的主要因素是化学成分和浇注温度等。对于化学成分一定的钢,浇注温度越高,则液态收缩越大;当浇注温度一定时,随着含碳质量分数的增加,钢水温度与液相线温度之差增加,体积收缩增大。同样,含碳质量分数增加,其凝固温度范围变宽,凝固收缩增大。含碳质量分数对钢的体收缩的影响列于表4.2。由表可见,随着含碳质量分数的增加,钢的体收缩不断增大。与此相反,钢的固态收缩则是随着含碳质量分数的增加,其固态收缩不断减小,尤其是共析转变前的线收缩减少得更为显著。

表4.2　碳对碳素钢体积收缩率的影响

w(C)/%	0.10	0.35	0.75	1.00
钢的体积收缩率(%)(自1 600℃冷却到20℃)	10.7	11.8	12.9	14.0

(3) 枝晶偏析。固相线和液相线的水平距离和垂直距离越大,枝晶偏析越严重。铸铁的成分越靠近共晶点,偏析越小;相反,越远离共晶点,则枝晶偏析越严重。

4.5　钢中的杂质元素及钢锭组织

4.5.1　钢中的杂质元素及其影响

在钢的冶炼过程中,不可能除尽所有的杂质,所以实际使用的碳钢中除碳以外,还含有少量的锰、硅、硫、磷、氧、氢、氮等元素,它们的存在,会影响钢的质量和性能。

1. 锰和硅的影响

锰和硅是炼钢过程中必须加入的脱氧剂,用以去除溶于钢液中的氧。它还可把钢液中的FeO还原成铁,并形成MnO和SiO_2。锰除了脱氧作用外,还有除硫作用,即与钢液中的硫结合成MnS,从而在相当大的程度上消除硫在钢中的有害影响。这些反应产物大部分进入炉渣,小部分残留于钢中,成为非金属夹杂物。

脱氧剂中的锰和硅总会有一部分溶于钢液中,冷至室温后即溶于铁素体中,提高铁素体的强度。此外,锰还可以溶入渗碳体中,形成$(Fe、Mn)_3C$。

锰对碳钢的机械性能有良好的影响,它能提高钢的强度和硬度,当含锰质量分数小于0.8%时,可以稍微提高或不降低钢的塑性和韧性。锰提高强度的原因是它溶入铁素体而引起的固溶强化,并使钢材在热轧后冷却时得到片层较细、强度较高的珠光体,在同样含碳质量分数和同样的冷却条件下,锰使珠光体的质量分数增加。

碳钢中的含硅质量分数一般小于0.5%,它也是钢中的有益元素,在沸腾钢中的含硅质量分数很低,而镇静钢中的含硅质量分数较高。硅溶于铁素体后有很强的固溶强化作用,显著地提高了钢的强度和硬度,但含硅质量分数较高时,将使钢的塑性和韧性下降。

2. 硫的影响

硫是钢中的有害元素,它是在炼钢时由矿石和燃料带到钢中来的杂质。从Fe-S相图(图4.24)可以看出,硫只能溶于钢液中,在固态铁中几乎不能溶解,而是以FeS夹杂的形式存在于固态钢中。

硫的最大危害是引起钢在热加工时开裂,这种现象称为热脆。造成热脆的原因是由

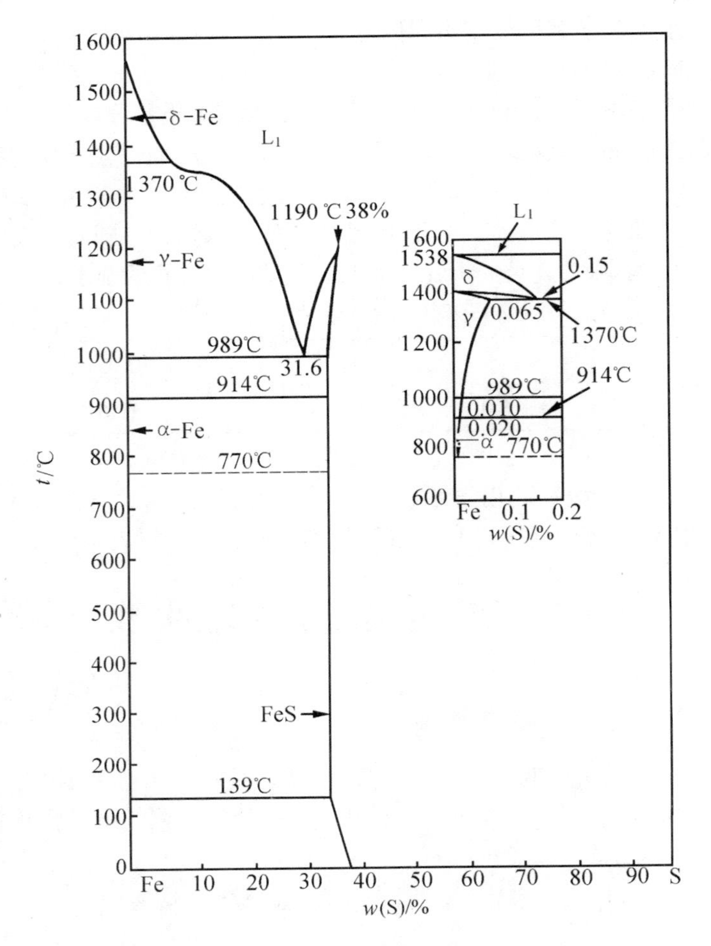

图 4.24　Fe－S 相图

于 FeS 的严重偏析。即使钢中含硫质量分数不算高,也会出现(Fe + FeS)共晶。钢在凝固时,共晶组织中的铁依附在先共晶相——铁晶体中生长,最后把 FeS 留在晶界处,形成离异共晶。(Fe + FeS)共晶的熔化温度很低(989℃),而热加工的温度一般为 1 150～1 250℃,这时位于晶界上的(Fe + FeS)共晶已处于熔融状态,从而导致热加工时开裂。如果钢液中含氧量也高,还会形成熔点更低的(940℃)Fe + FeO + FeS 三相共晶,其危害性更大。

防止热脆的方法是往钢中加入适量的锰。由于锰与硫的化学亲和力大于铁与硫的亲和力,所以在含锰的钢中,硫便与锰形成 MnS,避免了 FeS 的形成。MnS 的熔点为 1 600℃,高于热加工温度,并在高温下具有一定的塑性,故不会产生热脆。在一般工业用钢中,含锰质量分数常为含硫质量分数的 5～10 倍。

此外,含硫质量分数高时,还会使钢铸件在铸造应力作用下产生热裂纹。在焊接时产生的 SO_2 气体,还使焊缝产生气孔和缩松。

硫能提高钢的切削加工性能。在易切削钢中,含硫质量分数通常为 0.08%～0.2%,同时 $w(\mathrm{Mn})=0.50\%\sim1.20\%$。

3. 磷的影响

一般说来,磷是有害的杂质元素,它是由矿石和生铁等炼钢原料带入的。从 Fe－P 相图(图4.25)可以看出,无论是在高温,还是在低温,磷在铁中具有较大的溶解度,所以钢中的磷都固溶于铁中。磷具有很强的固溶强化作用,它使钢的强度、硬度显著提高,但剧烈地降低钢的韧性,尤其是低温韧性,称为冷脆,磷的有害影响主要就在于此。

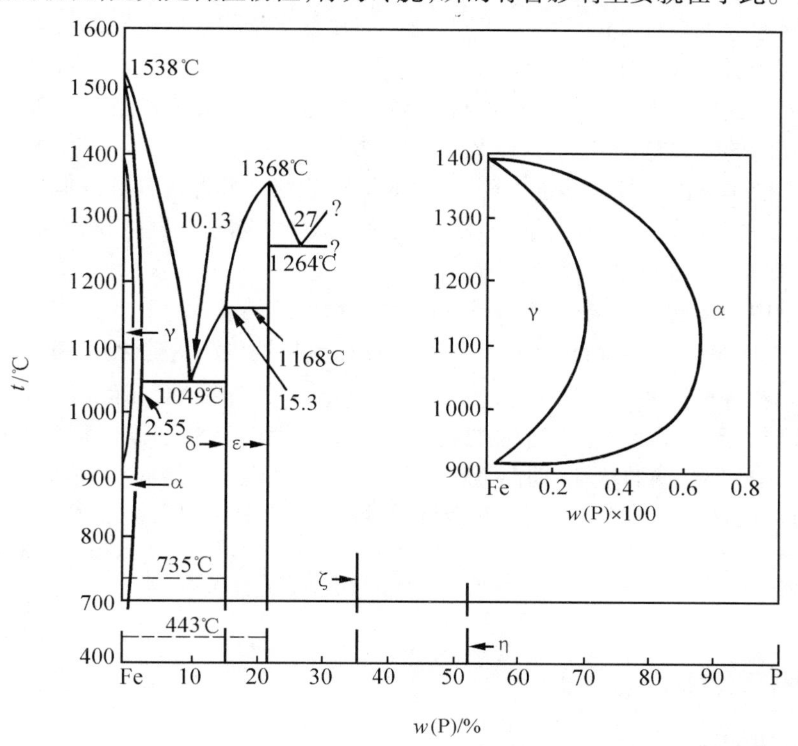

图4.25　Fe-P相图

此外,磷还具有严重的偏析倾向,并且它在γ-Fe和α-Fe中的扩散速度很小,很难用热处理的方法予以消除。

在一定条件下磷也具有一定的有益作用。例如,由于它降低铁素体的韧性,可以用来提高钢的切削加工性。它与铜共存时,可以显著提高钢的抗大气腐蚀能力。

4. 氮的影响

一般认为,钢中的氮是有害元素,但是氮作为钢中合金元素的应用,已日益受到重视。

氮的有害作用主要是通过淬火时效和应变时效造成的。氮在α-Fe中的溶解度在591℃时最大,$w_{(}N) \approx 0.1\%$。随着温度的降低,溶解度急剧下降,在室温时$w(N) > 0.001\%$。如果将含氮较高的钢从高温急速冷却下来(淬火)时,就会得到氮在α-Fe中的过饱和固溶体,将此钢材在室温下长期放置或稍加热时,氮就逐渐以氮化铁的形式从铁素体中析出,使钢的强度、硬度升高,塑性韧性下降,使钢材变脆,这种现象叫做淬火时效。

另外,含有氮的低碳钢材经冷塑性变形后,性能也将随着时间而变化,即强度、硬度升高,塑性、韧性明显下降,这种现象称为应变时效。不管是淬火时效,还是应变时效,对低碳钢材性能的影响都是十分有害的。解决的方法是往钢中加入足够数量的铝,铝能与氮结合成AlN,这样就可以减弱或完全消除这两种在较低温度下发生的时效现象。此外,AlN还阻碍加热时奥氏体晶粒的长大,从而起细化晶粒作用。

5. 氢的影响

钢中的氢是由锈蚀含水的炉料或从含有水蒸气的炉气中吸入的。此外,在含氢的还原性气氛中加热钢材、酸洗和电镀等,氢均可被钢件吸收,并通过扩散进入钢内。

氢对钢的危害是很大的。一是引起氢脆,即在低于钢材强度极限的应力作用下,经一定时间后,在无任何预兆的情况下突然断裂,往往造成灾难性的后果。钢的强度越高,对氢脆的敏感性往往越大。二是导致钢材内部产生大量细微裂纹缺陷——白点,在钢材纵断面上呈光滑的银白色的斑点,在酸洗后的横断面上则呈较多的发丝状裂纹,如图 4.26 所示。白点使钢材的延伸率显著下降,尤其是断面收缩率和冲击韧性降低得更多,有时可接近于零值。因此具有白点的钢是不能使用的。这些缺陷主要发生在合金钢中。

6. 氧及其它非金属夹杂物的影响

氧在钢中的溶解度非常小,几乎全部以氧化物夹杂的形式存在于钢中,如 FeO、Al_2O_3、SiO_2、MnO、CaO、MgO 等。除此之外,钢中往往存在硫化铁(FeS)、硫化锰(MnS)、硅酸盐、氮化物及磷化物等。这些非金属夹杂物破坏了钢的基体的连续性,在静载荷和动载荷的作用下,往往成为裂纹的起点。它们的性质、大小、数量及分布状态不同程度地影响着钢的各种性能,尤其是对钢的塑性、韧性、疲劳强度和抗腐蚀性能等危害很大。因此,对非金属夹杂物应严加控制。在要求高质量的钢材时,炼钢生产中应用真空技术、渣洗技术、惰性气体净化、电渣重溶等炉外精炼手段,可以卓有成效地减少钢中气体和非金属夹杂物。

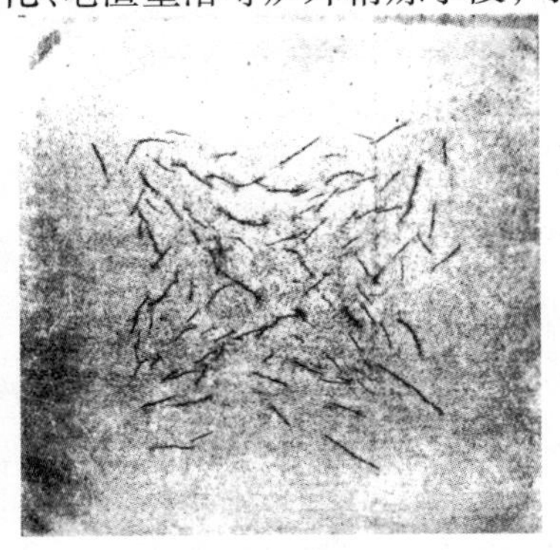

(a)横向低倍

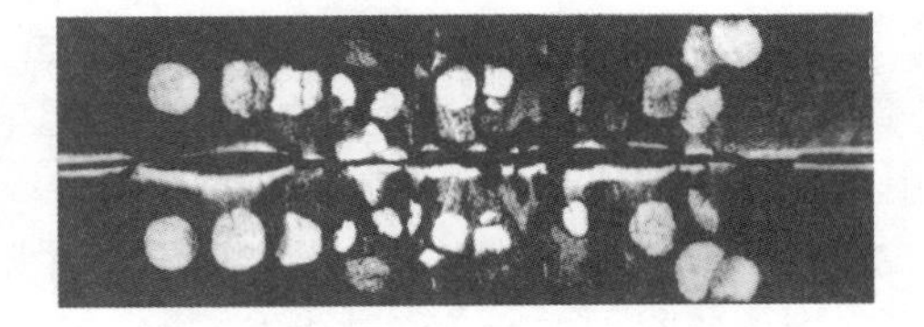

(b)纵向断口

图 4.26 钢中白点

4.5.2 钢锭的组织及其宏观缺陷

钢在冶炼后,除少数直接铸成铸件外,绝大部分都要先铸成钢锭,然后轧成各种钢材,如板、棒、管、带材等,用于制造工具和某些机器零件时需要进行热处理,但更多的情况是在热轧状态下直接使用。可见钢锭的宏观组织与缺陷,不但直接影响其热加工性能,而且对热变形后钢的性能有显著影响。因此,钢锭的宏观组织特征是钢的质量的重要标志之一。

根据钢中的含氧量和凝固时放出一氧化碳的程度,可将钢锭分为镇静钢、沸腾钢和半镇静钢三类。下面简单介绍镇静钢和沸腾钢两类钢锭的组织。

1. 镇静钢

钢液在浇注前用锰铁、硅铁和铝进行充分脱氧,使所含氧的质量分数不超过 0.01%

(一般常在 $w(\mathrm{O})=0.002\%\sim0.003\%$),以使钢液在凝固时不析出一氧化碳,得到成分比较均匀、组织比较致密的钢锭,这种钢叫做镇静钢。

镇静钢锭的宏观组织与纯金属铸锭基本相同,也是由表层细晶区、柱状晶区和中心等轴晶区所组成。所不同的是,在镇静钢锭的下部还有一个由等轴晶粒组成的致密的沉积锥体,这是镇静钢锭的组织特点。

图4.27为镇静钢锭结构的纵剖面示意图。由图可以看出,其外表的激冷层是由细小的等轴晶粒所组成,它的厚度与钢液的浇注温度有关,浇注温度越高,则激冷层越薄。激冷层的厚度通常为5～15 mm。

在激冷层形成的同时,型壁温度迅速升高,冷却速度变慢,固液界面上的过冷度大大减小,新晶核的形成变得困难,只有那些一次晶轴垂直于型壁的晶粒才能得以优先生长,这就形成了柱状晶区。尽管此时在液体中仍是正温度梯度,但对于钢来说,由于在固液界面前沿的液体中存在着成分过冷区,所以柱状晶以树枝晶方式生长。

随着柱状晶的向前生长,液相中的成分过冷区越来越大,当成分过冷区增大到液相能够非均匀形核时,便在剩余液相中形成许多新晶核,并沿各个方向均匀地生长而形成等轴晶,这样就阻碍了柱状晶的发展,形成了中心等轴晶区。

中心等轴晶区的凝固时间较长,这样,由于等轴晶体的密度较大(比钢液约大4%),它将往下沉,大量等轴晶的降落现象被称为“结晶雨”,降落到钢锭的底部,形成锥形体。锥形体晶粒间彼此挤压,将晶体周围被硫、磷、碳所富集的钢液挤出上浮,所以钢锭底部锥形体是由含硫、磷、碳等杂质少、含硅酸盐杂质多的(因密度大,下沉底部)等轴晶粒所组成。钢锭越粗,其底部的锥形体便越大。

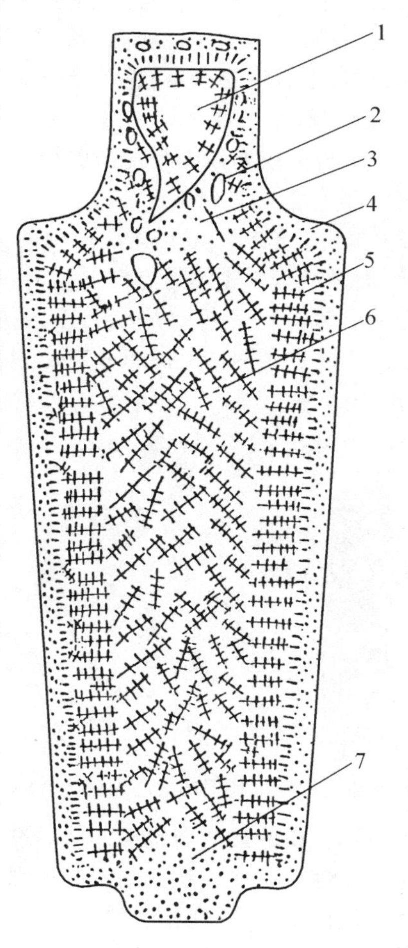

图4.27　镇静钢锭宏观组织示意图

1—缩孔;2—气泡;3—缩松;4—表层细晶粒区;5—柱状晶粒区;6—中心等轴晶粒区;7—下部锥体

从上述可知,镇静钢锭上部的硫磷等杂质较多,而下部的硅酸盐夹杂较多,中间部分的质量最好。一般钢锭的质量问题主要在上部,特大型钢锭(数10 t以上)的质量问题往往在下部。

镇静钢锭的缺陷主要是缩孔、缩松、偏析、气泡等,简要介绍如下:

(1) 缩孔及缩孔残余。和纯金属铸锭一样,钢液在凝固时要发生收缩,因此在凝固后的钢锭中就出现缩孔(图4.27)。缩孔处是钢锭最后凝固的地方,是偏析、夹杂物和缩松密集的区域。在开坯时,一定要将缩孔切除干净。如果切头时未被除净,遗留下的残余部分，称为缩孔残余。缩孔残余的存在，在热加工时会引起严重的内部破裂。

除了浇注工艺和锭模设计因素外，含碳质量分数对缩孔也有重要影响。随着含碳质量分数的增加，钢液的凝固温度范围增大，因此其凝固收缩量也增大。高碳钢的缩孔比低碳钢要严重得多，因此更要注意缩孔残余，浇注时最好使用体积较大的保温冒口。

(2) 缩松。缩松是钢不致密性的表现，多出现于钢锭的上部和中部。在横向切片上，缩松有的分布在整个截面，有的集中在中心。前者称为一般缩松，后者称为中心缩松。不同程度的缩松，对钢的塑性和韧性的影响程度也不同，一般情况下，经过压力加工可以得到改善，但若中心缩松严重，也要能由此使锻、轧件产生内部断裂。图 4.28 为钢锭的中心缩松。

形成缩松的主要原因与纯金属铸锭的相同，当钢中含有较多的气体和夹杂物时，会增加缩松的严重程度。

(3) 偏析。偏析一般是无法避免的，其中的枝晶偏析可经高温塑性变形和扩散退火后消除，而区域偏析主要是方框形偏析和点状偏析，将影响钢材的质量。

方框形偏析是一种最常见的正偏析，在经过酸浸的低倍组织切片上常可见到(图 4.29)，其特征是在钢材半径的一半处，大致呈正方形，出现内外两个色泽不同的区域。

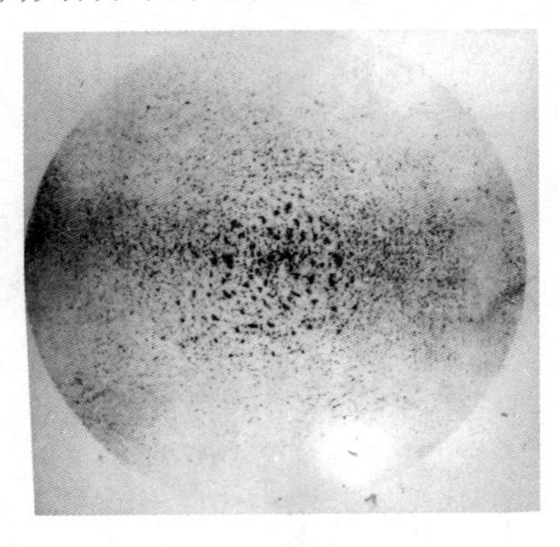

图 4.28 20 钢圆坯上的中心缩松 0.5×

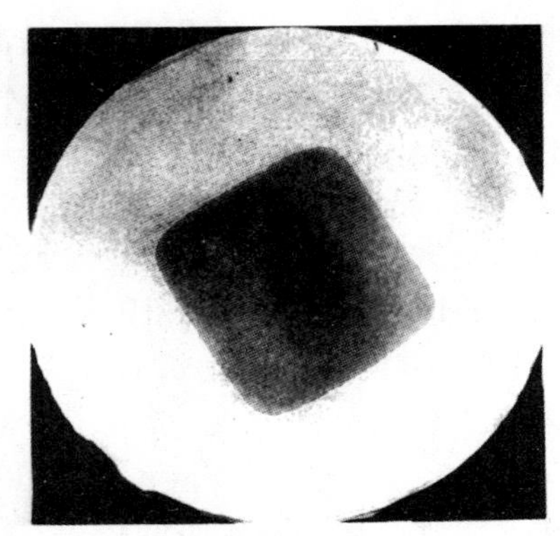

图 4.29 方框形偏析 0.5×

方框形偏析的形成与钢锭的结晶过程有关。钢锭表层的细晶粒区，固结晶速度快，基本上不产生偏析。在柱状晶的形成过程中，由于是选择结晶，把碳、硫、磷等杂质不同程度地推向钢液内部，结果在柱状晶与中心等轴晶区之间集聚了较多杂质，形成区域偏析。由于此处含碳质量分数高于先结晶表面细晶区的含碳质量分数，所以它属于正偏析。

在钢锭的纵剖面上，可以观察到三个明显的偏析带(图4.30)：∧形偏析带(或倒∨形偏析带)、∨形偏析带和底部锥形反偏析带。∧形偏析带在横截面上即为方框形偏析或点状偏析。∨形偏析带是由于保温冒口内钢液向下补缩而形成的，因为保温冒口内钢液杂质富集，所以向下补缩时形成漏斗形偏析。在钢锭的横截面上，∨形偏析表现为中心偏析。

钢锭底部的锥形反偏析带，含有粗大的硅酸盐夹杂。锥形体的高低和夹杂物的多少与钢的脱氧程度有关，钢液脱氧程度高时，钢锭内部的氧化物夹杂少，底部的锥形体也较低。相反，氧化夹杂多，则锥形体也较高。

严重的方框形偏析对钢材质量有显著影响：轧钢时易产生夹层，又会恶化钢的机械性能，如产生热脆和冷脆，使塑性指标降低，尤其是使横向性能下降。减轻或改善方框形偏析的方法，主要是提高钢液的纯静度，采用合理的浇注工艺，并在压力加工时采用较大的锻压比。

点状偏析是在钢锭的横截面上呈分散的、形状和大小不同并略为凹陷的暗色斑点(图4.31)。

化学分析表明，斑点中碳和硫的含量都超过正常含量，夹杂物的含量也较高，并有大量的氧化铝。通常认为，点状偏析的产生与夹杂物和气体有关。严重的点状偏析容易在斑点处产生应力集中，并导致早期疲劳断裂。

(4) 气泡(气孔)。镇静钢中的气泡分皮下气泡和内部气泡两种。皮下气泡指的是暴露于钢锭表面的、肉眼可见的孔眼和靠近表面的针状孔眼。皮下气泡多出现于钢锭尾部，时常成群出现。在加热时，钢锭表皮被烧掉后，气泡内壁即被氧化，无法通过压力加工将其焊合，结果在钢材表面出现成簇的沿轧制方向的小裂纹。因此，在轧制前必须将皮下气泡予以清除。内部气泡均产生在钢锭内部，在低倍试片上呈蜂窝状，内壁较光滑，未氧化，在热加工时可以焊合。

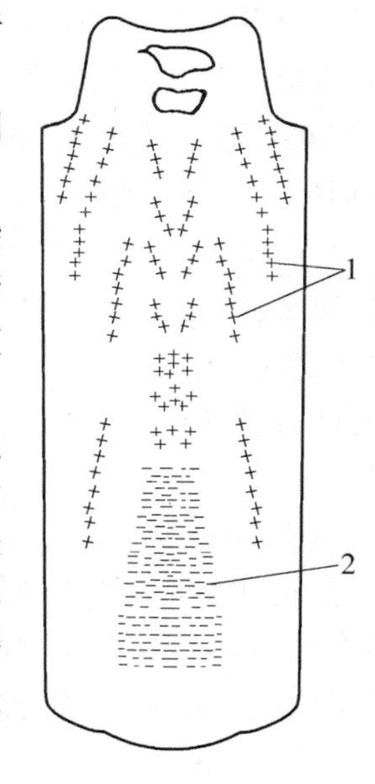

图4.30 镇静钢锭的偏析带
1—正偏析；2—反偏析

2. 沸腾钢

沸腾钢是脱氧不完全的钢。在冶炼末期仅进行轻度脱氧，使相当数量的氧($w(O)=0.03\% \sim 0.07\%$)留在钢液中。钢液注入锭模后，钢中的氧与碳发生反应，析出大量的一氧化碳气体，引起钢液的沸腾。钢液凝固后，未排出的气体在锭内形成气泡，补偿了凝固收缩，所以沸腾钢锭的头部没有集中缩孔，轧制时的切头率低(3% ~ 5%)，成材率高。

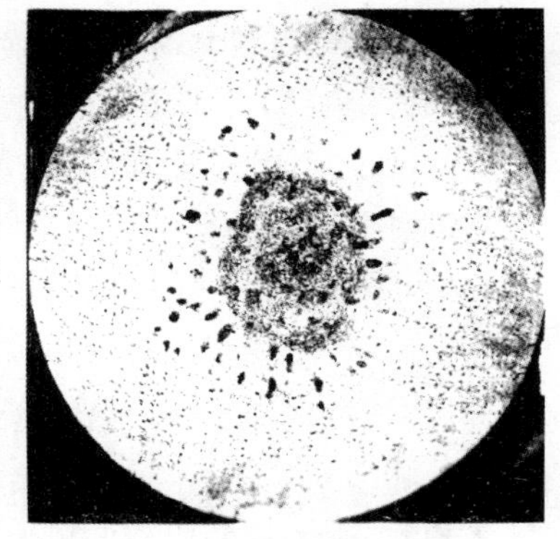

图4.31 点状偏析 0.5×

沸腾钢的结晶过程与镇静钢基本相同，但是由于钢液沸腾，使其宏观组织具有与镇静钢锭不同的特点。图4.32为沸腾钢锭纵剖面的宏观组织示意图。从表面至心部由五个带组成：坚壳带、蜂窝气泡带、中心坚固带、二次气泡带和锭心带。

(1) 坚壳带。坚壳带由致密细小的等轴晶粒所组成。由于受到模壁的激冷，模内因沸腾而强烈循环的钢液把附在晶粒之间的气泡带走，从而形成无气泡的坚壳带。通常要求坚壳带的厚度不小于15 ~ 20 mm。

(2) 蜂窝气泡带。蜂窝气泡带由分布在柱状晶带内的长形气泡所构成。在柱状晶生长过程中，由于选择结晶的结果，使碳氧富集于柱状晶粒间的钢液内，继续发生反应生成气泡；与此同时，钢液温度不断下降，钢中的气体如氢、氮等不断析出并向CO气泡内扩散。这样，随着柱状晶的成长，其中的气泡也逐渐长大，最后形成长形气泡。在一般情况下，蜂窝气泡带分布在钢锭下半部，这是因为钢锭上部的气流较大，业已形成的气泡被冲走之故。

(3) 中心坚固带。当浇注完毕，钢锭头部凝固封顶后，钢锭内部形成气泡需要克服的压力突然增大，碳氧反应受到抑制，气泡停止生成。这时，结晶过程仍继续进行，从而形成没有气泡的由柱状晶粒组成的中心坚固带。

(4) 二次气泡带。由于结晶过程中碳氧浓度不断积聚，以及晶粒的凝固收缩在柱状晶之间形成小孔隙，促使碳氧反应在此处重复发生，但生成的气泡已不能排出，按表面能最小原则呈圆形气泡留在钢锭内，形成二次气泡带。

(5) 锭心带。锭心带由粗大等轴晶所组成。在继续结晶过程中，碳氧浓度高的地方仍有碳氧反应发生，生成许多分散的小气泡，这时锭心温度下降，钢液粘度很大，气泡便留在锭心带，有的可能上浮到钢锭上部汇集成较大的气泡。

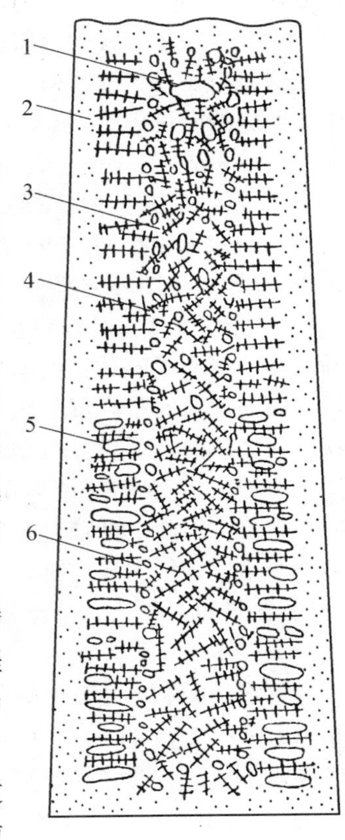

图 4.32 沸腾钢锭宏观组织示意图
1—头部大气泡；2—坚壳带；3—锭心带；4—中心坚固带；5—蜂窝气泡带；6—二次气泡带

沸腾钢的成分偏析较大，这是由于模内钢液过分沸腾造成的。一般从钢锭外缘到锭心和从下部到上部，偏析程度不断增大，因而钢锭的头、中、尾三段性能颇不一致，中段较好，头部硫化物较多，尾部氧化物较严重。

沸腾钢通常为低碳钢，含碳质量分数一般不超过0.27%，加之不用硅脱氧，钢中含硅量也很低。这些都使沸腾钢具有良好的塑性和焊接性能。它的成材率高，成本低，又由于表层有一定厚度的致密细晶带，轧成的钢板表面质量好，宜于轧制成薄钢板，在机器制造中的许多冷冲压件，如拖拉机油箱、汽车壳体等，常用08F一类沸腾钢板制造。

但是，沸腾钢的成分偏析大，组织不致密，机械性能不均匀，冲击韧性值较低，时效倾向较大，所以对机械性能要求较高的零件，需要采用镇静钢。

习 题

1. 何谓铁素体、奥氏体和渗碳体？它们的晶体结构如何？性能如何？

2. 画出 $Fe-FeC_3$ 相图，标注出图上的点、线和相区，说明有几个恒温反应，写出反应式；画出以组织组成物标注的铁碳相图。

3. 何谓莱氏体？何谓珠光体？画出两者显微组织示意图。计算莱氏体中共晶渗碳体的质量分数。

4. 何谓一次渗碳体、二次渗碳体和三次渗碳体？何谓共晶渗碳体和共析渗碳体？在显微镜下它们的形态有何特点？计算二次渗碳体和三次渗碳体的最大百分含量。

5. 有一亚共析钢平衡组织中含有 $w(P)=56\%$（$w(P)$—珠光体的质量分数），计算该钢的含碳质量分数。

6.根据 Fe－FeC_3 相图，试分析含碳质量分数①0.45%的碳钢、②1.2%的碳钢、③4.3%的共晶白口铁、④2.5%的亚共晶白口铁、⑤4.7%过共晶白口铁缓冷时组织转变，画出温度－时间冷却曲线及每一阶段的显微组织示意图，并计算组织组成物和相组成物的相对质量分数。

7.利用杠杆定律，计算下列各题：

(1) $w(C)=0.45\%$的碳钢平衡组织中先共析铁素体和珠光体的相对质量分数；

(2) $w(C)=1.2\%$的碳钢平衡组织中二次渗碳体和珠光体的相对质量分数；

(3) $w(C)=3.2\%$的亚共晶白口铁室温平衡组织中珠光体、二次渗碳体和莱氏体的相对质量分数，并按相组成物计算铁素体和渗碳体的相对质量分数。

8.求珠光体组织中铁素体相的相对质量分数是多少？若某铁碳合金组织中除有珠光体外，还有15%的二次渗碳体，试求该合金的含碳质量分数。

9.求莱氏体中共晶渗碳体的相对质量分数是多少？若某铁碳合金平衡组织中含有10%的一次渗碳体，试求该合金的含碳质量分数是多少？

10.从化学成分、晶体结构、形成条件及组织形态上分析一次渗碳体、二次渗碳体和三次渗碳体之间的异同点，并说明它们对铁碳合金性能的影响。

11.根据 Fe－C 合金平衡组织说明以下几种现象：

(1) 含碳 $w(C)=0.8\%$的钢比含碳 $w(C)=0.4\%$的亚共晶钢强度高、硬度高而塑性韧性差；

(2) $w(C)=1.2\%$的碳钢比 $w(C)=0.8\%$的碳钢硬度高，但强度低。

12.根据 Fe－C 合金组织与性能的关系，画出强度(σ_s)、硬度(HB)、塑性(δ、ψ)和韧性(a_k)与钢中含碳量的变化关系曲线，并解释之。

13.为什么绑扎物件一般用铁丝而起重机吊物却用高碳钢丝？

14.简要说明杂质元素 P、S、Mn、Si 在钢中对钢性能的影响。

15.什么是冷脆性？什么是热脆性？是怎样产生的？如何防止？

第 5 章

三元合金相图

在工业生产和科学研究中应用的金属材料大多数是三元或多元合金。在多元合金相图中，三元合金相图是最简单的，且较易测定的一种。掌握三元合金相图的基本规律，有助于研究三元合金的性能、组织结构与成分之间的关系以及三元合金从液态到固态的转变过程和固态相变过程的特点。

与二元合金相图相比，三元合金相图的类型多而复杂，至今比较完整的三元合金相图只测出了十几种。在生产中经常应用的是三元合金相图的等温截面、变温截面和投影图。本章主要介绍三元合金相图的表达方式和使用方法，分析几种基本类型的三元合金相图。

5.1 三元合金相图的表示方法

三元合金的成分有两个变量，任意两个组元的含量确定后，第三组元的含量便随之确定。因此，三元合金的成分可以由两个成分坐标轴确定，两个坐标轴构成一个平面。这样，再加上垂直于平面的温度坐标轴，即构成了三元合金系的三维空间立体图形。在三元合金相图中通常采用等边三角形表示合金成分，但有些情况下也可以利用直角三角形或等腰三角形表示成分。

5.1.1 成分三角形

图 5.1 为一等边三角形，三角形的三个顶点 A、B、C 分别代表三个组元，三角形的三条边 AB、BC、CA 分别代表三个二元系 A－B、B－C 和 C－A 的合金成分，三角形内任一点则代表一定成分的三元合金。例如，三角形内任一点 O 所代表的成分可通过下述方法求得：

设等边三角形的三条边 AB、BC、CA 按顺时针方向分别代表三组元 B、C、A 的含量，自 O 点引平行于三角形三边的三条线段 Oa、Ob、Oc，分别交 BC、CA、AB 于点 a、b、c。根据等边三角形的性质：由等边三角形内任一点作平行于三边的三条线段，三线段之和为一定值，且等于三角形的任一边长。因此可得

$$Oa + Ob + Oc = AB = BC = CA$$

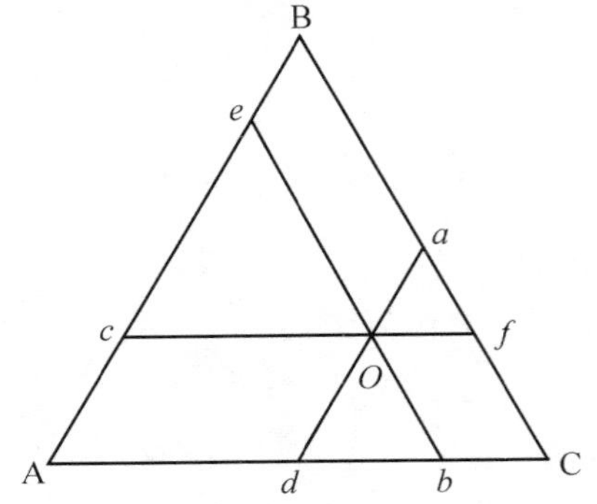

图 5.1　等边三角形的几何特性

如果将三角形的边长当作合金的总量，定为

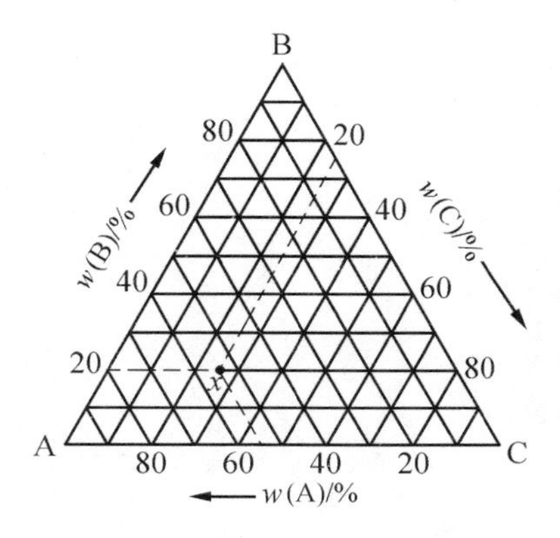

图 5.2　有网格的成分三角形

100%,则 Oa、Ob、Oc 三条线段则代表合金 O 中三组元 A、B、C 的含量。

另外由图可知,$Oa = Cb$、$Ob = Ac$、$Oc = Ba$。通常在三角形的边上标出刻度,一般均按顺时针方向标注组元的含量。这样就可以从三角形三条边的刻度上直接读出三组元的含量。为了便于使用,在成分三角形内常画出成分坐标的网格,如图 5.2 所示,这样就可以迅速读出成分三角形内任一点三元合金的成分。例如点 x 合金的成分为:$w(\mathrm{A}) = 55\%$、$w(\mathrm{B}) = 20\%$和 $w(\mathrm{C}) = 25\%$。

反之,若已知合金中三个组元的含量时,也可在成分三角形中求出相应的三元合金成分点的位置。

5.1.2　成分三角形中具有特定意义的直线

在成分三角形中有以下两种具有特定意义的直线:

1. 平行于三角形某一条边的直线

凡成分位于等边三角形某一边平行线上的三元合金,它们所含的与该线对应顶点所代表的组元的含量为一定值。如图 5.3 所示,$GQ /\!/ AC$,则 GQ 线上各点所代表的合金 B 组元的含量均相等,$w(\mathrm{B})\% = AG$。

2. 通过三角形顶点的直线

凡成分位于通过等边三角形某一顶点的直线上的三元合金,它们所含的由另外两个顶点所代表的两组元的含量之比为一定值,见图 5.3,在 BE 线上各点所代表的合金中,A 组元与 C 组元的含量之比为一常数,即

$$\frac{w(\mathrm{A})\%}{w(\mathrm{C})\%} = \frac{Ba_1}{Bc_1} = \frac{Ba_2}{Bc_2} = \frac{Ba}{Bc} = \frac{EC}{AE}$$

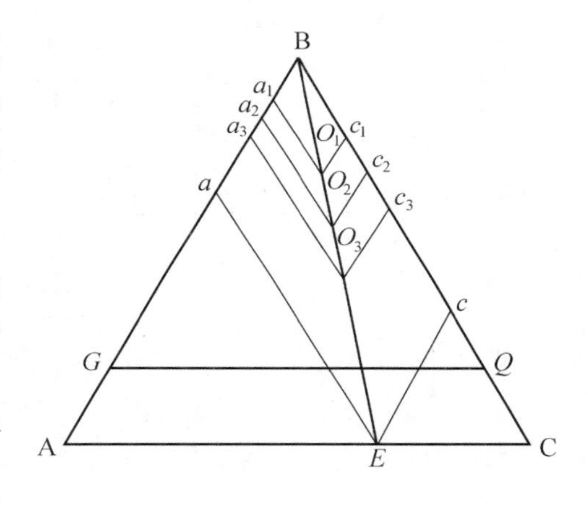

图 5.3　成分三角形中的特性线

5.2　三元系平衡相的定量法则

当三元系合金处于两相平衡或三相平衡时,各相的相对含量及其成分可用三元系中的直线法则、杠杆定律和重心法则来进行计算。

5.2.1　直线法则和杠杆定律

在一确定温度下,当某三元系合金处于两相平衡时,合金的成分点与两平衡相的成分点必定在同一直线上,且合金的成分点位于两平衡相的成分点之间。该规律称为直线法则。如图 5.4 所示,当合金 O 在某一温度处于 $\alpha + \beta$ 两相平衡时,这两个平衡相的成分点分别为 a 和 b,点 O 为合金的成分点,则 a、O、b 三点必定在一条直线上,且点 O 位于 a、

b 两点之间。两平衡相的质量之比为

$$\frac{w_\alpha}{w_\beta}=\frac{Ob}{Oa}$$

上式即为三元系合金相图的杠杆定律。

直线法则证明如下：

设合金 O 的质量为 $w(\mathrm{O})$，α 相的质量为 w_α，β 相的质量为 w_β，则

$$w(\mathrm{O})=w_\alpha+w_\beta$$

由于合金 O、α 相和 β 相中 A 组元的含量分别为 CO_1、Ca_1 和 Cb_1，B 组元的含量分别为 AO_2、Aa_2 和 Ab_2，而 α 和 β 相中 A 组元质量之和等于合金中 A 组元质量。即

$$w_\alpha\cdot Ca_1+w_\beta\cdot Cb_1=w_\mathrm{O}\cdot CO_1$$

$$w_\alpha\cdot Ca_1+w_\beta\cdot Cb_1=(w_\alpha+w_\beta)CO_1$$

$$w_\alpha(Ca_1-CO_1)=w_\beta(CO_1-Cb_1)$$

$$\frac{w_\alpha}{w_\beta}=\frac{CO_1-Cb_1}{Ca_1-CO_1}=\frac{O_1b_1}{a_1O_1}$$

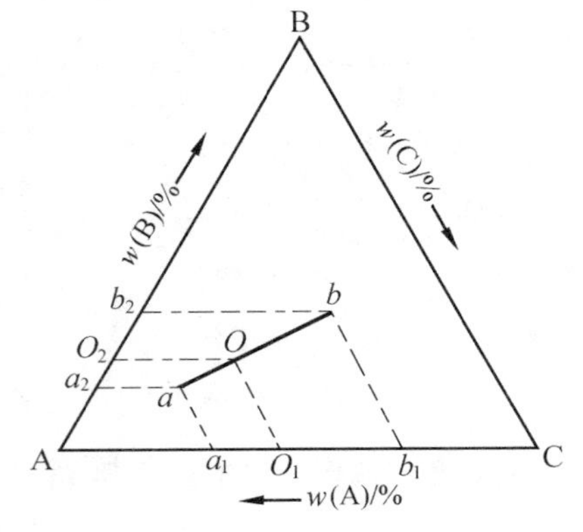

图 5.4　三元系中的直线法则和杠杆定律

同理可证

$$\frac{w_\alpha}{w_\beta}=\frac{O_2b_2}{a_2O_2}$$

因为在平衡状态下 w_α/w_β 只能有一定值，所以

$$\frac{O_1b_1}{a_1O_1}=\frac{O_2b_2}{a_2O_2}$$

因此，证明了 a、O、b 三点在一条直线上，而且有 $\frac{w_\alpha}{w_\beta}=\frac{Ob}{Oa}$ 的关系。

在三元系合金相图中直线法则和杠杆定律可应用于以下情况：

(1)当给定合金在一定温度下处于两相平衡状态时，若其中一相的成分给定，则根据直线法则，另一相的成分点必位于两已知成分点连线的延长线上。

(2)如果两个平衡相的成分点已知，则合金的成分点必然位于两平衡相成分点的连线上，根据两平衡相的成分，可用杠杆定律求出合金的成分。

5.2.2　重心法则

如图 5.5 所示，当成分为 N 的合金在某一温度下处于 α、β、γ 三相平衡时，若三个相的成分点分别为 D、E、F，则合金的成分点必定位于 D、E、F 三点所连成的△DEF 的重心(三相的质量重心)位置，而且合金的质量 w_N 与 α、β、γ 三相的质量 w_α、w_β、w_γ 之间存在如下关系

$$w_N\cdot Nd=w_\alpha\cdot Dd$$

$$w_N\cdot Ne=w_\beta\cdot Ee$$

$$w_N\cdot Nf=w_\gamma\cdot Ff$$

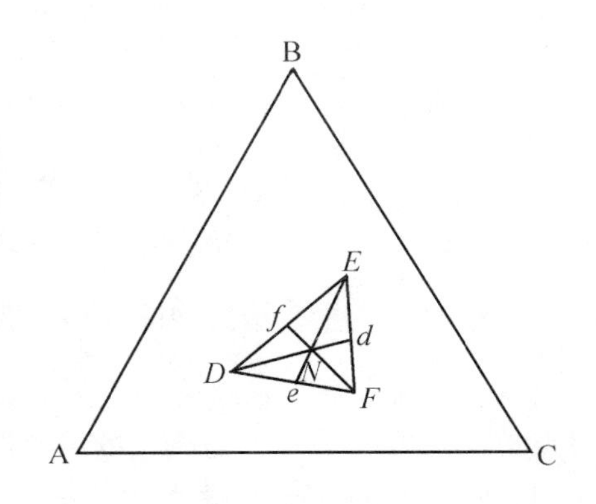

图 5.5　三元系中的重心法则

这就是三元合金相图的重心法则。

重心法则可证明如下：

假设β、γ两相混合为一体，根据直线法则，这个混合体的成分点 d 必定在 EF 直线上。又根据杠杆定律，$w_\beta \cdot Ed = w_\gamma \cdot Fd$，所以点 d 为 EF 的重心。此时，可视合金处于α相与β和γ相的混合体的平衡状态，根据直线法则，D、N、d 三点必在一条直线上，并且存在 $w_N \cdot Nd = w_\alpha \cdot Dd$ 关系，所以 N 为 Dd 的重心。

同理可以导出

$$w_N \cdot Ne = w_\beta \cdot Ee, N \text{ 为 } Ee \text{ 的重心}$$

$$w_N \cdot Nf = w_\gamma \cdot Ff, N \text{ 为 } Ff \text{ 的重心}$$

因此，N 为△DEF 的质量重心。

5.3　三元匀晶相图

5.3.1　相图的空间模型

三个组元在液态和固态均无限互溶形成的固溶体的相图称为三元匀晶相图。Fe－Cr－V、Au－Ag－Pb 等三元系都具有这样的相图。图5.6为三元匀晶相图的空间模型。图中底面△ABC 是成分三角形，由代表三个组元的三顶点引出三条垂线作为温度轴，即形成三棱柱体轮廓。t_A、t_B、t_C 分别为三个组元的熔点，三棱柱体的三个侧面是组元之间形成的三个二元匀晶相图，它们的液相线和固相线分别连接成三元合金相图的两个空间曲面：位于上方的向上凸起的曲面为液相面，位于下方的向下凹陷的曲面为固相面。显然，液相面以上的空间为液相区，记为L，固相面以下的空间为固相区，记为α，而两个曲面之间的空间则为液、固两相平衡的两相区，记为L＋α。

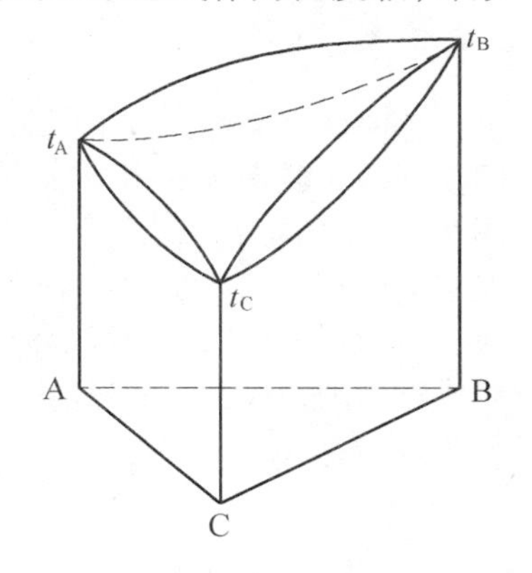

图5.6　三元匀晶相图

5.3.2　固溶体合金的结晶过程

在图5.7(a)所示的相图中，以成分点为O的合金为例分析合金的结晶过程。在液相面以上温度时，合金处于液态。当温度缓慢降至与液相面相交的温度 t_1 时，合金开始结晶，从液相中结晶出成分为 S_1 的α固溶体，这时液相的成分等于合金的成分。当温度缓慢降至 t_2 时，α相的数量不断增多，液相数量不断减少，同时固相的成分沿固相曲面由 S_1 变为 S_2，液相的成分沿着液相曲面由 l_1 变为 l_2。在冷却过程中各个温度下液、固两相均处于平衡状态。根据直线法则可知，两平衡相的成分点连线必定通过原合金的成分点，在 t_1 温度时，其连接线为 l_1S_1，在 t_2 温度时，其连接线为 l_2S_2，依次类推，在 t_3 温度时，其连接线为 l_3S_3，当冷至与固相面相交的温度 t_4 时，结晶终了，转变为单相固溶体，连接线为 l_4S_4，此时固相的成分即为合金的成分。可以想像，在结晶过程中，随着温度下降连接线以原合金成分垂线为轴旋转并平行下移，即液相的成分点沿着液相面上的空间曲线 $l_1l_2l_3l_4$ 变化，固相的成分点沿着固相面上的空间曲线 $S_1S_2S_3S_4$ 变化。$S_1S_2S_3S_4$ 及 $l_1l_2l_3l_4$ 两条空间曲线既不处于同一垂直平面上，也不处于同一水平平面上，它们在成分三角形上的投影呈蝴蝶状，所以称之为固溶体合金结晶过程的蝴蝶形规律。如图5.7(b)

所示。

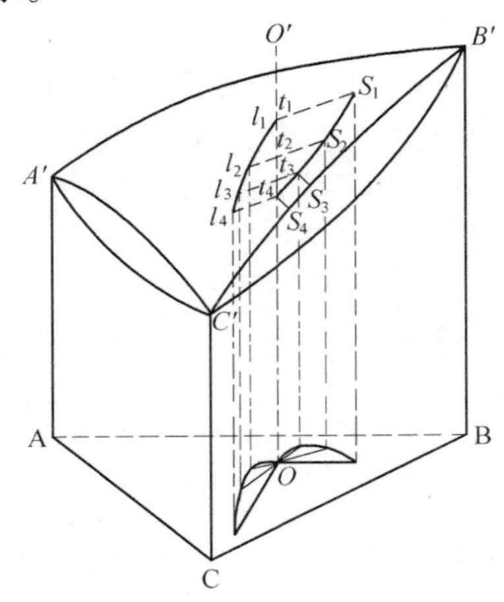

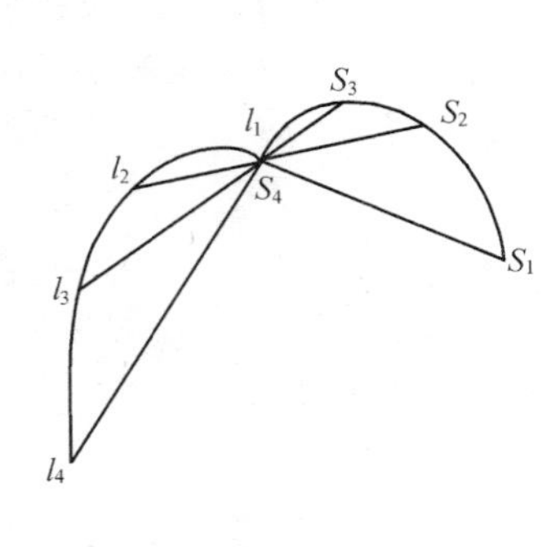

(a)液、固相成分变化　　(b)两相成分变化在成分三角形的投影

图 5.7　三元匀晶合金的结晶过程

应用立体的三元合金相图很不方便,难以确定合金的开始结晶温度和结晶终了温度,也不能确定在一定温度下两个平衡相的对应成分和相对含量等。为了便于使用和研究,通常采用三元合金相图的截面图和投影图。

5.3.3　等温截面(水平截面)

等温截面又称为水平截面。它相当于通过某一恒定温度所作的水平面与三元相图空间模型相交截得到的图形在成分三角形上的投影。图 5.8(b)表示图 5.8(a)所示三元相图在 t_1 温度的等温截面。t_1 温度低于 B 组元的熔点,高于 A 组元和 C 组元的熔点。t_1 温度水平面与液相面相截的交线为 L_1L_2,与固相面相截的交线为 S_1S_2。将这两条线投影到成分三角形上就得到了该等温截面。L_1L_2 为液相等温线或称为液相线,S_1S_2 为固相等温线或称为固相线,这两条线把三元匀晶相图的等温截面分成:液相区 ACL_2L_1,以 L 表示;固相区 BS_1S_2,以 α 表示;两相平衡区 $L_1L_2S_1S_2$,以 L + α 表示。

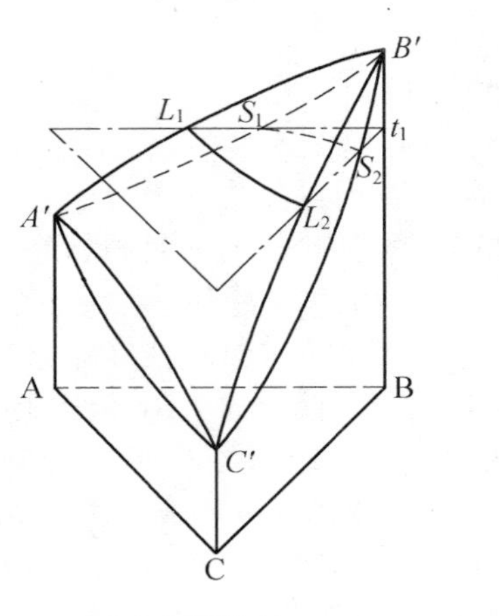

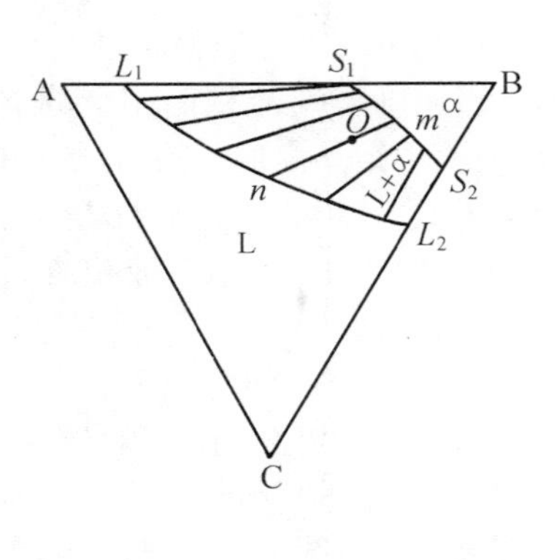

(a)空间模型　　(b)t_1 等温截面

图 5.8　三元匀晶相图的等温截面

必须指出，在实际测绘等温截面图时，不是先作空间图然后切割下来，而是通过实验方法直接测定的。

根据相律，三元合金两相平衡时系统的自由度为2（$f=c-p+1=3-2+1=2$），在等温截面的两相区内，温度一定还有一个自由度。这就是说，在三元合金相图的等温截面中，两个平衡相中只有一个平衡相的成分可以独立改变，另一个平衡相的成分必须随之改变。如果用实验方法测出一个平衡相的成分，通过直线法则就可以确定与之相应的另一个平衡相的成分。如用实验方法测定出固相的成分为 m，则根据直线法则，两平衡相成分点间的连接线必定通过合金的成分点，显然，mO 延长线与 L_1L_2 的交点 n 即为液相的成分点。图5.8(b)中的五条连接线都是用实验方法测得的。

连接线确定之后，就可以利用杠杆定律计算两平衡相的相对含量。如图5.8(b)中的合金O在 t_1 温度下固相 α 和液相 L 的相对含量分别为

$$w_\alpha=\frac{nO}{mn}\times100\%$$

$$w_\mathrm{L}=\frac{mO}{mn}\times100\%$$

通过分析不同温度的等温截面图，还可以了解合金状态随温度改变的情况。如图5.9所示，在 t_1 温度时，点 x 的合金已开始结晶并处于液固两相的平衡状态；温度降至 t_2 时，合金结晶尚未结束；当温度降至 t_3 时，合金结晶已经完毕，得到单相固液体 α。

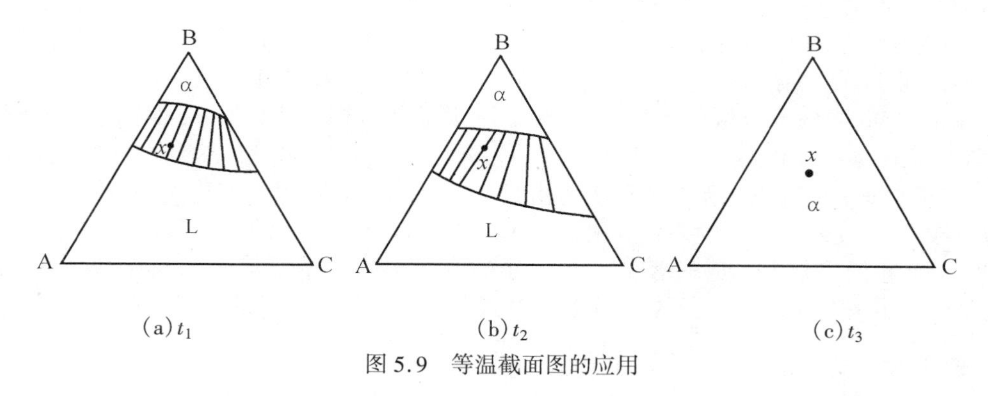

(a) t_1　　(b) t_2　　(c) t_3

图5.9　等温截面图的应用

5.3.4　变温截面(垂直截面)

变温截面又称垂直截面。它是由垂直于成分三角形的平面与三元相图空间模型相交截而得到的图形。通常利用变温截面可以研究合金结晶过程的组织转变情况。

变温截面的截取如图5.10所示。与底面垂直的面 FE 和 GB 与三元匀晶相图的空间模型相截，与液相面的交线分别为 L_1L_2 及 bL_3，为液相线，与固相面的交线分别为 a_1a_2 及 ba_3，为固相线。液相线与固相线把变温截面分成液相区 L、固相区 α 和液、固两相区 L+α。经常采用的变温截面有两种：一种是平行于成分三角形一边所作的变温截面，此时，位于截面上所有合金含某一组元的量是固定的，如图5.10(b)中的 FE 变温截面所有合金含C组元的量固定不变；另一种是通过成分三角形某一顶点所作的截面，这个截面上所有的合金中另两顶点所代表的组元之比值是一定的，如图5.10(c)中的 GB 变温截面中所有合金A组元与C组元比值是一定的。这样，变温截面上的合金成分就只剩下一个变量，可以用一个坐标轴来表示合金的成分。变温截面也是用实验方法测定出来的。

与二元合金相图相比，三元合金相图变温截面的液相线和固相线也表示合金结晶开

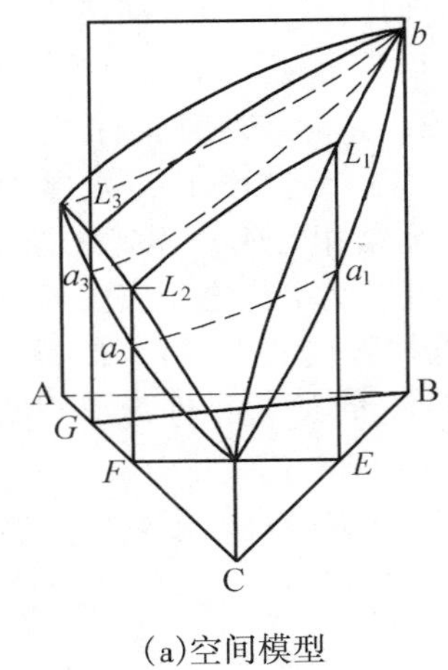

(a)空间模型

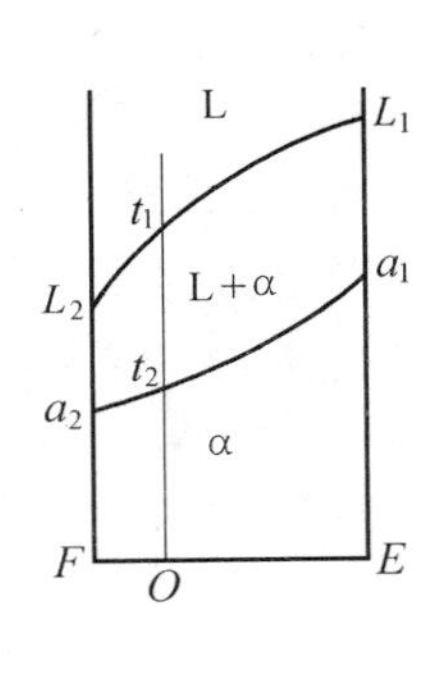

(b) *FE* 变温截面

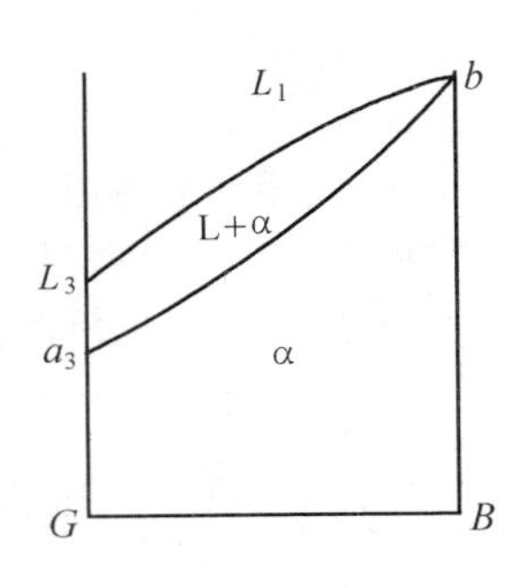

(c) *GB* 变温截面

图 5.10　三元匀晶相图的变温截面

始和结晶终了温度，但二者之间有本质的区别。在变温截面中液相线和固相线并不表示合金结晶过程中液固两相成分变化的轨迹，因为三元匀晶合金在结晶过程中其液、固两相成分点分别沿着液相曲面和固相曲面上的两条空间曲线变化，其轨迹不在同一平面内，所以变温截面中两相区不能用来确定两平衡相成分和相对质量，即不能利用直线法则和杠杆定律。

利用变温截面可以分析合金的结晶过程，确定相变温度，了解合金在不同温度下所处的状态。现以 O 合金为例，由点 O 作垂线，与液相线和固相线相交的温度分别为 t_1 和 t_2。由此可知，当合金 O 缓慢冷却至 t_1 温度时，开始从液相中结晶出 α 固溶体，温度继续下降，结晶出来的 α 相增多，当温度降至 t_2 时，液相完全凝固成 α 相，t_2 为结晶终了温度。

虽然变温截面与二元相图的形状很相似，在分析合金结晶过程时也大致相同，但是它们两者之间存在着本质上的差别。根据三元固溶体合金结晶时的蝴蝶形规律，在两相平衡时，平衡相的成分点不是都落在一个平面上。由此可知，变温截面上的液相线和固相线，不能表示平衡相的成分，不能根据这些线应用杠杆定律计算相的相对含量。

5.3.5　投影图

如将各温度等温截面图中一系列液相面和固相面的等温线投影到成分三角形上并标出相应的温度，即得到液相等温线和固相等温线的投影图。图 5.11(a)、(b)分别为不同

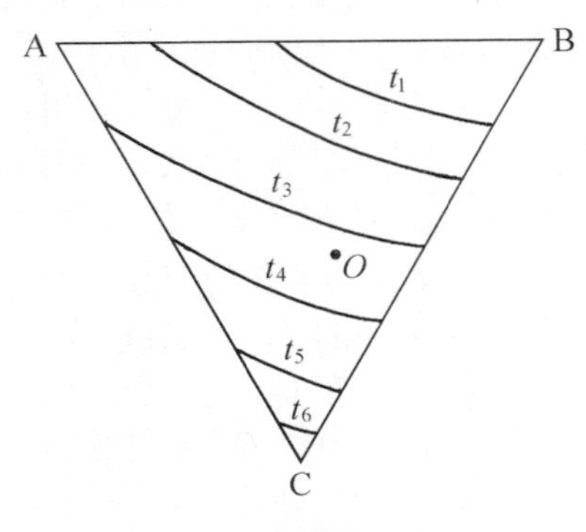

(a)液相线投影图

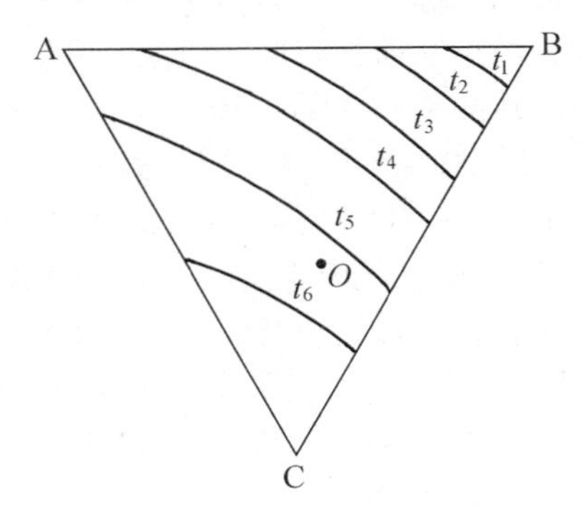

(b)固相线投影图

图 5.11　三元匀晶相图的投影图

温度等温截面的液相线投影图和固相线投影图。利用投影图可以比较方便地从温度变化角度研究合金的变化过程。例如由图5.11可以看出成分点为 O 的合金在高于 t_4、低于 t_3 的温度开始结晶，在高于 t_6、低于 t_5 的温度结晶终了。

5.4　组元在固态下完全不溶的三元共晶相图

5.4.1　相图的空间模型

合金的三个组元在液态能无限互溶，在固态下几乎完全互不溶解，并且其中任意两个组元之间发生共晶转变，这样的三个组元形成简单的三元共晶系，其空间模型如图5.12所示。t_A、t_B、t_C 分别为A、B、C三组元的熔点，并且 $t_A > t_B > t_C$。空间图的三个侧面是三个二元共晶相图，E_1、E_2、E_3 分别表示A－B、B－C和C－A的二元共晶点，并且 $t_{E_1} > t_{E_2} > t_{E_3}$。

图中的 $t_AE_1EE_3t_A$、$t_BE_1EE_2t_B$、$t_CE_2EE_3t_C$ 是三块液相面，合金冷至低于液相面的温度时，就开始分别结晶出A、B或C晶体。

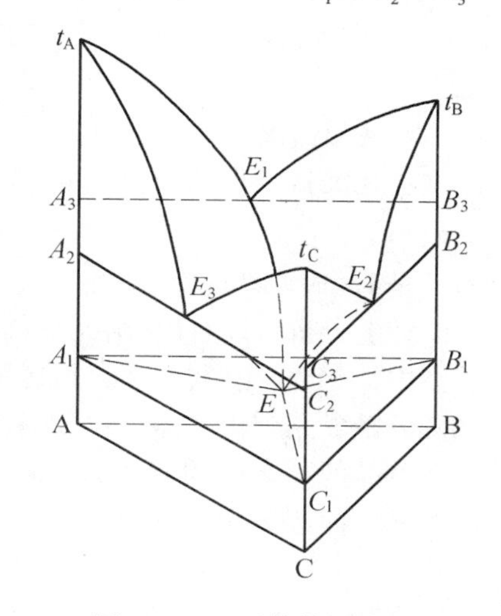

图5.12　三元共晶相图

三块液相面的交线 E_1E、E_2E、E_3E 为三条二元共晶线。由相律可知，在二元系中，处于三相平衡的共晶转变时自由度为零。而在三元系中，由于第三组元的加入，则其自由度为1。这就意味着二元共晶转变不再于恒温、恒成分下进行，而是在一定的温度范围内进行，各个平衡相的成分也随着温度的变化相应地改变。因此，三个二元共晶点 E_1、E_2 和 E_3 就变成了三条二元共晶线。在冷却过程中液相的成分达到这三条线时，则分别发生 L→A + B、L→B + C、L→C + A 的共晶转变。

图中的点 E 是 E_1E、E_2E、E_3E 三条二元共晶线的交点，称为三元共晶点，它表示点 E 成分的液相冷却至 t_E 温度时发生三元共晶转变，形成三元共晶体，即

$$L_E \xrightleftharpoons{t_E} A + B + C$$

三元共晶转变是四相平衡转变，发生三元共晶转变时自由度等于零（$f = 3 - 4 + 1 = 0$），这说明，转变是在恒温下进行，且液相和析出的三个固相的成分均保持不变。通过点 E 平行于成分三角形的平面——$\triangle A_1B_1C_1$，称为三元共晶面，它是该相图的固相面。

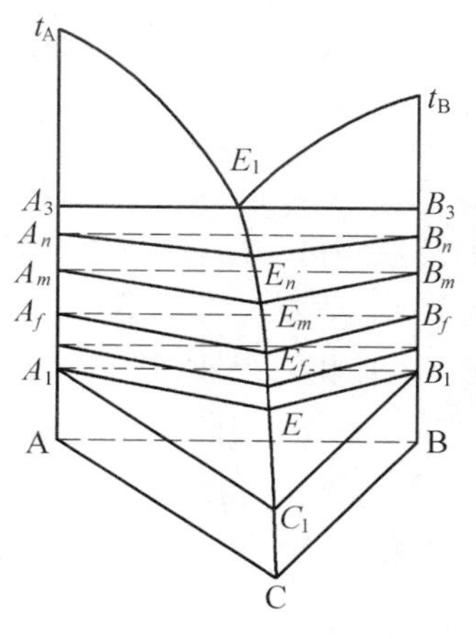

图5.13　三元系中的二元共晶曲面

图5.12中在液相面以下、固相面以上还有六个二元共晶空间曲面：$A_1A_3E_1EA_1$、$B_1B_3E_1EB_1$、$A_1A_3E_3EA_1$、$C_1C_3E_3EC_1$、$C_1C_3E_2EC_1$、$B_1B_3E_2EB_1$。这里仅以二元共晶面 $A_1A_3E_1EA_1$ 和 $B_1B_3E_1EB_1$ 为例进行讨论，如图5.13所示。已知二元系A－B的共晶线为 $A_3E_1B_3$，任何成分

的 A、B 二元合金当冷却至共晶温度 t_{E_1} 时都将发生二元共晶转变，其自由度为零。此时，三个平衡相的成分和温度都固定不变，液相的成分为 E_1，所析出的两个固相 A、B 的成分分别为 A_3 和 B_3，温度为 t_{E_1}。由于第三组元 C 的加入，自由度变为1($f=3-3+1=1$)，这表明，三个平衡相的成分是依赖温度而变化的，其中液相的成分沿二元共晶线 E_1E 变化，固相的成分分别沿 A_3A_1 和 B_3B_1 变化。这三条线代表三个平衡相的成分随温度变化的规律，称作单变量线。当温度确定后，自由度变为零，三个相的成分也随之确定下来，三个平衡相的成分点之间即构成了一个等温三角形，又称连接三角形。根据重心法则，只有成分位于此等温三角形之内的合金才会有此三相平衡。例如温度为 t_n 时，三个平衡相 L、A、B 的成分分别为 E_n、A_n 和 B_n，这三个点组成的三角形$\triangle E_nA_nB_n$ 即为连接三角形。因为三相平衡时，其中任意两相之间也必然平衡，因此，三角形的三个边 E_nA_n、A_nB_n、B_nE_n 分别是 L－A、A－B 和 B－L 两相平衡的连接线。由此可见，二元共晶曲面 $A_1A_3E_1EA_1$、$B_1B_3E_1EB_1$ 及相图的侧面 $A_1A_3B_3B_1A_1$ 实际上是三组两相平衡连接线在 $t_{E_1} \sim t_E$ 之间变化的轨迹，它们围成三相区，三元系的三相区是以三条单变量线作为棱边的空间三棱柱体。

在液相面以下，各二元共晶曲面以上的空间为两相区，共有三个两相区：L＋A、L＋B、L＋C。两相区的形状如图 5.14 所示，图中两平面 $t_AE_3A_2$ 和 $t_AE_1A_3$ 为相图的部分侧面，$t_AE_1EE_3t_A$ 为液相面，$A_1A_2E_3EA_1$ 和 $A_1A_3E_1EA_1$ 为二元共晶曲面，这五个面所包围的空间就是 L＋A 两相区。

综上分析可以看出，组元在固态完全互不溶解的三元共晶相图中，三个液相面、六个二元共晶曲面和一个三元共晶平面把相图分割成九个相区：液相面以上的区域为液相区 L；液相面和二元共晶曲面之间的空间为 L＋A、L＋B、L＋C 三个两相区；二元共晶曲面和三元共晶水平面之间的空间是 L＋A＋B、L＋B＋C、L＋C＋A 三个三相区；三元共晶面以下的空间是 A＋B＋C 三相区；包含点 E 的三元共晶面是 L 与 A、B、C 三个固相共存的四相区。三条二元共晶线 E_1E、E_2E、E_3E 既是液相面的交线，也是二元共晶面的交线，同时又是液相面与二元共晶面的交线。

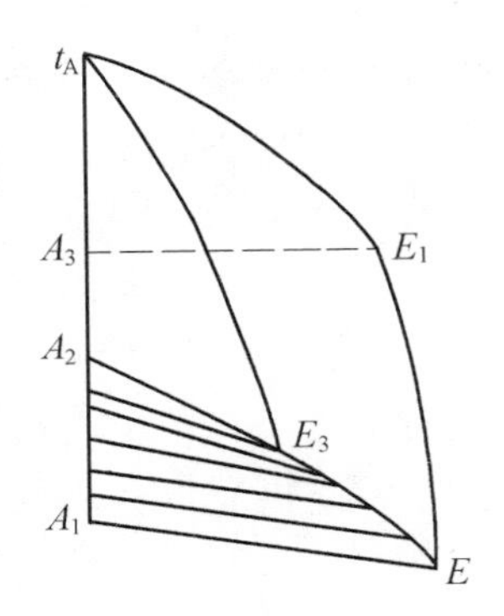

图 5.14 L＋A 两相区

5.4.2 等温截面

图 5.15 是由相图空间模型上截取的不同温度等温截面图。

图 5.15(a)为该三元系在 t_1 温度时的等温截面，$t_B > t_1 > t_C$。图中的两条曲线是等温截面与两个液相面的交线。等温截面共有三个相区：一个是液相区 L，其余两个分别是 L＋A 和 L＋B 两相区。当温度 $t_2 = t_{E_1}$ 时，等温截面如图 5.15(b)所示。由于 t_{E_1} 低于 t_C，但高于 t_{E_2}，所以等温截面图上出现三个两相区 L＋A、L＋B、L＋C 和一个液相区 L。L＋A 和 L＋B 的两条液相线交于点 E_1。如果温度 $t_3 = t_{E_2}$ 时，由于 $t_{E_2} < t_{E_1}$，因此水平截面与二元共晶线 E_1E 相交，如图 5.15(c)所示。该图有一个单相区 L，三个两相区 L＋A、L＋B、L＋C和一个三相区 L＋A＋B。图 5.15(d)为 t_{E_3} 温度时的等温截面，由于 $t_{E_3} < t_{E_2} < t_{E_1}$，所以截面分别于 E_1E、E_2E 两条二元共晶线相交，出现了两个三相区 L＋A＋B、L＋B＋C。图 5.15(e)为 t_5 温度时的等温截面，由于 $t_{E_3} > t_5 > t_E$，所以在截面图上出现了三个三相

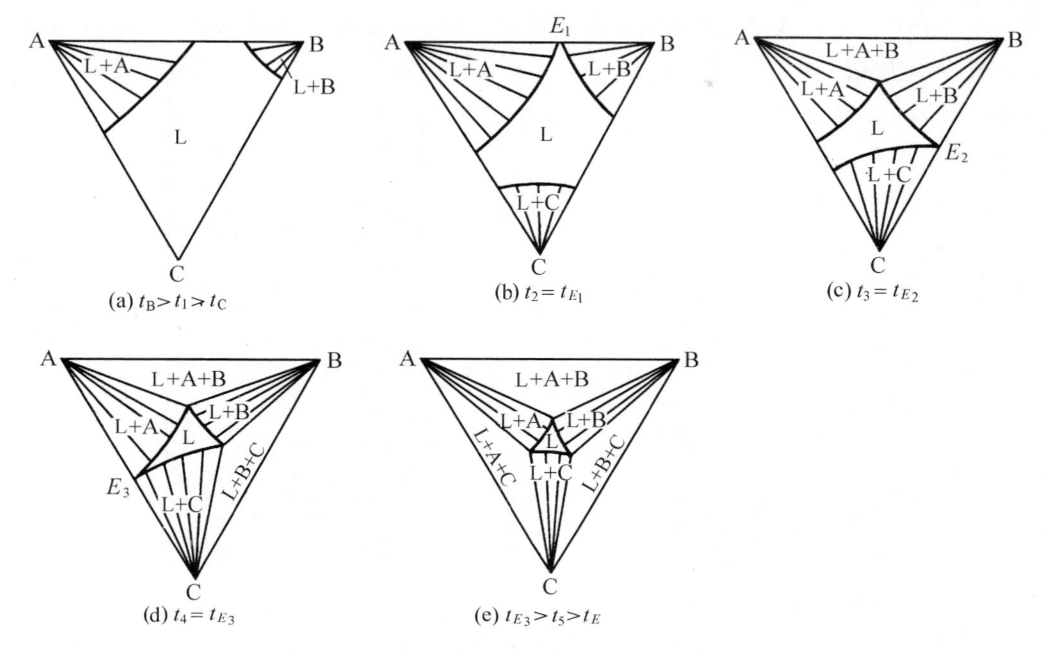

图 5.15　三元共晶相图的等温截面

区:L + A + B、L + B + C、L + C + A;三个两相区:L + A、L + B、L + C 和一个单相区 L。

通过对以上五个等温截面的分析可以看出,等温截面上的三相区都是直边三角形,三角形的三个顶点与三个单相区相接,分别表示该温度下三个平衡相的成分,三角形的边是三相区与两相区的边界线,同时它也是两相区中的一条连接线。单相区与两相区的交线均为曲线。与三元相图的空间模型相对照可以看出,三角形的三个直边实际上是水平截面与三棱柱体侧面的交线,三个顶点是水平截面与三棱柱体棱边(单变量线)的交点。

利用等温截面可以确定合金在该温度下所存在的平衡相,并可运用直线法则、杠杆定律和重心法则确定合金中各相的成分和相对含量。

5.4.3　变温截面

图 5.16(a)表示平行于 *AB* 边的 *cd* 垂直平面与空间模型中各种面的交线,*cd* 垂直平面在成分三角形中的位置示于图 5.16(b),从而得到了 *cd* 的变温截面。从图中可以看出,c_3e_1、d_3e_1 是垂直平面与液相面的交线;c_2p_1、p_1e_1、e_1g_1、g_1d_2 是垂直平面与四个二元共晶曲面的交线;c_1d_1 是垂直平面与三元共晶面的交线。

可利用变温截面分析合金的结晶过程,例如合金 O 在 t_1 温度以上为液相,冷却到 t_1 温度,开始由液相中析出初晶 A,在 $t_1 \sim t_2$ 之间是 L + A 两个相。到 t_2 温度合金中开始发生 L→A + C 二元共晶转变,从液相中析出二元共晶组织(A + C),直到 t_3 温度。在 t_3 温度发生 L→A + B + C 三元共晶转变,得到三元共晶组织,这一转变直到液相全部消失为止。因此合金 O 冷却到室温时,其组织为:初晶 A + 二元共晶(A + C) + 三元共晶(A + B + C)。

平行于 *AB* 边(图 5.16(b))的 *hj*、*mn*、*st* 三个变温截面如图 5.17 所示。

图 5.18 是通过成分三角形顶点 *A* 的 *Ab* 变温截面。图中:t_Ag_1、g_1b_3 是垂直截面与液相面的交线;A_2g_1、g_1r_1、r_1b_2 是垂直截面分别与三个二元共晶面的交线,A_1b_1 是垂直截面与三元共晶面的交线。由于三元共晶面平行于成分三角形,所以它是一条水平线。应

当指出，图中的 A_2g_1 水平线并不表示等温转变，只说明 Ag 线段上的合金均在 A_2g_1 温度开始发生二元共晶转变。

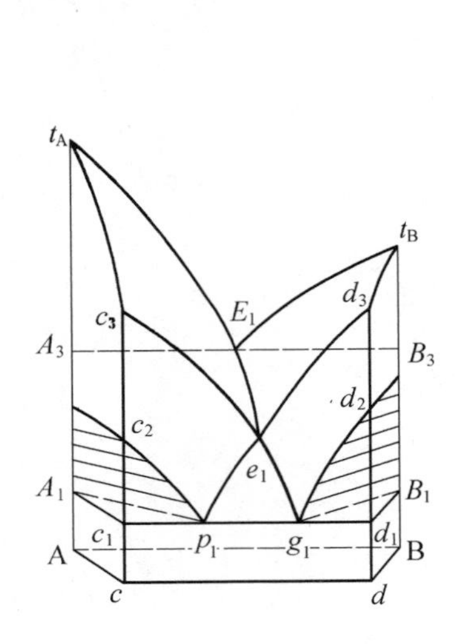

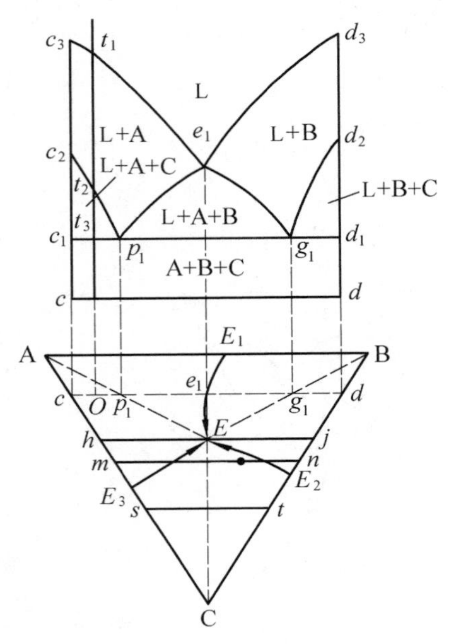

(a)空间模型　　　　　　(b)变温截面

图 5.16　平行于 AB 边的 cd 变温截面

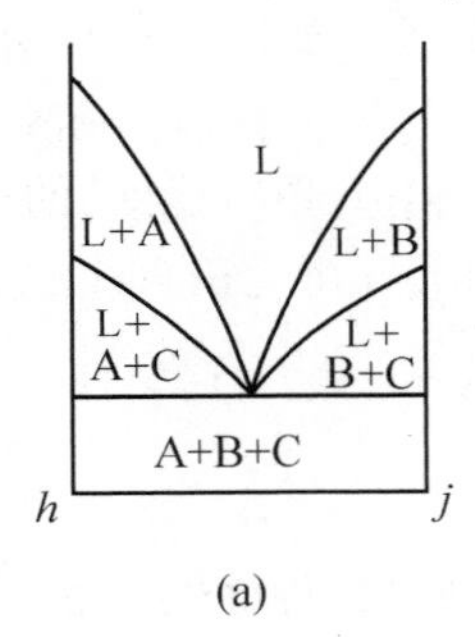

(a)

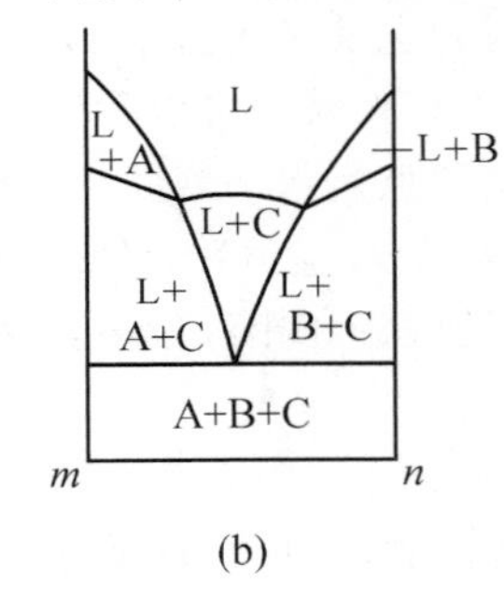

(b)

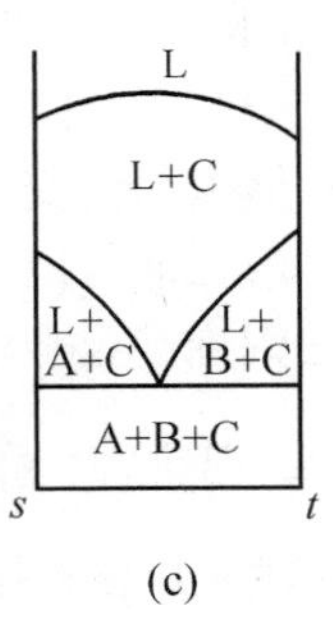

(c)

图 5.17　平行于 AB 边的几个变温截面

图 5.19 为通过 A、E 两点的 Ah（图 5.18）的变温截面。图 5.20 为通过顶点 B 的 Bs（图 5.18）的变温截面。

5.4.4　投影图

为了简化和便于研究，可将空间模型中各类区、面、线投影到成分三角形上，构成了平面投影图。投影图是把空间相图的所有相区间的交线都投影到成分三角形中，好像把相图在垂直方向压成一个平面。图 5.21 为三组元在固态下完全不溶的共晶相图的投影图。图中 E_1E、E_2E、E_3E 是三条二元共晶线的投影，AE、BE、CE 三条虚线是二元共晶曲面与三元共晶面的交线。此外，AE_1EE_3A、BE_1EE_2B、CE_2EE_3C 分别是三个液相面的投影。AEE_1、BEE_1、BEE_2、CEE_2、CEE_3、AEE_3 则分别为六个二元共晶曲面的投影。$\triangle ABC$ 为三元共晶面的投影。点 E 是三元共晶点的投影。借助于对相图空间结构的了解,根据此投影图可以分析合金在冷却和加热过程中的相变。

5.4.5　合金的结晶过程及组织

利用投影图可以分析合金的结晶过程和组织,并能确定平衡相的组成和含量。现以图5.21中点 O 成分的合金为例结合图5.16进行讨论。

合金O自液态冷却至液相面时(相当于 t_1 温度),开始结晶出初晶A。随着温度不断降低,A晶体的数量不断增加,液相的数量不断减少,由于A晶体的成分固定不变,根据直线法则,液相的成分由点 O 沿 AO 的延长线逐渐变化。当液相的成分变化到与 E_1E 线相交的点 m(相当于 t_2 温度)时,开始发生二元共晶转变:L→A + B。随着温度的继续降低,二元共晶体(A + B)逐渐增多,同时液相的成分沿着 E_1E 二元共晶线变化。当液相的成分变化至点 E(相当于 t_3 温度)时,发生四相平衡三元共晶转变:L→A + B + C,直至液相全部消失为止。随后温度继续降低,组织不再发生变化。图5.22为合金O结晶过程的冷却曲线。

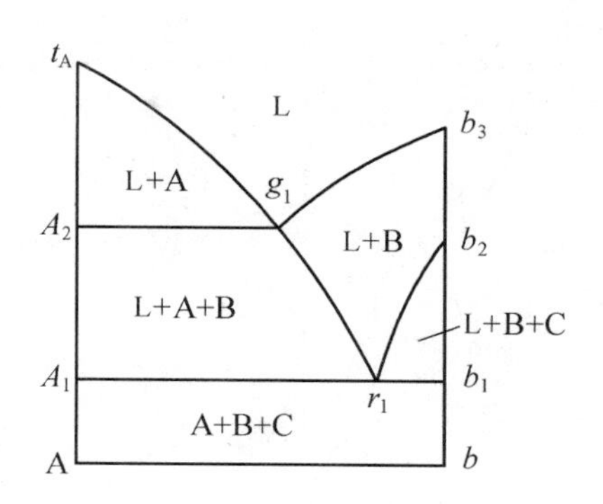

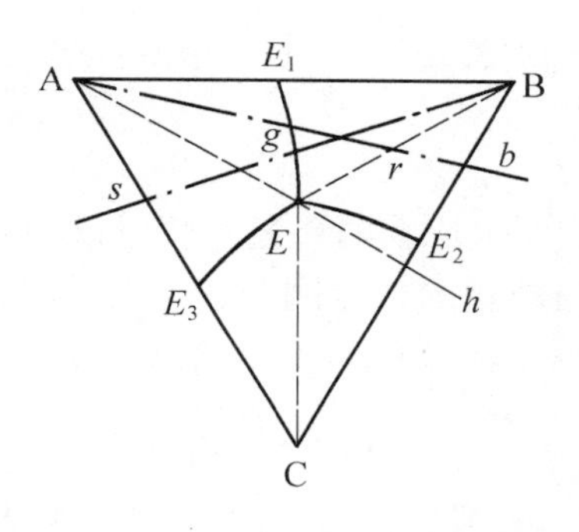

图5.18　通过顶点 A 的 Ab 变温截面

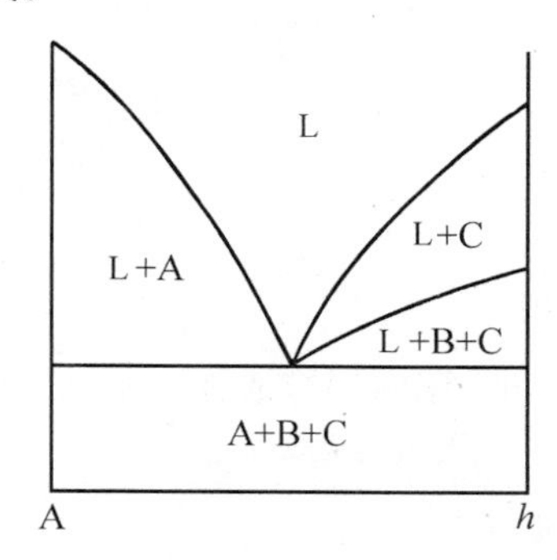

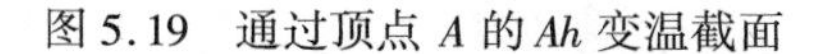

图5.19　通过顶点 A 的 Ah 变温截面

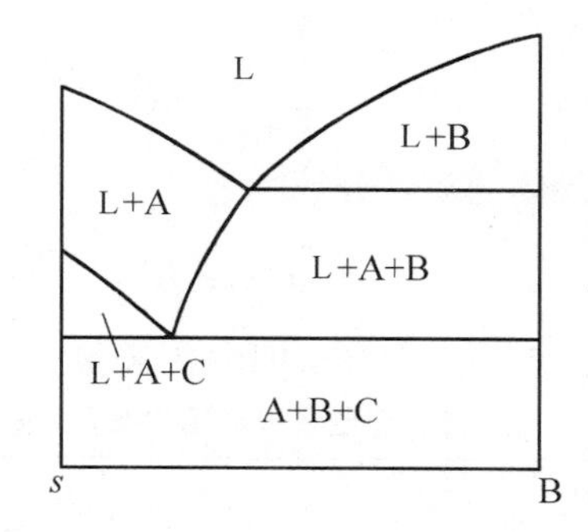

图5.20　通过顶点 B 的 sB 变温截面

室温下合金O的平衡组织为初晶A + 二元共晶(A + B) + 三元共晶(A + B + C),图5.23为该合金室温下组织的示意图。

合金O在三元共晶转变结束后进入A + B + C三相区,这三个相的质量分数可分别用重心法则求出

$$w(\mathrm{A}) = \frac{Oa_1}{Aa_1} \times 100\%$$

$$w(\mathrm{B}) = \frac{Ob_1}{Bb_1} \times 100\%$$

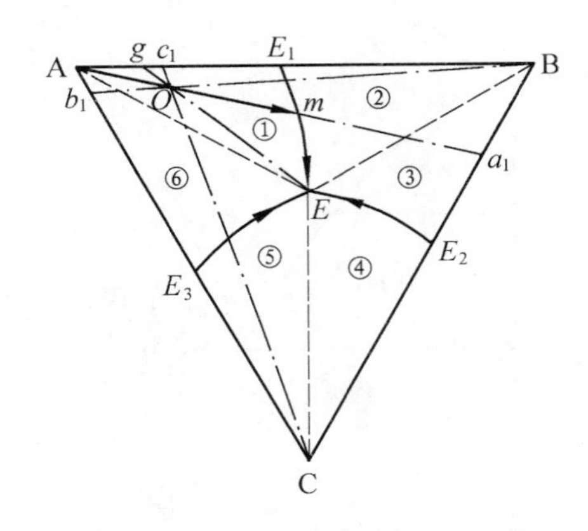

图 5.21　三元共晶相图的投影图

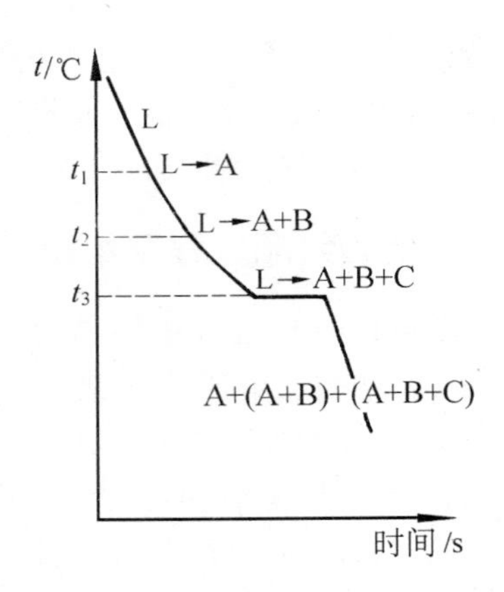

图 5.22　合金 O 的冷却曲线

$$w(\mathrm{A})=\frac{Oc_1}{Cc_1}\times 100\%$$

合金组织组成物的质量分数，可以利用杠杆定律求出。当液相的成分刚到达二元共晶线 E_1E 上的 m 点时，初晶 A 的质量分数为

$$w(\mathrm{A})=\frac{Om}{Am}\times 100\%$$

当液相的成分到达点 E 刚要发生三元共晶转变时，剩余的液相可以利用杠杆定律求出，然而这部分液相随即发生三元共晶转变，形成三元共晶组织。因此这部分液相的质量分数也就是三元共晶体(A + B + C)的质量分数，即

$$w\ (\mathrm{A+B+C})=\frac{Og}{Eg}\times 100\%$$

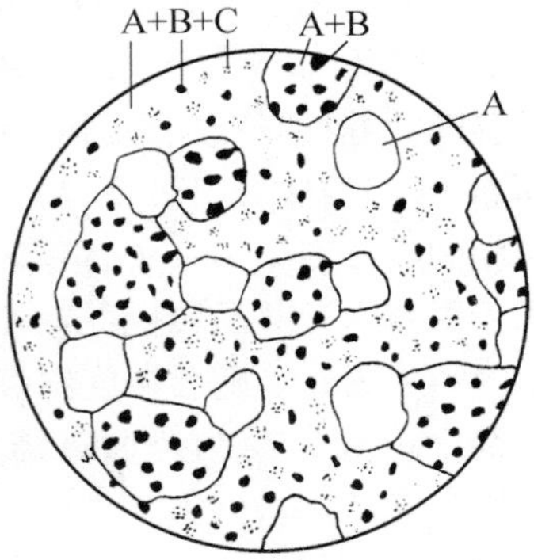

图 5.23　合金 O 在室温下的组织示意图

二元共晶体的质量分数则为

$$w(\mathrm{A+B})=(1-\frac{Om}{Am}-\frac{Og}{Eg})\times 100\%$$

表 5.1 列出合金在投影图中各区、线、点处的结晶顺序和室温组织组成物。

表 5.1　合金在投影图中各区、线、点处的结晶顺序和室温组织组成物

区　域	结晶顺序和室温下的组织
1	初晶 A + 二元共晶(A + B) + 三元共晶(A + B + C)
2	初晶 B + 二元共晶(A + B) + 三元共晶(A + B + C)
3	初晶 B + 二元共晶(B + C) + 三元共晶(A + B + C)
4	初晶 C + 二元共晶(B + C) + 三元共晶(A + B + C)
5	初晶 C + 二元共晶(C + A) + 三元共晶(A + B + C)
6	初晶 A + 二元共晶(C + A) + 三元共晶(A + B + C)
AE 线	初晶 A + 三元共晶(A + B + C)
BE 线	初晶 B + 三元共晶(A + B + C)
CE 线	初晶 C + 三元共晶(A + B + C)
E_1E 线	二元共晶(A + B) + 三元共晶(A + B + C)
E_2E 线	二元共晶(B + C) + 三元共晶(A + B + C)
E_3E 线	二元共晶(C + A) + 三元共晶(A + B + C)
E 点	三元共晶(A + B + C)

5.5　三元合金相图实例分析

5.5.1　Fe-C-Si 三元系的变温截面

工业上广泛应用的灰口铸铁，主要是在铁碳合金的基础上加入石墨化元素 Si 所组成，Fe-C-Si 三元系的变温截面是对灰口铸铁进行组织分析和制定热加工工艺的重要依据。图 5.24 为 Si2.4% 的 Fe-Cr-Si 三元相图的变温截面，在成分三角形中它是平行于 Fe-C 边的。

在这个截面中有四个单相区：液相 L、铁素体 α、高温铁素体 δ 和奥氏体 γ；此外还有七个两相区：L+δ、δ+γ、L+γ、L+C、γ+C、α+γ、α+C；三个三相区：δ+γ+L、L+γ+C、α+γ+C。相邻相区的相数相差为 1。

图中左上部的 δ+γ+L 三相区，呈曲边三角形。这个三角形上方一条边与 δ+L 两相区相邻，三个顶点与三个单相区相接，其中三角形下方的顶点与单相区 γ 相接。转变是由一个液相和一个固相转变为另一个固相，说明合金冷却时在该区将发生 L+δ→γ 二元包晶转变，它与二元合金的包晶转变不同，它不是在恒温进行的，而是在一个温度区间进行的。

图中右上部的 L+γ+C 三相区，其上方顶点与液相 L 相接，其下方一条边与两相区 γ+C 相邻，转变是由一个液相过渡到两个固相，说明合金冷却时在该区将发生 L→γ+C 二元共晶转变。这种转变也是在一个温度区间进行的。

在图中下部 α+γ+C 三相区的温度范围内，用同样的方法可以判断，合金冷却时将发生 γ→α+C 二元共析转变。

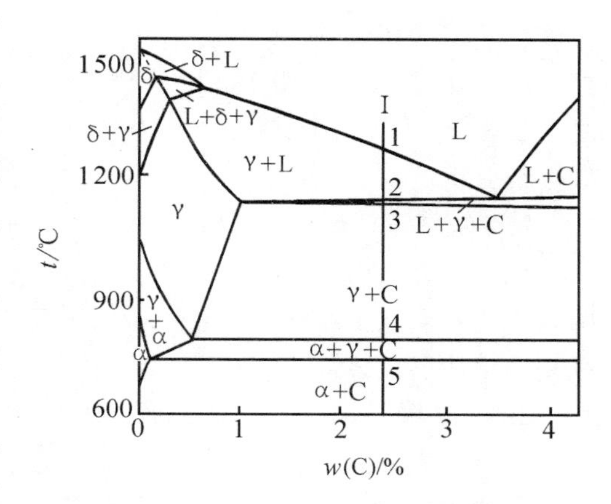

图 5.24　Fe-C-Si 三元系垂直截面

在变温截面上，如果三相平衡区是一个曲边三角形，它的三个顶点与三个单相区相连，三角形的曲边与两相区相邻。那么三元系中将发生三相平衡转变，通常有共晶型和包晶型两类。随着温度降低，共晶型转变合金由单相区经过三相平衡区进入两相区；包晶型转变合金由两相平衡区经过三相区进入单相区。根据三相区的空间结构及相区接触法则，可以看出，在垂直截面上共晶型三相区三角形的一个顶点在上，它与反应相的相区相连，而在垂直截面上包晶型三相区三角形的一个顶点在下，一边在上，它与两个反应相的相区相连，见图 5.25。

现以图 5.24 中合金 I 为例，分析其结晶过程。当温度高于点 1 时，合金处于液态，在点 1~2 温度之间，从液相中结晶出 γ，即 L→γ，在点 2~3 温度之间，发生共晶转变 L→γ+C。温度在点 4~5 之间发生共析转变 γ→α+C。在室温下该合金的组织为铁素体 α 和石墨 C 的

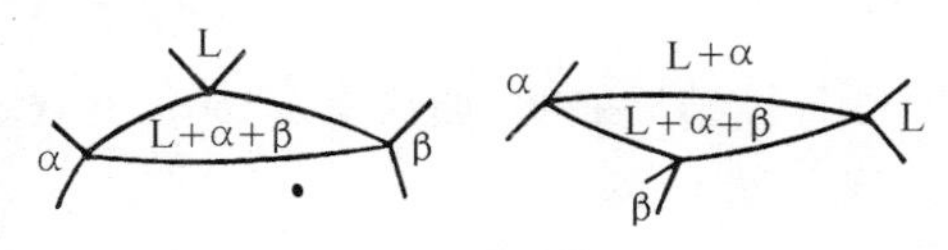

(a)二元共晶反应　(b)二元包晶反应

图 5.25　三相区的形状

混合物。

5.5.2 Fe－C－Cr 三元系的等温截面

工业上广泛应用的 Cr13 型不锈钢、高碳高铬冷作模具钢以及滚动轴承钢等均属 Fe－C－Cr三元合金。

图 5.26 为 Fe－C－Cr 三元系在 1 150℃的等温截面，C 和 Cr 的含量在这里是用直角坐标表示的。当研究的合金成分以一个组元为主，含其它两组元很少时，为了把这部分相图清楚地表示出来，常采用直角坐标系。

图中有六个单相区、九个两相区和四个三相区。C_1、C_2 和 C_3 分别表示碳化物 $(Cr,Fe)_7C_3$、$(Cr,Fe)_{23}C_6$、$(Cr,Fe)_3C$。

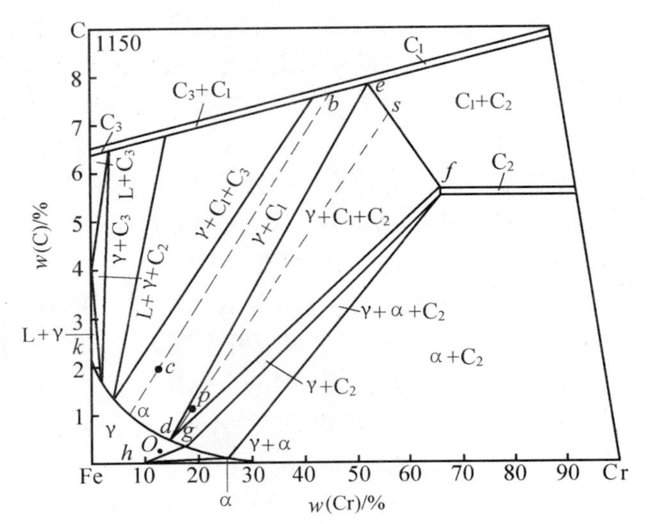

图 5.26　Fe－C－Cr 三元系的等温截面

利用等温截面可以分析合金在该温度下的相组成，并可运用杠杆定律和重心法则计算各相的相对含量。下面以几个典型合金为例进行分析。

1．2Cr13 不锈钢（$w(Cr)=13\%$，$w(C)=0.2\%$）

从 Fe－Cr 轴上 $w(Cr)=13\%$处和 Fe－C 轴上 $w(C)=0.2\%$处分别作坐标轴的垂线，两条垂线的交点 O 即为合金的成分点，点 O 位于 γ 单相区内，表明该合金在1 150℃的组成相为单相奥氏体。

2．Cr12 模具钢（$w(Cr)=13\%$，$w(C)=2\%$）

合金的成分点 c 位于 $\gamma+C_1$ 两相区内，说明在 1 150℃时该合金由 γ 相和$(Cr,Fe)_7C_3$两平衡相组成，为了计算相的含量，需要作出两平衡相间的连接线。近似的画法是将两条相界直线延长相交，自交点向点 c 连线，得到近似的连接线 abc。点 a 是 γ 相在 1 150℃的近似成分点，$w(Cr)\approx7\%$，$w(C)\approx0.85\%$，点 b 是 C_1 相的近似成分点，$w(Cr)\approx47\%$，$w(C)\approx7.6\%$。利用杠杆定律即可以求出两平衡相的相对含量

$$w_\gamma=\frac{cb}{ab}\times100\%=84.2\%$$

$$w_{C_1}=\frac{ac}{ab}\times100\%=15.8\%$$

计算结果表明，加热至 1 150℃时，Cr12 模具钢中大约有质量分数为 15.8%的碳化物未溶入奥氏体。

3．Cr18 不锈钢（$w(Cr)=18\%$，$w(C)=1\%$）

合金的成分点 P 位于 $\gamma+C_1+C_2$ 三相区内，表明在 1 150℃时该合金处于 γ 与$(Cr,Fe)_7C_3$、和$(Cr,Fe)_{23}C_6$ 三相平衡状态，连接三角形的三个顶点 def 分别代表三个平衡

相 γ、C_1 和 C_2 的成分。根据重心法则可以计算出三个相的相对含量。首先连接 dp 交 ef 于 s 点，则

$$w_{\gamma}=\frac{ps}{ds}\times 100\%$$

$$w_{C_1}=\frac{sf}{ef}(1-w_{\gamma})\times 100\%$$

$$w_{C_2}=\frac{es}{ef}(1-w_{\gamma})\times 100\%$$

习　题

1.在三元相图中，怎样表示三组元的成分？何谓成分三角形？在成分三角形中，通过一顶点的直线有何特点？平行与某一边的直线有何特点？

2.试在 A、B、C 成分三角形中，点出下列合金的位置：

(1) 10%B，10%C，余为 A；(2) 20%B，15%C，余为 A；

(3) 30%B，15%C，余为 A；(4) 20%B，30%C，余为 A；

(5) 50%B，0%C，余为 A；(6) 30%A，B 和 C 组元质量比为 2:3。

3.利用变温截面可以研究分析些什么问题？能否在变温截面中确定某一温度下平衡相的成分？能否利用杠杆定律计算平衡的相对含量？为什么？

4.A、B、C 三组元的熔点 $t_A>t_B>t_C$，三个共晶温度 $t_{e1}>t_{e2}>t_{e3}$、$t_c>t_{e1}$、$t_{e3}>t_E$(三元共晶温度)，试作出：

(1) $T=t_{e1}$；(2) $T=t_{e2}$；(3) $T=t_{e3}$时的等温截面。

5.试说明三元共晶(组元在固态下互不溶解)投影图中各点、线、面的金属学意义，并填写六个相区的组织组成物。

6.根据图 5.1 说明：

(1) n 成分合金在结晶过程中，为什么液相的成分沿 An 延长线变化？

(2) 为什么 AE、BE、CE 是直线？

(3) 画出合金 n 及 o 结晶过程组织变化示意图，并求出结晶完成后，组织组成物和相组成物的相对含量(写出表达式)。

7.图 5.2 是三元共晶相图的投影图，试作出 Bb、cd、fg、hi 四个变温截面图。

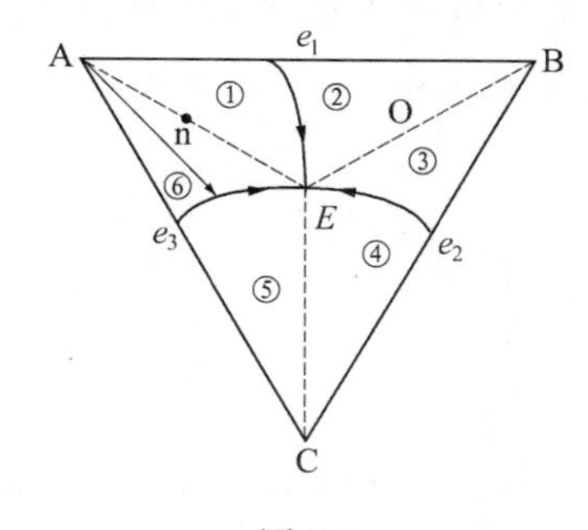

图 5.1

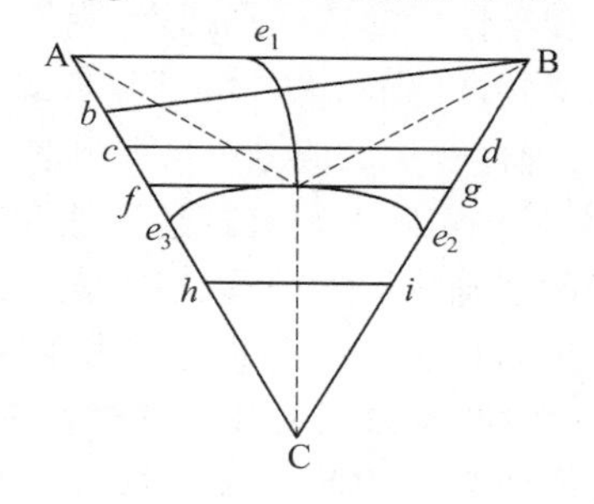

图 5.2

8.根据图 5.1 写出①②③④⑤⑥各区；AE、BE、CE 线、e_1e、e_2e、e_3E 线以及点 E 合金在室温下的组织的组成。

第 6 章

金属的塑性变形和再结晶

塑性是金属的一个重要特性,在生产上可以利用塑性变形对金属进行压力加工成形,如锻造、轧制、拉丝、挤压、冲压等等。塑性变形不仅能改变金属材料的外形和尺寸,而且还会引起其组织和性能的变化。

经冷塑性变形的金属处于热力学上不稳定的状态,如果升高温度使原子获得足够的活动能力,它将自发地恢复到稳定状态。经冷塑性变形的金属在加热时随着温度的升高,其组织和性能将发生与变形时相反的变化,这个过程主要包括回复、再结晶和晶粒长大。塑性变形、回复与再结晶是相互影响、相互联系的,讨论这些过程的实质与规律对控制和改善金属材料的组织和性能具有十分重要的意义。

6.1 金属的变形特性

6.1.1 应力-应变曲线

金属在外力作用下的行为可由低碳钢的拉伸曲线全面地显示出来,可分为弹性变形、塑性变形和断裂三个阶段。

图 6.1 为低碳钢拉伸时的应力-应变曲线。由图可以看出,当外加应力小于弹性极限 σ_e 时,金属只产生弹性变形,当应力大于弹性极限 σ_e 而低于抗拉强度极限 σ_b 时,金属除了产生弹性变形外,还产生塑性变形,当应力超过抗拉强度极限 σ_b 时,金属产生断裂。弹性变形和塑性变形的区别在于,当外力去除后,前者能恢复到原来的形状和尺寸,而后者只能恢复弹性变形,最终留下永久变形。另外,弹性变形量很小,一般不超过 1%。从理论上讲,弹性变形的终结就应是塑性变形的开始,但是在实际上很难找到弹性变形和塑性变形的准确分界线,所以在工程中规定残余应变量为 0.005%(有时也定为 0.001% 或 0.003%)时的应力值为金属的弹性极限,即 σ_e。通常认为应力小于 σ_e 时,金属只产生弹性变形。工程上更为常用的指标是 σ_s 或 $\sigma_{0.2}$,σ_s 表示金属开始产生屈服现象时的应力,称为屈服极限。$\sigma_{0.2}$表示金属的残余应

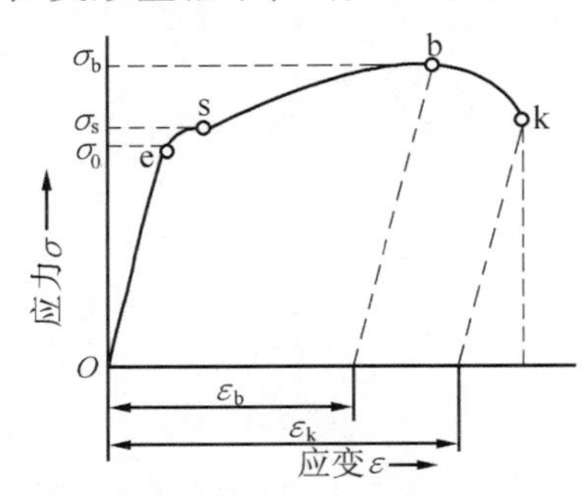

图 6.1 退火低碳钢拉伸时的应力-应变曲线

变量达到0.2%时的应力,称为条件屈服极限。σ_s 和 $\sigma_{0.2}$ 都代表金属开始产生明显塑性变形时的应力。拉伸曲线的最高点所代表的应力被定义为金属的抗拉强度极限,以 σ_b 表示。以上介绍的指标称为金属的强性指标。

在拉伸试验中除了强性指标以外,同时还能得到金属的塑性指标,即延伸率 δ 和断面收缩率 ψ。试样断裂后标距长度伸长量 $\Delta L(L_k - L_0)$ 与原始标距长度 L_0 的百分比称为延伸率 δ。即

$$\delta = \frac{L_k - L_0}{L_0} \times 100\%$$

试样的原始横截面面积 F_0 和断裂时的横截面面积 F_k 之差与原始横截面面积 F_0 的百分比称为断面收缩率 ψ。即

$$\psi = \frac{F_0 - F_k}{F_0} \times 100\%$$

δ、ψ 表示金属产生塑性变形的能力。在拉伸条件下,即为试样断裂前所能产生的最大塑性变形量。显然,无论是金属的强性指标还是塑性指标,都与金属的塑性变形密切相关。

6.1.2　金属的弹性变形

弹性是金属的一种重要特性,弹性变形是塑性变形的先行阶段,而且在塑性变形中还伴生着一定的弹性变形。

金属弹性变形的实质就是金属的晶格结构在外力作用下产生的弹性畸变。从双原子模型可以看出弹性变形的实质,见图1.2。当未加外力时,晶体内部的原子处于平衡位置,它们之间的相互作用力为零,此时原子间的作用能也最低。当金属受到外力后,其内部原子偏离平衡位置,由于所加的外力未超过原子间的结合力,所以外力与原子间的结合力暂时处于平衡。当外力去除后,在原子间结合力的作用下,原子立即恢复到原来的平衡位置,宏观上金属晶体在外力作用下产生的变形便完全消失,这样的变形就是弹性变形。

在弹性变形阶段应力与应变呈线性关系,服从虎克定律,即

在正应力下　　$\sigma = E \cdot \varepsilon$

在切应力下　　$\tau = G\gamma$

式中,σ 为正应力;ε 为正应变;E 为正变弹性模量;τ 为切应力;γ 为切应变;G 为切变弹性模量。

上式可改写成

$$E = \frac{\sigma}{\varepsilon} \quad G = \frac{\tau}{\gamma}$$

由此可知,弹性模量 E、G 是应力-应变曲线上直线部分的斜率,即 $\tan\alpha = E$ 或 $\tan\alpha = G$,$\tan\alpha$ 越大,则弹性模量 E 或 G 越大,也就是说弹性变形越不容易进行。因此,弹性模量 E、G 是表征金属材料对弹性变形的抗力。工程上经常将零件或构件产生弹性变形的难易程度称为零件或构件的刚度。在其它条件相同时,金属的弹性模量越高,则制成的零件或构件的刚度便越高。

金属的弹性模量是一个对组织不敏感的性能指标,它取决于原子间结合力的大小,其数值只与金属的本性、晶体结构、晶格常数等有关,而金属材料的合金化、加工过程及热处理对它的影响很小。因此,单晶体的弹性模量是有方向性的,例如 α-Fe 沿[1 1 1]晶向弹

性模量 $E=290\ 000$ MPa,而沿[1 0 0]晶向为 135 000 MPa。而多晶体由于晶粒取向是任意的,所以表现出伪各向同性。表 6.1 列出了部分常用金属的弹性模量。

表 6.1 一些金属材料的弹性模量(室温)

金属类别	正变弹性模量 E/MPa			切变弹性模量 G/MPa		
	单晶体		多晶体	单晶体		多晶体
	最大值	最小值		最大值	最小值	
铝	76 100	63 700	70 300	28 400	24 500	26 100
铜	191 100	66 700	129 800	75 400	30 600	48 300
金	116 700	42 900	78 000	42 000	18 800	27 000
银	115 100	43 000	82 700	437 000	19 300	30 300
铅	38 600	13 400	18 000	14 400	4 900	6 180
铁	272 700	125 000	211 400	115 800	59 900	81 600
钨	384 500	384 600	411 000	151 400	151 400	160 600
镁	50 600	42 900	44 700	18 200	16 700	17 300
锌	123 500	34 900	100 700	48 700	27 300	39 400
钛	—	—	115 700	—	—	43 800
铍	—	—	260 000	—	—	—
镍	—	—	199 500	—	—	76 000

6.2 单晶体的塑性变形

由图 6.1 可以看出,当应力超过弹性极限时,金属将产生塑性变形。工程上应用的金属材料大多数是多晶体,由于多晶体的变形与组成它的各个晶粒的变形行为有关,为方便起见,首先介绍单晶体金属的塑性变形。

在常温和低温下金属塑性变形主要是通过滑移方式进行的,此外,还有孪生等其它方式。

6.2.1 滑移

1. 滑移带与滑移线

如果将表面抛光的单晶体金属试样进行拉伸,当试样经过适量的塑性变形后,在金相显微镜下可以观察到,在抛光的表面上出现许多相互平行的线条,这些线条称为滑移带,如图 6.2 所示。经高分辨率的电子显微镜分析表明,每条滑移带实际上是由一族相互平行的细线即滑移线组成。这些滑移线实际上是经塑性变形后在试样表面上产生的一个个小台阶。这些小台阶的高度约为 1 000 个原子间距。滑移带实际上是由相互靠近的一些滑移线所形成的大台阶,滑移带之间的距离约为 10 000 个原子间距。滑移线和滑移带如图 6.3 所示。

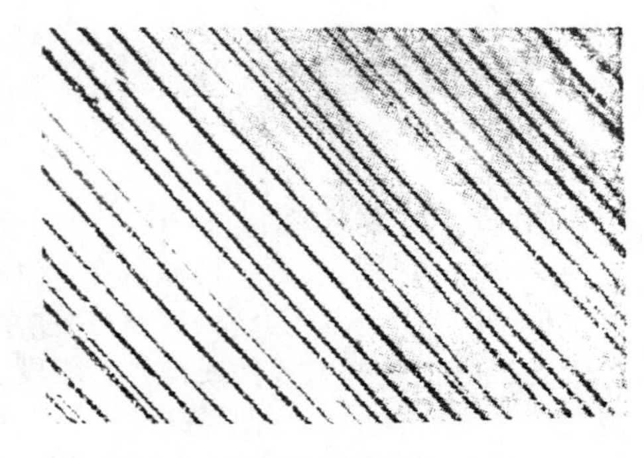

图 6.2 铜中的滑移带 500×

对变形前后的晶体进行X射线结构分析，发现晶体的结构未发生变化，滑移带两侧的晶体取向亦未变化。以上事实说明，晶体的塑性变形是晶体的一部分相对于另一部分沿着某些晶面和晶向发生相对滑动的结果，这种变形方式称为滑移。

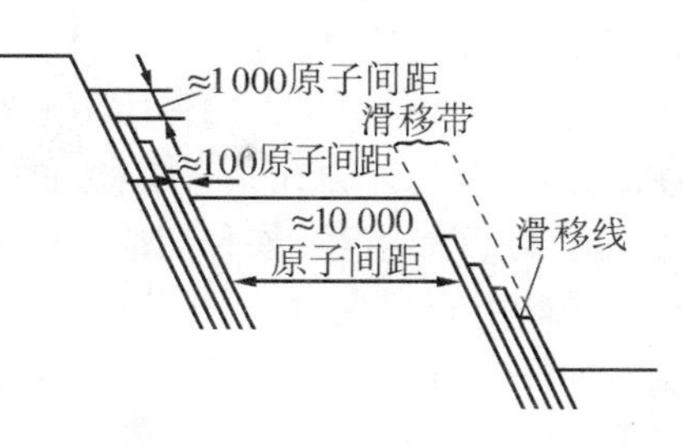

图6.3　滑移线和滑移带示意图

对滑移带的观察也表明了晶体塑性变形的不均匀性，滑移分别集中发生在一些晶面上，而滑移带之间或滑移线之间的晶体层片则未产生变形。

2. 滑移系

在塑性变形试样中出现的滑移线与滑移带的排列并不是任意的，它们彼此之间或者相互平行，或者呈一定角度，这表明金属中的滑移是沿着一定的晶面和晶面上一定的晶向进行的，这些晶面称为滑移面，晶向称为滑移方向。

滑移面和滑移方向与金属的晶体结构有关，滑移面通常是金属晶体中原子排列最密的晶面，而滑移方向则是原子排列最密的晶向。一个滑移面和此面上的一个滑移方向结合起来组成一个滑移系。每一个滑移系表示金属晶体在进行滑移时可能采取的一个空间取向。在其它条件相同时，金属晶体中的滑移系越多，滑移过程中可能采取的空间取向便越多，故这种金属的塑性便越好。表6.2所示为几种常见金属的滑移面及滑移方向。由表可以看出，面心立方金属的滑移面为{1 1 1}，共有四个，滑移方向为〈1 1 0〉，每个滑移面上有三个滑移方向，故面心立方金属共具有12个滑移系。体心立方金属的滑移面为{1 1 0}，共有六个，滑移方向为〈1 1 1〉，每个滑移面面上有三个滑移方向，因此体心立方金属共有12个滑移系。密排六方金属的滑移面在室温时只有{0 0 0 1}一个，滑移方向为〈$\bar{1}\,\bar{1}$ 2 0〉，滑移面上有三个滑移方向，因此它的滑移系只有3个。由于滑移系数目太少，故密排六方金属的塑性较差。

表6.2　三种常见金属晶体结构的滑移系

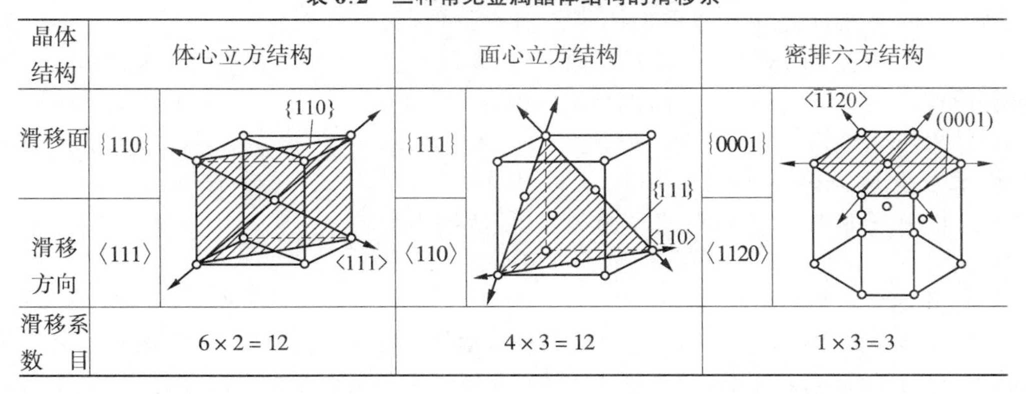

晶体结构	体心立方结构	面心立方结构	密排六方结构
滑移面	{110}	{111}	{0001}
滑移方向	〈111〉	〈110〉	〈1120〉
滑移系数目	6×2=12	4×3=12	1×3=3

然而，金属塑性的好坏，不只是取决于滑移系的多少，还与滑移面上原子的密排程度和滑移方向的数目等因素有关。例如体心立方金属α-Fe，它的滑移方向不及面心立方金属多，同时滑移面上的原子密排程度也比面心立方金属低，因此，它的滑移面间距离较小，原子间结合力较大，必须在较大的应力作用下才能开始滑移，所以它的塑性要比Cu、Al、Ag、Au等面心立方金属差。

3. 滑移的临界分切应力

晶体的滑移是在切应力的作用下进行的。当晶体受力时并非所有的滑移系都同时参与滑移,而是只有当外力在某一滑移系中的分切应力首先达到一定的临界值时,这一滑移系开动,晶体才开始滑移,该分切应力即称为滑移的临界分切应力,以 τ_k 表示,它是使滑移系开动的最小分切应力。

临界分切应力 τ_k 可按图 6.4 求得:设圆柱形金属单晶体试样的横截面积为 A,受到轴向拉力 F 的作用,F 与滑移方向的夹角为 λ,则 F 在滑移方向上的分力为 $F\cos\lambda$,F 与滑移面法线的夹角为 φ,则滑移面的面积为 $A/\cos\varphi$,所以,外力 F 在滑移方向上的分切应力为

$$\tau=\frac{F\cos\lambda}{A/\cos\varphi}=\frac{F}{A}\cos\lambda\cdot\cos\varphi$$

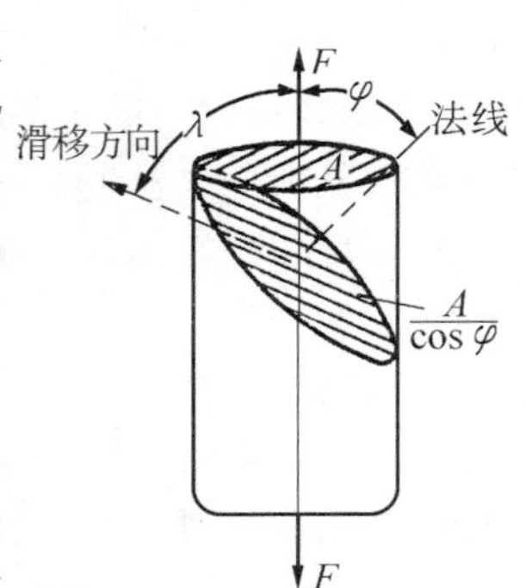

图 6.4 单晶体滑移时的分切应力的分析图

式中,F/A 为试样拉伸时横截面上的正应力,当滑移系中的分切应力达到其临界值 τ_k 时,晶体开始滑移,这时在宏观上金属开始出现屈服现象,即 $F/A=\sigma_s$,将其代入上式,即得

$$\tau_k=\sigma_s\cos\lambda\cdot\cos\varphi$$

或

$$\sigma_s=\frac{\tau_k}{\cos\lambda\cdot\cos\varphi}$$

临界分切应力 τ_k 的数值大小取决于金属的本性、金属的纯度、试验温度与加载速度,而与外力的大小、方向及作用方式无关。$\cos\lambda\cdot\cos\varphi$ 称为取向因子,单晶体的屈服强度 σ_s 将随外力与滑移面和滑移方向之间的位向关系而变,即取向因子发生改变时,σ_s 也要改变。取向因子对 σ_s 的影响如图 6.5 所示,可见当外力与滑移面、滑移方向的夹角都是 45°时,取向因子具有最大值,为 0.5,此时分切应力也最大,σ_s 具有最低值,金属最容易进行滑移,并表现出最大的塑性,这种取向称为软位向。而当外力与滑移面平行($\varphi=90°$)或垂直($\lambda=90°$)时,取向因子为零,则无论 τ_k 的数值如何,σ_s 均为无穷大,晶体在此情况下不能产生滑移,直至断裂,这种取向称为硬位向。

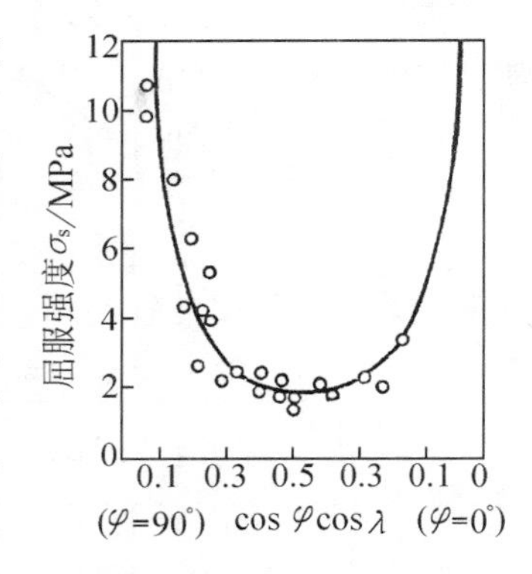

图 6.5 取向因子对单晶体镁拉伸时屈服强度的影响

4. 滑移时晶体的转动

单晶体沿着滑移面和滑移方向分层相对滑动是滑移变形的基本动作,但不是全部动作。在进行滑移时,除了滑移面相对位移外,晶体薄层还要产生两个转动,并从而使金属晶体的空间位向发生变化。

现以只有一个滑移系的密排六方金属为例进行分析。如图 6.6(a)所示,当晶体在拉伸力 F 的作用下发生滑移时,假如不受试样夹头对滑移的限制,滑移面和滑移方向保持不变,拉伸轴的取向则必然不断发生变化,如图 6.6(b)所示。但实际上由于夹头固定不动,为了保持拉伸轴的方向固定不变,因此,单晶体的取向必须相应地转动,即滑移面和滑

移方向要发生变化,如图6.6(c)所示。

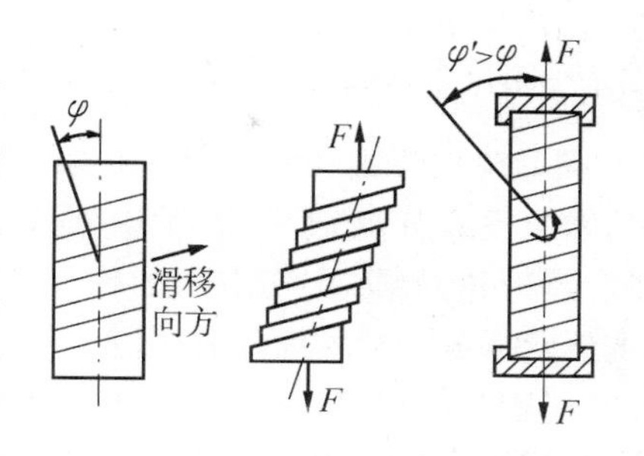

(a)拉伸前　(b)自由滑移变形　(c)受夹头限制时的变形

图6.6　晶体在拉伸时的转动

在滑移过程中晶体转动的机制可以由图6.7来说明。它是从图6.6(a)中部取出的相邻的三层极薄的晶体,在滑移前,这部分金属的图形如图中虚线所示,作用在 B 层金属上力的两个作用点 O_1 和 O_2 处在同一拉力轴上,因而使 B 层金属从上下两个方向所受的力相互平衡,滑移开始之后,A、B、C 三层金属沿着滑移面和滑移方向产生相对移动,O_1、O_2 分别移至 O_1' 和 O_2'。若将 B 层金属上下两面所受的拉应力沿着滑移面法线方向、滑移方向及其垂线方向分解成 σ_{n1}、τ_1'、τ_b 及 σ_{n2}、τ_2'、τ_b',即可以看出,真正的滑移力是沿着滑移方向的分切应力 τ_1' 和 τ_2',而其它四个分力将组成两对力偶,一对是沿滑移面法线方向的正应力 $\sigma_{n1}-\sigma_{n2}$,它使得 B 层金属向外力方向转动,另一对是垂直于滑移方向的分切应力 $\tau_b-\tau_b'$,它以滑移面法线方向为轴,使 B 层金属的滑移方向转向最大切应力方向。同样的分析也适用于 A 层、C 层及整个金属晶体,因而使得金属晶体在滑移的同时伴随着晶体的转动。通过这两个转动可以使金属晶体轴线与外力轴线在整个滑移过程中始终重合,但晶体的空间位向却发生了改变。

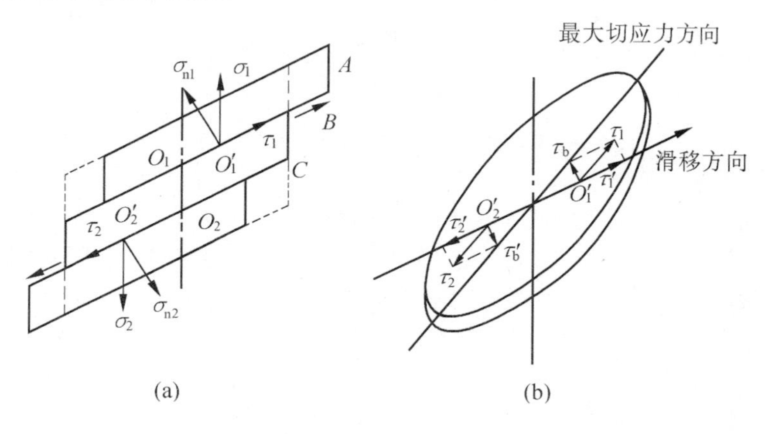

图6.7　在拉伸时金属晶体发生转动的机制示意图

5. 多系滑移

上面的讨论仅限于一个滑移系开动时的滑移情况,即单系滑移,这种情况多出现在滑移系较少的密排六方结构的金属中。对于滑移系多的晶体来说,起始滑移首先在取向最有利的滑移系中进行,但由于晶体转动的结果,其它滑移系中的分切应力有可能达到足以引起滑移的临界值。于是滑移过程将在两个或多个滑移系中同时进行或交替地进行。如果外力轴的方向合适,滑移一开始就可以在一个以上的滑移系上同时进行。这种在两个或更多的滑移系上进行的滑移称为多系滑移,简称多滑移。多滑移时产生的滑移带常呈交叉状,如图6.8所示。

6.2.2 滑移的位错机制

1. 位错的运动与晶体的滑移

若晶体中没有任何缺陷，原子排列得十分整齐时，经理论计算，在切应力的作用下，晶体的上下两部分沿滑移面作整体刚性的滑移，此时滑移所需的临界切应力 τ_k 与实际强度相差十分悬殊。例如铜，根据理论计算的 $\tau_k = 1\ 500$ MPa，而实际测出的 $\tau_k = 0.98$ MPa，两者相差竟达 1 500 多倍。对这一矛盾现象的研究，导致了位错学说的诞生。理论和实践都已经证明，在实际晶体中存在着位错。晶体的滑移不是晶体的一部分相对于另一部分同时作整体的刚性的移动，而是通过位错在切应力的作用下沿着滑移面逐步移动的结果，如图 6.9 所示。当一条位错线移到晶体表面时，便在晶体表面留下一个原子间距的滑移台阶，其大小等于柏氏矢量。如果有大量位错重复按此方式滑过晶体，就会在晶体表面形成显微镜下能观察到的滑移痕迹，这就是滑移线的实质。由此可见，晶体在滑移时并不是滑移面上的原子一齐移动，而是像接力赛跑一样，位错中心的原子逐一递进，由一个平衡位置转移到另一个平衡位置，如图 6.10 所示。图(a)中的实线(半排原子面 PQ 或 TS)表示位错原来的位置，虚线($P'Q'$ 或 $T'S'$)表示位错移动了一个原子间距后的位置。可见，位错虽然移动了一个原子间距，但只需位错中心附近的少数原子作远小于一个原子间距的弹性偏移。显然，这样的位错运动只需要一个很小的切应力就可实现，这就是实际滑移的 τ_k 比理论计算的 τ_k 低得多的原因。

图 6.8 奥氏体钢中的交叉滑移带

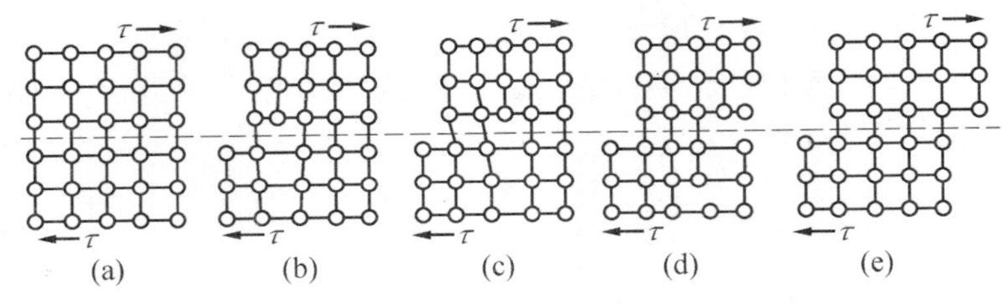

图 6.9 晶体通过刃型位错移动造成滑移的示意图

2. 位错的增殖

形成一条滑移线常常需要上千个位错，晶体在塑性变形时产生大量的滑移带就需要为数极多的位错。此外，由于滑移是位错扫过滑移面并移出晶体表面造成的，因此，随着塑性变形过程的进行，晶体中的位错数目应当越来越少，然而事实上变形后晶体中的位错数目不但没有减少，反而显著增多了，例如退火金属中的位错密度是

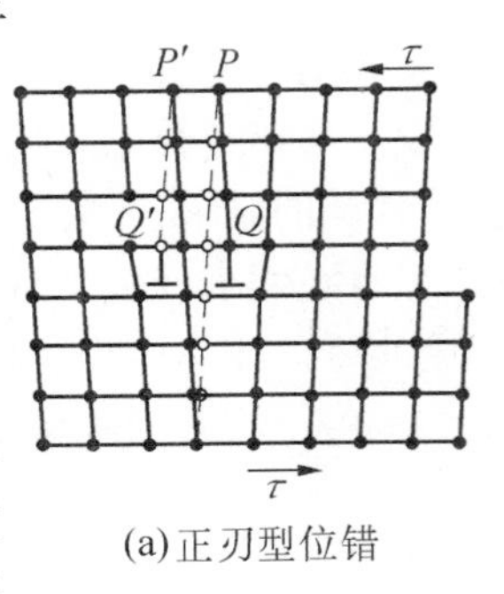

(a) 正刃型位错

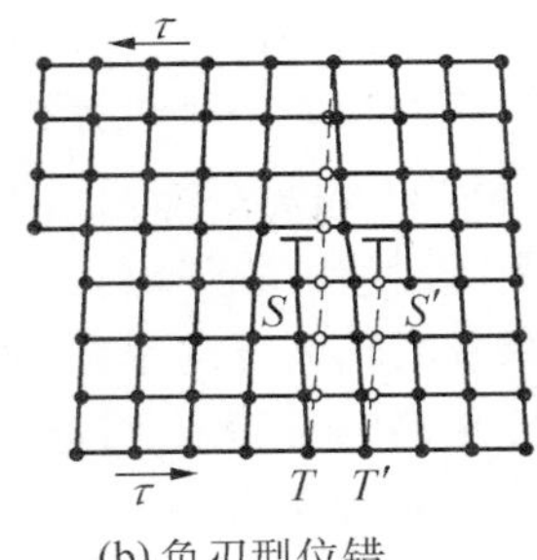

(b) 负刃型位错

图 6.10 刃型位错的滑移

$10^{10} \sim 10^{12}\ m^{-2}$,经过剧烈的塑性变形后,位错密度增至 $10^{15} \sim 10^{16}\ m^{-2}$。这些增加的位错是怎样产生的呢?于是,便提出了塑性变形过程中位错在低应力的作用下源源不断产生的位错增殖机制。常见的一种位错增殖机制就是弗兰克瑞德(Frank - Read)位错增殖机制。

晶体中的位错结构呈空间网络分布,位错网络中的各个位错线段不会位于同一晶面上。这样,相交于一个结点的几个位错线段在滑移时不能一致行动,只有位于滑移面上的位错线段才能运动。因此,位错网络上的结点即可能成为固定的结点,图6.11中的 D、D' 即为两个固定的结点,它们之间的线段 DD' 位于滑移面上,位错线的柏氏矢量为 $\boldsymbol{b}$。当向晶体施加切应力时,则位错线即受到方向与之相垂直的力的作用。于是,位错线在外力的作用下就要向前运动。但是 D、D' 两结点是固定不动的,运动的结果使位错线 DD' 由直线变为曲线,由于位错线上各点受力大小相等,且位错线运动的方向与其本身相垂直,因此,位错线上各点的运动线速度相等。但其角速度不等,距结点越近,角速度越大,距结点越远,则角速度越小。结果使位错线形成了一个回转蜷线。蜷线内部是位错扫过的区域,晶体产生了一个柏氏矢量的位移。当回转蜷线运动到图(d)所示的形状时,m、n 两处异号的螺型位错便要相遇,进而销毁。蜷线状位错环就分成两部分,DD' 之间的线段和四周的位错环。在线张力的作用下,结点 DD' 之间的部分伸直成直线,还原为原来的位错线段 DD';四周的部分由于线张力的作用继续向外扩展,形成一个圆形的环。这样一来,原来的两个固定结点和它们之间的位错线段在切应力的作用下,生出一个错环。如此往复不断地进行下去,可以从这种有固定端点的线段上生出大量的位错环。当一个位错环移出晶体时,就使晶体沿着滑移面产生一个原子间距的位移,大量位错环一个接一个地移出晶体,晶体就不断地产生滑移,并在晶体表面形成高达近千个原子间距的滑移台阶。这就是弗兰克-瑞德位错增殖机制,DD' 为弗兰克-瑞德位错源。近年来的一些直接实验观察,证实了弗兰克-瑞德位错源的存在。

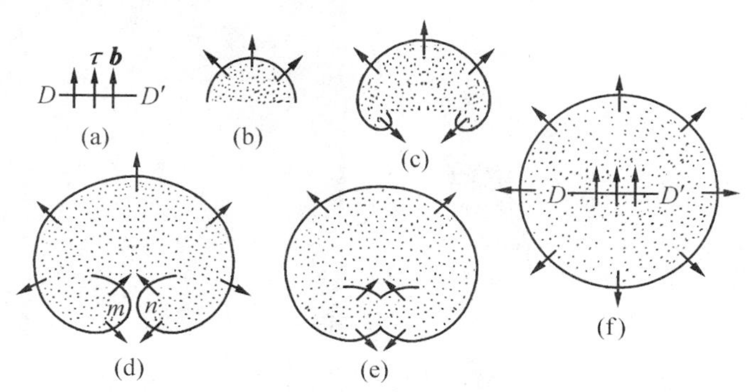

图6.11　弗兰克-瑞德位错源

3. 位错的交割与塞积

晶体的滑移实际上是源源不断的位错沿着滑移面的运动。在多滑移时,由于各滑移面相交,因而在不同滑移面上运动着的位错必然相遇,发生交割。此外,在滑移面上运动着的位错还要与晶体中原有的以不同角度穿过滑移面的位错相交割。图6.12是两个刃型位错相互交割的一个简单的例子。位错 AB 位于 P_a 滑移面上,位错 CD 位于与 P_a 相垂直的 P_b 滑移面上,它们的柏氏矢量分别为 $\boldsymbol{b}_1$ 和 $\boldsymbol{b}_2$。假定位错 CD 固定不动,当位错 AB 自右向左运动时,在位错所扫过的区域内,晶体的上下两部分产生相当于 b_1 距离的位移,当通过两滑移面的交线时，则与位错 CD 发生交割，此时，位错 CD 也将随晶体一起被切成两段（Cm 和 nD），并相对位移 mn，整个位错线变成一条折线 $CmnD$。因为 mn 不在原位错线的滑移面 P_b 上，故称之为割阶。显然 mn 是一段新的短位错线，它的柏氏矢量仍为 $\boldsymbol{b}_2$，$\boldsymbol{b}_2$ 与 mn 垂直，因而 mn 也是刃型位错，它的滑移面为 mn 与 $\boldsymbol{b}_2$ 所决定的平面。这种割阶的产生并不影响位错 CD 的运动，但由于增加了位错线的长度，需消耗一定的能量。此外，尚有刃型位错与螺型位错，螺型位错与螺型位错的交割，交割的结果都要形成割阶，这一方面增加了位错线的长度，另一方面还可能形成一种难以运动的固定割阶，成为后续位错运动的障碍，造成位错缠结。这就是多滑移加工硬化效果较大的主要原因。

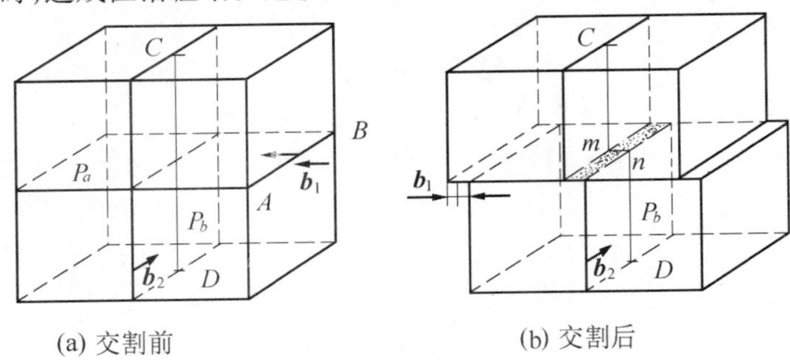

(a) 交割前　　(b) 交割后

图 6.12　两个相互垂直的刃型位错的交割

在切应力的作用下，弗兰克-瑞德位错源所产生的大量位错沿滑移面的运动过程中，如果遇到障碍物（固定位错、杂质粒子、晶界等）的阻碍，领先的位错在障碍物前被阻止，后续的位错被阻塞起来，结果形成位错的平面塞积群，如图 6.13 所示，并在障碍物的前端形成高度应力集中。

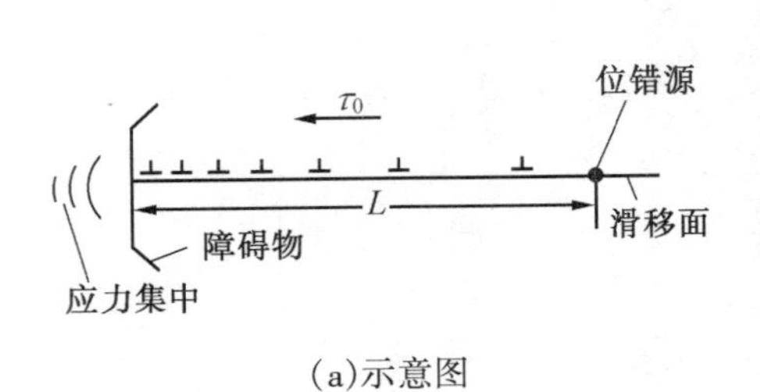

(a)示意图　　(b)GH70 高温合金中的位错塞积　40 000×

图 6.13　位错的平面塞积

位错塞积群的位错数 n 与障碍物至位错源的距离 L 成正比。经计算，塞积群在障碍处产生的应力集中 τ 为

$$\tau = n\tau_0$$

式中的 τ_0 为一个位错产生的应力集中在滑移方向的分切应力值。此式说明，在塞积群前端产生的应力集中是 τ_0 的 n 倍。L 越大，则塞积的位错数目 n 越多，造成的应力集中便越大。

6.2.3　孪生

塑性变形的另一种较常见的变形方式是孪生。孪生是在切应力作用下晶体的一部分相对于另一部分沿一定的晶面(孪生面)与晶向(孪生方向)产生一定角度的均匀切变过程。发生切变的区域称为孪晶或孪晶带,由于其位向与未变形的位向不同,因此,经过磨光、抛光、浸蚀后在显微镜下能看到如图6.14所示的带状或透镜状组织。

图6.14　锌中的变形孪晶　100×

1. 孪生切变过程

当晶体以孪生方式进行变形时,孪生面和孪生方向与晶体的结构类型有关,如体心立方晶体的孪生面一般是$\{1\,1\,2\}$,孪生方向是$\langle 1\,1\,1\rangle$,密排六方晶体的孪生面是$\{1\,0\,\bar{1}\,2\}$,孪生方向是$\langle\bar{1}\,0\,1\,1\rangle$,面心立方晶体的孪生面是$\{1\,1\,1\}$,孪生方向是$\langle 1\,1\,\bar{2}\rangle$。现以面心立方晶体为例,分析孪生的切变过程及其中原子的位移情况。图6.15为面心立方晶体孪生变形过程示意图。图6.15(a)中的$(1\,1\,1)$面为面心立方晶体的孪生面,$[1\,1\,\bar{2}]$为孪生方向,后者为$(1\,1\,1)$与$(\bar{1}\,1\,0)$的交截线。图6.15(b)中图面相当于$(\bar{1}\,1\,0)$,则$(1\,1\,1)$垂直于纸面。由图可知,孪生变形时,变形区域产生了均匀切变,每层$(1\,1\,1)$晶面都相对于相邻晶面沿$[1\,1\,\bar{2}]$方向移动了一定的距离。如果以*AB*作为基面(孪生面),则第一层晶面*CD*移动了原子间距的1/3倍,第二层晶面*EF*相对于*AB*移动了原子间距的2/3,而第三层晶面*GH*则相对于*AB*移动了一个原子间距。表明各层晶面的位移量是和它与孪生面的距离成正比的,正因为如此,孪生后晶体的切变部分与未变形部分才以孪生面为分界面形成了镜面对称的位向关系,孪生区的晶体取向发生了改变。

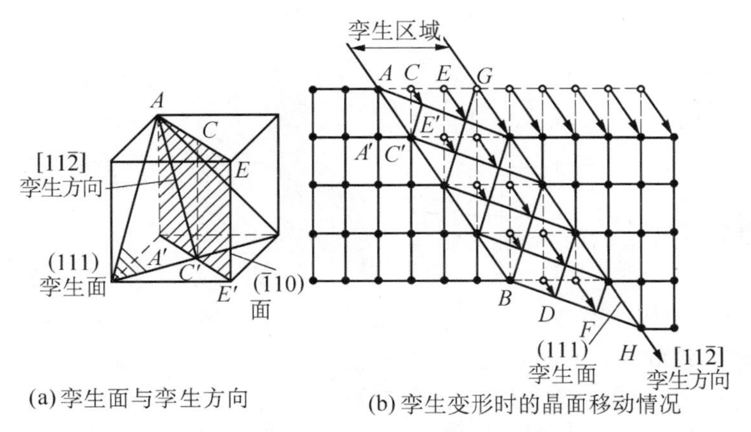

(a)孪生面与孪生方向　　(b)孪生变形时的晶面移动情况

图6.15　面心立方晶体的孪生变形过程示意图

2. 孪生的主要特点

与滑移相似,孪生也是在切应力的作用下发生的,但孪生所需的临界切应力远远高于滑移时的临界切应力,因此,只有在滑移很难进行的条件下,晶体才发生孪生变形,如一些具有密排六方结构的金属滑移系少,在晶体取向不利于滑移时常以孪生方式进行塑性变形。具有体心立方结构的金属如 α - Fe 等滑移系较多，只有在室温以下或受到冲击载荷作用时才发生孪生变形。而具有面心立方结构的金属，由于其对称性高，滑移系多，滑移面和孪生面又都是同一晶面，滑移方向和孪生方向的夹角又不大(图 6.15(a))，所以很少发生孪生变形。

孪生变形速度极快，常引起冲击波，并伴随声响。

与滑移相比，孪生本身对晶体塑性变形的直接贡献不大，但是由于孪晶的形成改变了晶体的位向，从而使其中某些原来处于不利取向的滑移系转变到有利于发生滑移的位置，于是，可以激发进一步的滑移变形，使金属的变形能力得到提高。

6.3 多晶体的塑性变形

实际使用的金属材料大多数是多晶体，多晶体是由许多小的单晶体——晶粒构成的。图 6.16 为锌的单晶体与多晶体的应力-应变曲线，由图可以看出，多晶体的塑性变形抗力显著高于单晶体。多晶体变形的基本方式仍然是滑移，但是由于多晶体中各个晶粒的空间取向互不相同，以及晶界的存在，这就使多晶体的塑性变形过程比单晶体更为复杂，并具有一些新的特点。

6.3.1 多晶体塑性变形的特点

在多晶体中由于各个晶粒的取向不同，在一定外力作用下不同晶粒的各滑移系的分切应力值相差很大，因此，各晶粒不是同时发生塑性变形，处于软位向的晶粒，其滑移方向上的分切应力首先达到临界分切应力，开始产生滑移，滑移面上的位错源开动，源源不断的位错沿着滑移面进行运动。但其周围处于硬位向的晶粒，滑移系中的分切应力尚未达到临界值，所以位错不能越过晶界，滑移不能直接传递到相邻晶粒。于是位错在晶界处受阻，形成位错的平面塞积群，如图 6.17 所示。

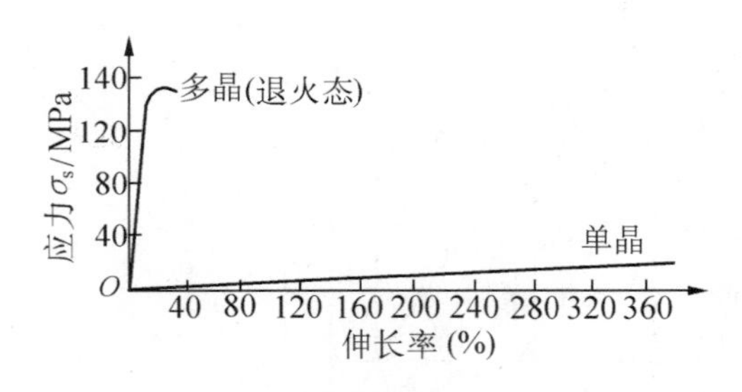

图 6.16 锌的单晶体与多晶体的应力-应变曲线

位错源
应力集中与应力场
τ
位错塞积
应力场

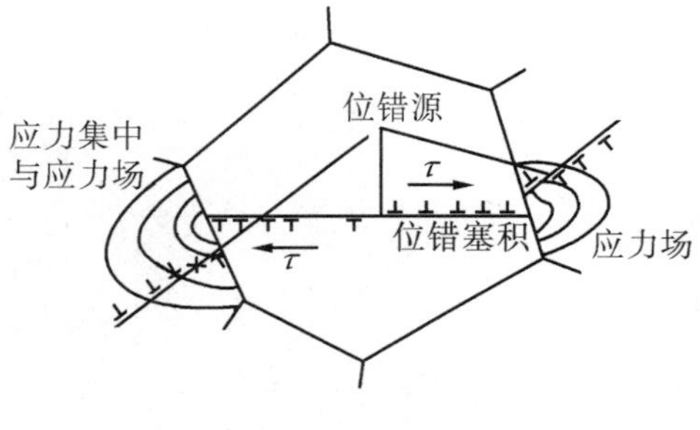

图 6.17 位错塞积示意图

位错平面塞积群在其前沿附近区域造成很大的应力集中，随着外力的增加，应力集中也随之增大，这一应力集中值与外力相叠加，最终使相邻晶粒某些滑移系中的分切应力达到临界值，于是，位错源也开始启动，并产生相应的滑移。这样，塑性变形便从一个晶粒传递到另一个晶粒，一批批晶粒如此传递下去，由少量到大量，由不均匀到均匀，便使整个试样产生了宏观的塑性变形。

由于多晶体的每个晶粒都处于其它晶粒的包围之中，因此它的变形不是孤立的和任意的，邻近的晶粒之间必须相互协调配合，不然就难以进行变形，甚至不能保持晶粒之间的连续性，会造成空隙而导致材料的断裂。为了与先变形的晶粒相协调，就要求相邻晶粒不只在取向最有利的滑移系中进行滑移,还必须有几个滑移系,其中包括取向并非有利的滑移系上同时进行滑移。这样才能保证其形状作各种相应地改变。根据理论推算,每个晶粒至少需要 5 个独立的滑移系启动。可见,多晶体的塑性变形是通过各晶粒的多系滑移来保证相互协调性。因此,滑移系较多的面心立方和体心立方金属可以通过多系滑移表现出良好的塑性,而密排六方金属的滑移系少,晶粒之间的协调性很差,故塑性变形能力低。

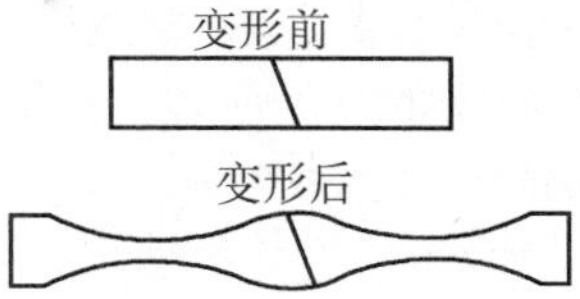

变形前

变形后

图 6.18　两个晶粒的试样拉伸时的变形

此外,多晶体的塑性变形具有不均匀性。由于各晶粒的取向不同及晶界的存在,多晶体中各个晶粒之间的变形不均匀,而且每一个晶粒内部的变形也是不均匀的。一般来说,晶粒中心区域变形量较大,晶界及其附近区域变形量较小,如图 6.18 为两个晶粒的试样变形前后的形状,经拉伸变形后,在晶界附近出现竹节状。

6.3.2　晶粒大小对塑性变形的影响

实践表明,多晶体金属常温下的屈服强度随其晶粒细化而提高,即反映了常温下晶界的强化作用。图 6.19 为低碳钢的屈服强度与晶粒直径的关系曲线,从图可以看出,钢的屈服强度 σ_s 与晶粒直径平方根的倒数 $d^{-\frac{1}{2}}$呈线性关系。对其它金属材料的实验也证实了这样的关系。故可以得到常温下的屈服强度与晶粒直径之间的关系式

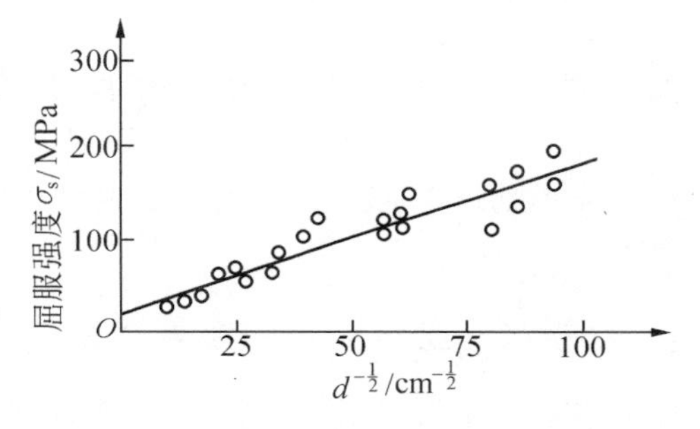

图 6.19　低碳钢的屈服强度与晶粒直径的关系

$$\sigma_s = \sigma_0 + Kd^{-\frac{1}{2}}$$

此式为著名的霍尔-佩奇(Hall-Petch)公式,式中:σ_0 与 K 均为常数;σ_0 表示晶内对变形的阻力,大体相当于单晶体金属的屈服强度;K 表征晶界对强度影响的程度,它与晶界结构有关,而与温度关系不大;d 为多晶体中各晶粒的平均直径。进一步实验证明,材料的屈服强度与其亚晶粒之间也能满足上述关系式。图 6.20 为铜和铝的屈服强度与亚晶粒之间的关系,此时 d 为亚晶粒的直径。

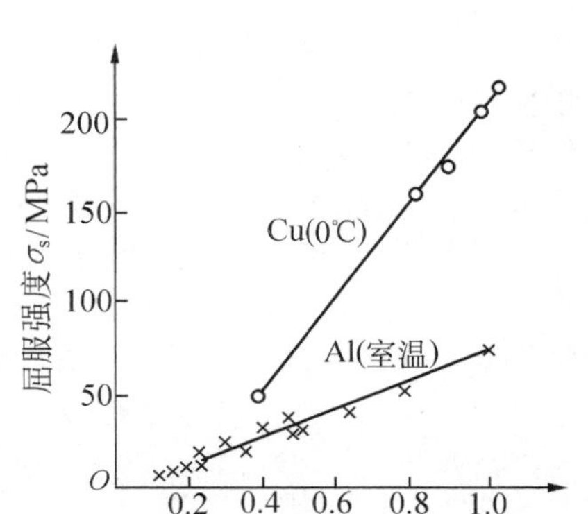

图 6.20　铜和铝的屈服强度与其亚晶尺寸的关系

对霍尔-佩奇公式可做如下说明:

在多晶体中,屈服强度是与滑移从先塑性变形的晶粒转移到相邻晶粒密切相关的,而这种转移能否发生,主要取决于在已滑移晶粒晶界附近的位错塞积群所产生的应力集中能否激发相邻晶粒滑移系中的位错源,使其开动起来,从而进行协调性的多滑移。根据 $\tau = n\tau_0$ 的关系式,应力集中 τ 的大小决定于塞积群的位错数目 n,n 越大,则应力集中也越大。当外加应力和其它条件一定时,位错数目 n 是与引起塞积的障碍——晶界到位错

源的距离成正比。晶粒越大,则这个距离越大,n 也就越大,所以应力集中也越大;晶粒小,则 n 也小,应力集中也小。因此,在同样外加应力下,大晶粒的位错塞积所造成的应力集中激发相邻晶粒发生塑性变形的机会比小晶粒要大得多。小晶粒的应力集中小,则需要在较大的外加应力下才能使相邻晶粒发生塑性变形。这就是为什么晶粒越细、屈服强度越高的主要原因。

另外,当金属晶粒细小而均匀时,不仅常温下强度较高,而且通常具有较好的塑性和韧性。这是因为晶粒越细,在一定体积内的晶粒数目越多,在同样变形量下,变形分散在更多的晶粒内进行,晶粒内部和晶界附近的应变度相差较小,变形较均匀,相对来说,引起应力集中减小。使材料在断裂之前能承受较大的变形量,所以可以得到较大的延伸率和断面收缩率。此外,晶粒越细,晶界越曲折,越不利于裂纹的传播,从而在断裂过程中可以吸收了更多的能量,表现出较高的韧性。

因此,在工业生产中通常总是设法获得细小而均匀的晶粒组织,使材料具有较高的综合机械性能。

6.4 塑性变形对金属组织与性能的影响

金属塑性变形时,在改变其外形尺寸的同时,其内部组织、结构以及各种性能均发生变化。

6.4.1 塑性变形对金属组织结构的影响

多晶体金属经塑性变形后,除了出现滑移带和孪晶等组织特征外,还具有下述组织结构的变化。

1. 显微组织的变化

金属经塑性变形后,显微组织发生明显的改变。随着金属外形的变化,其内部晶粒的形状也会发生相应的变化。如在轧制时,随着变形量的增加,原来的等轴晶粒沿延伸方向逐渐伸长,晶粒由多边形变为扁平形或长条形。变形量越大,晶粒伸长的程度也越显著。当变形量很大时,晶界变得模糊不清,各晶粒难以分辨,而呈现出一片如纤维状的条纹,通常称之为纤维组织,见图 6.21。纤维的分布方向即金属流变伸展的方向。当金属中有夹杂存在时,塑性杂质沿变形方向被拉长为细条状,脆性杂质破碎,沿变形方向呈链状分布。纤维组织使金属的性能具有明显的方向性,其纵向的强度和塑性高于横向。

(a)30%压缩率

(b)50%压缩率

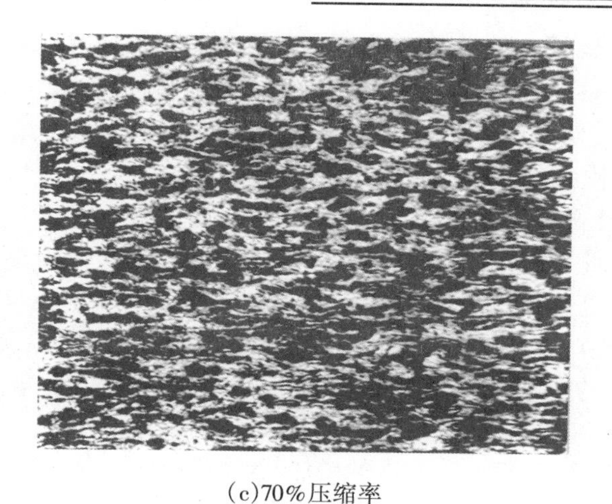

(c)70%压缩率

图6.21　低碳钢冷塑性变形后的纤维组织　200×

2．亚结构的细化

在铸态金属中亚结构的直径约为10^{-2}cm，经冷塑性变形后，亚结构的直径将细化至$10^{-4}\sim10^{-6}$cm，图6.22为低碳钢中的形变亚结构，可以看出，变形晶粒由许多小的胞块组

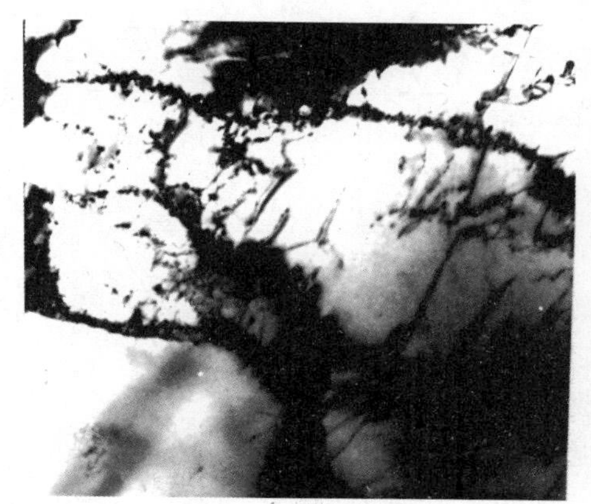

(a)30%压缩率

(b)50%压缩率

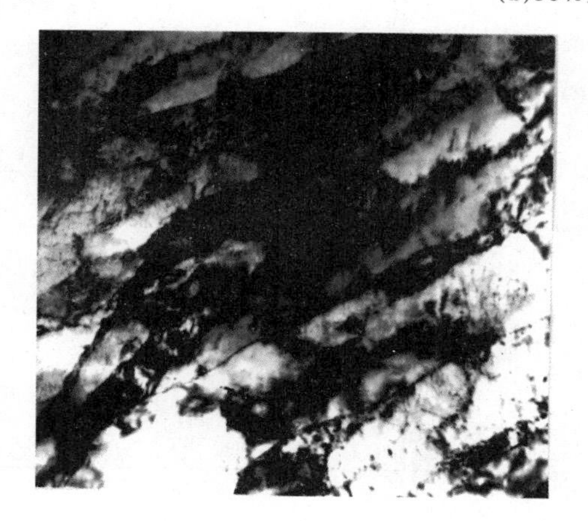

(c)70%压缩率

图6.22　低碳钢中的形变亚结构　6 000×

成，称为形变亚晶或形变胞。各胞块之间存在着微小的位向差，位向不超过2°。胞壁由大量堆积的位错构成，而胞内体积中位错密度很低，约为胞壁的1/4，胞壁的厚度约为胞块的1/5。变形量越大，则胞块数量越多，尺寸越小，胞块的位向差也越大，且其形状随着晶粒形状的改变而变化，均沿着变形方向逐渐拉长。

金属晶体在塑性变形过程中由于应力的作用而使位错不断增殖，同时晶粒的碎化也将产生大量位错，因此，随着变形量的增大，晶体中的位错密度迅速提高，一般金属经剧烈冷变形后，其位错密度可由变形前的 $10^{10} \sim 10^{12} m^{-2}$(退火态)增加到 $10^{15} \sim 10^{16} m^{-2}$。

变形亚晶的出现对滑移过程的进行有巨大的阻碍作用，可使金属的变形抗力显著升高，是产生加工硬化的主要原因之一。

3．变形织构

在塑性变形过程中，随着变形程度的增加，各个晶粒的滑移面和滑移方向逐渐向外力方向转动。当变形量很大时，各晶粒的取向会大致趋于一致，从而破坏了多晶体中各晶粒取向的无序性，这一现象称为晶粒的择优取向，变形金属中的这种组织状态则称为变形织构。

随加工变形方式的不同，变形织构主要有两种类型：拉拔时形成的织构称为丝织构，其主要特征是各个晶粒的某一晶向大致与拉拔方向平行，如图6.23所示；轧制时形成的织构称为板织构，其主要特征是各个晶粒的某一晶面与轧制平面平行，而某一晶向与轧制时的主变形方向平行，如图6.24所示。几种常见金属的丝织构与板织构如表6.3所示。

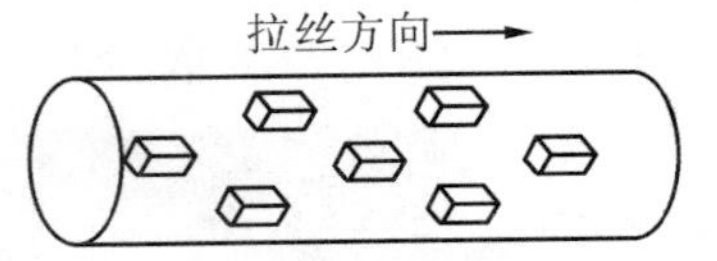

图6.23 丝织构示意图

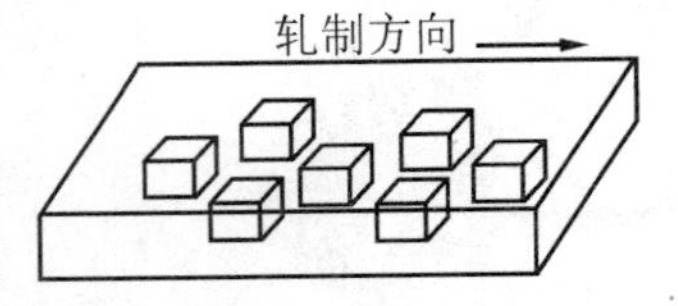

图6.24 板织构示意图

在大多数情况下，由于织构所造成的金属材料的各向异性是有害的，它使金属材料在冷变形过程中的变形量分布不均，例如当使用有织构的板材冲压杯状工件时，将会因板材各个方向的变形能力不同，使加工出来的工件边缘不齐、壁厚不均，即产生所谓的“制耳”现象，如图6.25所示。但在某些情况下，织构的存在却是有利的，例如，硅钢片沿〈1 0 0〉方向最易磁化，因此，当采用具有这种织构((100)[001])的硅钢片制作电动机或变压器的铁心时，将可以提高导磁率，减少铁损，提高设备效率。

表6.3 常见金属的丝织构与板织构

金属或合金	晶体结构	丝 织 构	板 织 构
α－Fe、Mo、W 铁素体钢	体心立方	〈110〉	{110}〈011〉+{112}〈110〉+{111}〈112〉
Al、Cu、Au、Ni、Cu－Ni、Cu＋Zn(w(Zn)＜50%)	面心立方	〈111〉 〈111〉+〈100〉	{110}〈112〉+{112}〈111〉+{110}〈112〉
Mg、Mg 合金、Zn	密排六方	〈2130〉 〈0001〉与丝轴呈70°	{0001}〈10$\bar{1}$0〉 {0001}与轧制面成70°

4．残余应力

金属在塑性变形过程中外力所做的功除大部分转化为热能之外，由于金属内部的变形不均匀及点阵畸变，还有一小部分(约占总变形功的10%)保留在金属内部，形成残余内应力和点阵畸变。

(1) 宏观内应力(第一类内应力)。宏观内应力是由于金属工件或材料各部分间的宏观变形不均匀而引起的，其平衡范围是物体的整个体积。例如冷拉圆钢，由于外圆变形度小，中间变形度大，所以表面受拉应力，心部受压应力。就圆钢整体来说，两者相互抵消，处于平衡，但如果表面车去一层，这种力的平衡遭到破坏，结果就产生了变形。一般来说不希望金属内部存在宏观内应力。

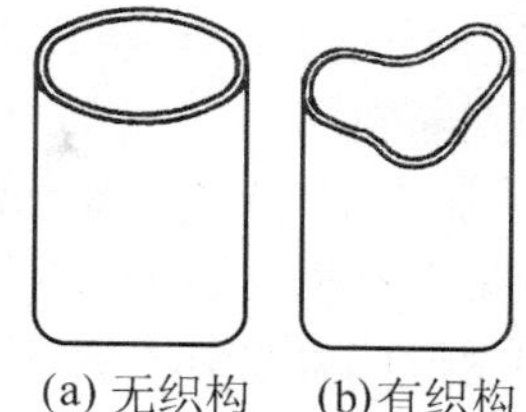

图 6.25　因变形织构所造成的“制耳”

(2) 微观内应力(第二类内应力)。微观内应力是由于各晶粒或各亚晶粒之间的变形不均匀而产生的，其平衡范围为几个晶粒或几个亚晶粒。虽然这种内应力所占的比例不大(约占全部内应力的1%～2%)，但在某些局部区域有时内应力很大，以致使工件在不大的外力作用下产生显微裂纹，并进而导致工件的断裂。

(3) 点阵畸变(第三类内应力)。点阵畸变是由于金属在塑性变形中产生大量点阵缺陷(如位错、空位、间隙原子等)，使点阵中的一部分原子偏离其平衡位置，而造成的晶格畸变。其作用范围更小，在几十至几百纳米范围内，它使金属的硬度、强度升高，而塑性和抗腐蚀性能下降。在变形金属吸收的能量中绝大部分(80%～90%)消耗于点阵畸变。

残余应力的存在对金属材料的性能是有害的，它导致材料及工件的变形、开裂和产生应力腐蚀。例如，工件表面存在拉应力时，它可与外加应力叠加起来，引起工件的变形和开裂。对于已经产生的残余应力可以通过适当方式的热处理加以消除。但是，有时当工件表面残留一层压应力时，反而对提高使用寿命有利。例如采用喷丸和化学热处理方法使工件表面产生一层压应力，可以有效地提高工件(如弹簧和齿轮等)的疲劳抗力。

6.4.2　塑性变形对金属性能的影响

1. 对金属机械性能的影响

在塑性变形过程中随着金属内部组织的变化，金属的机械性能将产生明显的变化。随着变形程度的增加，金属的强度、硬度显著升高，而塑性、韧性则显著下降，这一现象称为加工硬化，如图6.26所示。

产生加工硬化的原因，目前普遍认为与位错的运动和交互作用有关，随着塑性变形的进行，位错的密度不断增加，因此，位错运动时的相互交割加剧，产生位错塞积群、割阶、缠结网等障碍，阻碍位错的进一步运动，引起变形抗力增加，因此提高了金属的强度。

加工硬化现象在金属材料的生产过程中有一定的实际意义。利用加工硬化的方法可提高金属材料的强度，例如自行车链条的链板材料为16Mn低合金钢，原始硬度为150HB，抗拉强度 $\sigma_b \geqslant 520$ MPa，经过五次轧制使钢板的厚度由3.5 mm压缩到1.2 mm(变形度为65%)，这时硬度提高到275HB，抗拉强度提高到1 000 MPa。对于一些不能用热处理方法来强化的金属，如铝、铜、某些不锈钢等，采用加工硬化方法来提高其强度尤为重要。加工硬化也是某些工件或半成品能够拉伸或冷冲压加工成形的重要基础。例如冷拔钢丝时，钢丝拉过模孔后，其断面尺寸减小，单位面积上所受的力增加，如果金属不产生加工硬化使强度提高，那么，钢丝出模后就会被拉断。由于钢丝经塑性变形后产生了加工硬化，尽管钢丝断面尺寸缩减，但由于其强度显著增加，因此不再继续变形，使塑性变形能够均匀地分布于整个工件，而不至于集中在某些局部区域而导致断裂。

但是，加工硬化现象也会给金属材料的生产和使用带来不利的影响，它使金属在塑性变形过程中变形抗力逐渐增加，以致丧失继续变形的能力。为了消除加工硬化，使金属重新恢复变形的能力，必须对其进行中间退火，这样不但增加了金属制品的生产成本，而且延长了产品的生产周期。

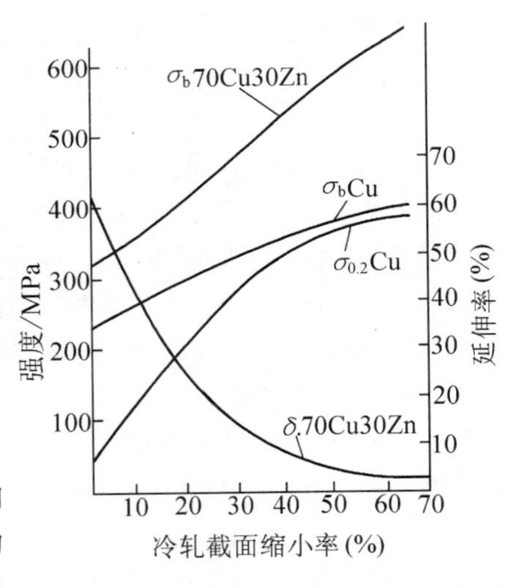

图 6.26 冷轧对铜材拉伸性能的影响

2. 对金属物理、化学性能的影响

经过冷塑性变形以后，金属的物理性能和化学性能也将发生明显的变化。如使金属的比电阻增加，电阻温度系数下降，导热系数也略有下降。塑性变形还使导磁率、磁饱和度下降，但磁滞和矫顽力增加。塑性变形提高金属的内能，使化学活性提高，腐蚀速度加快。塑性变形后由于金属中的晶体缺陷（位错及空位）增加，因而扩散激活能减少，扩散速度增加。

6.5 冷变形金属的回复与再结晶

金属在塑性变形时要消耗大量的能量，其中绝大部分转变成热而散失，只有一小部分（百分之几至百分之十几）能量以增加晶体缺陷（空位和位借等）所引起的畸变能和由于变形不均匀性所引起的弹性应变能形式储存在金属内部，称为储存能。由于储存能的存在，使塑性变形后的金属材料的自由能升高，使其在热力学上处于不稳定的亚稳状态，它们有自发地恢复到变形前低自由能、稳定状态的趋势。但是在常温下，由于原子的活动能力很小，原子的扩散速度太慢，这种变化极为缓慢。如果温度升高，金属原子具有足够的活动能力，扩散速度显著增加，那么，冷变形金属就会由亚稳定状态向稳定状态转变，从而引起一系列组织和性能的变化，储存能就是这一系列变化过程的驱动力。经冷塑性变形的金属加热时发生的变化过程随着温度的升高可分为回复、再结晶和晶粒长大三个阶段。

6.5.1 回复

回复是指经冷塑性变形的金属在加热时，在光学显微组织发生改变前（即在再结晶晶粒形成前）所产生的某些亚结构和性能的变化过程。

将冷变形金属加热到不高的温度时，变形金属的显微组织无显著变化，晶粒仍保持纤维状或扁平状的变形组织。此时，金属机械性能，如硬度、强度、塑性变化不大，但某些物理、化学性能发生明显变化，如电阻显著减小，抗应力腐蚀能力则提高，第一类内应力基本消除。

一般认为，回复是点缺陷和位错在加热时发生运动，从而改变它们的组态分布和数量的过程。在低温加热时，点缺陷主要是空位比较容易移动，它们可以移至晶界或位错处而消失，也可以聚合起来形成空位对、空位群，还可以和间隙原子相互作用而消失，结果使点缺陷的密度明显下降。

当加热温度稍高时，不仅原子有很大的活动能力，而且位错也开始运动起来。处于同一滑移面上的异号位错可以相互吸引而抵消，使位错密度降低。缠结中的位错可以重新组合，亚晶粒也会长大。当加热温度更高时，位错不但可以滑移，而且可以攀移(位错沿垂直滑移面的方向运动，见图6.27)，分布于滑移面上的同号刃型位错互相排斥，并按照某种规律沿垂直于滑移面的方向排列成位错墙，构成小角亚晶界，在变形晶粒中形成许多较完整的小晶块，称为回复亚晶。这一过程称为多边形化，如图6.28所示。

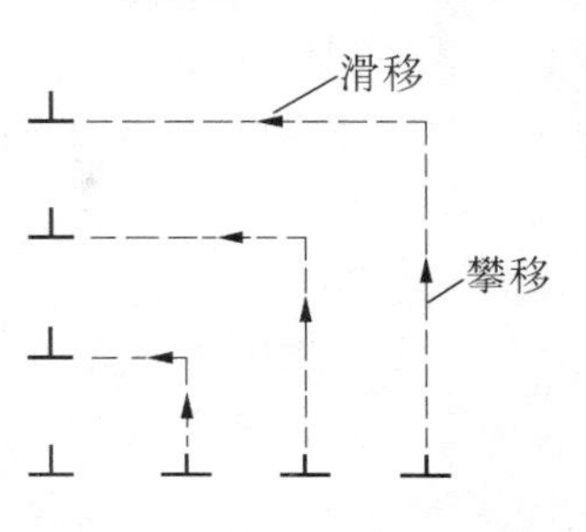

图6.27　刃型位错攀移和滑移示意图

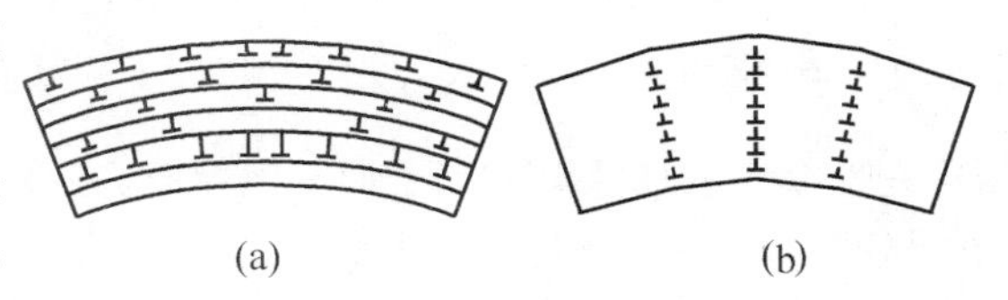

图6.28　多边形化前(a)、后(b)位错的排列情况

显然，多边形化过程实质上是位错从高能态的混乱排列向低能态的规则排列移动的过程。图6.29为纯铝多晶体进行回复退火时亚结构变化的电镜照片。在回复退火之前，塑性变形所形成的胞状亚结构如图6.29(a)所示。当回复加热时，胞状亚结构内部的位错向胞壁滑移，与胞壁内的异号位错相遇而抵消，使

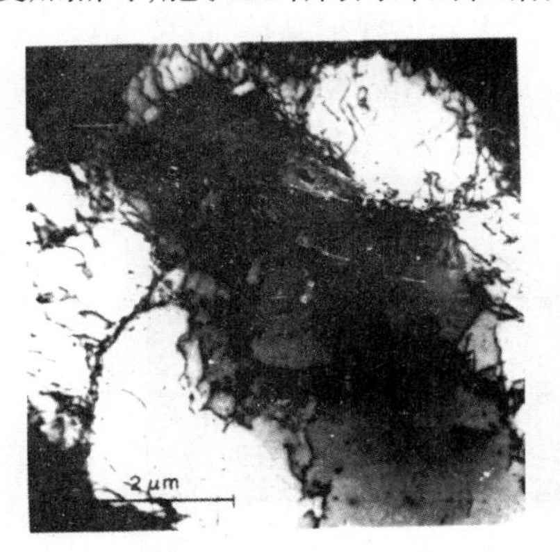

(a)冷变形状态

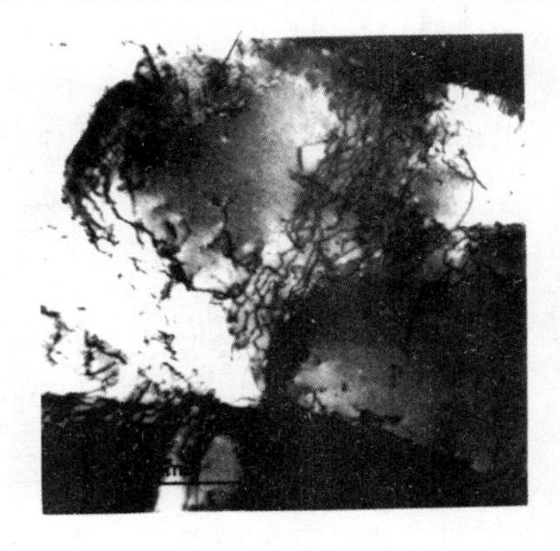
(b)经0.1 h回复

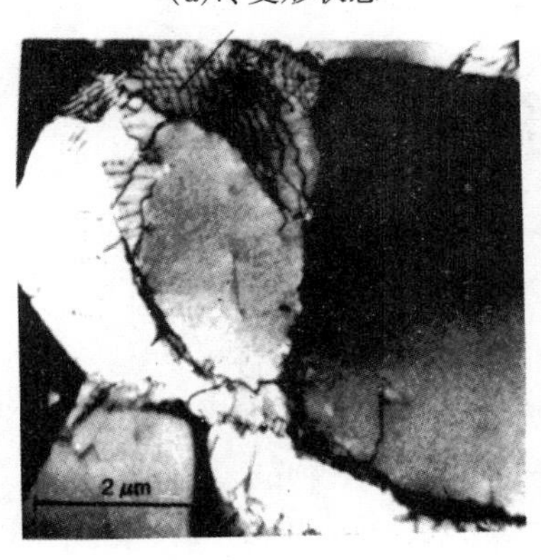

(c)经50 h回复

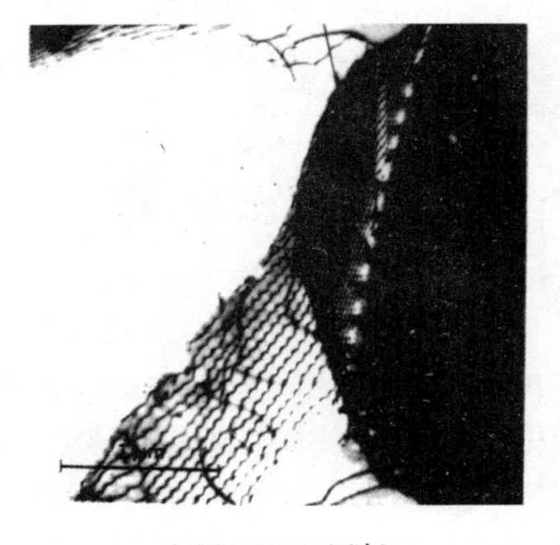
(d)经300 h回复

图6.29　纯铝多晶体(冷变形5%)在200℃保温不同时间后的电子显微组织

位错密度下降,而胞壁的缠结位错网逐渐变得平直与规则,如图 6.29(b)所示。随着回复的进一步发展,胞壁中的位错逐渐形成位错网络,于是,胞状亚结构的边界即变得比较清晰而成为亚晶界如图 6.29(c)所示。随后这些亚晶粒通过亚晶界的迁移而逐渐长大,如图 6.29(d)所示。

在生产上应用的去应力退火即回复处理,就是利用回复过程使冷加工的金属件在基本保持加工硬化状态的条件下,降低其内应力,以减轻变形和翘曲,并改善工件的耐蚀性,降低电阻率。如用冷拉钢丝卷制弹簧时,在卷成之后,要在 250~300℃进行退火,以降低内应力并使之定型,而硬度和强度基本保持不变。此外,对铸件和焊接件加工后及时进行去应力退火以防止变形和开裂,也是通过回复过程来实现的。

6.5.2　再结晶

当冷变形金属的加热温度高于回复温度时,在变形组织的基体上产生新的无畸变的晶核,并迅速长大形成等轴晶粒,逐渐取代全部变形组织,这个过程称为再结晶。再结晶的驱动力与回复一样,也是金属预先冷变形产生的储存能。经过再结晶之后,冷变形金属的强度、硬度显著下降,塑性和韧性显著提高,内应力完全消除,加工硬化状态消除,金属又重新复原到了冷变形之前的状态。

冷变形金属的再结晶过程是通过形核和长大方式完成的,图 6.30 为再结晶过程中新晶粒的形核与长大过程的示意图。其中,影线部分代表塑性变形基体,白色部分代表无畸变的新晶粒。由图可见,随着再结晶退火时间的增加,再结晶的新晶粒不断增多的同时,其尺寸也相应长大,直至全部形成等轴晶粒之后,再结晶即告完成。

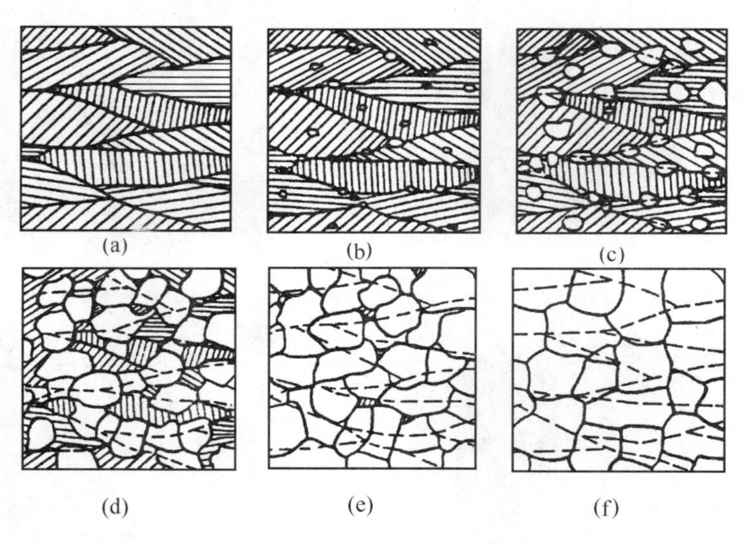

图 6.30　再结晶过程示意图

再结晶时通常是在变形金属中能量较高的区域(如晶界、孪晶界、夹杂物周围等处)优先形核。实验观察表明,随着变形程度和金属的不同,再结晶核心一般通过两种方式形成:其一是某些亚晶界的迅速成长而变为核心,即亚晶形核,多发生在较大冷塑性变形(变形度 > 20%)的金属中;其二是原晶界的某些部位突然迅速成长而变为核心,即凸出形核,多发生在较小塑性变形的金属中。不同形核机制的示意图如图 6.31 所示。

1. 亚晶形核

回复阶段的多边形化是再结晶形核的必要准备阶段，多边形化产生的由小角晶界所包围的某些无畸变的较大的亚晶，可以通过两种不同的方式生长成再结晶的晶核：一种方式是通过某些局部位错密度很高的亚晶界的迁移、吞并相邻的变形基体和亚晶粒而成长为再结晶晶核，如图6.31(a)所示；另一种方式是通过两亚晶粒之间的亚晶界的消失，使两相邻的亚晶粒合并而形核，这时此亚晶界的消失是亚晶粒边界上的位错通过攀移和滑移，并转移到邻近的晶界或亚晶界中去，如图6.31(b)所示。随着亚晶的生长，包围着它的亚晶界位向差必然越来越大，最后构成大角晶界，由大角晶界包围的无畸变晶体就成为再结晶的核心。

2. 晶界凸出形核

金属变形程度较小时，金属的变形不均匀，各晶粒的位错密度互不相同，在再结晶退火时，现有的大角晶界上有一小段通过晶界迁移向亚晶粒细小、位错密度高的一侧弓出去，在其前沿扫过的区域留下无畸变的晶体，成为再结晶核心，如图6.31(c)所示。

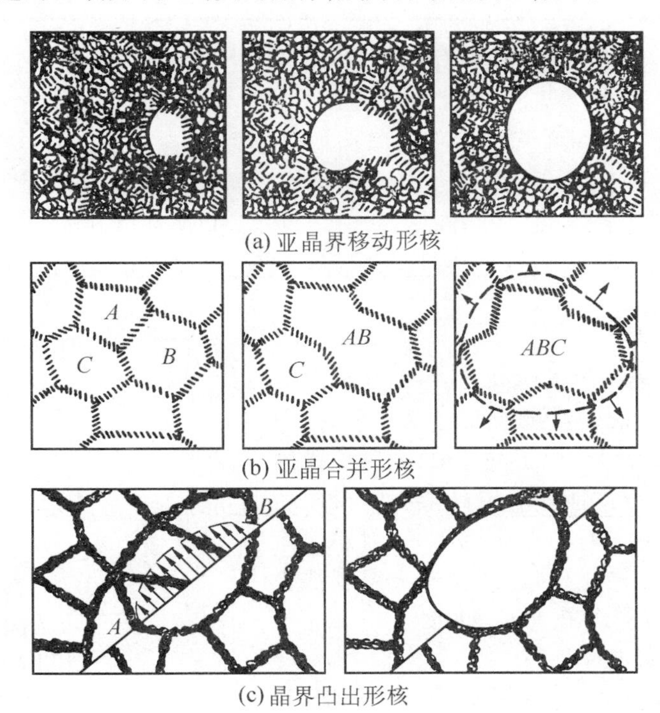

图6.31　再结晶形核机制示意图

再结晶核心无论以那种方式形成，都可以借助于其周围的大角晶界向畸变区域移动而生长，扫除其移过区域的位错，在其后留下无畸变的晶体。晶界移动的驱动力主要是新晶粒与周围变形基体之间的畸变能差。当变形晶粒完全消失而全部被新生的、无畸变的再结晶晶粒所代替时，再结晶过程即告结束。

6.5.3　再结晶温度及其影响因素

再结晶温度是冷变形金属开始进行再结晶的最低温度。在生产中通常把再结晶温度定义为：经过大量变形（变形度 > 70%）的金属在约1 h的保温时间内，能够完成再结晶

(再结晶体积分数>95%)的最低加热温度。但是,由于再结晶前后晶格类型不变、化学成分不变,所以再结晶过程不是相变,故再结晶不是一个恒温过程,而是自某一温度开始,随着温度的升高和保温时间的延长而逐渐生核、长大的连续过程。因此,再结晶温度并不是一个物理常数,而是一个自某一温度开始的温度范围。大量实验统计结果表明,经严重变形的工业纯金属若完成再结晶的时间为0.5~1 h,则其再结晶开始温度($T_{再}$)与其熔点(T_m)之间存在着如下近似关系

$$T_{再}(K)=(0.35\sim0.4)T_m(K)$$

表6.4列出了一些金属的再结晶温度。

影响再结晶温度的因素主要有以下几个方面:

1. 变形程度

金属的冷变形程度越大,其储存能越高,再结晶的驱动力也越大。因此,再结晶温度越低,但当变形度增加到一定程度之后,再结晶温度趋于一个稳定值,见图6.32。

表6.4 一些金属的再结晶温度($T_{再}$)

金属	$T_{再}$/℃	T_m/℃	$T_{再}$/K/T_m/K	金属	$T_{再}$/℃	T_m/℃	$T_{再}$/K/T_m/K
Sn	<15	232		Cu	200	1 083	0.35
Pb	<15	327		Fe	450	1 538	0.40
Zn	15	419	0.43	Ni	600	1 455	0.51
Al	150	660	0.45	Mo	900	2 025	0.41
Mg	150	650	0.46	W	1 200	3 410	0.40
Ag	250	960	0.39				

2. 金属的纯度

一般来说,金属的纯度越高,其再结晶温度就越低。因为金属中的微量杂质或合金元素,特别是高熔点元素,常会阻碍原子的扩散,阻碍位错运动或晶界的迁移,因此能显著提高金属的再结晶温度。所以对各种普通的工业纯金属,为了消除其冷变形后的加工硬化现象,通常退火温度都要比其最低再结晶温度高出100~200℃。

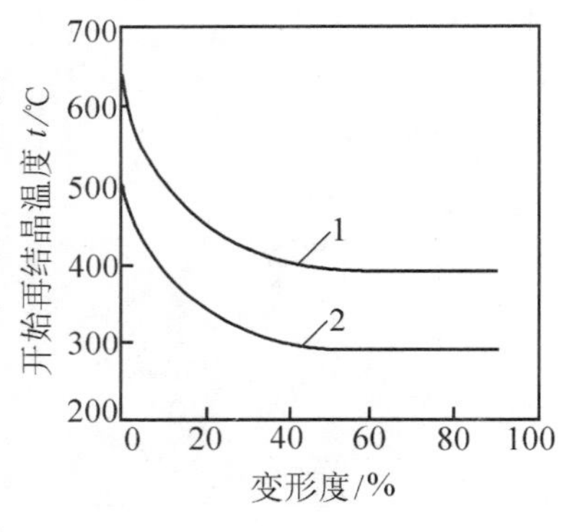

图6.32 铁和铝的开始再结晶温度与冷变形程度的关系

1—电解铁; 2—铝(w(Al)=99%)

3. 原始晶粒的尺寸

在其它条件相同时,金属的原始晶粒越细,其再结晶温度就越低。这是由于细晶粒金属的变形抗力较大,冷变形后金属的储存能较高的缘故。

4. 加热时间和加热速度

退火加热保温时间越长,原子扩散移动越能充分地进行,故增加退火时间有利于新的再结晶晶粒充分形核和生长,可降低再结晶温度。因为再结晶过程需要一定的时间才能完成,故提高加热速度会使再结晶温度升高。若加热速度非常缓慢时,由于变形金属有足够的时间进行回复,使储存能和冷变形程度减小,从而导致再结晶的驱动力减小,也会使再结晶温度升高。

6.5.4　再结晶晶粒大小的控制

变形金属再结晶后的晶粒大小对其性能将产生重要影响，所以控制再结晶晶粒大小在生产中具有实际意义。影响再结晶晶粒大小的因素主要有以下几个方面：

1. 变形程度

变形程度对金属再结晶晶粒大小的影响如图6.33所示。当变形量很小时，由于储存能很小，不足以引起再结晶，故晶粒度不改变。当变形量达到某一数值（一般金属在2%～10%范围内）时，再结晶的晶粒特别粗大，这样的变形度称为临界变形度。这是因为此时的变形量较小，形成的再结晶核心较少，而生长速度却很大造成的。故生产中应避免在临界变形度范围内进行加工，以免再结晶晶粒粗大。当变形度大于临界变形度后则晶粒逐渐细化，变形度越大，则晶粒越细小。这是由于随变形度增加，储存能增大，从而导致再结晶形核率和长大速度都增加，但形核率的增加大于长大速度的增加，故使再结晶后的晶粒变细。当变形度达到一定程度后，再结晶晶粒大小基本保持不变。

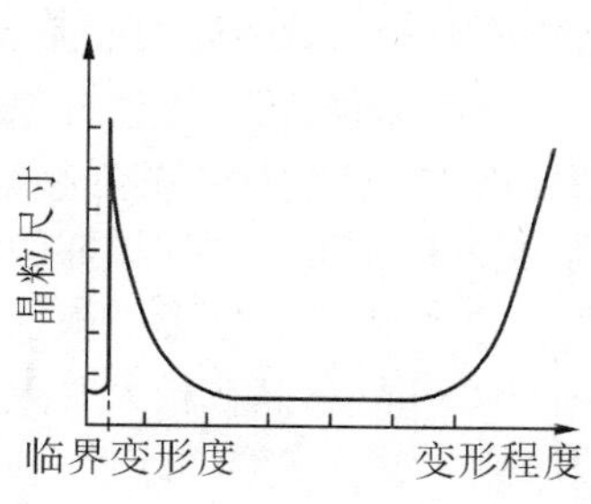

图6.33　金属冷变形程度对再结晶晶粒大小的影响

2. 原始晶粒尺寸

当变形量一定时，金属的原始晶粒越细，则再结晶后的晶粒也越细。这是由于原始晶粒细小，晶界面积增加，为再结晶形核提供更多的位置，故再结晶后晶粒得到细化。

3. 杂质与合金元素

金属中的杂质与合金元素一方面增加变形金属的储存能，另一方面阻碍晶界的移动，一般都起到细化晶粒的作用。

4. 变形温度

变形温度越高，回复程度便越大，结果使变形金属的储存能减小，故使再结晶晶粒粗化。

5. 退火温度

当变形程度和退火保温时间一定时，再结晶退火温度越高，再结晶后的晶粒便越粗大。同时退火温度还影响临界变形度的具体变形值，退火温度越高，临界变形度越小。

以上因素中变形程度和退火温度对再结晶退火后的晶粒大小的影响最大。为了综合考虑变形程度和退火加热温度对再结晶晶粒大小的影响，通常将三者之间的关系绘制在一张立体图形中，称为再结晶全图，它可以作为制订金属变形和再结晶退火工艺规程的依据。图6.34为工业纯铝的再结晶全图。

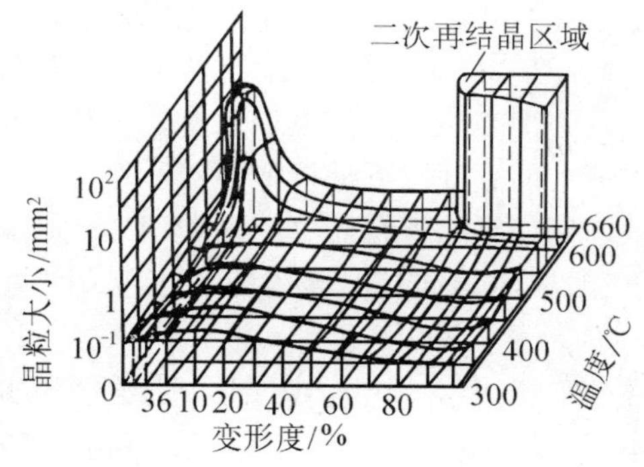

图6.34　工业纯铝的再结晶全图

6.5.5 晶粒长大

冷变形金属在再结晶刚完成时，一般得到细小的等轴晶粒组织。如果继续提高加热温度或延长保温时间，将引起晶粒进一步长大，称为晶粒长大现象。晶粒长大是个自发过程，它能减少晶界的总面积，从而降低总的界面能，使组织变得更稳定。晶粒长大的驱动力是晶粒长大前后总的界面能差。

实验发现，晶粒长大过程有如下特点：

晶粒长大主要靠晶界的迁移，晶界的迁移总是指向晶界的曲率中心方向；随着晶界的迁移，小晶粒逐渐被吞并到相邻的较大晶粒中，晶界本身趋于平直化；三个晶粒的晶界的交角趋于 120°，使晶界处于平衡状态。

在一般情况下，晶粒长大时大多数晶粒几乎同时逐渐均匀长大，称为正常长大。但有时继续加热超过一定温度或保温时间较长时，则会有少数晶粒吞并周围其它小晶粒而急剧长大，它的尺寸可能达到几个厘米，而其它晶粒仍然保持细小，最后小晶粒被大晶粒吞并，整个金属的晶粒都变得十分粗大，超过原始晶粒尺寸几十倍甚至上百倍，这种晶粒长大称为异常晶粒长大或二次再结晶。而前面讨论的再结晶称为一次再结晶。

一般认为发生二次再结晶的原因是由于晶界处存在着弥散、细小的夹杂物或第二相质点阻碍晶粒长大，但弥散质点的分布不均匀，而且当温度很高或延长保温时间时，弥散质点发生聚集或溶解于金属基体中，导致少数晶粒脱离夹杂物的约束而突然长大。如 $w(\mathrm{Si}) = 3\%$ 的 Fe - Si 合金于 1 200℃退火时，碳化物等杂质的溶解会使晶粒发生二次再结晶。二次再结晶导致晶粒特别粗大，使金属的强度、塑性和韧性显著降低，对产品的性能是有害的，应予避免。但是对于某些磁性材料，如硅钢片等，却可以利用二次再结晶获得粗大的晶粒，以提高其导磁率。

6.6 金属的热加工

6.6.1 金属的热加工与冷加工

压力加工是利用塑性变形的方法使金属成形并改性的工艺。但是由于在常温下进行塑性变形会引起金属的加工硬化，使变形抗力增大，所以对某些尺寸较大或塑性低的金属（如 W、Mo、Cr、Mg、Zn 等）来说，常温下进行塑性变形十分困难，生产上往往采用在加热条件下进行塑性变形。从金属学角度来看，区分冷加工与热加工的界限是金属的再结晶温度。在再结晶温度以下进行塑性变形称为冷加工；在再结晶温度以上进行塑性变形称为热加工。例如铅的再结晶温度在 0℃以下，因此，在室温下对铅进行塑性变形加工已属于热加工，而钨的再结晶温度约为 1 200℃，因此，即使在 1 000℃进行变形加工也属于冷加工。

在热加工过程中，金属内部同时进行着加工硬化和回复、再结晶软化两个相反的过程。不过这时的回复、再结晶是边加工边发生的，因此称为动态回复和动态再结晶。而把变形中断或终止后保温过程中，或者在随后的冷却过程中所发生的回复与再结晶称为静态回复和静态再结晶，后者与前面讨论的回复与再结晶是一致的。

金属材料的热加工须控制在一定温度范围之内，热加工上限温度一般控制在固相线以下100～200℃范围内,如果超过这一温度,就会造成晶界氧化,使晶粒之间失去结合力,塑性变坏。热加工的下限温度一般应在再结晶温度以上一定范围,如果超过再结晶温度过多,会造成晶粒粗大,如低于再结晶温度则会使变形组织保留下来。各种常用金属的热加工温度范围如表6.5所示。

6.6.2　热加工对金属组织与性能的影响

1. 改善铸锭和钢坯的组织

通过热加工可使钢中的组织缺陷得到明显的改善,如气孔和疏松被焊合,使金属材料的致密度增加,铸态组织中粗大的柱状晶和树枝晶被破碎,使晶粒细化,某些合金钢中的大块初晶或共晶碳化物被打碎,并较均匀分布,粗大的夹杂物亦可被打碎,并均匀分布。由于在温度和压力作用下原子扩散速度加快,因而偏析可部分得到消除,使化学成分比较均匀。这些都使材料的性能得到明显的提高,如表6.6所示。

表6.5　常用金属材料的热加工(锻造)温度范围

材　　料	始锻温度/℃	终锻温度/℃
碳素结构钢及合金结构钢	1 200～1 280	750～800
碳素工具钢及合金工具钢	1 150～1 180	800～850
高速钢	1 090～1 150	930～950
铬不锈钢(1Cr13)	1 120～1 180	870～925
铬镍不锈钢(1Cr18Ni9Ti)	1 175～1 200	870～925
纯铝	450	350
纯铜	860	820

表6.6　$w(C)=0.3\%$的碳钢锻态和铸态时机械性能的比较

状态	σ_b/MPa	$\sigma_{0.2}$/MPa	δ/%	ψ/%	α_k/(J·cm^{-2})
锻态	530	310	20	45	56
铸态	500	280	15	27	28

2. 形成纤维组织

在热加工过程中铸态金属的偏析、夹杂物、第二相、晶界等逐渐沿变形方向延伸。其中硅酸盐、氧化物、碳化物等脆性杂质与第二相破碎呈链状,塑性夹杂物如MnS等则变成带状、线状或条状。在宏观试样上沿着变形方向呈现一条条的细线,这就是热加工钢中的流线。由一条条流线勾画出来的组织叫做纤维组织。

显然金属中纤维组织的形成将使其机械性能呈现出各向异性,沿着流线方向比垂直于流线方向具有较高机械性能。特别是塑性和冲击韧性,如表6.7所列。在制订热加工工艺时,必须合理地控制流线的分布情况,尽量使流线方向与应力方向一致。对所受应力比较简单的零件,如曲轴、吊钩、扭力轴、齿轮、叶片等,尽量使流线分布形态与零件的几何外形一致,并在零件内部封闭,不在表面露头,这样可以提高零件的性能。图6.35所示为两种不同纤维分布的拖钩,显然,图6.35(a)的分布情况是正确的,图6.35(b)的分布情况是错误的。

表6.7 45钢力学性能与流线方向的关系

性能 取样方向	σ_b/MPa	σ_s/MPa	δ/%	ψ/%	A_k/J
纵　向	700	460	17.5	62.8	54.7
横　向	658	431	10.0	31.0	26.5

3. 形成带状组织

复相合金中的各个相，在热加工时沿着变形方向交替地呈带状分布，这种组织称为带状组织，在经过压延的金属材料中经常出现这种组织，但不同材料中产生带状组织的原因不完全一样。一种是在铸锭中存在着偏析和夹杂物，压延时偏析区和夹杂物沿变形方向伸长成带条状分布，冷却时即形成带状组织。例如含磷偏高的亚共析钢内，铸态时树枝晶间富磷贫碳，由于磷在钢中的扩散速度比铁缓慢得多，因此，即使经过热加工也难以消除，它们沿着金属的变形方向被延伸拉长，并使钢的 A_3 升高。当奥氏体冷却到 A_3 温度时，先共析铁素体优先在这种富磷贫碳的地带形核并长大，形成铁素体带，而铁素体两侧的富碳地带则随后转变成珠光体带。

当钢中存在较多的夹杂物(如 Mn)时，若夹杂物被变形拉成带状，在冷却过程中先共析铁素体通常依附于它们之上而析出，也会形成带状组织。图6.36为热轧低碳钢板的带状组织。

(a)模锻钩　　(b)切削加工钩

图6.35 拖钩的纤维组织

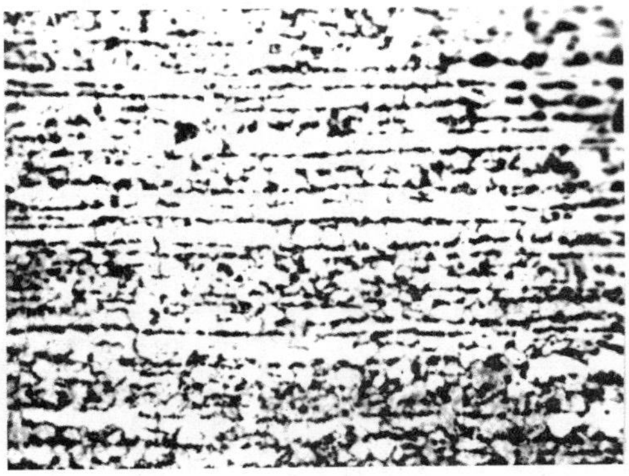

图6.36 亚共析钢中的带状组织 100×

对于高碳高合金钢，由于存在较多的共晶碳化物，在热加工时碳化物颗粒也可呈带状分布，通常称为碳化物带，如图6.37所示。

带状组织使金属材料的机械性能产生方向性，特别是横向的塑性和韧性明显降低，使材料的切削性能恶化。对于高温下能获得单相组织的材料，带状组织有时可用正火来消除，但严重的磷偏析引起的带状组织必须采用高温扩散退火及随后的正火加以改善。

4. 晶粒大小

正常的热加工一般可使晶粒细化。但是晶粒能否细化取决于变形量、热加工温度，尤其是终锻(轧)温度及锻(轧)后冷却等因素。一般认为增大变形量,有利于获得细晶粒,当铸锭的晶粒十分粗大时,只有足够大的变形量才能使晶粒细化。特别是注意不要在临界变形度范围内加工,否则即得到粗大的晶粒组织。变形度不均匀,则热加工后的晶粒大小往往也不均匀。当变形量很大(>90%),且变形温度很高时,容易引起二次再结晶,得到异常粗大的晶粒组织。终锻(轧)温度如高于再结晶温度过多,且锻(轧)后冷却速度过慢,也会造成晶粒粗大。终锻(轧)温度过低,又会造成加工硬化和残余应力。因此,应对热加工工艺进行认真控制,以获得细小均匀的晶粒,提高材料的性能。

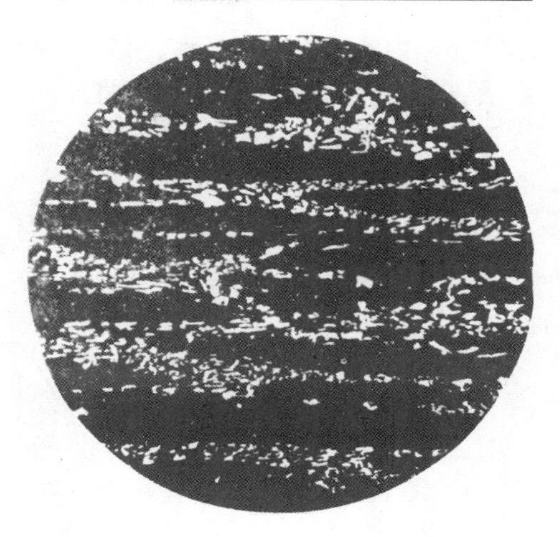

图6.37　Cr12钢中的碳化物带　100×

6.7　超　塑　性

通常,具有良好塑性的金属材料在拉伸时试样会发生缩颈,其延伸率大都不超过60%,但某些金属材料在特定的条件下拉伸时能获得极高的延伸率和优异的均匀变形能力,其极限延伸率一般可达200%~500%,甚至高达1 000%~2 000%,这种性能称为超塑性。

超塑性是金属学中较新的重要领域,从20世纪60年代后各国开始对其进行大量研究工作,目前已开始进入实用阶段。根据产生超塑性的条件,可把超塑性分为微晶超塑性(或称组织超塑性)和相变超塑性。目前研究最多而最重要的是微晶超塑性,本节只讨论微晶超塑性的有关问题。

金属材料在常规的条件下是没有超塑性的,为使它们获得超塑性,通常要求以下条件:

① 变形一般应在$0.5\sim0.65T_m$温度范围内进行;

② 应变速率应较小,通常控制在$0.01\sim0.000\ 1\ s^{-1}$范围内;

③ 材料应具有微细的等轴晶粒的两相组织,晶粒直径必须小于10 μm(超细晶粒),且在超塑变形过程中不显著长大。

大量试验结果与电镜分析表明,超塑性变形后材料的组织结构变化具有下列特征:

① 变形后的晶粒虽有所长大,但仍为等轴状,晶粒未变形拉长;

② 事先经过抛光的表面,在塑性变形后并未出现滑移线;

③ 在特制的试样中可见到明显的晶界滑动和不规则的晶粒转动痕迹;

④ 经超塑性变形的金属材料,其内部并未形成明显的织构,存在织构的试样经超塑性变形后,则由于晶界滑动和晶粒转动,使织构遭到破坏或削弱。

一般认为微晶超塑性变形的机制与晶界扩散调节的晶界滑移有关。如图6.38所示,设有四个六边形晶粒,其初始状态如图6.38(a)所示,在应力σ的作用下发生塑性变形,引起晶界滑动和晶粒转动,使晶粒形状变化,如图6.38(b)所示,晶粒形状的这种改变不是依靠晶内滑移或晶界迁移，而是依靠扩散进行的，如图 6.38(c)所示，其中主要是晶界扩散，最后各晶粒由于弛豫作用将形成新的组态，如图 6.38(d)所示。因此，试样的超塑变形并未引起组成晶粒的形状变化，而主要是借助于晶界的滑动与扩散及其所产生的晶粒换位完成的。

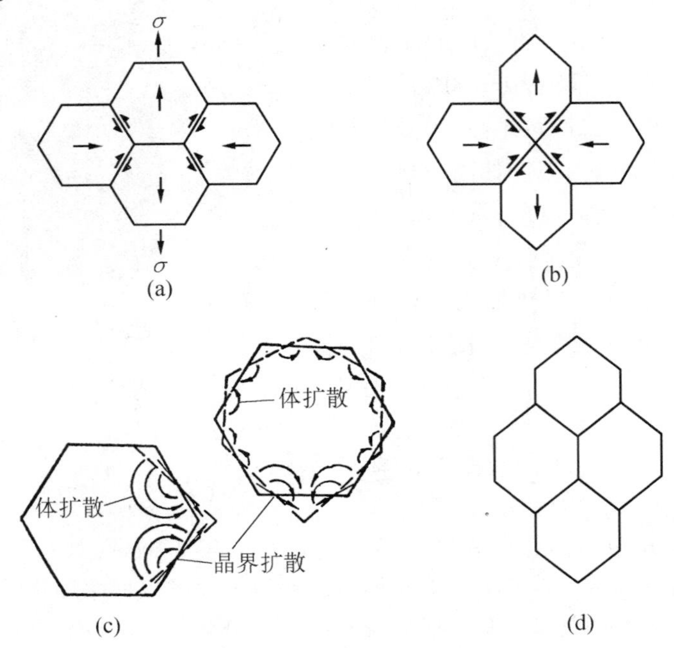

图 6.38 超塑变形时的晶界滑动与扩散

获得微细晶粒组织是实现超塑性的先决条件，其主要加工方法有：合金化、凝固过程的控制、变形加工与再结晶、形变热处理、粉末冶金等。目前已在多种合金中实现了超塑性，微晶超塑性材料大多为共晶型和共析型两相合金，可通过适当的处理获得细小均匀分布的第二相，借此阻止晶粒长大而有利于保持微晶组织。此外，在析出型固溶体合金以至工业纯金属(如 Mg、Ni、Zn 等)中也发现微晶超塑性。表 6.8 列出了某些微晶超塑性合金。

超塑性在目前生产中的应用主要是超塑成型加工，处于超塑状态的金属具有优异的成型特性，从而可以扩大金属成型加工范围，并减少加工费用和最大限度地节约原材料。超塑性甚至可以使某些金属材料像玻璃和热塑性塑料那样在加热状态下进行吹制成型。

表 6.8 微晶超塑性合金

材料		超塑变形温度/℃	延伸率 δ/%
锌基	Zn - 22Al	250	1 500 ~ 2 000
铝基	Al - 3Cu - 7Mg Al - 11.7Si Al - 6Cu - 0.5Zn	420 ~ 480 450 ~ 550 420 ~ 450	> 600 480 ~ 2 000
铜基	Cu - 9.8Al Cu - 1.95Al - 4Fe	700 800	700 800
锡基	Sn - 38Pb Sn - 5Bi	20 20	700 1 000

续表 6.8

材　料		超塑变形温度/℃	延伸率 δ/%
镁　基	Mg - 6Zn - 0.5Zr Mg - Al(共晶)	270 ~ 310 350 ~ 400	1 000 2 100
钛　基	Ti - 6Al - 4V Ti - 5Al - 2.5Sn	800 ~ 1 000 900 ~ 1 100	1 000 450
镍　基	Ni - 39Cr - 10Fe - 2Ti	810 ~ 980	1 000
铁　基	Fe - 0.91C Fe - 1.9C Fe - 1.0C - 1.5Cr Fe - 4Ni Fe - 0.13C - 1.11Mn - 0.11V Fe - 0.42C - 0.47Mn - 2.0Al	716 650 ~ 860 700 900 700 ~ 800 900 ~ 950	133 500 200 820 300 372

习　题

1. 画出低碳钢的拉伸曲线，标出弹性变形、塑性变形和断裂三阶段。

2. 何谓刚度？影响因素有哪些？为什么说它是组织不敏感性能指标？

3. 弹性变形的物理本质是什么？它与原子间结合力有何关系？

4. 塑性变形的物理本质是什么？塑性变形的基本方式有哪几种？

5. 什么是滑移？绘图说明拉伸变形时，滑移过程中晶体的转动机制。

6. 解释名词：位向因子、软取向、硬取向、滑移、孪生、滑移线、滑移带、滑移系、回复、再结晶、二次再结晶、超塑性、带状组织。

7. 已知纯铜的$[\bar{1}10](111)$滑移系的临界分切应力 τ_k 为 1 MPa。

(1) 要使$(\bar{1}11)$面上的位错沿[101]方向发生滑移，至少要在[001]方向上施加多大应力？

(2)说明此时$(\bar{1}11)$面上的位错能否沿[110]方向滑移。

8. 对铝单晶试样，沿$[\bar{1}12]$方向施加 2.0 MPa 的拉应力，铝单晶开始沿(111)面首先发生滑移：

(1)试确定此时的滑移方向，说明理由；

(2)计算该滑移系临界分切应力大小；

(3)计算外力拉应力在$(\bar{1}11)\langle 011\rangle$滑移系上分切应力大小，据此说明该拉伸条件下，铝单晶体试样表面滑移线特点。

9. 试述滑移的本质。用位错理论解释晶体滑移时临界切应力的理论值与实验值相差十分悬殊的原因。

10. 用位错理论解释 Hall - Petch 公式。

11. 试用多晶体的塑性变形过程说明纯金属晶粒越细、强度越高、塑性越好的原因。

12. 何谓加工硬化？产生原因和消除方法是什么？

13. 试述金属材料冷塑变形对组织和性能的影响。

14. 如何确定金属的再结晶温度？影响金属再结晶温度的因素有哪些？再结晶退火温度应该如何确定？说明影响再结晶晶粒大小的因素。

15. 某工厂对高锰钢制造的碎矿机颚板经 1 100℃加热后，用崭新的优质冷拔钢丝绳吊挂,由起重吊车运往淬火水槽,行至途中钢丝绳突然发生断裂,试分析钢丝绳发生断裂的主要原因。

16.何谓临界变形度？在工业生产中有何实际意义？

17.怎样区分冷加工与热加工？说明热加工对金属的组织与性能的影响？为什么锻件比铸件的机械性能好?

18.说明冷变形金属在加热过程中各阶段组织与性能的变化。

19.为什么弹簧冷卷后采用低温退火,而弹簧钢丝在冷拔过程中却采用较高温度退火?

20.论述铅在室温下进行塑性变形时的组织与性能的变化。

21.金属铸件能否通过再结晶退火来细化晶粒？为什么？

第 7 章

钢在加热和冷却时的转变

7.1 概 述

7.1.1 热处理及其作用

热处理是将钢在固态下加热到预定的温度，保温一定的时间，然后以预定的方式冷却到室温的一种热加工工艺。其工艺曲线如图7.1所示。

通过热处理可以改变钢的内部组织结构，从而改善其工艺性能和使用性能，充分挖掘钢材的潜力，延长零件的使用寿命，提高产品质量，节约材料和能源。

正确的热处理工艺还可以消除钢材经铸造、锻造、焊接等热加工工艺造成的各种缺陷，细化晶粒、消除偏析、降低内应力，使组织和性能更加均匀。

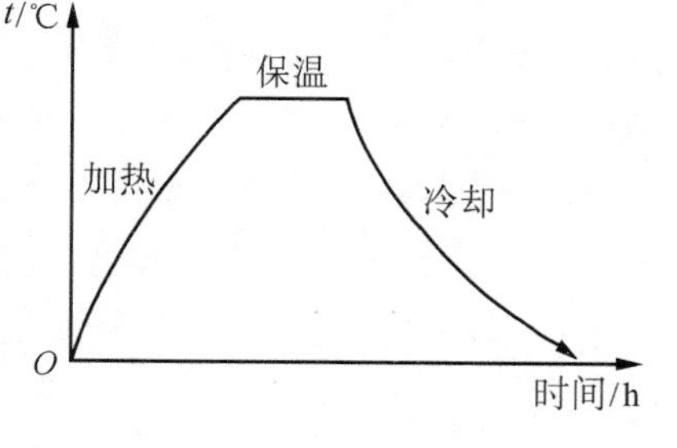

图7.1 热处理工艺示意图

在生产工艺流程中，工件经切削加工等成形工艺而得到最终的形状和尺寸后，再进行的赋予工件所需使用性能的热处理称为最终热处理。而将热加工后为随后冷拔、冷冲压和切削加工或最终热处理作好组织准备的热处理称为预备热处理。

热处理是一种重要的金属加工工艺，在机械制造工业中被广泛地应用着。例如：汽车、拖拉机工业中需要进行热处理的零件占70%～80%，机床工业中占60%～70%，而轴承及各种工模具则达100%。如果把预备热处理也包括进去，几乎所有的零件都需要进行热处理。

钢中组织转变的规律是热处理的理论基础，称为热处理原理。热处理原理包括钢的加热转变、珠光体转变、马氏体转变、贝氏体转变和回火转变。根据热处理原理制订的具体加热温度、保温时间、冷却方式等参数就是热处理工艺。

7.1.2 钢的临界温度

钢之所以能进行热处理，是由于钢在固态下具有相变，在固态下不发生相变的纯金属或某些合金则不能用热处理的方法强化。

根据 Fe－Fe_3C 相图可知，共析钢在加热和冷却过程中经过 *PSK* 线(A_1)时，发生珠光体与奥氏体之间的相互转变，亚共析钢经过 *GS* 线(A_3)时，发生铁素体与奥氏体之间的相互转变，过共析钢经过 *ES* 线(A_{cm})时，发生渗碳体与奥氏体之间的相互转变。A_1、A_3、A_{cm} 称为碳素钢加热或冷却过程中组织转变的临界温度。

但是，Fe－Fe_3C 相图上反映出的临界温度 A_1、A_3、A_{cm} 是平衡临界温度，即在非常缓慢加热或冷却条件下钢发生组织转变的温度。

实际上，钢进行热处理时，组织转变并不在平衡临界温度发生，大多数都有不同程度的滞后现象。实际转变温度与平衡临界温度之差称为过热度(加热时)或过冷度(冷却时)。过热度或过冷度随加热或冷却速度的增大而增大。通常把加热时的临界温度加注下标"c"，如 A_{c1}、A_{c3}、A_{ccm}，而把冷却时的临界温度加注下标"r"，如 A_{r1}、A_{r3}、A_{rcm}。图 7.2 为加热和冷却速度均为 0.125℃/min 时对临界温度的影响。

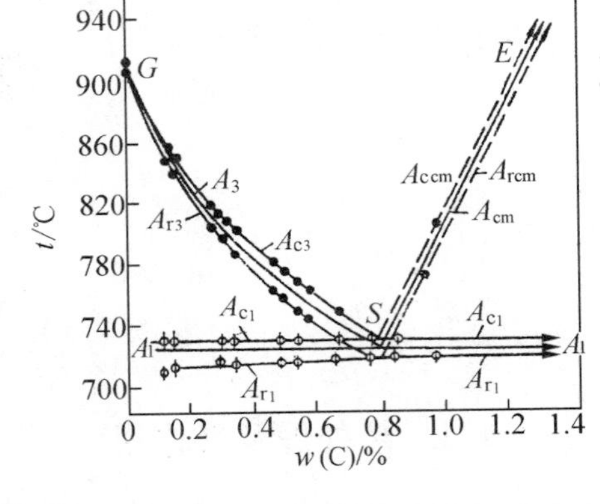

图 7.2 加热和冷却速度为 0.125℃/min 时对临界温度的影响

钢在加热和冷却时临界温度的意义如下：

A_{c1}—— 加热时珠光体向奥氏体转变的开始温度；

A_{r1}—— 冷却时奥氏体向珠光体转变的开始温度；

A_{c3}—— 加热时先共析铁素体全部溶入奥氏体的终了温度；

A_{r3}—— 冷却时奥氏体开始析出先共析铁素体的温度；

A_{ccm}—— 加热时二次渗碳体全部溶入奥氏体的终了温度；

A_{rcm} ——冷却时奥氏体开始析出二次渗碳体的温度。

7.2 钢在加热时的转变

为了使钢在热处理后获得所需要的组织和性能，大多数热处理工艺都必须先将钢加热至临界温度以上，获得奥氏体组织，然后再以适当方式(或速度)冷却，以获得所需要的组织和性能。通常把钢加热获得奥氏体的转变过程称为奥氏体化过程。

加热时形成的奥氏体的化学成分、均匀性、晶粒大小以及加热后未溶入奥氏体中的碳化物、氮化物等过剩相的数量、分布状况等都对钢的冷却转变过程及转变产物的组织和性能产生重要的影响。因此，研究钢在加热时奥氏体的形成过程具有重要的意义。

7.2.1 奥氏体形成的热力学条件

根据 Fe－Fe_3C 相图，温度在 A_1 以下钢的平衡相为铁素体和渗碳体。当温度超过 A_1 时，珠光体将转变为奥氏体，亚共析钢或过共析钢分别加热到 A_3 或 A_{cm} 温度以上，才能得到均匀的单相奥氏体组织。

奥氏体形成时系统总的自由能变化为

$$\Delta G = \Delta G_V + \Delta G_s + \Delta G_e$$

式中,ΔG_V 为新相奥氏体与母相之间的体积自由能差;ΔG_s 为形成奥氏体时所增加的界面能;ΔG_e 为形成奥氏体时所增加的应变能。其中 ΔG_V 是奥氏体转变的驱动力,ΔG_s 与 ΔG_e 是相变的阻力。因为奥氏体在高温下形成,ΔG_e 一项较小,相变的主要阻力是 ΔG_s。只有当 $\Delta G < 0$ 时转变才能进行。

图7.3为珠光体、奥氏体的自由能与温度的关系。由图可以看出,当温度等于 A_1 时,珠光体与奥氏体的自由能相等。只有当温度高于 A_1 时,珠光体向奥氏体转变的驱动力才能够克服界面能和应变能的相变阻力,使奥氏体的自由能低于珠光体的自由能,奥氏体才能自发形成。

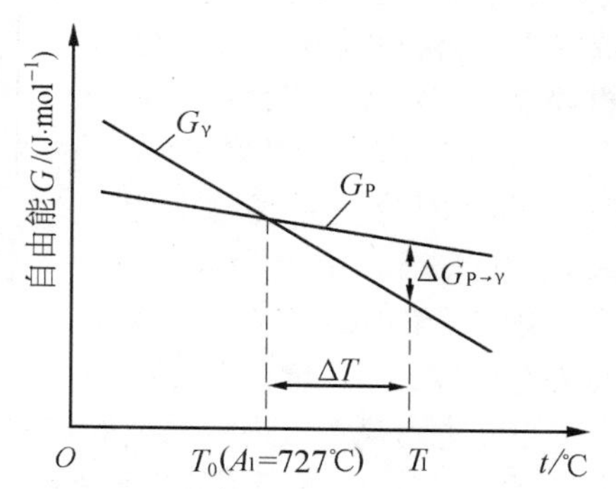

图7.3　珠光体和奥氏体的自由能随温度的变化曲线

7.2.2　奥氏体的形成过程

以共析钢为例说明奥氏体的形成过程。若共析钢的原始组织为片状珠光体,当加热至 A_{c1} 以上温度保温,将全部转变为奥氏体。珠光体是由含碳量很高 $w(C)=6.69\%$)、具有复杂晶格的渗碳体和含碳量很低 $w(C)=0.02\%$)、具有体心立方晶格的铁素体组成的,要转变为含碳量介于二者之间、具有面心立方晶格的奥氏体,三者的含碳量和晶体结构都相差很大。因此,奥氏体的形成过程包括碳的扩散重新分布和Fe原子扩散使铁素体向奥氏体的晶格重组。

金相观察证明,奥氏体的形成也是通过形核和长大方式进行的,符合相变的普遍规律。

共析钢由珠光体到奥氏体的转变包括以下四个阶段:奥氏体形核、奥氏体长大、剩余渗碳体溶解和奥氏体均匀化。如图7.4所示。

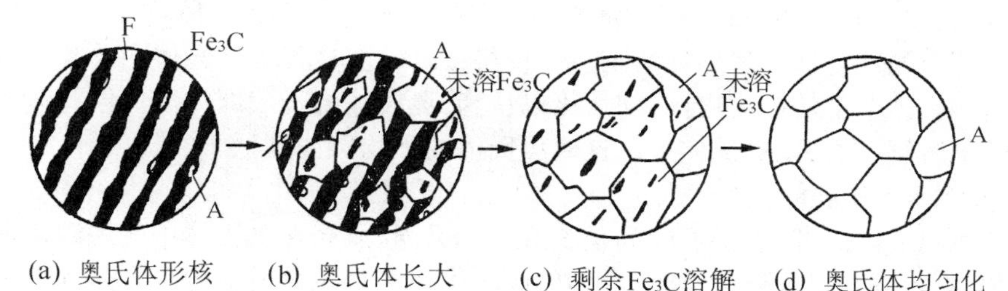

图7.4　珠光体向奥氏体转变过程示意图

1. 奥氏体的形核

奥氏体晶核通常优先在铁素体和渗碳体的相界面上形成。这是因为在相界面上碳浓度分布不均匀,位错密度较高、原子排列不规则,处于能量较高的状态,容易获得奥氏体形核所需要的浓度起伏、结构起伏和能量起伏。

珠光体群边界也可能成为奥氏体的形核部位。在快速加热时,由于过热度大,奥氏体临界晶核半径小,相变所需的浓度起伏小,这时,也可能在铁素体亚晶界上形核。

2. 奥氏体长大

奥氏体形核后便开始长大。奥氏体长大机制如图7.5所示。在 A_{c1} 以上的某一温度 t_1 形成一奥氏体晶核。奥氏体晶核形成之后,它的一面与渗碳体相邻,另一面与铁素体相邻。假定它与铁素体和渗碳体相邻的界面都是平直的，根据 $Fe-Fe_3C$ 相图可知，奥氏体与铁素体相邻的边界处的碳浓度为 $C_{\gamma-\alpha}$，奥氏体与渗碳体相邻的边界处的碳浓度为 $C_{\gamma-C}$。此时，两个边界处于界面平衡状态，这是系统自由能最低的状态。由于 $C_{\gamma-C} > C_{\gamma-\alpha}$，因此，在奥氏体中出现碳的浓度梯度，并引起碳在奥氏体中不断地由高浓度向低浓度的扩散。扩散的结果，奥氏体与铁素体相邻的边界处碳浓度升高，而与渗碳体相邻的边界处碳浓度降低。从而破坏了相界面的平衡，使系统自由能升高。为了恢复平衡，渗碳体势必溶入奥氏体，使它们相邻界面的碳浓度恢复到 $C_{\gamma-C}$，与此同时，另一个界面上，发生奥氏体碳原子向铁素体的扩散，促使铁素体转变为奥氏体，使它们之间界面的碳浓度恢复到 $C_{\gamma-\alpha}$，从而恢复界面的平衡，降低系统的自由能。这样，奥氏体的两个界面就向铁素体和渗碳体两个方向推移，奥氏体便长大。由于奥氏体中碳的扩散，不断打破相界面平衡，又通过渗碳体和铁素体向奥氏体转变而恢复平衡的过程循环往复地进行，奥氏体便不断地向铁素体和渗碳体中扩展，逐渐长大。

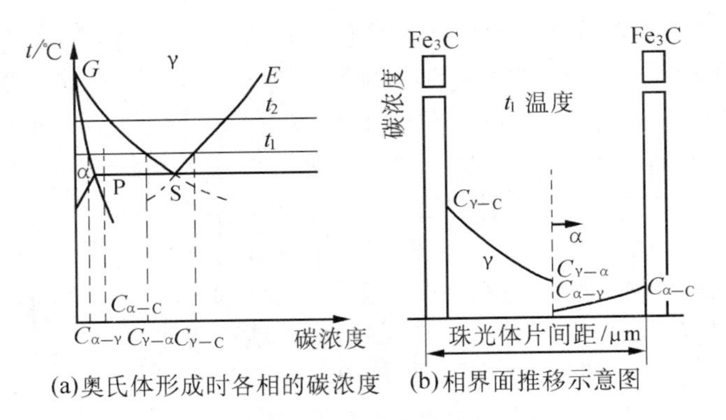

(a)奥氏体形成时各相的碳浓度　(b)相界面推移示意图

图 7.5　共析钢奥氏体长大示意图

由于在铁素体内，铁素体与渗碳体和铁素体与奥氏体接触的两个界面之间也存在着碳浓度差 $C_{\gamma-C} - C_{\gamma-\alpha}$，因此，碳在奥氏体中扩散的同时，在铁素体中也进行着扩散(图 7.5(b))。扩散的结果，促使铁素体向奥氏体转变，从而促进奥氏体长大。

实验研究发现，由于奥氏体的长大速度受碳的扩散控制，并与相界面碳浓度差有关。铁素体与奥氏体相界面碳浓度差($C_{\gamma-\alpha} - C_{\alpha-\gamma}$)远小于渗碳体与奥氏体相界面上的碳浓度差($C_{C-\gamma} - C_{\gamma-C}$)。在平衡条件下，1 份渗碳体溶解将促使几份铁素体转变。因此，铁素体向奥氏体转变的速度远比渗碳体溶解速度快得多。转变过程中珠光体中总是铁素体首先消失。当铁素体全部转变为奥氏体时，可以认为，奥氏体的长大即完成。但此时仍有部分渗碳体尚未溶解，剩余在奥氏体中。这时奥氏体的平均碳浓度低于共析成分。

3. 剩余渗碳体溶解

铁素体消失以后，随着保温时间延长或继续升温，剩余在奥氏体中的渗碳体通过碳原子的扩散，不断溶入奥氏体中，使奥氏体的碳浓度逐渐趋于共析成分。一旦渗碳体全部溶解，这一阶段便告结束。

4. 奥氏体成分均匀化

当剩余渗碳体全部溶解时，奥氏体中的碳浓度仍是不均匀的。原来是渗碳体的区域碳浓度较高，继续延长保温时间或继续升温，通过碳原子的扩散，奥氏体碳浓度逐渐趋于均匀化。最后得到均匀的单相奥氏体。至此，奥氏体形成过程全部完成。

亚共析钢和过共析钢的奥氏体形成过程与共析钢基本相同，当加热温度仅超过 A_{c1} 时，只能使原始组织中的珠光体转变为奥氏体，仍保留一部分先共析铁素体或先共析渗碳体。只有当加热温度超过 A_{c3} 或 A_{ccm}，并保温足够的时间，才能获得均匀的单相奥氏体。

7.2.3　奥氏体的形成速度

奥氏体的形成速度可从共析钢奥氏体等温形成图中反映出来，图 7.6 为共析钢的奥氏体等温形成图。图中左起第一条线表示珠光体向奥氏体转变开始，第二条线表示珠光体向奥氏体转变刚刚结束，第三条线表示剩余渗碳体溶解完毕，第四条线表示奥氏体均匀化完成。

由图可以看出，共析钢加热到 A_{c1}以上某一温度等温，奥氏体并不是立即出现，而是需要保温一定时间才开始形成，这段时间称为孕育期，这是因为形成奥氏体晶核需要原子的扩散，而扩散需要一定的时间。随着等温温度的升高，原子扩散速度加快，孕育期缩短。例如在 740℃等温转变时，经过 10 s 转变才开始，而在 800℃等温时，瞬间转变便开始。

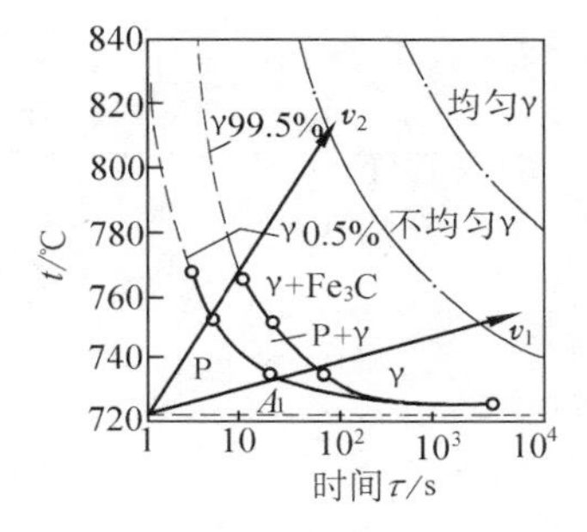

图 7.6 共析钢奥氏体等温形成图

从图中还可以看出，奥氏体形核、长大阶段所需的时间较短，剩余渗碳体溶解所需的时间较长，而奥氏体均匀化所需时间更长。例如 780℃等温时，形成奥氏体的时间不到 10 s，剩余碳化物完全溶解却需要几百秒，而实现奥氏体均匀化则需要 10^4 s。

亚共析钢或过共析钢奥氏体等温形成图基本上与共析钢相同。但对于亚共析钢或过共析钢，当珠光体全部转变成奥氏体后，还有过剩相铁素体或渗碳体的继续转变，也需要碳原子在奥氏体中的扩散及奥氏体与过剩相之间的相界面推移来进行。可以把过剩相铁素体的转变终了线或过剩相渗碳体的溶解终了线画在奥氏体等温形成图上，如图 7.7。与共析钢相比，过共析钢的碳化物溶解和奥氏体均匀化所需的时间要长得多。

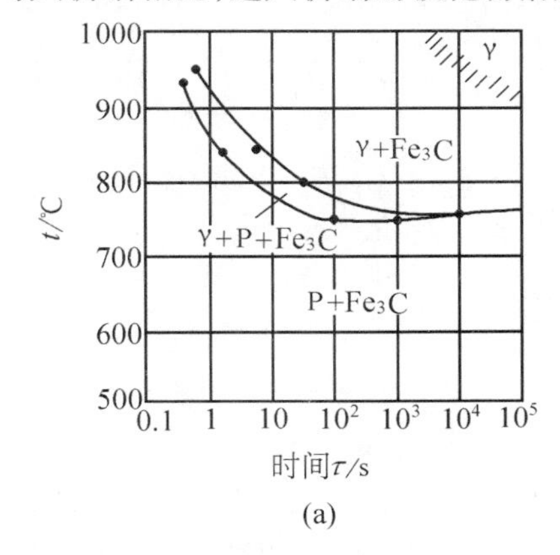

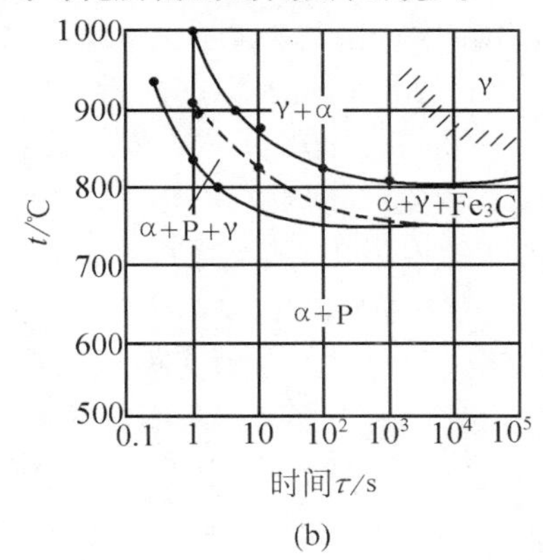

图 7.7 (a)过共析钢(w(C) = 1.2%)和(b)亚共析钢(w(C) = 0.45%)奥氏体等温形成图

7.2.4 影响奥氏体形成速度的因素

奥氏体的形成是通过形核和长大过程进行的，整个过程受原子扩散所控制。因此，一切影响扩散、影响形核与长大的因素都影响奥氏体的形成速度。主要因素有加热温度、原始组织和化学成分等。研究这些因素，对制订热处理工艺具有重要意义。

1. 加热温度的影响

一方面，由于珠光体转变为奥氏体的过程是扩散相变过程，随着加热温度的升高，原子扩散系数增加，特别是碳在奥氏体中的扩散系数增加，加快了奥氏体的形核和长大速度。同时加热温度升高，奥氏体中的碳浓度差增大(图 7.5(a))，浓度梯度加大，故原子扩散速度加快。另一方面，加热温度升高，奥氏体与珠光体的自由能差增大，相变驱动力

ΔG_V 增大，所以，随奥氏体形成温度的升高，奥氏体的形核率和长大速度急剧增加，因此，转变的孕育期和转变所需时间显著缩短，加热温度越高，转变孕育期和完成转变的时间越短。表7.1为共析钢奥氏体形核率和长大速度与加热温度关系的实验结果。在影响奥氏体形成速度的各种因素中，温度是一个最主要的因素。

表7.1　奥氏体的形核率和长大速度与温度的关系

转变温度/℃	形核率 $N/(\mathrm{mm^3 \cdot s^{-1}})$	长大速度 $G/(\mathrm{mm \cdot s^{-1}})$	转变完成一半所需的时间 τ/s
740	2 280	0.000 5	100
760	11 000	0.010	9
780	51 500	0.026	3
800	6 160 000	0.041	1

2．原始组织的影响

在化学成分相同的情况下，随原始组织中碳化物分散度的增大，不仅铁素体和渗碳体相界面增多，加大了奥氏体的形核率；而且由于珠光体片层间距减小，使奥氏体中的碳浓度梯度增大，使碳原子的扩散距离减小，这些都使奥氏体的长大速度增加。因此，钢的原始组织越细，则奥氏体的形成速度越快。

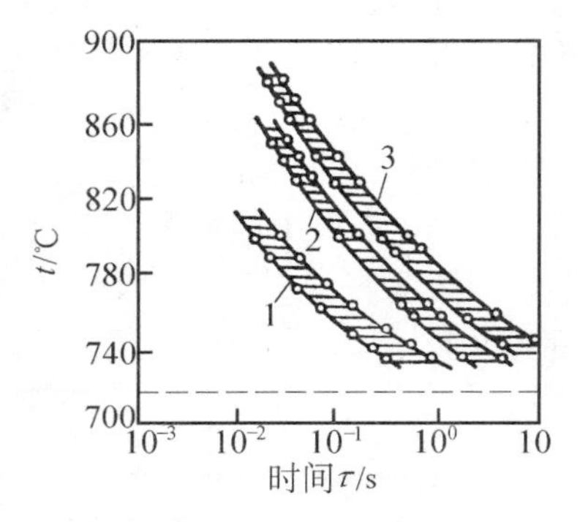

图7.8　不同原始组织共析钢等温奥氏体化曲线

1—淬火态；2—正火态；3—球化退火态

图7.8是不同原始组织的共析钢的等温奥氏体化曲线。每组曲线中左边一条线是转变开始线，右边一条线是转变终了线。由图可见，淬火状态钢的奥氏体形成速度最快，其次是正火状态的钢，最慢的是球化退火状态的钢。这是因为淬火状态的钢在 A_1 点以下升温过程中已经分解为微细的粒状珠光体组织，分散度最大，相界面最多，所以转变最快。正火状态的钢为细片状珠光体，相界面也较多，所以转变也较快。球化退火状态的粒状珠光体，其相界面最少，因此奥氏体化最慢。

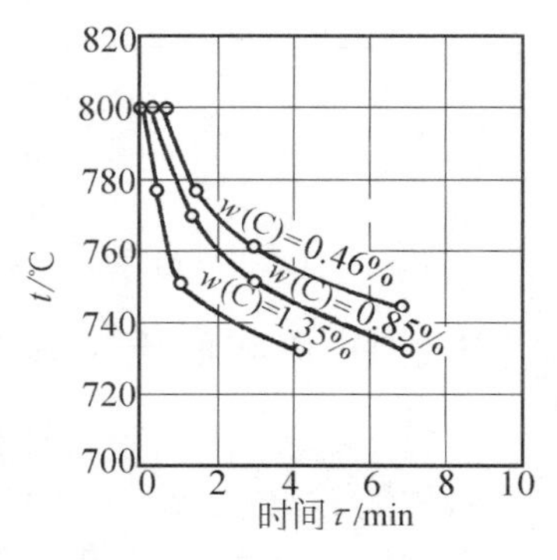

图7.9　质量分数不同的钢中珠光体向奥氏体转变50%时所需要的时间

3．化学成分的影响

(1) 质量分数的影响。钢中含碳质量分数越高，奥氏体的形成速度越快。这是因为随含碳质量分数增加，渗碳体的数量相应地增加，铁素体和渗碳体相界面的面积增加，因此增加了奥氏体形核的部位，增大奥氏体的形核率。同时，碳化物数量增加，又使碳的扩散距离减小，碳浓度梯度增大，以及随奥氏体中含碳质量分数增加，碳和铁原子的扩散系数将增大，从而增大奥氏体的长大速度。图7.9表示不同含碳质量分数的钢中珠光体向奥氏体转变50%所需的时间，由图可见，在740℃时，$w(\mathrm{C}) = 0.46\%$ 的钢所需的时间为7 min，

$w(C)=0.85\%$的钢需5 min,而$w(C)=1.35\%$的钢仅需2 min。

(2) 合金元素的影响。合金元素不改变奥氏体化的过程,但影响奥氏体的形成速度。一般来说,合金元素可从以下几个方面影响奥氏体的形成速度。

首先,合金元素影响了碳在奥氏体中的扩散速度,碳化物形成元素(如Cr、Mo、W、V、Ti等)大大减小了碳在奥氏体中的扩散速度,故显著减慢了奥氏体的形成速度。非碳化物形成元素(如Co、Ni等)能增加碳在奥氏体中的扩散速度,因而,加快了奥氏体的形成速度。而Si、Al、Mn等元素对碳在奥氏体中的扩散速度影响不大,故对奥氏体的形成速度无明显影响。

其次,合金元素改变了钢的临界温度,故改变了奥氏体转变时的过热度,从而改变了奥氏体与珠光体的自由能差,因此改变了奥氏体的形成速度。降低点A_1的元素,如Ni、Mn、Cu等,相对增大过热度,将增大奥氏体的形成速度。提高点A_1的元素,如Cr、Mo、W、V、Si等,相对地降低过热度,将减慢奥氏体的形成速度。

第三,合金元素在珠光体中分布是不均匀的,在平衡组织中,如Cr、Mo、W、V、Ti等碳化物形成元素主要集中于共析碳化物中,而Ni、Si、Al等非碳化物形成元素主要存在于共析铁素体中。渗碳体完全溶解后,合金元素在钢中的分布仍是极不均匀的,因此,合金钢的奥氏体均匀化过程,除了碳在奥氏体中的均匀化外,还包括了合金元素的均匀化。但在相同条件下,合金元素在奥氏体中的扩散速度比碳的扩散速度慢10^3倍,甚至10^4倍。例如在1 000℃时,碳在奥氏体中的扩散系数为10^{-9} m/s,而合金元素在奥氏体中的扩散系数只有$10^{-12}\sim10^{-13}$ m/s。此外,碳化物形成元素,特别是强碳化物形成元素强烈阻碍碳的扩散。

因此,合金钢奥氏体化要比碳钢缓慢得多。所以,合金钢热处理时,加热温度要比碳钢高,保温时间也需要延长。特别是高合金钢,如W18Cr4V高速钢的淬火温度需要提高到1 270~1 280℃,超过A_{c1}(820~840℃)数百度。

7.2.5　奥氏体的晶粒大小及其影响因素

奥氏体的晶粒大小是评定钢加热质量的重要指标之一。奥氏体的晶粒大小对钢的冷却转变及转变产物的组织和性能都有重要的影响。因此,需要了解奥氏体晶粒度的概念及影响奥氏体晶粒度的因素。

1. 奥氏体的晶粒度

奥氏体的晶粒大小用晶粒度来表示。表示晶粒大小的理想方法是晶粒的平均体积、平均直径或单位体积内含有的晶粒数,但要测定这样的数据是很麻烦的。所以,目前世界各国对钢铁产品几乎统一使用与标准金相图片相比较的方法来确定晶粒度的级别。通常把晶粒度分为8级,各级晶粒度的晶粒大小如图7.10所示。晶粒度级别N与晶粒大小有如下关系:$n=2^{N-1}$。式中n表示放大100倍时,每平方英寸(6.45 cm^2)视野中观察到的平均晶粒数。由式可知,晶粒度级别N越小,单位面积中的晶粒数目越少,则晶粒尺寸越大。通常1~4级为粗晶粒,5~8级为细晶粒,8级以外的晶粒称为超粗或超细晶粒。

奥氏体晶粒度的概念有以下三种:

(1) 起始晶粒度。奥氏体转变刚刚完成,其晶粒边界刚刚相互接触时的奥氏体晶粒大小称为奥氏体的起始晶粒度。一般情况,起始晶粒总是十分细小均匀的。起始晶粒大小决定于形核率N和长大速度G,可用下式表示

$$n_0 = 1.01\ (N/G)^{1/2}$$

式中，n_0 表示 1 mm^2 面积内的晶粒数。

由上式可以看出，N/G 值越大，则 n_0 越大，即晶粒越细小。

(2) 实际晶粒度。钢在某一具体的热处理或热加工条件下获得的奥氏体的实际晶粒的大小称为奥氏体的实际晶粒度。它决定于具体的加热温度和保温时间。实际晶粒一般总比起始晶粒大。实际晶粒度对钢热处理后的性能有直接影响。

(3) 本质晶粒度。根据标准试验方法（YB 27－64），在（930±10）℃保温 3～8 h 后测定的奥氏体晶粒大小称为本质晶粒度。如晶粒度为 1～4 级，称为本质粗晶粒钢，晶粒度为 5～8 级，则为本质细晶粒钢。

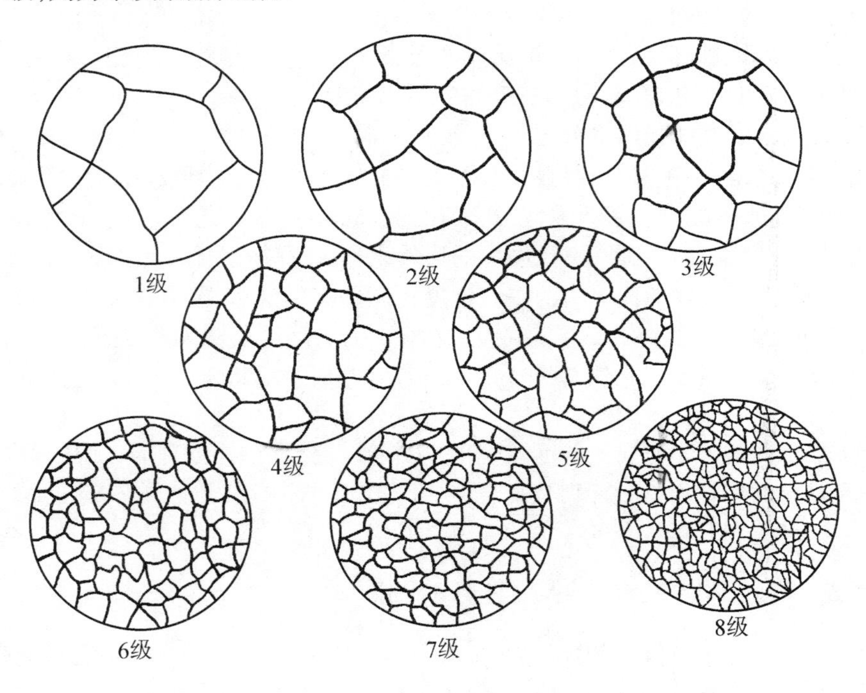

图 7.10 钢中晶粒度标准级别图

本质晶粒度表示钢在一定条件下奥氏体晶粒长大的倾向性。在加热过程中奥氏体晶粒长大是一种自发过程。随着温度的升高，钢中奥氏体晶粒长大的倾向存在着两种情况，如图7.11所示。一种是随加热温度升高，奥氏体晶粒迅速长大，称为本质粗晶粒钢，另一种是在 930℃以下随温度升高，奥氏体晶粒长大速度很缓慢，称为本质细晶粒钢。当超过某一温度（950～1 000℃）以后，本质细晶粒钢也可能迅速长大，晶粒尺寸甚至超过本质粗晶粒钢。所以本质细晶粒钢淬火加热温度范围较宽，生产上易于操作。这种钢在 920℃渗碳后可直接淬火，而不致

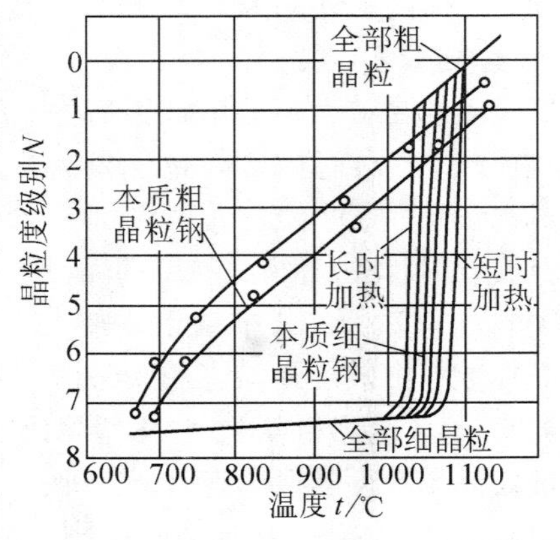

图 7.11 奥氏体晶粒长大倾向示意图

引起奥氏体晶粒粗化。但是对于本质粗晶粒钢，则必须严格控制加热温度，以免引起奥氏体晶粒粗化。

钢的本质晶粒度与炼钢的脱氧方法和钢的化学成分有关。一般用Al脱氧的钢为本质细晶粒钢，这是由于钢中形成弥散的AlN质点，在930℃以下可以阻止奥氏体晶粒长大。含有Ti、Zr、V、Nb、Mo、W等碳化物形成元素的钢也是本质细晶粒钢，因为这些元素能够形成难溶于奥氏体的碳化物质点，阻止奥氏体晶粒长大，其中影响最强烈的是Ti和V。用Mn、Si脱氧的钢为本质粗晶粒钢。

2. 影响奥氏体晶粒长大的因素

高温下奥氏体晶粒长大，引起系统的自由能降低，这是一个自发的过程。奥氏体实际晶粒的大小主要取决于升温或保温过程中奥氏体晶粒长大的倾向。

奥氏体晶粒长大基本上是一个奥氏体晶界迁移的过程，其实质是原子在晶界附近的扩散过程。所以一切影响原子扩散迁移的因素都能影响奥氏体晶粒长大。

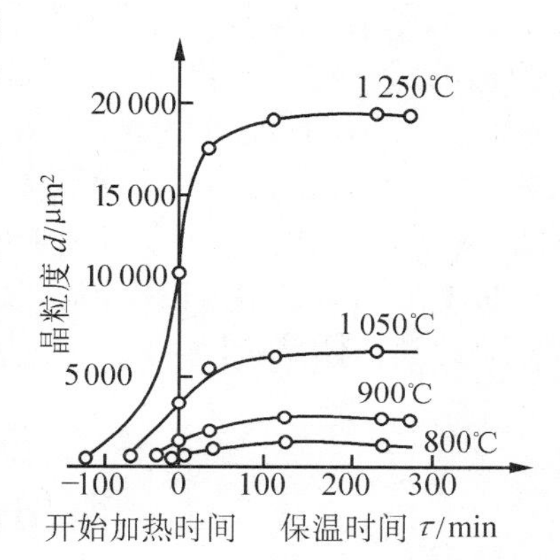

图7.12　加热温度和保温时间对奥氏体晶粒大小的影响（w(C) = 0.48%、w(Mn) = 0.82钢）

(1) 加热温度和保温时间的影响。加热温度和保温时间对奥氏体晶粒长大的影响如图7.12所示。奥氏体形成后随着加热温度升高，晶粒急剧长大。这是由于晶粒长大是通过原子扩散进行的，而扩散速度随温度升高呈指数关系增加。在影响奥氏体晶粒长大的诸因素中，温度的影响最显著。在一定温度下，随保温时间延长，奥氏体晶粒长大。在每一个温度下都有一个加速长大期，当奥氏体晶粒长大到一定尺寸后，继续延长保温时间，晶粒不再明显长大。

(2) 加热速度的影响。实际生产中有时采用高温快速加热、短时保温的方法，可以获得细小的晶粒，如图7.13所示。因为加热速度越大，奥氏体转变时的过热度越大，奥氏体的实际形成温度越高，则奥氏体的形核率越高，起始晶粒越细。由于在高温下保温时间短，奥氏体晶粒来不及长大，因此，可以获得细晶粒组织。但是，如果在高温下长时间保温，晶粒则很容易长大。

(3) 质量分数的影响。钢中含碳质量分数对奥氏体晶粒长大的影响很大。含碳质量分数在一定范围之内，随含碳质量分数的增加，奥氏体晶粒长大的倾向增大。但是含碳质量分数超过某一限度时，奥氏体晶粒反而变得细小。这是因为随着含碳质量分数的增加，碳在钢中的扩散速度以及铁的自扩散速度均增加，故加速了奥氏体晶粒长大的倾向性。但是，当含碳质量分数超过一定限度以后，钢中出现二

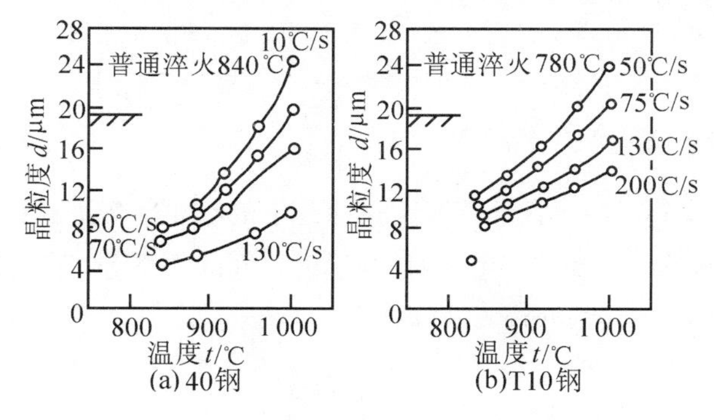

图7.13　加热速度对奥氏体晶粒大小的影响

次渗碳体，随着含碳质量分数的增加，二次渗碳体数量增多，渗碳体可以阻碍奥氏体晶界的移动，故奥氏体晶粒反而细小。

(4) 合金元素的影响。钢中加入适量的形成难熔化合物的合金元素，如 Ti、Zr、V、Nb、Ta、Al 等，强烈地阻碍奥氏体晶粒长大，使奥氏体晶粒粗化温度升高，如图 7.14 所示。因为这些元素是强碳、氮化合物形成元素，在钢中能形成熔点高、稳定性强、弥散的碳化物或氮化物，阻碍晶粒长大。其中 Ti、Zr、Nb 的作用显著，Al 的作用最弱。不形成化合物的合金元素如 Si、Ni、Cu 等对奥氏体晶粒长大的影响不明显。Mn、P、N 等元素溶入奥氏体后，削弱 $\gamma-Fe$ 原子间的结合力，加速 Fe 原子的自扩散，从而促进奥氏体晶粒长大。

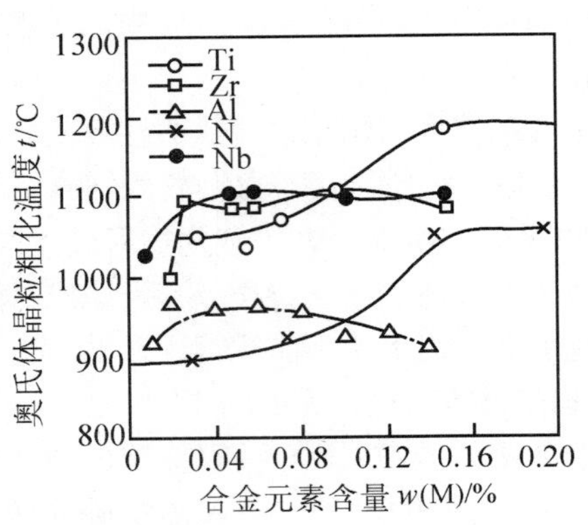

图 7.14 合金元素对奥氏体晶粒粗化温度的影响

7.3 钢的过冷奥氏体转变曲线

如果将奥氏体状态的钢冷却到 A_1 温度以下，由于在此温度下奥氏体的自由能比铁素体与渗碳体两相混合物的自由能高(参看图 7.3)，在热力学上处于不稳定状态。因此奥氏体将发生分解，向珠光体或其它组织转变，在临界温度 A_1 以下处于不稳定状态的奥氏体称为过冷奥氏体。

在热处理生产中，奥氏体的冷却方式可分为两大类：一种是等温冷却，如图 7.15 中曲线 1 所示，将奥氏体状态的钢迅速冷至临界点以下某一温度保温一定时间，使奥氏体在该温度下发生组织转变，然后再冷至室温；另一种是连续冷却，如图 7.15 中曲线 2 所示，将奥氏体状态的钢以一定速度冷至室温，使奥氏体在一个温度范围内发生连续转变。后者是热处理中常见的冷却方式。

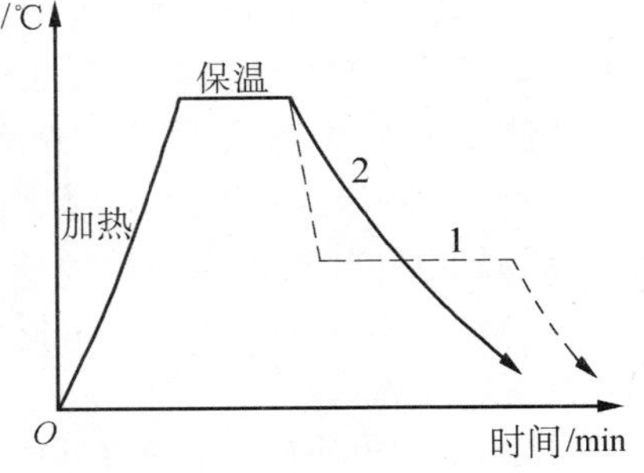

图 7.15 奥氏体不同冷却方式示意图
1—等温冷却；2—连续冷却

7.3.1 过冷奥氏体等温转变曲线

过冷奥氏体等温转变曲线可综合反映过冷奥氏体在不同过冷度下的等温转变过程：转变开始和转变终了时间、转变产物的类型以及转变量与时间、温度之间的关系等。因其形状通常像英文字母“C”，故俗称其为 C－曲线，亦称为 TTT 图*。

* TTT 是 Time Temperature Transformation 的缩写

1. 过冷奥氏体等温转变曲线的建立

过冷奥氏体等温转变曲线是通过实验方法建立的。由于过冷奥氏体在转变过程中伴随体积膨胀、磁性转变以及组织和其它性能的变化，因此可以采用膨胀法、磁性法、金相-硬度法等来测定过冷奥氏体等温转变曲线。现以金相-硬度法为例介绍共析钢过冷奥氏体等温转变曲线的建立过程。

将共析钢加工成 ϕ10 mm×1.5 mm 圆片状试样，并分成若干组，每组试样 5～10 个。首先选 一组试样加热至奥氏体化后，置于一定温度的恒温浴槽中冷却，停留不同时间之后，逐个取出试样，迅速淬入盐水中激冷，使尚未转变的奥氏体转变为马氏体(金相组织颜色是白色)，因此，马氏体量即未转变的过冷奥氏体量。显然，等温时间不同，转变产物量就不同。再用金相法确定在给定温度下，保持一定时间后的转变产物类型和转变量的百分数。一般将奥氏体转变量为 1%～3% 所需的时间定为转变开始时间，而把转变量为 98% 所需的时间定为转变终了的时间。由一组试样可以测出一个等温温度下转变开始和转变终了的时间，根据需要也可以测出转变量为 20%、50%、70% 等的时间。多组试样在不同等温温度下进行试验，将各温度下的转变开始点和终了点都绘在温度-时间半对数坐标系中，并将不同温度下的转变开始点和转变终了点分别连接成曲线，M_s、M_f 常用磁性法或膨胀法测定就可以得到共析钢的过冷奥氏体等温转变曲线，如图 7.16 所示。

2. 过冷奥氏体等温转变曲线的分析

图 7.16 中最上面一条水平虚线表示钢的临界点 A_1，即奥氏体与珠光体的平衡温度。图中下方的一条水平线 M_s 为马氏转变开始温度，M_s 以下还有一条水平线 M_f 为马氏体转变终了温度。A_1 与 M_s 线之间有两条 C-曲线，左侧一条为过冷奥氏体转变开始线，右侧一条为过冷奥氏体转变终了线。

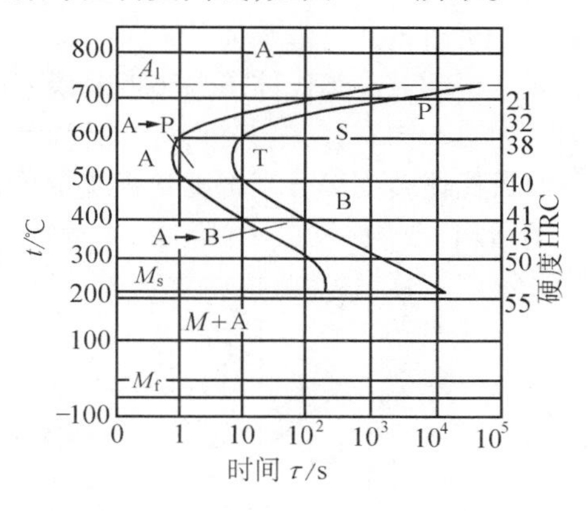

图 7.16 共析钢的过冷奥氏体等温转变曲线

A_1 线以上是奥氏体稳定区。M_s 线至 M_f 线之间的区域为马氏体转变区，过冷奥氏体冷却至 M_s 线以下将发生马氏体转变。过冷奥氏体转变开始线与转变终了线之间的区域为过冷奥氏体转变区，在该区域过冷奥氏体向珠光体或贝氏体转变。在转变终了线右侧的区域为过冷奥氏体转变产物区。A_1 线以下，M_s 线以上以及纵坐标与过冷奥氏体转变开始线之间的区域为过冷奥氏体区，过冷奥氏体在该区域内不发生转变，处于亚稳定状态。

在 A_1 温度以下，过冷奥氏体转变开始线与纵坐标之间的水平距离为过冷奥氏体在该温度下的孕育期，孕育期的长短表示过冷奥氏体稳定性的高低。在 A_1 以下，随等温温度降低，孕育期缩短，过冷奥氏体转变速度增大，在 550℃左右共析钢的孕育期最短，转变速度最快。此后，随等温温度下降，孕育期又不断增加，转变速度减慢。在孕育期最短的温度区域，C-曲线向左凸，俗称 C-曲线的鼻子。过冷奥氏体转变终了线与纵坐标之间的水平距离则表示在不同温度下转变完成所需要的总时间。转变所需的总时间随等温温度的变化规律也和孕育期的变化规律相似。

为什么过冷奥氏体的孕育期和转变速度与等温温度之间具有这种变化规律呢？这是

因为过冷奥氏体的稳定性同时由两个因素控制：一个是旧相与新相之间的自由能差ΔG；另一个是原子的扩散系数D。如图7.17所示。等温温度越低，过冷度越大，自由能差ΔG也越大，则加快过冷奥氏体的转变速度；但原子扩散系数却随等温温度降低而减小，从而减慢过冷奥氏体的转变速度。高温时，自由能差ΔG起主导作用；低温时，原子扩散系数D起主导作用。处于"鼻尖"温度时，两个因素综合作用的结果，使转变孕育期最短，转变速度最大。

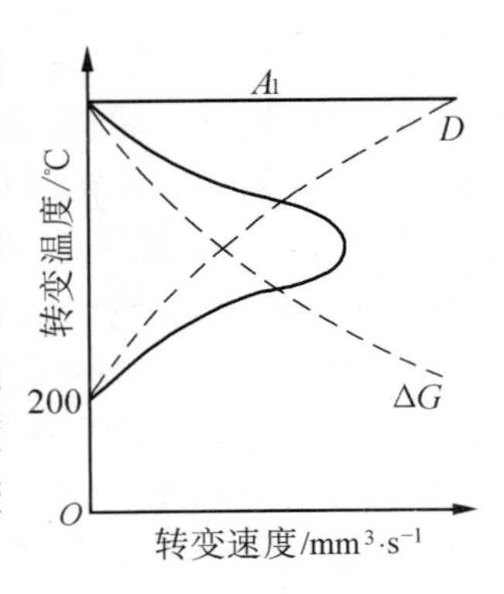

图7.17 奥氏体的转变速度与过冷度的关系

3．影响过冷奥氏体等温转变曲线的因素

过冷奥氏体等温转变曲线的形状有多种多样，影响其形状和位置的因素较多，主要有钢的化学成分、奥氏体的状态等。

(1) 含碳质量分数的影响。图7.18是亚共析钢和过共析钢过冷奥氏体等温转变曲线，与共析钢过冷奥氏体等温转变曲线相比，这类钢的过冷奥氏体等温转变曲线上多出一条先共析相析出线。在发生珠光体转变之前，在亚共析钢中先析出先共析铁素体，在过共析钢中先析出先共析渗碳体。

亚共析钢过冷奥氏体等温转变曲线中的铁素体-珠光体转变部分随奥氏体中质量分数的增加逐渐向右移，过共析钢中的渗碳体、珠光体转变部分则随质量分数的增加逐渐向左移。贝氏体转变部分则都随含碳质量分数的增加向右移。另外，随奥氏体中含碳质量分数的增加，点M_s及点M_f降低。

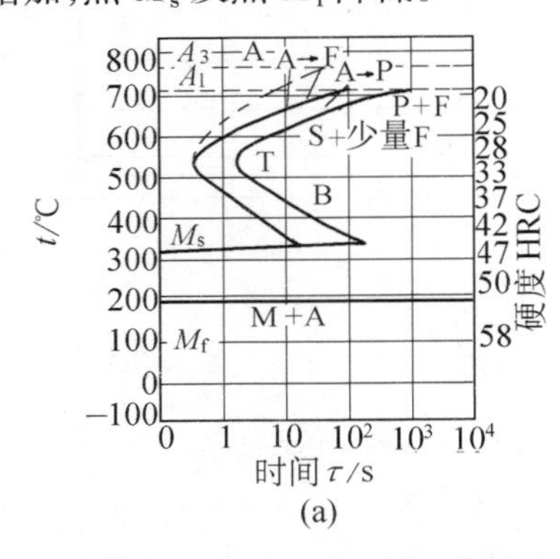

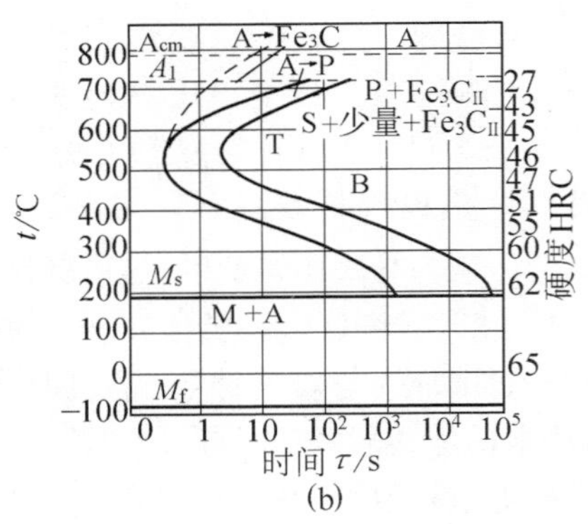

图7.18 亚共析钢(a)和过共析钢(b)的过冷奥氏体等温转变曲线

(2) 合金元素的影响。一般来说，除Co和$w(\mathrm{Al})>2.5\%$)以外的所有合金元素，溶入奥氏体中都增加过冷奥氏体的稳定性，使过冷奥氏体等温转变曲线向右移，并使点M_s降低。其中Mo的影响最强烈，W、Mn和Ni的影响也很明显，Si和Al的影响较小。钢中加入微量的B可以明显地提高过冷奥氏体的稳定性，但随质量分数的增加，B的作用逐渐减小。Co降低过冷奥氏体的稳定性，使过冷奥氏体等温转变曲线向左移动，使M_s降低。

碳化物形成元素，主要有Cr、Mo、W、V、Ti等，溶入奥氏体中除在不同程度上降低珠光体和贝氏体的转变速度，使过冷奥氏体等温转变曲线向右移动外，还能改变其形状。其中有些合金元素升高珠光体转变的温度范围，降低贝氏体转变的温度范围，使珠光体和贝氏体两种转变温度范围相互分离,形成两个鼻子,其间出现了一个过冷奥氏体的稳定区,图7.19为Cr对 $w(\mathrm{C})=0.5\%$ 的钢过冷奥氏体等温转变曲线的影响。

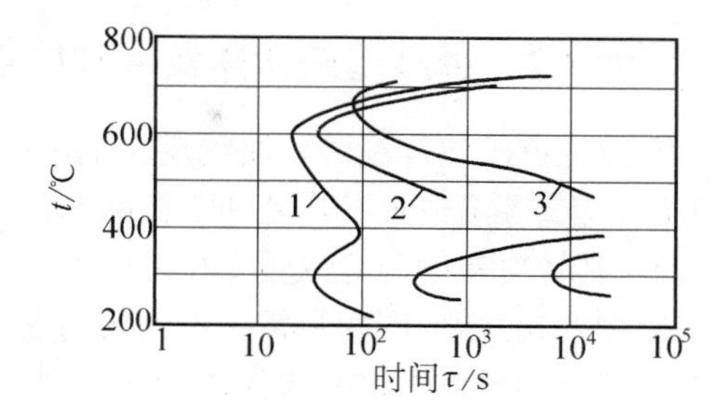

图7.19 Cr对 $w(\mathrm{C})=0.5\%$ 的钢过冷奥氏体等温转变曲线的影响

1—$w(\mathrm{Cr})=2.2\%$;2—$w(\mathrm{Cr})=4.2\%$;3—$w(\mathrm{Cr})=8.2\%$

非碳化物或弱碳化物形成元素,如Ni、Mn、Si、Cu、B等,只是不同程度地降低珠光体和贝氏体的转变速度,使过冷奥氏体等温转变曲线向右移动,但不改变其形状。

应该指出合金元素只有溶入奥氏体中才会对过冷奥氏体的转变产生重要影响。如碳化物形成元素未溶入奥氏体,不但不会增加过冷奥氏体的稳定性,反而由于存在未溶的碳化物起到非均匀晶核的作用,促进过冷奥氏体的转变,使过冷奥氏体等温转变曲线向左移。

如果钢中同时含有几种合金元素时,其综合作用比单一元素的作用要更加复杂。

碳及常见合金元素对过冷奥氏体等温转变曲线的形状、位置及点 M_s 的影响可用图7.20来概括表示。

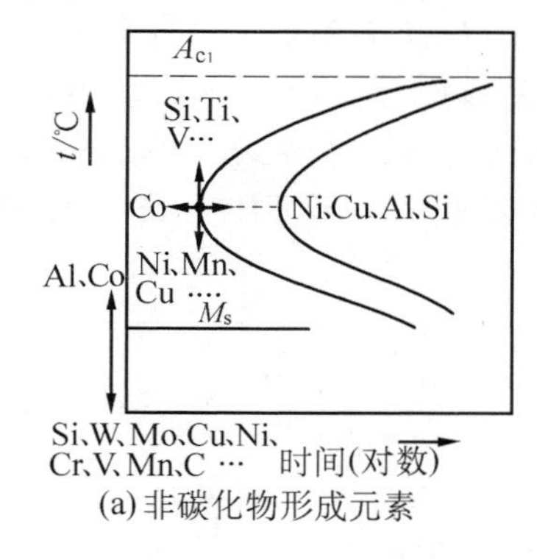

(a)非碳化物形成元素

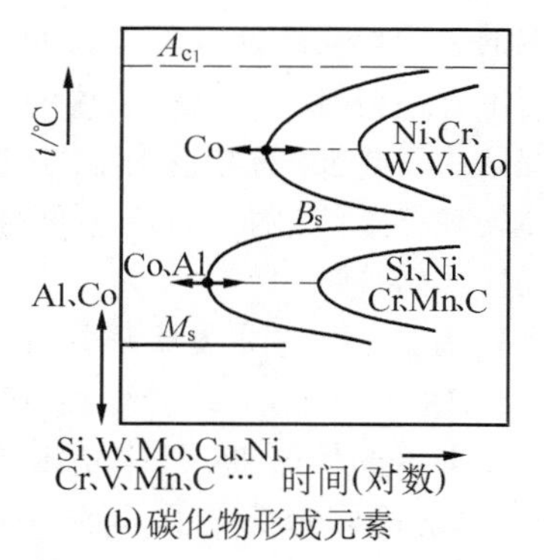

(b)碳化物形成元素

图7.20 碳及合金元素对过冷奥氏体等温转变曲线的影响

(3) 奥氏体状态的影响。奥氏体晶粒细小,晶界总面积增加,有利于新相的形核和原子的扩散,因此有利于先共析转变和珠光体转变,使珠光体转变线左移。但晶粒度对贝氏体转变的影响不大,晶粒粗大,反而使点 M_s 升高,加快马氏体转变。

奥氏体的均匀程度对过冷奥氏体等温转变曲线的位置也有影响,奥氏体成分越均匀,则奥氏体越稳定,新相形核和长大过程中所需要的时间就越长,过冷奥氏体等温转变曲线就越往右移。

因此,奥氏体化温度越高,保温时间越长,则形成的奥氏体晶粒越粗大,奥氏体的成分也越均匀,从而增加奥氏体的稳定性,使过冷奥氏体等温转变曲线向右移。反之,奥氏体化温度越低,保温时间越短,则奥氏体晶粒越细,未溶第二相越多,奥氏体越不稳定,使过冷奥氏体等温转变曲线向左移。

此外,由于形变会细化奥氏体晶粒,或者增加亚结构,因此,奥氏体在高温或低温进行形变也会显著影响珠光体转变速度。一般来说,形变量越大,奥氏体向珠光体转变速度越快,珠光体转变线越向左移。

7.3.2 过冷奥氏体连续冷却转变曲线

过冷奥氏体等温转变曲线反映了过冷奥氏体在等温条件下的转变规律，可用来指导等温淬火、等温退火等热处理工艺的制订。但是，实际热处理常常是在连续冷却条件下进行的，其转变规律与等温转变相差很大，它是在一个温度范围内发生的转变，几种转变往往是重叠的，转变产物常常是不均匀的混合组织。过冷奥氏体连续冷却转变曲线反映了在连续冷却条件下过冷奥氏体的转变规律，是分析转变产物的组织与性能的依据，也是制订热处理工艺的重要参考资料。过冷奥氏体连续冷却转变曲线又称为 CCT 图*。

1. 过冷奥氏体连续冷却转变曲线的建立

通常应用膨胀法、金相法和热分析法来测定过冷奥氏体连续冷却转变曲线。利用快速膨胀仪可将 $\phi 3$ mm × 10 mm 试样真空感应加热到奥氏体状态，程序控制冷却速度，并能方便地从不同速度的膨胀曲线上确定转变开始点（转变量为 1%）、转变终了点（转变量为 99%）所对应的温度和时间，将测得的数据标在温度-时间半对数坐标系中，连接具有相同意义的点，得到了过冷奥氏体连续冷却转变曲线。为了提高测量精度，常配合使用金相法和热分析法。

2. 过冷奥氏体连续冷却转变曲线的分析

共析钢的过冷奥氏体连续冷却转变曲线最简单，见图 7.21。它只有珠光体转变区和马氏体转变区，没有贝氏体转变区，说明共析钢在连续冷却过程中不会发生贝氏体转变。珠光体转变区由三条曲线构成：图中左边一条线为过冷奥氏体转变开始线，右边一条线为过冷奥氏体转变终了线，两条曲线下面的连线为过冷奥氏体转变中止线。M_s 和冷速 v_c' 线以下为马氏体转变区。

由图可以看出，若过冷奥氏体以 v_1 速度冷却时，当冷却曲线与珠光体转变线相交时，奥氏体便开始向珠光体转变，与珠光体转变终了线相交时，则奥氏体转变完了，得到 100% 的珠光体。当冷却速度增大到 v_c' 时也得到 100% 的珠光体，转变过程与 v_1 相同，但转变开始和转变终了的温度降低，转变温度区间增大，转变时间缩短，得到的珠光体组织弥散度加大。当冷却速度增大至 v_2 时（在 v_c 与 v_c' 之间），冷却曲线与珠光体转变开始线相交时，开始发生珠光体转变，但冷至转变中止线时，则珠光体转变停止，继续冷至点 M_s 以下，未转变的过冷奥氏体发生马氏体转变，室温组织为珠光体 + 马氏体。如果冷却速度大于 v_c 时，奥氏体过冷至点 M_s 以下发生马氏体转变，冷至点 M_f 转变终止，最终得到马氏体 + 残余奥氏体组织。由以上分析可知，v_c 与 v_c' 是两个临界冷却速度。v_c 表示过冷奥氏体在连续冷却过程中不发生分解，全部冷至点 M_s 以下发生马氏体转变的最小冷却速度，称为上临界冷却速度或临界淬火速度；v_c' 表示过冷奥

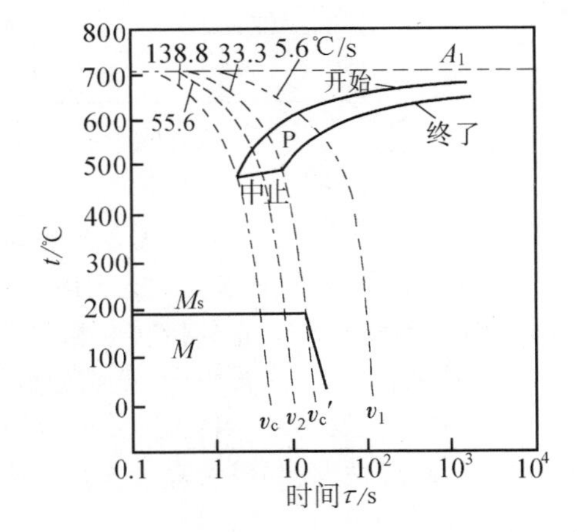

图 7.21 共析钢过冷奥氏体连续冷却转变曲线

* CCT 是 Continuous Cooling Transformation 的缩写。

氏体全部得到珠光体的最大冷却速度，称为下临界冷却速度。

还应该指出，一个完整的过冷奥氏体连续冷却转变曲线中，还有代表不同速度的冷却曲线，这些冷却曲线与各转变终了线的交点旁注有数字，表示该转变产物占全部组织的百分数。并且在每条冷却曲线终端也注有数字，表示以该速度冷却后得到最终组织的维氏（或洛氏）硬度值。此外，在图的右上角注明奥氏体化的温度、时间及晶粒度等级等条件。

图 7.22(a)为过共析钢的过冷奥氏体连续冷却转变曲线，由图可见，它与共析钢的连续冷却转变曲线很相似，也无贝氏体转变区。不同之处在于：一是它有先共析渗碳体析出区；二是 M_s 线右端有所升高，这是由于过共析钢的奥氏体在以较慢速度冷却时，在发生马氏体转变之前，有先共析渗碳体析出，使周围奥氏体贫碳造成的。

图 7.22(b)为亚共析钢过冷奥氏连续冷却转变曲线，它与共析钢相比有较大的差别。曲线中出现了先共析铁素体析出区和贝氏体转变区，且 M_s 线右端降低，这是由于先共析铁素体的析出和贝氏体转变使周围奥氏体富碳所致。从图中还可以看出，随着冷却速度的增大，铁素体析出量、珠光体转变量和贝氏体转变量都先增后减，直至为零。而马氏体

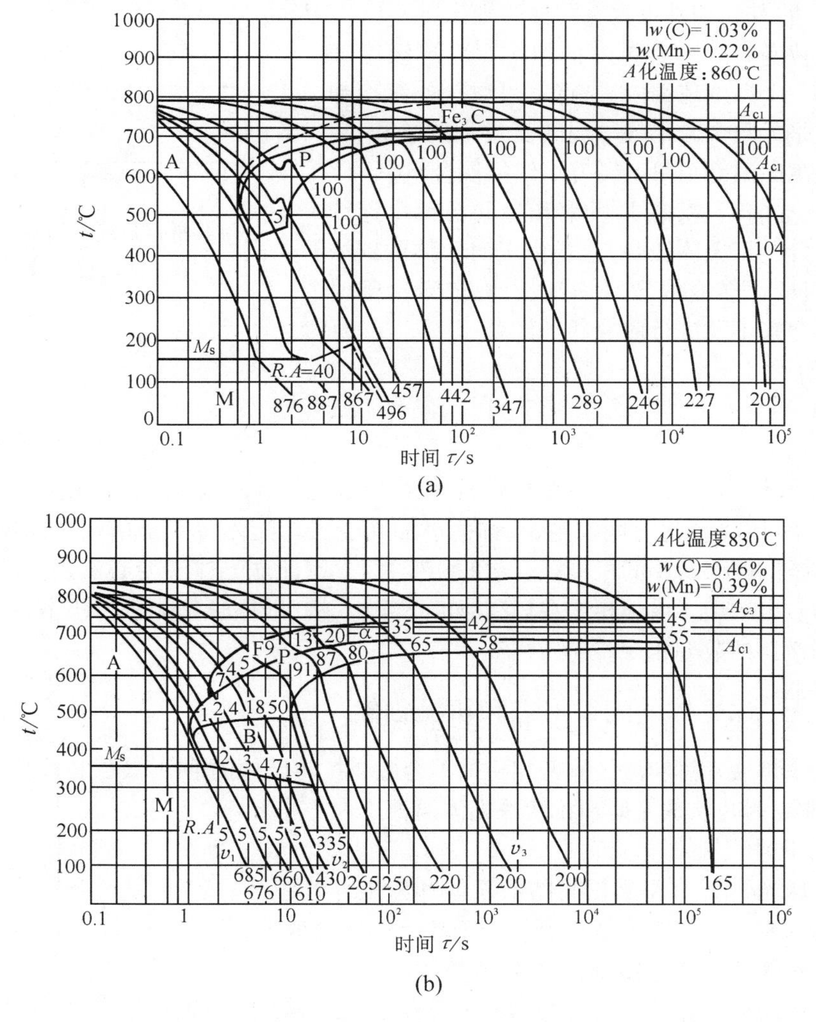

图 7.22　过共析钢(a)和亚共析钢(b)的过冷奥氏体连续冷却转变曲线

转变量则越来越多,钢的硬度也越来越高。当冷却速度小于下临界冷却速度时,奥氏体中只析出铁素体和发生珠光体转变,不发生贝氏体转变和马氏体转变。当冷却速度大于上临界冷却速度时,奥氏体只发生马氏体转变。当冷却速度处于上、下临界冷却速度之间时,冷却曲线先后穿过四个区域,最后得到铁素体、珠光体、贝氏体和马氏体的混合组织。

合金钢的连续冷却转变曲线由合金钢中所含合金元素的种类和数量而定,可参阅有关手册。合金元素对连续冷却转变曲线的影响规律与其对等温转变曲线的影响规律基本相似。

3. 过冷奥氏体连续冷却转变曲线与等温转变曲线的比较

以共析钢为例,将连续冷却转变曲线与等温转变曲线叠绘在同一个温度-时间半对数坐标系中进行对比,如图 7.23 所示。可以看出,连续冷却转变曲线位于等温转变曲线的右下方,这说明在连续冷却转变过程中过冷奥氏体的转变温度低于相应的等温转变时的温度,且孕育期较长。大量实验证明,其它钢种也具有同样的规律。

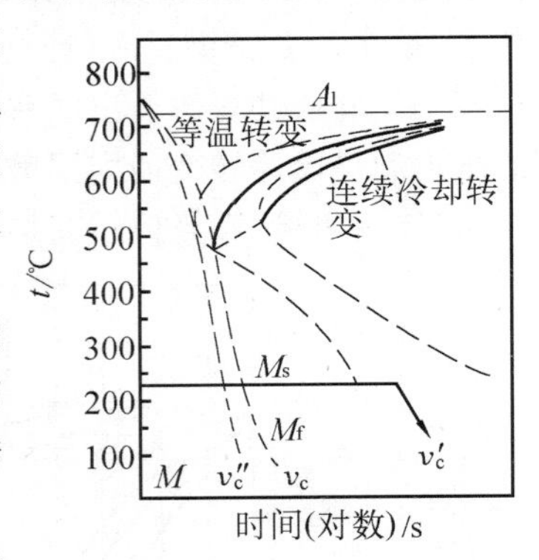

图 7.23 共析钢连续冷却转变曲线与等温转变曲线的比较

等温转变的产物为单一的组织。而连续冷却转变是在一个温度范围内进行的,可以把连续冷却转变看成是无数个微小的等温转变过程的总和,转变产物是不同温度下等温转变组织的混合组织。

另外,如前所述,在共析钢和过共析钢中连续冷却时不发生贝氏体转变,这是由于奥氏体的碳浓度高,使贝氏体转变的孕育期延长,在连续冷却时贝氏体转变来不及进行便冷却至低温。

7.4 珠光体转变

珠光体转变是过冷奥氏体在临界温度 A_1 以下比较高的温度范围内进行的转变,共析钢约在 A_1 ~ 550℃温度之间发生,又称为高温转变。珠光体转变是单相奥氏体分解为铁素体和渗碳体两个新相的机械混合物的相变过程,因此珠光体转变必然发生碳的重新分布和铁的晶格改组。由于相变在较高温度下发生,铁、碳原子都能进行扩散,所以珠光体转变是典型的扩散型相变。

7.4.1 珠光体的组织形态和机械性能

珠光体是铁素体和渗碳体两相机械混合物。按渗碳体的形态,珠光体分为片状珠光体和粒状珠光体两种。

1. 片状珠光体

片状珠光体是由片层相间的铁素体和渗碳体片组成。若干大致平行的铁素体和渗碳体片组成一个珠光体领域或珠光体团,在一个奥氏体晶粒内,可形成几个珠光体团。

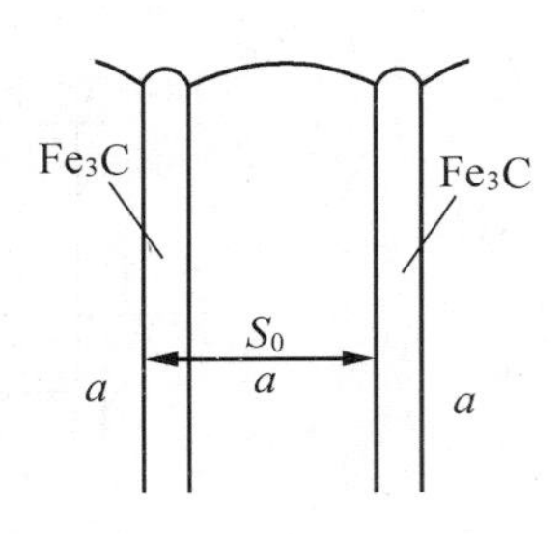

图 7.24 珠光体片间距示意图

珠光体团中相邻的两片渗碳体(或铁素体)之间的距离称为珠光体的片间距,用 S_0 表示,如图 7.24 所示,它是用来衡量珠光体组织粗细程度的一个主要指标。珠光体片间距的大小主要取决于珠光体形成时的过冷度,即珠光体的形成温度,而与奥氏体晶粒度和均匀性无关。过冷度越大,珠光体的形成温度越低,片间距越小。共析钢珠光体片间距 S_0 与过冷度 ΔT 之间的关系可用以下经验公式来表达

$$S_0 = \frac{8.02}{\Delta T} \times 10^3 \text{ nm}$$

根据珠光体片间距大小不同,可将珠光体分为三种。一般所谓的片状珠光体是指在光学显微镜下能明显分辨出铁素体和渗碳体层片状组织形态的珠光体。它的片间距大约为450~150 nm,形成于 A_1~650℃温度范围内。如果形成温度较低,在650~600℃温度范围内形成的珠光体,其片间距较小,约为150~80 nm,只有在高倍的光学显微镜下(放大800~1 500倍时)才能分辨出铁素体和渗碳体的片层形态,这种细片状珠光体称为索氏体。如果形成温度更低,在600~550℃温度范围内形成的珠光体,其片间距极细,约为80~30 nm,在光学显微镜下根本无法分辨其层片状特征,只有在电子显微镜下才能分辨出铁素体和渗碳体的片层形态,这种极细的珠光体称为屈氏体。上述三种片状珠光体的组织形态如图7.25所示。

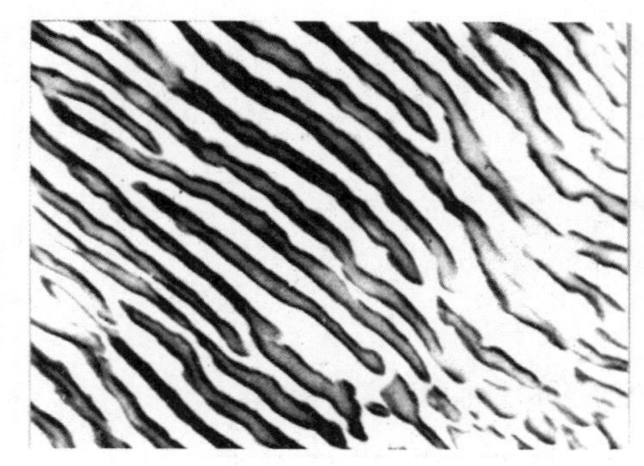

(a)珠光体　1 000×(700℃等温)

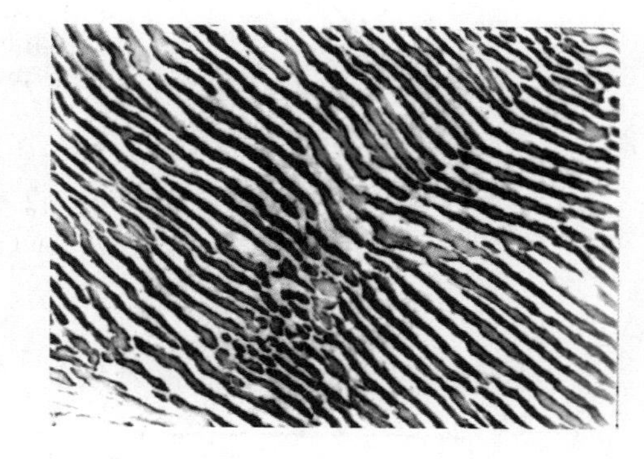

(b)索氏体　10 000×(650℃等温)

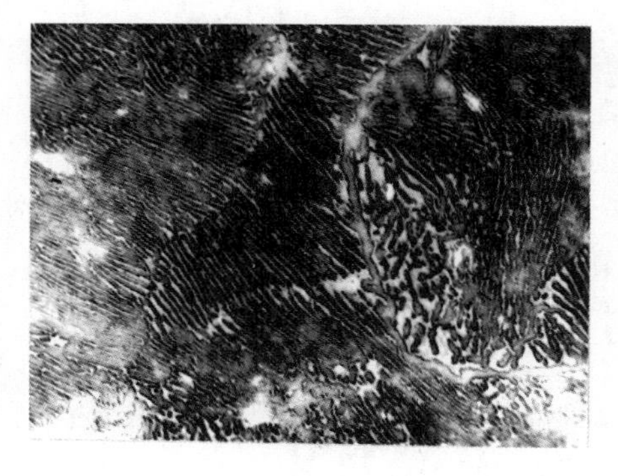

(c)屈氏体　1 000×(600℃等温)

图7.25　片状珠光体的组织形态

无论珠光体、索氏体,还是屈氏体都属于珠光体类型的组织。它们的本质是相同的,都是铁素体和渗碳体组成的片层相间的机械混合物。它们的界限也是相对的,它们之间的差别只是片间距的大小不同而已。

片状珠光体的机械性能主要决定于片间距和珠光体团的直径。珠光体的片间距和珠

光体团的直径对强度和塑性的影响如图7.26和图 7.27 所示。可以看出,珠光体团的直径和片间距越小,钢的强度和硬度越高,当片间距小于 150 nm 时,随片间减小,钢的塑性显著增加。珠光体团和片间距的尺寸减小,相界面增多,对位错运动的阻碍增大,塑性变形抗力增大,故强度、硬度提高。片间距减小能提高塑性,这是因为渗碳体片很薄时,在外力作用下可以滑移,产生塑性变形,也可以产生弯曲。此外,片间距较小时,珠光体中的层片状渗碳体是不连续的,层片状的铁素体并未完全被渗碳体所隔离,因此,使塑性提高。

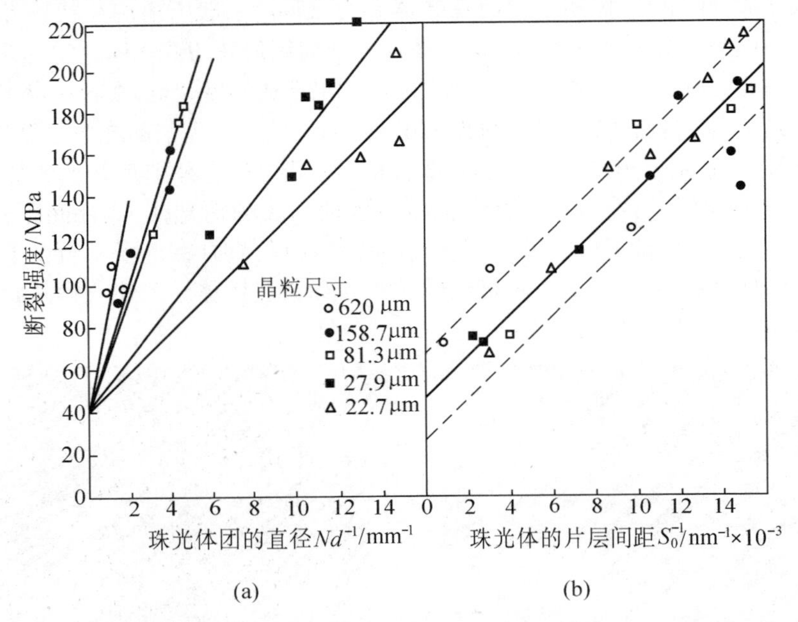

图 7.26 共析钢的珠光体团直径(a)和片间距(b)对断裂强度的影响

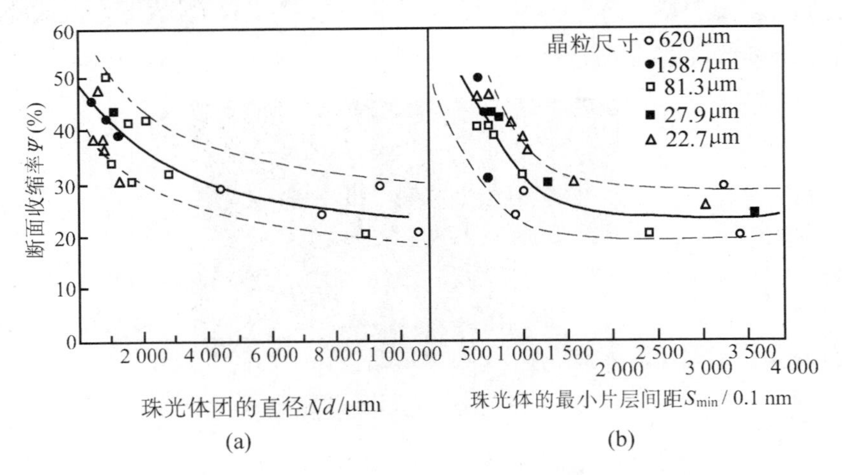

图 7.27 共析钢珠光体团的直径(a)和最小片间距(b)对断面收缩率的影响

如果钢中的珠光体是在连续冷却过程中形成的,则转变产物的片间距大小不等。高温形成的珠光体片间距较大,低温形成的较小。这种片间距不等的珠光体在外力作用下将引起不均匀的塑性变形,并导致应力集中,从而使钢的强度和塑性都降低。

2. 粒状珠光体

在工业用高碳钢中也常见到在铁素体基体上分布着粒状渗碳体的组织，这种组织称为粒状珠光体，如图7.28所示。粒状珠光体一般是经过球化退火得到或淬火后经中、高温回火得到或淬火后经中、高温回火得到的。

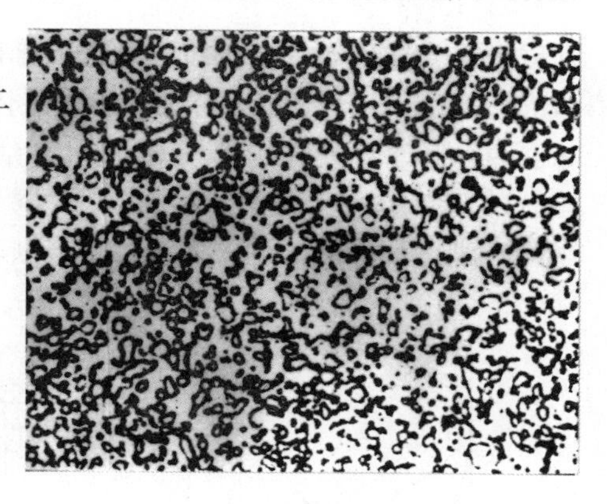

图7.28　粒状珠光体组织　500×

粒状珠光体的机械性能主要取决于渗碳体颗粒的大小、形态与分布。一般来说，当钢的成分一定时，渗碳体颗粒越细，相界面越多，则钢的硬度和强度越高。碳化物越接近等轴状、分布越均匀，则钢的韧性越好。

在成分相同的条件下，粒状珠光体比片状珠光体的硬度稍低，但塑性较好，见图7.29。粒状珠光体硬度稍低的原因是由于其铁素体和渗碳体的相界面比片状珠光体少。粒状珠光体塑性好是因为铁素体连续分布，渗碳体呈颗粒状分布在铁素体基体上，对位错运动阻碍较小。

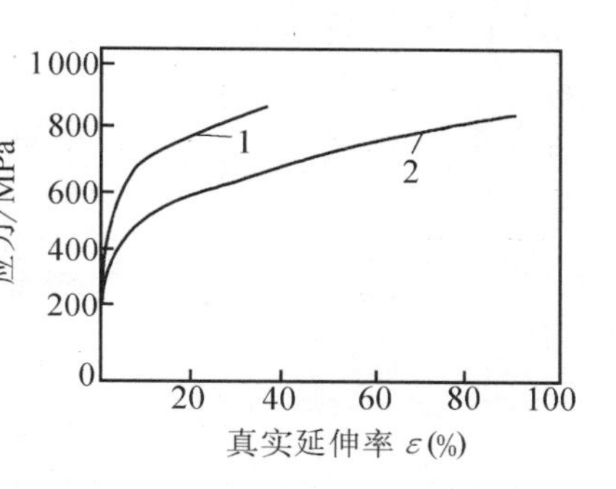

图7.29　共析钢片状(1)和粒状(2)珠光体的应力-应变曲线

在硬度相同的条件下，粒状珠光体比片状珠光体具有良好的拉伸性能。因此，许多重要的机器零件都要通过热处理获得碳化物呈颗粒状的回火索氏体组织。同时，粒状珠光体还具有较好的切削加工性能、冷成型性能及淬火工艺性能。

7.4.2　珠光体的形成过程

1. 片状珠光体的形成

珠光体的形成与一般相变相同，也是通过形核和长大两个基本过程进行的。由于珠光体由铁素体和渗碳体两相组成，因此，就有哪个相首先形成的问题，即所谓领先相的问题。此问题争论很久，现已基本清楚，认为两相都可能成为领先相。

实验证明，珠光体形成时，领先相大多在奥氏体晶界或相界面(如奥氏体与残余渗碳体界面或奥氏体与铁素体的相界面)上形核。因为这些区域缺陷较多，能量较高，原子容易扩散，容易满足形核所需要的成分起伏、能量起伏和结构起伏条件。

关于珠光体的形成机制，早期主要是成片形成机制。这种机制认为，如果渗碳体为领先相在奥氏体晶界上形成稳定的晶核，此晶核一旦形成，就会依靠附近的奥氏体不断提供碳原子逐渐长大，形成一小片渗碳体。这样，就造成了其周围奥氏体的碳浓度显著降低，形成贫碳区。于是，为铁素体的形核创造了有利条件。当贫碳区的碳浓度降低到相当于铁素体的平衡浓度时，就在渗碳体片的两侧形成两小片铁素体。铁素体形成后随渗碳体一起向前长大，同时也横向长大。铁素体的长大又使其外侧形成奥氏体的富碳区，促使新的渗碳体晶核形成。如此不断进行，铁素体和渗碳体相互促进交替形核，并同时平行地向奥氏体晶粒纵深方向长大，形成一组铁素体和渗碳体片层相间、基本平行的珠光体领域。

在一个珠光体领域形成的过程中有可能在奥氏体晶界的其它处，或在已形成的珠光体领域的边缘上形成新的、其它取向的渗碳体晶核，并由此形成另一个不同取向的珠光体领域。直到各个珠光体领域相遇，奥氏体全部分解完了，珠光体转变即告结束。最后得到了片状的珠光体组织。

珠光体长大主要受碳的扩散所控制。珠光体形成时碳的扩散情况可用图 7.30 表示。

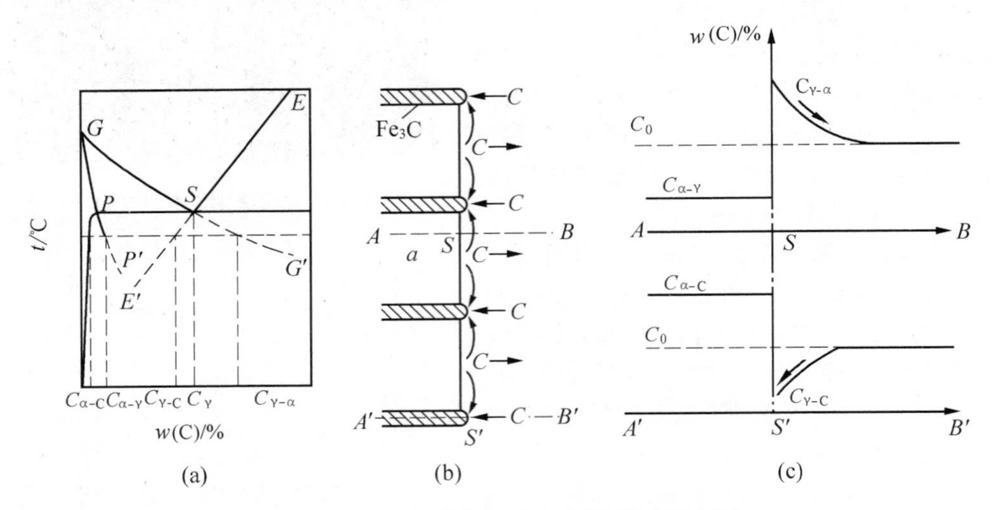

图 7.30 片状珠光体形成时碳的扩散示意图

当过冷奥氏体中珠光体刚刚出现时，在三相(奥氏体、渗碳体、铁素体)共存的情况下，过冷奥氏体中的碳浓度是不均匀的，碳浓度的分布情况如图 7.30(a)所示。即与铁素体相接的奥氏体碳浓度 $C_{\gamma\text{-}\alpha}$较高，而与渗碳体相接的奥氏体碳浓度 $C_{\gamma\text{-}C}$较低，因此在奥氏体中产生了碳浓度梯度，从而引起了碳的扩散，其扩散示意图如图 7.30(b)所示。

碳在过冷奥氏体中扩散的结果，引起铁素体前沿奥氏体的碳浓度降低，渗碳体前沿奥氏体碳浓度的升高，这就破坏了该温度下奥氏体中碳浓度的平衡。为恢复这一平衡，在铁素体前沿的奥氏体，必须析出铁素体，使其碳浓度增高到平衡浓度 $C_{\gamma\text{-}\alpha}$，在渗碳体前沿的奥氏体，必须析出渗碳体，使其碳浓度降低于平衡浓度 $C_{\gamma\text{-}C}$。这样，珠光体便向纵向长大，直至过冷奥氏体全部转变为珠光体为止。

从图 7.30 还可以看出，在过冷奥氏体中，珠光体形成时，除了按上述情况进行碳的扩散外，还将发生在远离珠光体的奥氏体(碳浓度为 C_γ)中碳向与渗碳体相接的奥氏体处(碳浓度为 $C_{\gamma\text{-}C}$)扩散，而与铁素体相接的奥氏体处($C_{\gamma\text{-}\alpha}$)碳向远离珠光体的奥氏体中扩散，如图 7.30(c)所示。这些扩散都促使珠光体中的渗碳体和铁素体不断长大。

过冷奥氏体转变为珠光体时，晶格的重构是由铁原子自扩散完成的。

实验表明，珠光体形成时，上述成片形成机制并不是惟一的普遍规律。仔细观察珠光体组织片层结构发现，珠光体中的渗碳体，有些是以产生枝杈的形式而成的，于是提出了珠光体的分枝形成机制。

分枝形成机制认为，珠光体形成时基本上没有侧向长大，渗碳体片只是以分枝方式纵向生长，使与其相邻的奥氏体贫碳，从而促使铁素体在渗碳体枝间形成。因此一个珠光体团中的渗碳体是一个单晶体，渗碳体枝间的铁素体也是一个单晶体。即一个珠光体团是由一个铁素体晶粒和一个渗碳体晶粒互相穿插起来，通过“搭桥”而形成的。图 7.31 为珠

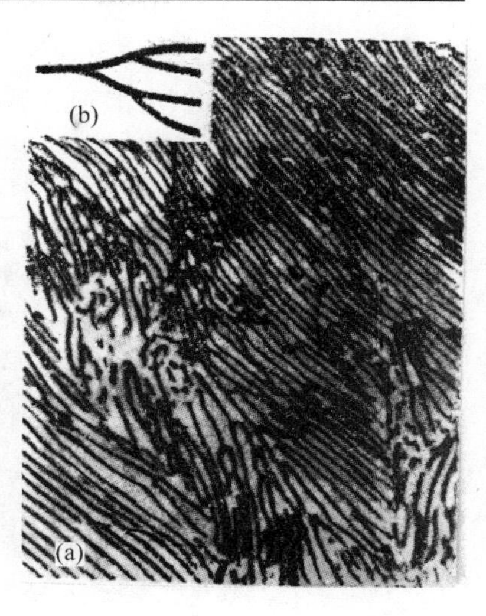

(a)金相照片　800×　(b)示意图

图7.31　珠光体中渗碳体片分枝长大的情况

光体分枝形成示意图。渗碳体的分枝主要发生在根部,但在片中间也可能分枝、分枝处不一定片状相连,可能由片的某一点分枝,连接处很小,一般金相试样磨面不容易恰好剖到渗碳体的分枝处,而误认为渗碳体是一片片孤立形成的。

2. 粒状珠光体的形成

粒状珠光体可以由淬火组织回火获得,也可由过冷奥氏体直接分解形成。由过冷奥氏体直接形成时,钢加热时的奥氏体化程度是过冷奥氏体是否形成粒状珠光体的关键条件。如果片状珠光体奥氏体化温度较低(略高于 A_1 温度),形成成分不均匀的奥氏体,使奥氏体中存在大量未溶解的渗碳体和富碳微区。此时,渗碳体已不是完整的片状,而变得凹凸不平、厚薄不均,有的地方已经溶解断开。保温时,未溶渗碳体逐渐球化。这是由于第二相颗粒的溶解度与其曲率半径有关。与曲率半径较小的渗碳体的尖角处相邻的奥氏体具有较高的碳浓度,而与曲率半径较大的渗碳体的平面处相邻的奥氏体碳浓度较低。因此,奥氏体中的碳原子从渗碳体的尖角处向平面处扩散,扩散结果破坏了相界面的平衡,为了恢复平衡,尖角处的渗碳体将溶解,使其曲率半径增大,而平面处将长大,使其曲率半径减小。最终形成各处曲率半径相近的颗粒状渗碳体。然后缓冷至 A_1 以下,在较小的过冷度时,加热时已经形成的颗粒状渗碳体质点将成为非自发晶核,促进渗碳体的析出和长大,周围奥氏体转变为铁素体。同时,奥氏体中的富碳微区也可以成为渗碳体析出的核心。最终得到粒状珠光体组织。

冷却速度的大小和等温温度的高低对粒状珠光体的形成也有重要的影响。渗碳体颗粒大小与奥氏体的冷却速度和转变温度有关。冷却速度太慢或等温温度过高,渗碳体颗粒较粗大;冷却速度过快或等温温度偏低,则渗碳体颗粒过细,甚至球化不完全。等温时间过长,渗碳体颗粒粗,反之则细;原始组织、化学成分等因素对粒状珠光体的形成也有一定的影响。

7.5　马氏体转变

钢从奥氏体状态快速冷却,抑制其扩散性分解,在较低温度下(低于点 M_s)发生的转变为马氏体转变。马氏体转变属于低温转变。转变产物为马氏体组织。钢中马氏体是碳在 α-Fe 中的过饱和固溶体,具有很高的强度和硬度。马氏体转变是钢件热处理强化的主要手段。由于马氏体转变发生在较低温度下,此时,铁原子和碳原子都不能进行扩散,马氏体转变过程中的 Fe 的晶格改组是通过切变方式完成的,因此,马氏体转变是典型的非扩散型相变。

7.5.1　马氏体的组织形态和晶体结构

研究表明,马氏体的组织形态有多种多样,其中板条马氏体和片状马氏体最为常见。

1. 板条马氏体

板条马氏体是低、中碳钢及马氏体时效钢、不锈钢等铁基合金中形成的一种典型马氏体组织。图 7.32 是低碳钢中的板条马氏体组织，是由许多成群的、相互平行排列的板条所组成，故称为板条马氏体。

图 7.32　低碳钢（w(C) = 0.2%）的板条马氏体组织　1 000×

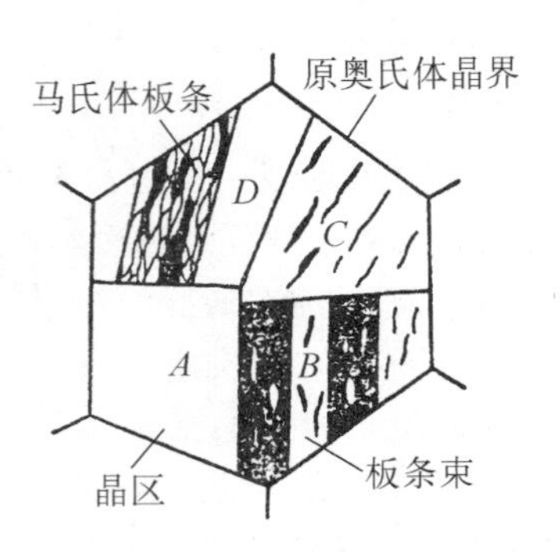

图 7.33　板条马氏体显微组织构成示意图

板条马氏体的空间形态是扁条状的。每个板条为一个单晶体，一个板条的尺寸约为 0.5 μm×5 μm×20 μm，它们之间一般以小角晶界相间。相邻的板条之间往往存在厚度约为10～20 nm的薄壳状的残余奥氏体，残余奥氏体的含碳质量分数较高，也很稳定，它们的存在对钢的机械性能产生有益的影响。许多相互平行的板条组成一个板条束，一个奥氏体晶粒内可以有几个板条束（通常 3～5 个）。采用选择性侵蚀时（如用 100 ml HCl + 5 g CaCl + 100 ml CH_3CH溶液）在一个板条束内有时可以观察到若干个黑白相间的板条块，块间呈大角晶界，每个板条块由若干板条组成。图 7.33 为板条马氏体显微组织构成的示意图。

板条马氏体的亚结构主要为高密度的位错，位错密度高达$(0.3\sim0.9)\times10^{12}\,cm^{-2}$，故又称为位错马氏体。这些位错分布不均，相互缠结，形成胞状亚结构，称为位错胞，如图 7.34 所示。

2. 片状马氏体

片状马氏体是在中、高碳钢及 w(Ni) > 29% 的 Fe－Ni 合金中形成的一种典型马氏体组织。高碳钢中典型的片状马氏体组织见图 7.35。

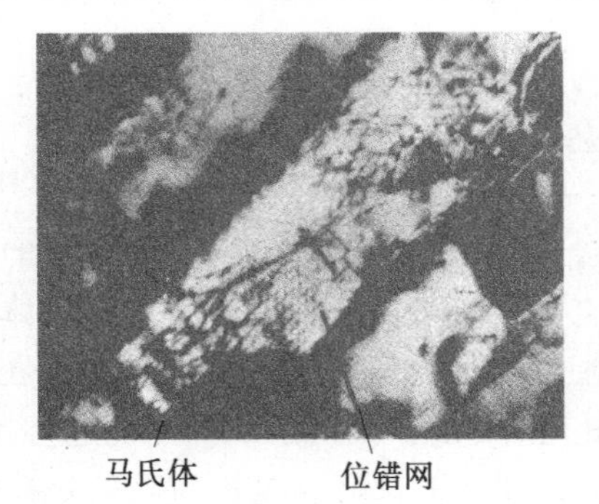

图 7.34　板条马氏体中的位错胞　36 000×

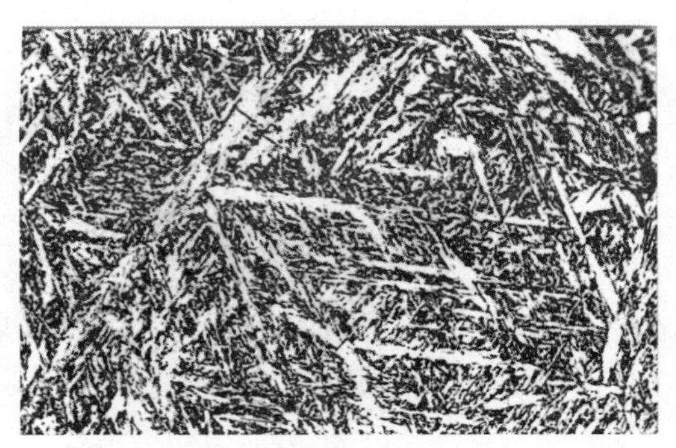

图 7.35　高碳钢的片状马氏体组织　500×

片状马氏体的空间形态呈双凸透镜状，由于与试样磨面相截，在光学显微镜下则呈针状或竹叶状，故又称为针状马氏体。如果试样磨面恰好与马氏体片平行相切，也可以看到马氏体的片状形态。马氏体片之间互不平行，呈一定角度分布。在原奥氏体晶粒中首先形成的马氏体片贯穿整个晶粒，但一般不穿过晶界，将奥氏体晶粒分割。以后陆续形成的马氏体片由于受到限制而越来越小，如图7.36所示。马氏体片的周围往往存在着残余奥氏体。片状马氏体的最大尺寸取决于原始奥氏体晶粒大小，奥氏体晶粒越粗大，则马氏体片越大，当最大尺寸的马氏体片小到光学显微镜无法分辨时，便称为隐晶马氏体。在生产中正常淬火得到的马氏体，一般都是隐晶马氏体。

片状马氏体内部的亚结构主要是孪晶。孪晶间距约为5~10 nm，因此片状马氏体又称为孪晶马氏体。但孪晶仅存在于马氏体片的中部，在片的边缘则为复杂的位错网络。图7.37为片状马氏体薄膜试样在透射电镜下所观察到的组织。

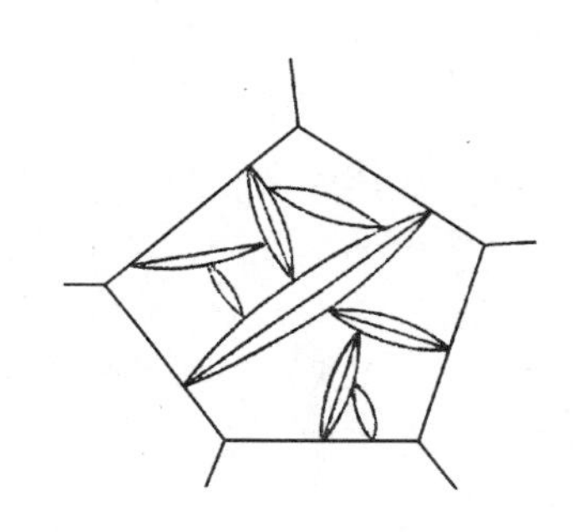

图7.36　片状马氏体显微组织示意图

图7.37　片状马氏体透射电镜照片

在含碳质量分数大于1.4%的钢中可以看到马氏体的中脊面，如图7.38所示。在电子显微镜下可以看清楚，这个中脊面是密度很高的微细孪晶区。

在电子显微镜下还可以观察到片状马氏体中存在大量的显微裂纹，如图7.39所示。这些显微裂纹是由于马氏体高速形成时互相撞击，或马氏体与晶界撞击造成的。马氏体片越大，显微裂纹就越多。显微裂纹的存在增加了高碳钢的脆性。

图7.38　带有中脊面的片状马氏体　500×

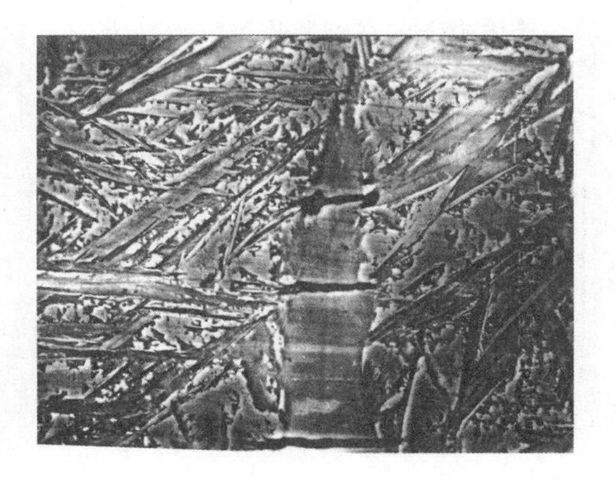

图7.39　片状马氏体中的显微裂纹　500×

3. 影响马氏体形态的因素

实验证明,钢的马氏体形态主要取决于马氏体的形成温度,而马氏体的形成温度又主要取决于奥氏体的化学成分,即碳和合金元素的含量。其中碳的影响最大。对碳钢来说,随着质量分数的增加,板条马氏体数量相对减少,片状马氏体的数量相对增加,奥氏体的质量分数对马氏体形态的影响如图7.40所示。由图可见,含 $w(C)<0.2\%$ 的奥氏体几乎全部形成板条马氏体,而含 $w(C)>1.0\%$ 的奥氏体几乎只形成片状马氏体。$w(C)=0.2\%\sim1.0\%$ 的奥氏体则形成板条马氏体和片状马氏体的混合组织。

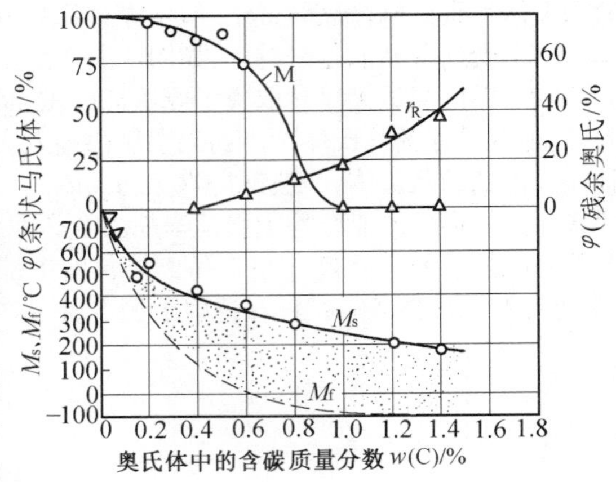

图 7.40 奥氏体的质量分数对马氏体形态的影响

一般认为板条马氏体大多在200℃以上形成,片状马氏体主要在200℃以下形成。$w(C)=0.2\%\sim1.0\%$ 的奥氏体在马氏体区较高温度先形成板条马氏体,然后在较低温度形成片状马氏体。碳浓度越高,则板条马氏体的数量越少,而片状马氏体的数量越多。

溶入奥氏体中的合金元素除Co、Al外,大多数都使点 M_s 下降,因而都促进片状马氏体的形成。Co虽然提高点 M_s,但也促进片状马氏体的形成。

如果在点 M_s 以上不太高的温度下进行塑性变形,将会显著增加板条马氏体的数量。

4. 马氏体的晶体结构

根据X射线结构分析,奥氏体转变为马氏体时,只有晶格改组而没有成分变化,在钢的奥氏体中固溶的碳全部被保留到马氏体晶格中,形成了碳在 α-Fe 中的过饱和固溶体。碳分布在 α-Fe 体心立方晶格的 c 轴上,引起 c 轴伸长,a 轴缩短,使 α-Fe 体心立方晶格发生正方畸变。因此,马氏体具有体心正方结构,如图7.41所示。轴比 c/a 称为马氏体的正方度。随质量分数增加,晶格常数 c 增加,a 略有减小,马氏体的正方度则不断增大。c、a 和 c/a 与钢中的质量分数呈线性关系,如图7.42所示。合金元素对马氏体的正方度影响不大。由于马氏体的正方度取决于马氏体的质量分数,故马氏体的正方度可用来表示马氏体中碳的过饱和程度。

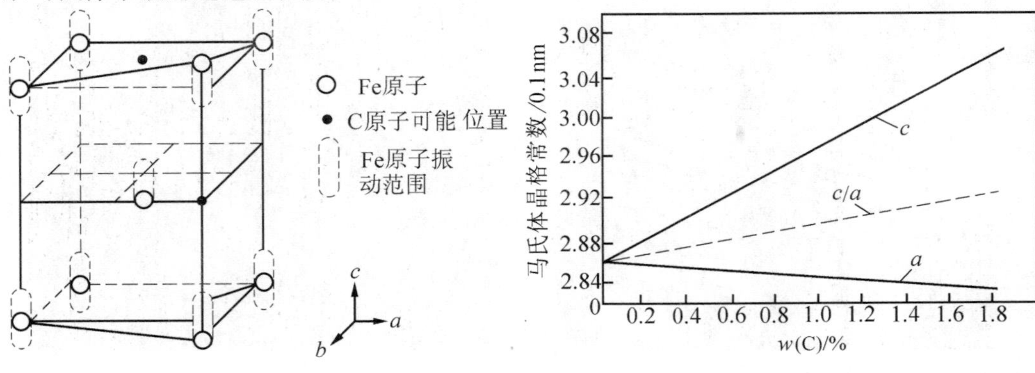

图 7.41 马氏体的体心正方晶格示意图

图 7.42 马氏体的晶格常数与质量分数的关系

一般来说,质量分数低于0.25%的板条马氏体的正方度很小,$c/a\approx1$,为体心立方晶格。

7.5.2 马氏体的性能

1. 马氏体的硬度和强度

钢中马氏体机械性能的显著特点是具有高硬度和高强度。马氏体的硬度主要取决于马氏体的含碳质量分数。如图7.43所示,马氏体的硬度随质量分数的增加而升高,当含碳质量分数达到0.6%时,淬火钢硬度接近最大值,含碳质量分数进一步增加,虽然马氏体的硬度会有所提高,但由于残余奥氏体数量增加,反而使钢的硬度有所下降。合金元素对马氏体的硬度影响不大,但可以提高其强度。

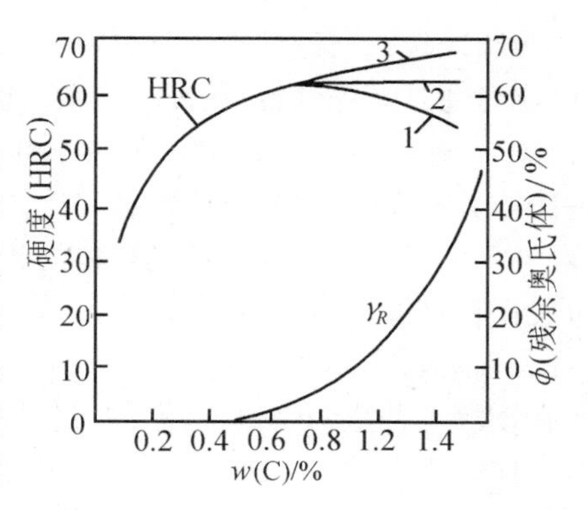

图7.43 含碳质量分数对马氏体和淬火钢硬度的影响

1—高于A_{c3}淬火; 2—高于A_{c1}淬火;
3—马氏体硬度

马氏体具有高硬度、高强度的原因是多方面的,其中主要包括固溶强化、相变强化、时效强化以及晶界强化等。

(1) 固溶强化。首先是碳对马氏体的固溶强化。过饱和的间隙原子碳在α相晶格中造成晶格的正方畸变,形成一个强烈的应力场,该应力场与位错发生强烈的交互作用,阻碍位错的运动,从而提高马氏体的硬度和强度。

(2) 相变强化。其次是相变强化。马氏体转变时,在晶体内造成晶格缺陷密度很高的亚结构,如板条马氏体中高密度的位错、片状马氏体中的孪晶等,这些缺陷都将阻碍位错的运动,使得马氏体强化。这就是所谓的相变强化。实验证明,无碳马氏体的屈服强度约为284 MPa,此值与形变强化铁素体的屈服强度很接近,而退火状态铁素体的屈服强度仅为98~137 MPa,这就是说相变强化使屈服强度提高了147~186 MPa。

(3) 时效强化。时效强化也是一个重要的强化因素。马氏体形成以后,由于一般钢的点M_s大都处在室温以上,因此在淬火过程中及在室温停留时,或在外力作用下,都会发生"自回火"。即碳原子和合金元素的原子向位错及其它晶体缺陷处扩散偏聚或碳化物的弥散析出,钉轧位错,使位错难以运动,从而造成马氏体时效强化。

(4) 原始奥氏体晶粒大小及板条马氏体束大小对马氏体强度的影响。原始奥氏体晶粒大小及板条马氏体束的尺寸对马氏体的强度也有一定的影响。原始奥氏体晶粒越细小、马氏体板条束越小,则马氏体强度越高。这是由于相界面阻碍位错的运动造成的马氏体强化。

2. 马氏体的塑性和韧性

马氏体的塑性和韧性主要取决于马氏体的亚结构。片状马氏体具有高强度、高硬度,但韧性很差,其特点是硬而脆。在具有相同屈服强度的条件下,板条马氏体比片状马氏体的韧性好得多,即在具有较高强度、硬度的同时,还具有相当高的塑性和韧性。

其原因是由于在片状马氏体中孪晶亚结构的存在大大减少了有效滑移系;同时在回火时,碳化物沿孪晶面不均匀析出使脆性增大;此外,片状马氏体中含碳质量分数高,晶格畸变大,淬火应力大,以及存在大量的显微裂纹也是其韧性差的原因。而板条马氏体中含碳质量分数低，可以发生“自回火”，且碳化物分布均匀；其次是胞状位错亚结构中位错分布不均匀，存在低密度位错区，为位错提供了活动余地，由于位错运动能缓和局部应力集中，延缓裂纹形核及削减已有裂纹尖端的应力峰，而对韧性有利；此外，淬火应力小，不存在显微裂纹，裂纹通过马氏体条也不易扩展，因此，板条马氏体具有很高的强度和良好的韧性，同时还具有脆性转折温度低、缺口敏感性和过载敏感性小等优点。

综上所述，马氏体的机械性能主要取决于含碳质量分数、组织形态和内部亚结构。板条马氏体具有优良的强韧性，片状马氏体的硬度高，但塑性、韧性很差。通过热处理可以改变马氏体的形态，增加板条马氏体的相对数量，从而可显著提高钢的强韧性，这是一条充分发挥钢材潜力的有效途径。

3．马氏体的物理性能

在钢的各种组织中，马氏体的比容最大，奥氏体的比容最小。$w(C)=0.2\%\sim1.44\%$的奥氏体的比容为 0.122 27 cm^3/g，而马氏体的比容为 0.127 08 ~ 0.130 61 cm^3/g。这是钢淬火时产生淬火应力，导致变形、开裂的主要原因。随着含碳质量分数的增加，珠光体和马氏体的比容差增大，当含碳质量分数由 0.4% 增加到 0.8%，淬火时钢的体积增加 1.13% ~ 1.2%。

马氏体具有铁磁性和高的矫顽力；磁饱和强度随马氏体中碳及合金元素质量分数的增加而下降。

由于马氏体是碳在 α - Fe 中的过饱和固溶体，故其电阻比奥氏体和珠光体的高。

7.5.3 马氏体转变的特点

1．马氏体转变的热力学特点

由过冷奥氏体等温转变曲线可知，奥氏体转变为马氏体的条件有两个：第一是过冷奥氏体的冷却速度必须大于临界冷却速度 v_c；第二是过奥氏体必须深度过冷，低于点 M_s 以下才能发生马氏体转变。快速冷却是为了抑制其发生珠光体和贝氏体转变，深度过冷是为了获得足够的马氏体转变的驱动力。

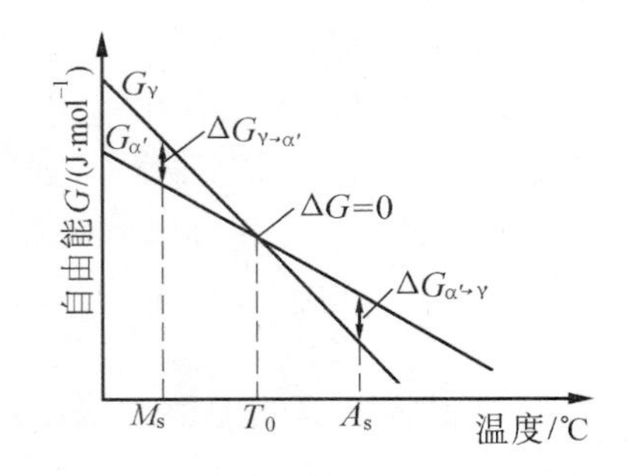

图 7.44 马氏体和奥氏体的自由能与温度的关系

马氏体转变和其它相变一样，相变的驱动力也是新相和母相的化学自由能差 ΔG_V，$\Delta G_V=G_{\alpha'}-G_\gamma$，式中：$G_{\alpha'}$ 为马氏体的自由能，G_γ 为奥氏体的自由能。由热力学得知，同一成分奥氏体与马氏体的自由能与温度的关系如图 7.44 所示。奥氏体和马氏体的自由能随温度变化曲线相交于 T_0，T_0 为两相热力学平衡温度，即在 T_0 温度时，$G_\gamma=G_{\alpha'}$。当温度降至 T_0 以下时，马氏体的自由能低于奥氏体的自由能，即 $G_{\alpha'}<G_\gamma$，此时系统自由能的变化 $\Delta G_V=G_{\alpha'}-G_\gamma<0$，奥氏体有转变为马氏体的趋势。

但是与其它相变不同，马氏体转变并不是在略低于 T_0 的温度发生的，而必须深度过冷，过冷到远低于 T_0 的点 M_s 以下才能发生。这是因为马氏体转变时除了形成新的界面，而增加一项界面能以外，还增加一项弹性应变能。因此，系统总的自由能变化可用下式表示

$$\Delta G=\Delta G_V+(\Delta G_s+\Delta G_e)$$

式中，ΔG_V 是马氏体与奥氏体的体积化学自由能差，为负值，是相变的驱动力；ΔG_s 为表面

能，由于马氏体和奥氏体之间存在共格界面，所以 ΔG_s 一项数值很小，不是相变的主要阻力；ΔG_e 为弹性应变能，它除由于马氏体转变时新相与母相的比容变化而引起的以外，还包括维持第二类共格所消耗的弹性能，这一项数值很大，比表面能 ΔG_s 大十几倍，是相变的主要阻力。因此，只有深冷，使 ΔG_V 增大到足以补偿（$\Delta G_s+\Delta G_e$）时，马氏体转变才能发生，这就是必须过冷到点 M_s 以下的原因。因此，点 M_s 可以定义为奥氏体和马氏体两项自由能差达到相变所需要的最小驱动力值时的温度。也就是说点 M_s 是开始发生马氏体转变的温度。

2．马氏体转变的晶体学特点

（1）无扩散性。马氏体转变属于低温转变，此时，铁原子和碳原子都已经失去扩散能力。因此，马氏体转变是以无扩散的方式进行的。铁原子的晶格改组是通过原子集体的、有规律的、近程的迁动完成的。原来在母相中相邻的原子，转变以后在新相中仍然相邻，它们之间的相对位移不超过一个原子间距，转变前后奥氏体与马氏体的化学成分相同。

（2）切变性。马氏体转变是晶格切变过程，在切变过程中完成晶格重构，由面心立方晶格变成体心正方晶格。

图 7.45　马氏体的表面浮凸　650×

马氏体转变时，在预先抛光的试样表面上，在马氏体形成的地方出现宏观倾斜隆起，形成表面浮凸，见图 7.45。这个现象说明马氏体转变和母相的宏观切变有着直接联系，可示意表示为图 7.46。马氏体形成时，和它相交的试样表面发生倾动，一边凹陷，一边凸起，并牵动奥氏体突出表面，见图 7.46(a)。马氏体转变前，在试样表面刻一直线划痕 STS'，在马氏体转变之后，划痕由直线变为折线 $S''T'TS'$，但无弯曲或中断现象，如图 7.46(b)所示。在显微镜光线（斜照明）照射下，浮凸两边呈现明显的山阳和山阴，这说明马氏体转变是以切变方式完成的。

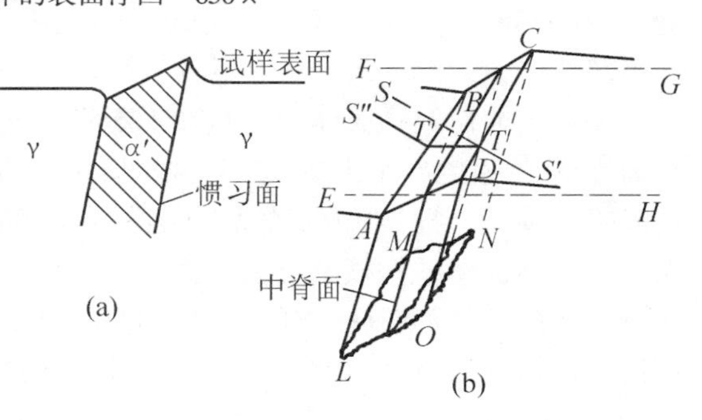

图 7.46　马氏体形成时引起的表面倾动

（3）共格性。马氏体转变时，新相和母相的点阵间保持共格联系，即相界面上的原子既属于马氏体又属于奥氏体。而且整个界面是互相牵制的，如图 7.47 所示。这种界面称为“切变共格”界面。它是以母相切变维持共格关系的,故称为第二类共格界面。

(4) 严格的位向关系和惯习面。由于马氏体转变时新相和母相之间始终保持着切变共格性,因此马氏体转变后新相和母相之间存在着严格的晶体学位向关系。例如质量分数低于1.4%的碳钢中,马氏体和奥氏体之间有下列位向关系

$\{1\,1\,0\}_{\alpha'}//\{1\,1\,1\}_{\gamma}$ $\langle 1\,1\,1\rangle_{\alpha'}//\langle 1\,1\,0\rangle_{\gamma}$

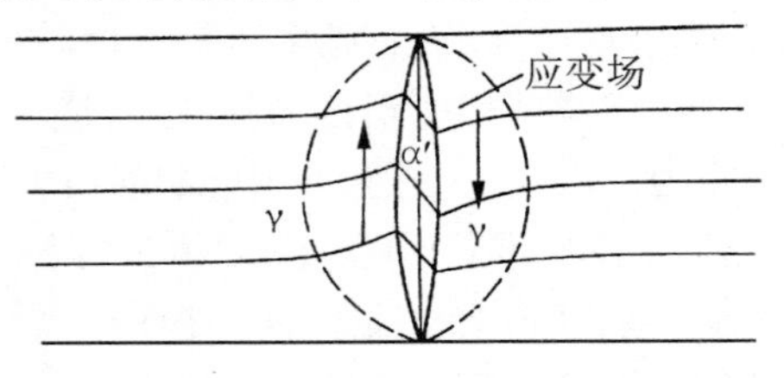

图 7.47 马氏体和奥氏体切变共格交界面示意图

上述晶体学位向关系是由库尔久莫夫(Курдюмов)和萨克斯(Sachs)在1934年利用X射线结构分析方法首先测定的,故称为K-S关系。

西山(Nishiyama)在30%Ni的Fe-Ni合金中测得如下的位向关系

$$\{1\,1\,0\}_{\alpha'}//\{1\,1\,1\}_{\gamma}\quad \langle 1\,1\,0\rangle_{\alpha'}//\langle 2\,1\,1\rangle_{\gamma}$$

这种关系称为西山(N)关系。在质量分数高于1.4%的碳钢中也存在西山关系。

实验证明,马氏体转变不仅新相和母相有一定的位向关系,而且马氏体在奥氏体的特定晶面上形成,这个晶面称为惯习面。在相变过程中惯习面不变形也不转动。惯习面通常以母相的指数来表示。钢中马氏体的惯习面随奥氏体的含碳质量分数及马氏体的形成温度而变化。当$w(C)<0.5\%$时,惯习面为$\{1\,1\,1\}_{\gamma}$,$w(C)=0.5\%\sim1.4\%$时,惯习面为$\{2\,2\,5\}_{\gamma}$,$w(C)>1.4\%$时,惯习面为$\{2\,5\,9\}_{\gamma}$。随马氏体形成温度降低,惯习面有向高指数变化的趋势。所以同一成分的钢也可能出现两种惯习面,如先形成的马氏体惯习面为$\{2\,2\,5\}_{\gamma}$,而后形成的马氏体的惯习面为$\{2\,5\,9\}_{\gamma}$。

3. 马氏体转变的动力学特点

(1) 马氏体的降温转变。马氏体转变动力学的主要形式有降温转变和等温转变两种。等温转变仅发生在某些特殊合金中,例如Fe-Ni-Mn、Fe-Cr-Ni以及高碳高锰钢等。马氏体的等温转变也可用类似TTT图的温度-时间等温转变曲线来描述。但等温转变一般都不能使马氏体转变进行到底,这是因为已形成的马氏体使未转变的奥氏体发生了稳定化。

一般工业用钢马氏体转变是在不断降低温度的条件下进行的。奥氏体以大于临界淬火速度v_c的速度冷至点M_s以下,立即形成一批马氏体,相变没有孕育期,随着温度下降,瞬间又出现另一批马氏体,而先形成的马氏体不再长大。这种转变一直持续到点M_f。降温过程中马氏体的形核及长大速度极快,瞬间形核,瞬间长大。片状马氏体的长大速度为$10^6\sim10^7$ mm/s,板条马氏体的长大速度为$10^2\sim10^3$ mm/s。如果在$M_s\sim M_f$之间某一温度停留马氏体的数量基本上不能增加,马氏体转变量是温度的函数,取决于冷却达到的温度T_g,即取决于点M_s以下的过冷度$\Delta T=M_s-T_g$,而与$M_s\sim M_f$之间某一温度下停留的时间无关。马氏体转变量与温度的关系如图7.48所示。

一般钢淬火都是冷却到室温,如果某一种钢(如奥氏体不锈钢)的点M_s低于室温,则淬火冷却到室温得到的全是奥氏体。高碳钢和许多合金钢,其点M_s在室温以上,而点M_f在室温以下,则淬火冷却到室温时将保留相当数量的未转变奥氏体,通常称之为残余奥氏体。如冷至室温后继续深冷,使残余奥氏体继续转变为马氏体,这种低于室温冷却的处理方法,生产上称为冷处理。

(2) 奥氏体的稳定化。奥氏体稳定化是指奥氏体在外界因素作用下，由于内部结构发生了某种变化，而使奥氏体向马氏体转变温度降低和残余奥氏体量增加的转变迟滞现象。主要包括热稳定化和机械稳定化两大类：

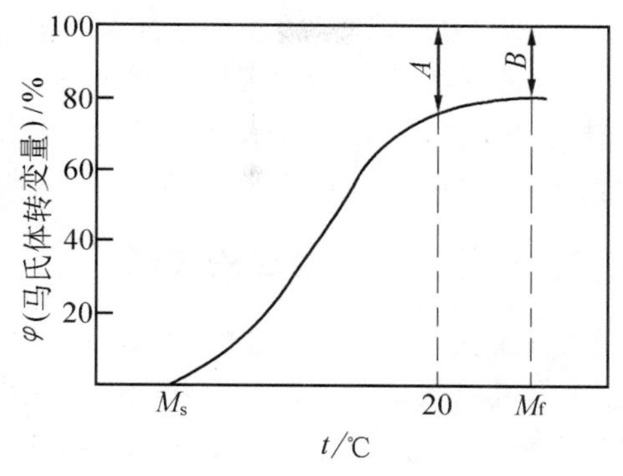

图7.48　马氏体转变量与温度的关系

① 热稳定化。奥氏体在冷却过程中，因在某一温度下停留，使未转变的奥氏体变得更稳定，如继续冷却，奥氏体向马氏体转变并不立即开始，而是经过一段时间才能恢复转变，而且转变量也比连续冷却转变量减小，如图7.49所示。这种因等温停留引起奥氏体稳定性提高，而使马氏体转变迟滞的现象称为奥氏体的热稳定化。发生热稳定化现象的温度有一个临界值，以 M_c 表示，只有低于点 M_c 等温时才会引起热稳定化，点 M_c 可低于点 M_s，因钢种而异。另外，淬火时在点 M_c 以下降低冷却速度也会发生奥氏体的热稳定化现象。

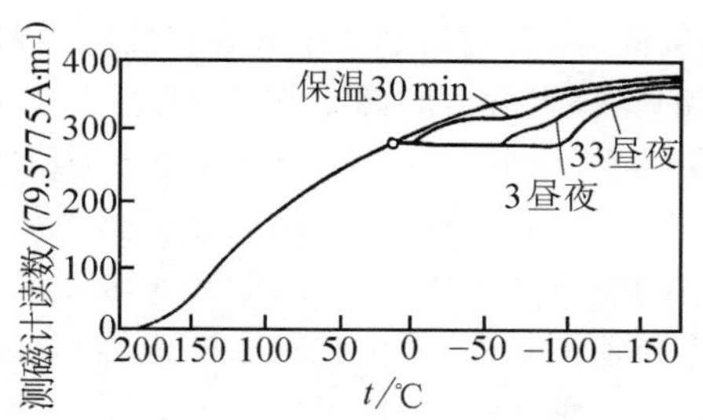

图7.49　$w(C)=1.17\%$ 的钢奥氏体的热稳定化现象(测磁计读数与马氏体转变量成正比)

钢中奥氏体热稳定化现象可能与C、N等间隙原子热运动有关。C、N原子在等温停留或缓慢冷却时，向点阵缺陷处偏聚，并钉轧位错，使奥氏体强化，从而增大马氏体相变阻力。

奥化体稳定化程度与点 M_c 以下停留的温度和时间有关。在某一温度下停留时间越长或在相同停留时间下停留温度越低，奥氏体稳定化程度越大，最终得到马氏体数量越少。

② 机械稳定化。机械强化作用使奥氏体稳定化的现象称为机械稳定化。主要有相变强化机械稳定化和形变强化机械稳定化两种情况。

奥氏体淬火至点 M_s 以下连续冷却时，由于马氏体转变量不断增加，体积膨胀，使剩余的奥氏体受到压应力，发生塑性变形，产生强化，而出现的稳定化现象称为相变强化机械稳定化。

在点 M_s 以上对奥氏体进行塑性变形，也能引起通常的马氏体转变，变形量越大，马氏体转变量越多，这种现象称为形变诱发马氏体相变。当温度升高到某一值时塑性变形不能使奥氏体转变为马氏体，这一温度称为形变马氏体点，用 M_d 表示。实验证明，在点 M_d 以上对奥氏体进行大量塑性变形，会使随后的马氏体转变发生困难，使点 M_s 降低，增加残余奥氏体量。这种现象称为形变强化机械稳定化。

4. 马氏体转变的可逆性

在某些铁基合金中，奥氏体可以在冷却时转变为马氏体，而已形成的马氏体重新加热时又能无扩散地转变为奥氏体。这种现象称为马氏体转变的可逆性，马氏体直接向奥氏体的转变称为马氏体的逆转变。但在一般碳钢中不发生按马氏体转变机构的逆转变,因为在加热时马氏体分解为铁素体和渗碳体。马氏体的逆转变也发生在一定的温度范围内,逆转变开始温度用 A_s 表示,终了温度用 A_f 表示。通常 A_s 温度高于 M_s 温度,对于不同的合金 A_s 与 M_s 之间的温差不同。

7.5.4 马氏体转变应用实例

利用马氏体和马氏体转变的特点,在研制新型高强度、高韧性材料、发展强韧化热处理新工艺及其它热加工工艺方面有着许多应用。

在发展强韧化热处理工艺方面,对低碳钢($w(C)<0.25\%$)或低碳合金钢采用强烈淬火可以获得板条马氏体。不但使钢得到较高的强韧性,而且还具有低的脆性转折温度、较低的缺口敏感性和过载敏感性。另外低碳钢本身又具有良好的工艺性能,如良好的冷成型性、焊接性能,低的热处理脱碳敏感性以及淬火变形倾向等。因此,这种工艺近年来在矿山、石油、汽车、机车车辆、起重机制造等行业得到了广泛应用。

中碳($w(C)=0.3\%\sim0.6\%$)低合金钢或中碳合金钢是大量应用的钢种,如果将这些钢进行高温加热淬火,由于高温加热使奥氏体化学成分均匀,消除富碳微区,淬火时可以获得较多的板条马氏体组织,从而在屈服强度不变的情况下,可以大幅度提高钢的韧性。

对于高碳钢工件,采用较低温度快速、短时间加热淬火方法,加热时可以使组织中保留较多的未溶碳化物,降低奥氏体中的质量分数,淬火时也可以获得较多的板条马氏体,从而提高钢的韧性。

在防止焊接件冷裂纹方面,马氏体转变点 M_s 和 M_f 对焊接过程形成冷裂纹的敏感性很大。点 M_s 高的钢,在较高温度下可以形成板条马氏体,产生“自回火”现象,转变过程中产生的内应力可以局部消除。此外,焊接过程中所吸收的氢可以扩散逸出一部分,从而可以减小形成氢裂的可能性。因此,焊接结构件用钢,其点 M_s 应不低于 300℃,如果点 M_f 高于 260℃,则在 260℃以上完成马氏体转变,焊接时不易产生冷裂纹。

焊接结构件用钢希望含碳质量分数要低($w(C)=0.2\%$),这是由于含碳质量分数低,C-曲线左移,过冷奥氏体不稳定,临界淬火速度高,因而焊接冷却时不易形成马氏体;另一方面,即使形成低碳马氏体,因其强韧性好,焊接冷裂纹的敏感性也不大。

对于中碳高强度钢焊接构件,焊后冷却时容易得到强硬的马氏体组织,必须采用充分预热、缓冷等措施,以防片状马氏体的形成。预热温度与含碳质量分数有关,一般可在点 M_s 附近。焊后应缓冷,尽量采用多层焊,必要时,焊后立即进行热处理,以减少形成焊接冷裂纹的倾向性。

中锰耐磨铸铁也是利用马氏体的例子。Mn 是一个扩大奥氏体相区、降低点 Ms,并使 C-曲线显著右移的元素。当铁中 $w(Mn)>2\%$时,基体中会出现马氏体。含碳质量分数为$w(C)=5.0\%\sim6.0\%$的稀土-镁-中锰球墨铸铁,基体组织中有体积分数为 70%~80%的马氏体和下贝氏体,使球墨铸铁的抗拉强度大于 400 MPa,硬度大于 HRC48,显著提高了铸铁的耐磨性,广泛用来制作球墨机的磨球和煤粉机的锤头等耐磨零件。

7.6 贝氏体转变

贝氏体转变是介于珠光体和马氏体转变之间的一种转变,又称为中温转变。其转变特点既具有珠光体转变又具有马氏体转变的某些特征。转变产物贝氏体是含碳过饱和的铁素体和碳化物组成的机械混合物。根据形成温度不同,贝氏体主要分为上贝氏体和下贝氏体两类,由于下贝氏体具有优良的综合机械性能,故在生产中得到广泛的应用。

7.6.1　贝氏体的组织形态

钢中典型的贝氏体组织有上贝氏体和下贝氏体两种。此外,由于化学成分和形成温度不同,还有粒状贝氏体等多种组织形态。

1. 上贝氏体

上贝氏体形成于贝氏体转变区较高温度范围内,中、高碳钢大约在350～550℃之间形成。钢中的上贝氏体为成束分布、平行排列的铁素体和夹于其间的断续的条状渗碳体的混合物。在中、高碳钢中,当上贝氏体形成量不多时,在光学显微镜下可以观察到成束排列的铁素体条自奥氏体晶界平行伸向晶内,具有羽毛状特征,条间的渗碳体分辨不清,见图7.50(a)。在电子显微镜下可以清楚地看到在平行的条状铁素体之间常存在断续的、粗条状的渗碳体,见图7.50(b)。上贝氏体中铁素体的亚结构是位错,其密度约为10^8～10^9 cm^{-2},比板条马氏体低2～3个数量级。随着形成温度降低,位错密度增大。

(a)金相显微组织　500×

(b)电子显微组织　4 000×

图7.50　上贝氏体的显微组织

在一般情况下,随含碳质量分数的增加,上贝氏体中的铁素体条增多、变薄,渗碳体数量亦增多、变细。上贝氏体的形态还与转变温度有关,随转变温度降低,上贝氏体中铁素体条变薄,渗碳体细化。

在上贝氏体中的铁素体条间还可能存在未转变的残余奥氏体。尤其是当钢中含有Si、Al等元素时,由于Si、Al能使奥氏体的稳定性增加,抑制渗碳体析出,故使残余奥氏体的数量增多。

2. 下贝氏体

下贝氏体形成于贝氏体转变区的较低温度范围,中、高碳钢约为350℃～M_s之间。典型的下贝氏体是由含碳过饱和的片状铁素体和其内部沉淀的碳化物组成的机械混合物。下贝氏体的空间形态呈双凸透镜状,与试样磨面相交呈片状或针状。在光学显微镜下,当转变量不多时,下贝氏体呈黑色针状或竹叶状,针与针之间呈一定角度,见图7.51(a)。下贝氏体可以在奥氏体晶界上形成,但更多的是在奥氏体晶粒内部形成。在电子显微镜下可以观察到下贝氏体中碳化物的形态，它们细小、弥散，呈粒状或短条状，沿着与铁素体长轴成55°～65°角取向平行排列，见图7.51(b)。下贝氏体中铁素体的亚结构为位错，其位错密度比上贝氏体中铁素体的高。下贝氏体的铁素体内含有过饱和的碳，其固溶量比上贝氏体高，并随形成温度降低而增大。

(a)金相显微组织　100×

(b)电子显微组织　1 000×

图7.51　下贝氏体的显微组织

3. 粒状贝氏体

粒状贝氏体是近年来在一些低碳或中碳合金钢中发现的一种贝氏体组织。粒状贝氏体形成于上贝氏体转变区上限温度范围内。粒状贝氏体的组织如图7.52所示。其组织特征是在粗大的块状或针状铁素体内或晶界上分布着一些孤立的小岛，小岛形态呈粒状或长条状等，很不规则。这些小岛在高温下原是富碳的奥氏体区，其后的转变可有三种情况：①分解为铁素体和碳化物，形成珠光体；②发生马氏体转变；③富碳的奥氏体全部保留下来。初步研究认为，粒状贝氏体中铁素体的亚结构为位错，但其密度不大。

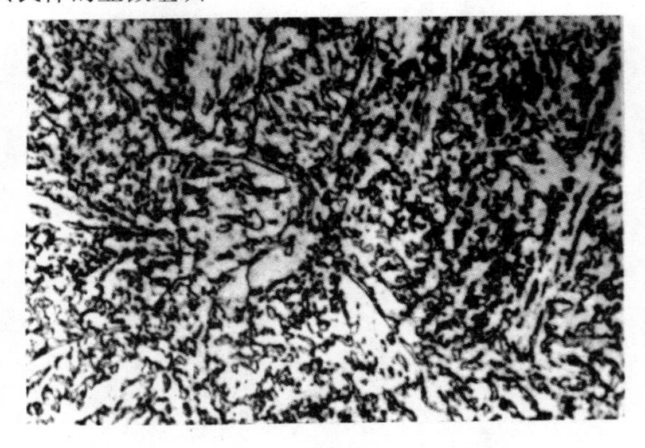

图7.52　粒状贝氏体的显微组织　1 000×

大多数结构钢，不管是连续冷却还是等温冷却，只要冷却过程控制在一定温度范围内，都可以形成粒状贝氏体。

7.6.2　贝氏体的机械性能

贝氏体的机械性能主要决定于其组织形态。由于上贝氏体的形成温度较高，铁素体条粗大，碳的过饱和度低，因而强度和硬度较低。另外，碳化物颗粒粗大，且呈断续条状分布于铁素体条间，铁素体条和碳化物的分布具有明显的方向性，这种组织状态使铁素体条间易于产生脆断，同时铁素体条本身也可能成为裂纹扩展的路径，所以上贝氏体的冲击韧性较低。越是靠近贝氏体区上限温度形成的上贝氏体，韧性越差，强度越低。因此，在工程材料中一般应避免上贝氏体组织的形成。

下贝氏体中铁素体针细小、分布均匀，在铁素体内又沉淀，析出大量细小、弥散的碳化物,而且铁素体内含有过饱和的碳及较高密度的位错,因此下贝氏体不但强度高,而且韧性也好,即具有良好的综合机械性能,缺口敏感性和脆性转折温度都较低,是一种理想的组织。在生产中以获得下贝氏体组织为目的的等温淬火工艺得到了广泛的应用。

粒状贝氏体组织中,在颗粒状或针状铁素体基体中分布着许多小岛,这些小岛无论是残余奥氏体、马氏体,还是奥氏体的分解产物都可以起到复相强化作用。所以粒状贝氏体具有较好的强韧性,在生产中已经得到应用。

7.6.3 贝氏体转变的特点

由于贝氏体转变发生在珠光体与马氏体转变之间的中温区,铁和合金元素的原子已难于进行扩散,但碳原子还具有一定的扩散能力。这就决定了贝氏体转变兼有珠光体转变和马氏体转变的某些特点。与珠光体转变相似,贝氏体转变过程中发生碳在铁素体中的扩散;与马氏体转变相似,奥氏体向铁素体的晶格改组是通过共格切变方式进行的。因此,贝氏体转变是一个有碳原子扩散的共格切变过程。

1. 贝氏体转变的热力学特点

贝氏体转变和其它相变一样,必须满足一定的热力学条件,即系统总的自由能变化 $\Delta G<0$ 时才能进行。奥氏体向贝氏体转变时,铁的晶格改组也是通过共格切变方式进行的。因此,与马氏体转变相似,系统总的自由能变化也是由 ΔG_V、ΔG_s、ΔG_e 三项组成

$$\Delta G=\Delta G_V+(\Delta G_s+\Delta G_e)$$

相变驱动力体积自由能差 ΔG_V 必须足够补偿表面能 ΔG_s 和弹性应变能 ΔG_e 等能量消耗的总和,相变才能发生。

在分析马氏体转变的热力学条件时已经知道,只有当奥氏体过冷到点 M_s 以下,才能满足 $\Delta G<0$ 的热力学条件。但是贝氏转变是在点 M_s 以上进行,那么,$\Delta G<0$ 的条件是如何实现的呢?

关键在于贝氏体转变时,碳在奥氏体中发生预先扩散,重新分布。由于碳的扩散,降低了贝氏体中铁素体的含碳质量分数,这样就降低了铁素体的自由能,从而在相同温度下,新、旧两相之间的自由能差 ΔG_V 增大,相变驱动力增大。同时,由于碳的脱溶,使奥氏体与贝氏体之间的比容差减小,因此由相变时体积变化引起的弹性应变能 ΔG_e 减小。因此,从相变热力学条件看,贝氏体转变可以在钢的点 M_s 以上温度范围内发生。

由图 7.53 也可以看出,如共析钢的奥氏体被过冷到高于点 M_s 的某一温度 T_1 等温时,它已处于 A_{ccm} 延长线以下,这意味着碳在奥氏体中处于过饱和状态,从热力学条件来看,碳应具有从奥氏体中析出的倾向。因此奥氏体内必将发生碳的扩散重新分配,造成奥氏体内碳的分布不均匀,出现一些贫碳微区。当某一贫碳微区的含碳质量分数达到 C_1 时,则 T_1 达到了这一浓度奥氏体的点 M_s。如果该微区的尺寸达到临界尺寸,那么相变的驱动力就足以使该微区按马氏体转变机构形成过饱和的铁素

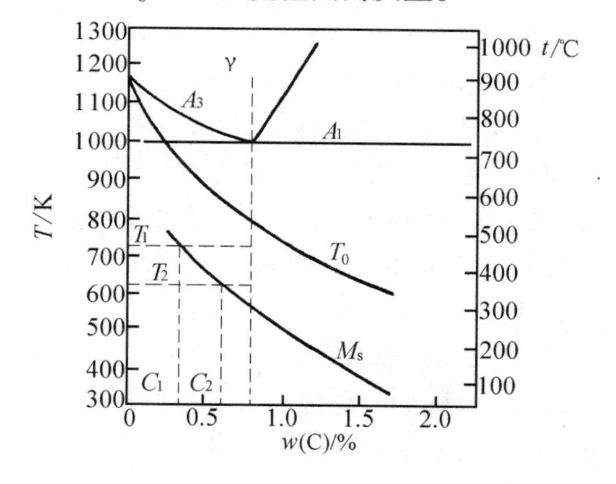

图 7.53　贝氏体转变与马氏体点的关系

含量降低，铁素体向奥氏体内一定方向长大。

由图还可以看出，等温转变温度越低，则转变所需的碳浓度降低越小，铁素体的含碳过饱和度越大。例如在 T_2 温度等温转变时，奥氏体的碳浓度只要降低到 C_2，则 T_2 温度便可达到点 M_s，发生共格切变。

可见，在奥氏体向贝氏体转变时可以找到一个极限温度 B_s，B_s 应位于 T_0 以下，M_s 以上，称之为贝氏体转变的上限温度。过冷奥氏体处于 B_s 以上温度，不发生贝氏体转变。B_s 值随钢中含碳质量分数的增加而降低。同样，也会找到一个 B_f，在此温度以下，不发生贝氏体转变。B_f 为贝氏体转变的下限温度。B_f 值也随钢的成分而变化。

2. 贝氏体转变的晶体学特点

实验发现，贝氏体形成时，在预先抛光的试样表面上形成浮凸，说明贝氏体转变时铁素体是通过切变机构形成的。在转变过程中，贝氏体中的铁素体和奥氏体保持共格联系，并且贝氏体的铁素体是在奥氏体的一定晶面上以共格切变方式形成，就是说贝氏体转变时有一定的惯习面。上贝氏体的惯习面为 $\{1\ 1\ 1\}_\gamma$，下贝氏体的惯习面一般为 $\{2\ 2\ 5\}_\gamma$。同时贝氏体转变过程中铁素体与母相奥氏体之间保持严格的晶体学位向关系，上、下贝氏体中铁素体与奥氏体之间的晶体学位向存在 $K-S$ 关系。此外，上、下贝氏体中渗碳体与母相奥氏体、渗碳体与铁素体之间也遵循一定的晶体学位向关系。

3. 贝氏体转变的动力学特点

贝氏体转变是一个形核、长大的过程，形核需要有一定的孕育期。在孕育期内由于碳在奥氏体中重新分布，出现贫碳区，在含碳质量分数较低的区域，首先形成铁素体晶核，成为贝氏体转变的领先相。上贝氏体中铁素体晶核一般优先在奥氏体晶界贫碳区形成。在下贝氏体形成时，由于过冷度大，铁素体晶核可以在晶粒内形成。

铁素体晶核形成后，当碳浓度起伏合适，且晶核超过临界尺寸时便开始长大。在其长大的同时，过饱和的碳从铁素体向奥氏体中扩散，并于铁素体条间或铁素体内部沉淀析出碳化物，因此贝氏体长大速度受碳的扩散控制。上贝氏体中铁素体的长大速度主要取决于碳在其前沿奥氏体内的扩散速度，而下贝氏体的长大速度主要取决于碳在铁素体内的扩散速度。

贝氏体的转变包括铁素体的成长与碳化物的析出两个基本过程，它们决定了贝氏体中两个基本组成相的形态、分布和尺寸。上贝氏体和下贝氏体的形成过程如图 7.54 所示。

在上贝氏体的形成温度范围内，首先在奥氏体晶界上或晶界附近的贫碳区形成铁素体晶核，并成排地向奥氏体晶粒内长大。与此同时，条状铁素体前沿的碳原子不断向两侧扩散，而且铁素体中多余的碳也将通过扩散向两侧的相界面移动。由于碳在铁素体中的扩散速度大于在奥氏体中的扩散速度，因而在温度较低的情况下，碳在奥氏体

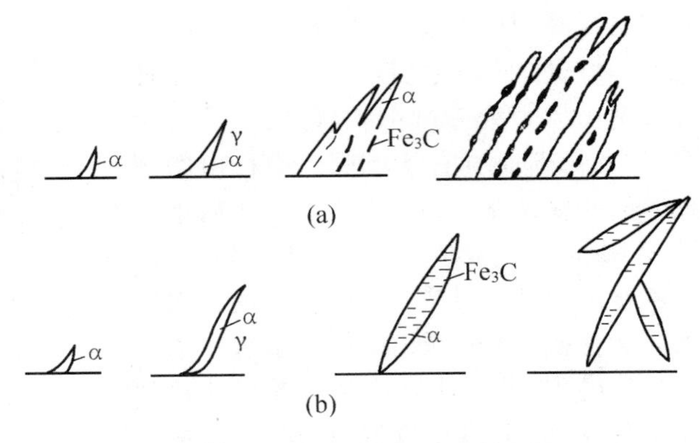

图 7.54 上贝氏体(a)和下贝氏体(b)形成过程示意图

的晶界处就发生富集。当碳浓度富集到一定程度时,便在铁素体条间沉淀析出渗碳体,从而得到典型的上贝氏体组织(图7.54(a))。

在下贝氏体形成温度范围内,由于转变温度低,首先在奥氏体晶界或晶内的某些贫碳区,形成铁素体晶核,并按切变共格方式长大,成片状或透镜状。由于转变温度低,碳原子在奥氏体中的扩散很困难,很难迁移至晶界。而碳在铁素体中的扩散仍可进行。因此与铁素体共格长大的同时,碳原子只能在铁素体的某些亚晶界或晶面上聚集,进而沉淀析出细片状的碳化物。在一片铁素体长大的同时,其它方向上铁素体也会形成。从而得到典型的下贝氏体组织(图7.54(b))。

7.6.4　魏氏组织

质量分数小于 $w(\mathrm{C})=0.6\%$ 的亚共析钢或含碳质量分数大于 $w(\mathrm{C})=1.2\%$ 的过共析钢由高温以较快速度冷却时,先共析铁素体或先共析渗碳体从奥氏体晶界上沿着奥氏体的一定晶面向晶内生长,呈针片状析出。在金相显微镜下可以观察到从奥氏体晶界上生长出来的铁素体或渗碳体近乎平行,呈羽毛状或呈三角形,其间存在着珠光体的组织,这种组织称为魏氏组织,如图7.55所示。图中白色的组织组成物,在亚共析钢中为先共析铁素体,在过共析钢中为先共析碳化物;黑色的组织组成物为珠光体。

(a)

(b)

图7.55　铁素体魏氏组织(a)和渗碳体魏氏组织(b)　500×

魏氏组织中的针状铁素体可以从奥氏体晶界上直接析出,也可能沿奥氏体晶界首先析出网状铁素体,它不属于魏氏组织,然后从网状铁素体中扩展生长出相互平行的针状铁素体,这种组织是魏氏组织的铁素体,铁素体片之间的奥氏体随后转变成珠光体。

魏氏组织的铁素体是按切变机理形成的,与贝氏体中铁素体的形成机理相似,在抛光的试样表面上也会出现浮凸。

魏氏组织的铁素体是沿母相奥氏体的一定晶面——惯习面析出的,惯习面为 $\{1\,1\,1\}_{\gamma}$,并与母相奥氏体之间存在一定的晶体学位向关系(K-S关系):$(1\,1\,1)_{\gamma}/\!/(1\,1\,0)_{\alpha}$、$[1\,1\,0]_{\gamma}/\!/[1\,1\,1]_{\alpha}$。

因为魏氏组织的铁素体是按贝氏体切变共格机理形成的,所以有人认为魏氏组织的铁素体即相当于无碳贝氏体。图7.56中 W 区是魏氏组织的形成区,奥氏体过冷到这一区间便会形成魏氏组织。魏氏组织形成与钢中含碳质量分数、奥氏体晶粒度及奥氏体冷却速度(转变温度)有关。奥氏体晶粒越粗大,越容易形成魏氏组织,所以魏氏组织最容易出现在过热钢中。经锻造、热轧、焊接的中、低碳钢中晶粒往往很粗大,空冷之后容易出现魏氏组织。

魏氏组织常伴随着奥氏体晶粒粗大而出现,因此使钢的机械性能尤其是塑性和冲击韧性显著降低,还会使脆性转折温度升高。因此,比较重要的工件都要对魏氏组织进行检验和评级。实际生产中遇到的多是铁素体的魏氏组织,很少遇到渗碳体的魏氏组织。根据冶金部标准 YB 71－64,将铁素体的魏氏组织分为 6 级,级别越高,魏氏组织越严重。0～2级比较轻微,对于不太重要的工件尚可使用,3～5 级魏氏组织必须予以消除。消除魏氏组织常用的方法是采用细化晶粒的正火、退火以及锻造等,如果程度严重还可以采用二次正火。

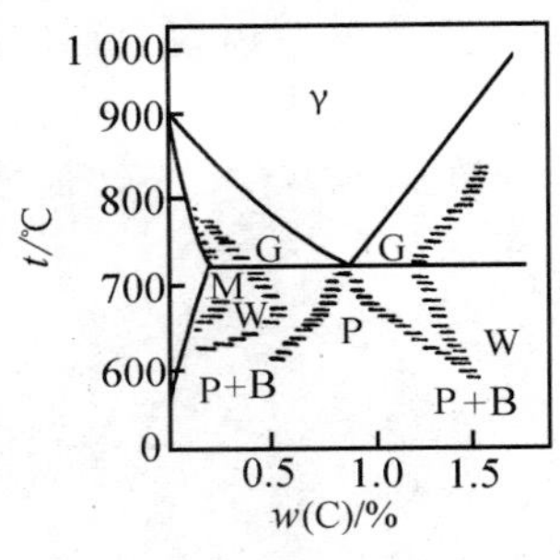

(a)奥氏体晶粒度为 0 1级

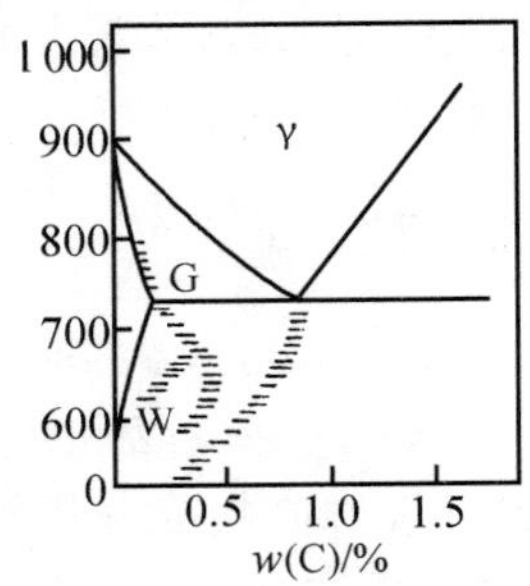

(b)奥氏体晶粒度为 7 8级

图 7.56 铁碳合金中先共析铁素体、先共析渗碳体的形态与转变温度和含碳质量分数的关系

M—析出块状组织;W—形成魏氏组织;

G—沿奥氏体晶界析出网状组织

习 题

1.试述共析钢加热时,珠光体向奥氏体转变的过程,影响转变速度的因素是什么?

2.简述影啊奥氏体晶粒大小的因素是什么?

3.何谓奥氏体起始晶粒度、实际晶粒度和本质晶粒度?

4.何谓过冷奥氏体等温转变曲线? 绘出共析钢过冷奥氏体等温转变曲线,并说明各条线及区域的金属学意义。

5.绘出共析钢连续冷却转变曲线,并比较它与等温转变曲线之间的异同点。

6.分析亚共析钢连续冷却转变曲线,说明每条线和区域的金属学意义。

7.什么是珠光体的片间距? 影响片间距的主要因素是什么? 片间距大小对珠光体机械性能有什么影响?

8.解释名词:片状珠光体、粒状珠光体、索氏体、屈氏体、马氏体。

9.试述奥氏体转变为粒状珠光体的机理,决定渗碳体颗粒大小的主要因素是什么?

10.在什么条件下奥氏体转变为片状珠光体,在什么条件下转变为粒状珠光体?

11.以共析钢为例,绘示意图阐述片状珠光体的形成机制及形成过程,并比较共析钢的片状珠光体和粒状珠光体的机械性能。

12.何谓马氏体? 何谓马氏体的正方度? 马氏体的晶体结构如何?

13.试述钢中马氏体组织形态及亚结构,影响马氏体组织的因素是什么?

14.说明马氏体相变的主要特征。钢中马氏体高强度、高硬度的本质是什么?

15.为什么钢中板条状马氏体具有较好强韧性? 而片状马氏体的塑性和韧性较差?

16.试述马氏体的强韧性。

17.马氏体的硬度主要与什么因素有关？合金元素的影响如何？

18.钢中马氏体转变具有哪些特点？为什么钢中马氏体转变不能进行到底，而总是保留一部分残余奥氏体？

19.举例说明马氏体及马氏体转变的应用。

20.何谓奥氏体稳定化？它对钢的组织性能有何影响？

21.何谓贝氏体？上贝氏体、下贝氏体及粒状贝氏体的形貌特征如何？

22.为什么下贝氏体比上贝氏体具有优越的机械性能？

23.何谓魏氏组织？它的形成条件如何？对钢的性能有何影响？如何消除？

24.试述钢中含碳量对 M_s 及 M_f 的影响。

25.何谓上临界冷却速度？它在生产中有何意义？

26.用过热处理工艺获得细晶粒的方法有哪些？

第 8 章

钢的回火转变及合金时效

8.1 钢的回火转变

回火是将淬火钢加热到低于临界点 A_1 的某一温度,保温一定时间,使淬火组织转变为稳定的回火组织,然后以适当的方式冷却到室温的一种热处理工艺。

钢淬火后的组织主要是由马氏体或马氏体+残余奥氏体组成,此外,还可能存在一些未溶碳化物。马氏体和残余奥氏体在室温下都处于亚稳定状态,它们都有向铁素体加渗碳体的稳定状态转变的趋势,但是,这种转变需要一定的温度和时间条件。回火将促进这种转变。

8.1.1 淬火钢的回火转变及组织

淬火钢回火时,随着回火温度升高和时间延长,相应地发生以下几种转变:

1. 马氏体中碳的偏聚

马氏体中过饱和的碳原子处于晶格扁八面体间隙位置,使晶格产生较大的弹性畸变,加之马氏体晶体中存在较多的微观缺陷,因此使马氏体能量增高,处于不稳定状态。

在 20~100℃温度范围回火时,铁和合金元素的原子难以进行扩散迁移,但 C、N 等间隙原子尚能作短距离的扩散迁移。当 C、N 原子扩散到上述微观缺陷的间隙位置后,将降低马氏体的能量。因此,马氏体中过饱和的 C、N 原子向微观缺陷处偏聚。

板条马氏体内部存在着大量位错,碳原子倾向于偏聚在位错线附近的间隙位置,形成碳的偏聚区,导致马氏体的弹性畸变能下降。片状马氏体的亚结构为孪晶,没有足够的位错线容纳间隙碳原子,因此,除少量碳原子可向位错线偏聚外,大量碳原子将向垂直于马氏体 c 轴的 $(100)_M$ 晶面偏聚,形成小圆片状的富碳区,其厚度只有零点几纳米,直径约为 1.0 nm。

碳原子的偏聚现象不能用金相方法直接观察到,但由于碳的偏聚区电阻升高,可以用电阻法等实验方法证实其存在,也可以用内耗法推测。

2. 马氏体的分解

当回火温度超过 80℃时,马氏体将发生分解,随着回火温度升高,马氏体中的碳浓度逐渐降低,晶格常数 c 减小、a 增大、正方度 c/a 减小。马氏体的分解一直延续到 350℃以上,在高合金钢中甚至可以延续到 600℃。

不同含碳质量分数的马氏体的碳浓度随回火温度的变化规律如图8.1所示。随着回火温度的升高，马氏体中含碳质量分数不断降低。高碳钢的碳浓度随回火温度升高降低很快，含碳质量分数较低的钢中碳浓度降低较缓。碳钢在200℃以上回火时，在一定的回火温度下，马氏体具有一定的碳浓度，回火温度越高，马氏体的碳浓度越低。

马氏体的含碳质量分数与回火时间的关系如图8.2所示。回火时间对马氏体中含碳质量分数的影响较小，马氏体的含碳质量分数在回火初期下降很快，随后趋于平缓。回火温度越高，回火初期含碳质量分数下降越多。

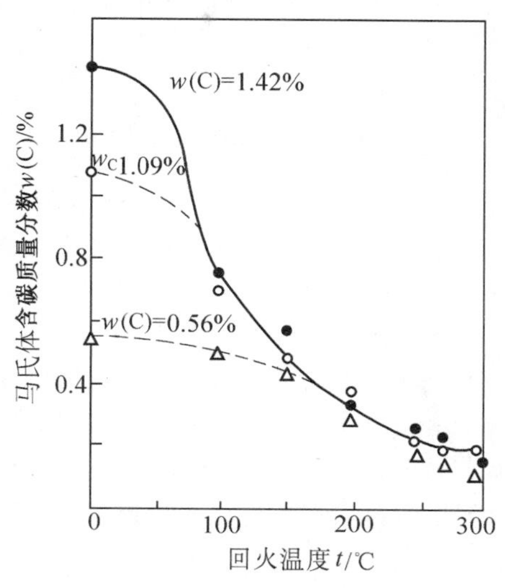

图8.1　马氏体的碳浓度与回火温度的关系(回火1 h)

片状马氏体在100～250℃回火时，固溶于马氏体中的过饱和碳原子脱溶，沿着马氏体的$(0\ 0\ 1)_M$晶面沉淀析出ε-碳化物，其晶格结构为密排六方晶格，通常用ε-Fe_xC表示，其中$x \approx 2 \sim 3$。ε-碳化物与母相之间有共格关系，并保持一定的晶体学位向关系。

用透射电子显微镜观察ε-碳化物，它是长度约为100 nm的条状薄片，经分辨率更高的电子显微镜在暗场下观察，这种薄片是由许多直径为5 nm的小粒子所组成，见图8.3。

片状马氏体回火时，往往分为两个阶段。第一阶段是在80～150℃回火时，由于碳原子活动能力很低，碳原子只能在很短距离内扩散，微小的ε-碳化物析出后，只是周围局部马氏体贫碳，远处马氏体的含碳质量分数仍然不变。这样马氏体就形成了浓度不同的“二相”，如图8.4(a)中的M和M'，故称为二相式分解。第二阶段大约在150～350℃回火时，由于碳原子可以作较长距离的扩散，随着碳化物的析出和长大，马氏体的含碳质量分数连续不断地下降，如图8.4(b)所示，被称为连续式分解。直到350℃左右，α相含碳质量分数达到平衡浓度，正方度趋近于1，至此，马氏体分解基本结束。

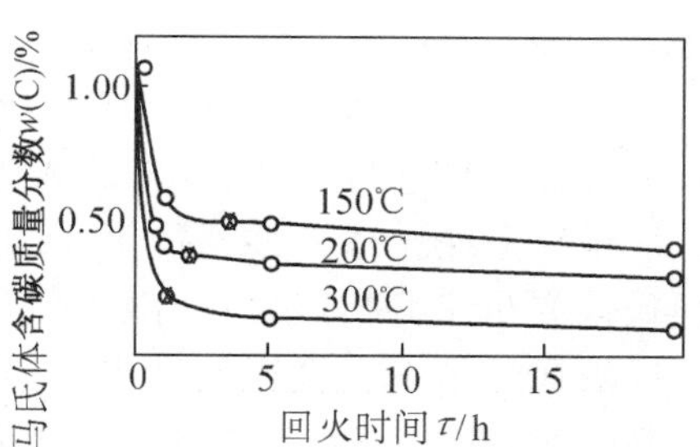

图8.2　马氏体的含碳质量分数与回火时间的关系($w(C) = 1.09\%$)

$w(C) < 0.2\%$的板条马氏体，在淬火冷却时已经发生自回火，绝大部分碳原子都偏聚到位错线附近，所以在200℃以下回火时没有ε-碳化物析出。

高碳钢在350℃以下回火时，马氏体分解后形成的α相和弥散的ε-碳化物组成的复相组织称为回火马氏体。回火马氏体中的α相仍保持针状形态。由于它是两相组成的，较淬火马氏体容易腐蚀，故在金相显微镜下呈黑色针状组织。其金相显

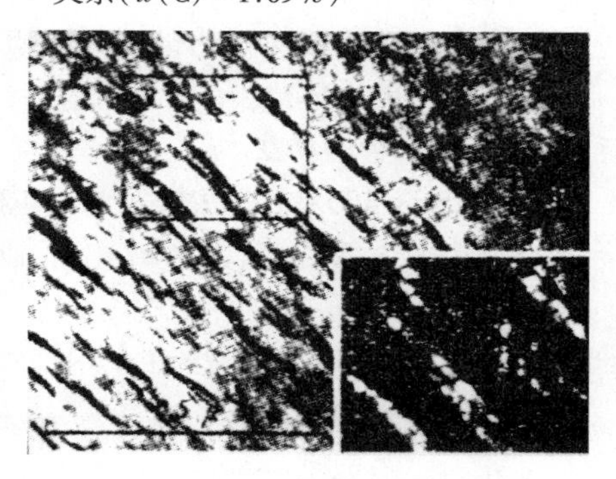

图8.3　$w(C) = 0.79\%$钢淬火后经150℃回火3 d析出的ε-碳化物

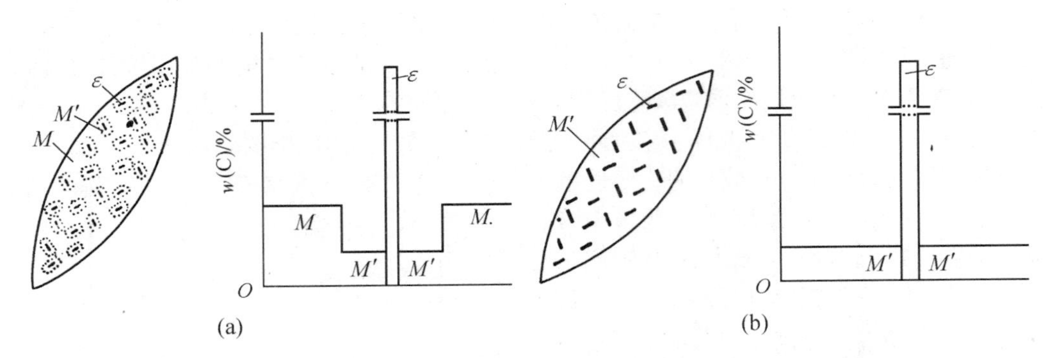

图 8.4　马氏体的二相式分解(a)和连续式分解(b)的示意图

微照片如图 8.5 所示。

3.残余奥氏体的转变

w(C) > 0.4%的碳素钢淬火后,组织中总含有少量残余奥氏体,在 250 ~ 300℃温度区间回火时,这些残余奥氏体将发生分解,随着回火温度升高,残余奥氏体的数量逐渐减少。

图 8.5　回火马氏体　500×

残余奥氏体与过冷奥氏体并无本质区别,它们的 C-曲线很相似,转变温度区间也相同。只是两者所处的物理状态不同,而使转变速度有所差异。图 8.6 为高碳钢残余奥氏体和过冷奥氏体的 C-曲线。由图可见,残余奥氏体向贝氏体转变速度加快,而向珠光体转变速度则减慢。在珠光体形成温度区间回火时,残余奥氏体先析出共析碳化物,随后分解为珠光体。在贝氏体形成温度区间回火时,残余奥氏体则转变为贝氏体。在珠光体和贝氏体两种转变之间,也存在一个残余奥氏体的稳定区。

淬火碳钢在 200 ~ 300℃回火时,残余奥氏体分解为 α 相和碳化物的机械混合物,称为回火马氏体或下贝氏体。

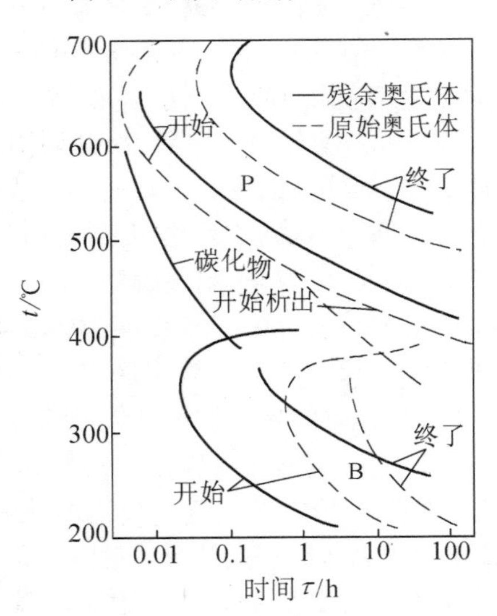

图 8.6　铬钢的两种奥氏体的 C-曲线
(w(C) = 1.0%, w(Cr) = 4.0%)

4. 碳化物的转变

在 250 ~ 400℃回火时,马氏体内过饱和的碳原子几乎全部脱溶,并形成比 ε-碳化物更稳定的碳化物。

回火温度升高到 250℃以上,在 w(C) > 0.4%的马氏体中,ε-碳化物逐渐溶解,同时沿着$\{112\}_M$晶面析出 χ-碳化物(又称为“Hägg 碳化物),其分子式为 Fe_5C_2,具有单斜晶格。χ-碳化物呈小片状平行地分布在马氏体片中,它与母相有共格界面,并保持一定的位向关系。

χ-碳化物与 ε-碳化物的惯习面不同,说明 χ-碳化物不是由 ε-碳化物直接转变来的,而是通过 ε -碳化物溶解,并在其它地方重新形核、长大,通常称为“离位析出”。

随着回火温度的升高,除析出 χ -碳化物以外,还同时析出 θ -碳化物。θ -碳化物即为 Fe_3C。析出-碳化物的惯习面有两组:一组是 $\{112\}_M$ 晶面,与 χ -碳化物的惯习面相同,说明这一组碳化物可能是从 χ -碳化物直接转变过来的,即“原位析出”;另一组是 $\{100\}_M$ 晶面,说明这一组 θ -碳化物不是由 χ -碳化物转变得到的,而是由 χ -碳化物首先溶解,然后重新形核长大,以“离位析出”方式形成的。

刚形成的 θ -碳化物与母相保持共格关系,当长大到一定尺寸时,共格关系被破坏,θ -碳化物独立析出。

回火温度和时间对于淬火碳素钢中碳化物变化的影响如图 8.7 所示。由图还可以看出,随回火时间的延长,碳化物转变的温度逐渐降低。

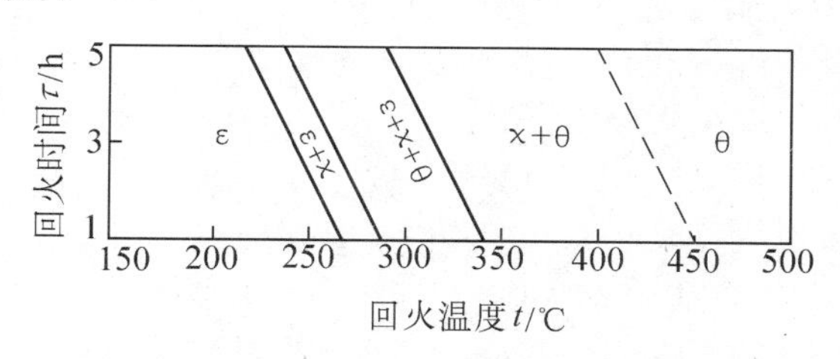

图 8.7　淬火高碳钢(w(C) = 1.34%)回火时碳化物转变温度和时间的关系

此外,研究确定,在 w(C) < 0.4% 的马氏体回火时,不形成 χ -碳化物。在 w(C) < 0.2% 的马氏体回火时,也不析出 ε - 碳化物,而是直接形成 θ - 碳化物。

当回火温度升高到 400℃时,淬火马氏体完全分解,但 α 相仍保持针状外形,碳化物全部转变为 θ - 碳化物。这种由针状 α 相和与其无共格联系的细小的粒状与片状渗碳体组成的机械混合物,称为回火屈氏体,其金相和电子显微照片如图 8.8 所示。

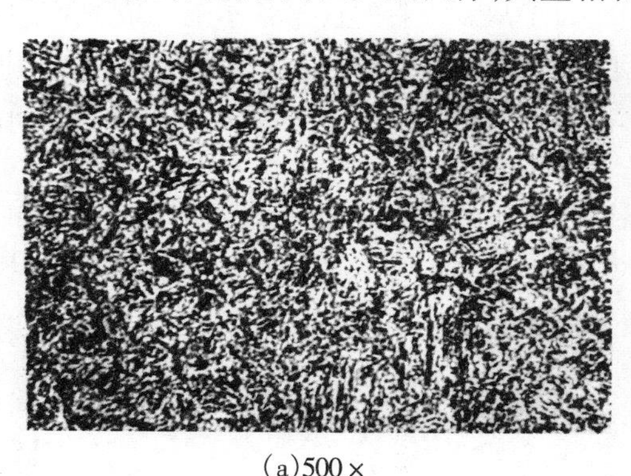

(a)500×　　(b)5 000×

图 8.8　回火屈氏体

5. 渗碳体的聚集长大和 α 相回复、再结晶

当回火温度升高到 400℃以上时,析出的渗碳体逐渐聚集和球化,片状渗碳体的长度和宽度之比逐渐缩小,最终形成粒状渗碳体。当回火温度高于 600℃时,细粒状碳化物将迅速聚集并粗化。碳化物的球化长大过程是按照小颗粒溶解、大颗粒长大的机制进行的。

此外,由于淬火马氏体晶粒的形状为非等轴状,而且晶内的位错密度很高,与冷变形金属相似。所以在回火过程中也发生回复和再结晶。对于板条马氏体在回复过程中主要是 α 相中的位错胞和胞内的位错线逐渐消失,晶内位错密度降低,剩下的位错将重新排列成二维位错网络,α 相晶粒被位错网络分割成许多亚晶粒。回火温度高于 400℃时,α 相已开始发生明显的回复,回复后 α 相仍具有板条状特征,如图 8.9 所示。当回火温度超过

600℃时，α相发生再结晶，由位错密度很低的等轴状新晶粒逐渐取代板条状晶粒。图8.10为α相发生部分再结晶的组织。

对于片状马氏体，当回火温度高于250℃时，马氏体中的孪晶亚结构逐渐消失，出现位错网络。当回火温度达到400℃时，孪晶全部消失，α相发生回复。当回火温度超过600℃时，α相发生再结晶过程。这些过程与板条马氏体的变化相同。

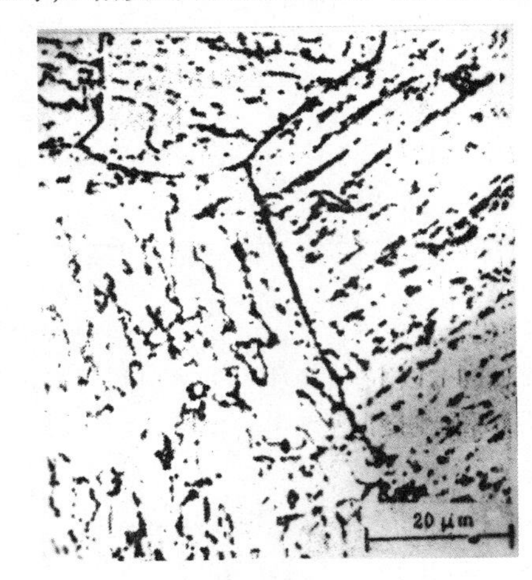

图8.9 淬火低碳钢（w(C)＝0.18%）α相的回复组织 （600℃回火10 min）

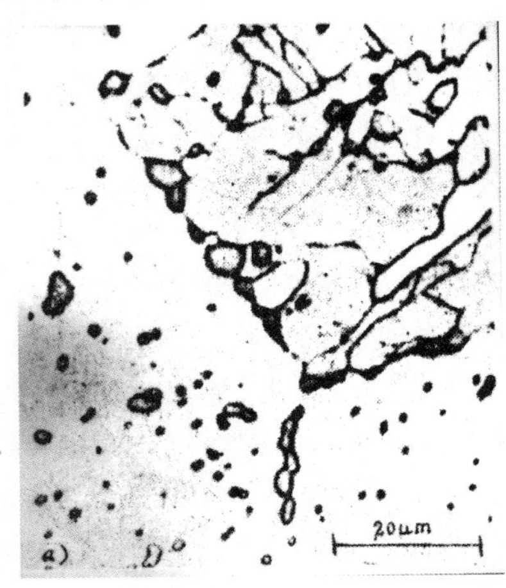

图8.10 淬火低碳钢（w(C)＝0.18%）α相的部分再结晶组织（600℃回火96 h）

在回火过程中，当温度达到350℃时，由于碳原子从α相中的析出基本上完成，第三类内应力被消除。当回火温度超过350℃时，由于α相发生回复过程，第二类内应力开始迅速下降，到500℃时基本消除。当回火温度达到500～600℃时，第一类内应力接近全部消除。

淬火钢在500～650℃回火时，渗碳体聚集成较大的颗粒，同时，马氏体的针状形态消失，形成多边形的铁素体，这种铁素体和粗粒状渗碳体的机械混合物称为回火索氏体，其金相和电子显微照片见图8.11。

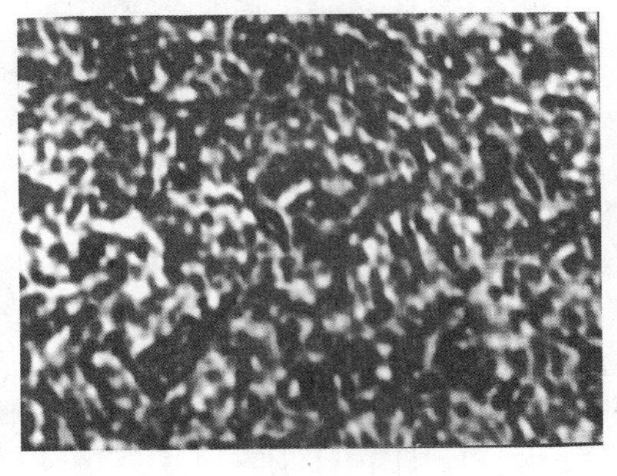

(a) 500×

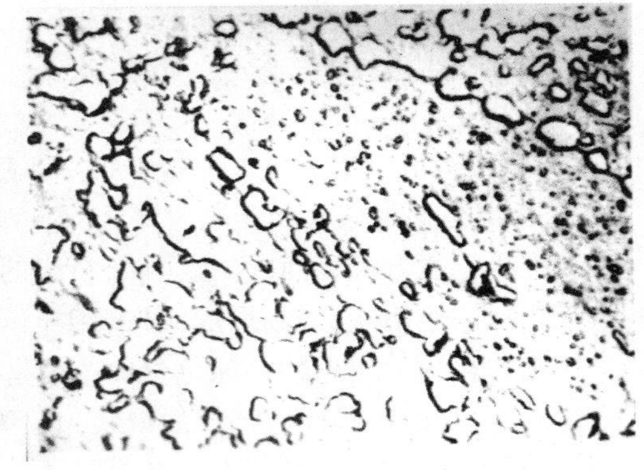

(b) 5 000×

图8.11 回火索体

8.1.2　淬火钢回火时机械性能的变化

淬火钢回火时，随回火温度的变化，机械性能将发生一定的变化，这种变化与显微组织的变化有密切的关系。

1. 硬度

淬火钢回火时硬度的变化规律如图8.12所示。由图可以看出，总的变化趋势是随着回火温度升高，钢的硬度连续下降。但含碳质量分数大于0.8%的高碳钢在100℃左右回火时，硬度反而略有升高。这是由于马氏体中碳原子的偏聚及ε-碳化物析出引起弥散硬化造成的。在200～300℃回火时，硬度下降平缓。这是由于一方面马氏体分解，使硬度降低，另一方面残余奥氏体转变为下贝氏体或回火马氏体，使硬度升高，二者综合影响的结果。回火温度超过300℃以后，由于ε-碳化物转变为渗碳体，共格关系被破坏，以及渗碳体聚集长大，使钢的硬度呈直线下降。

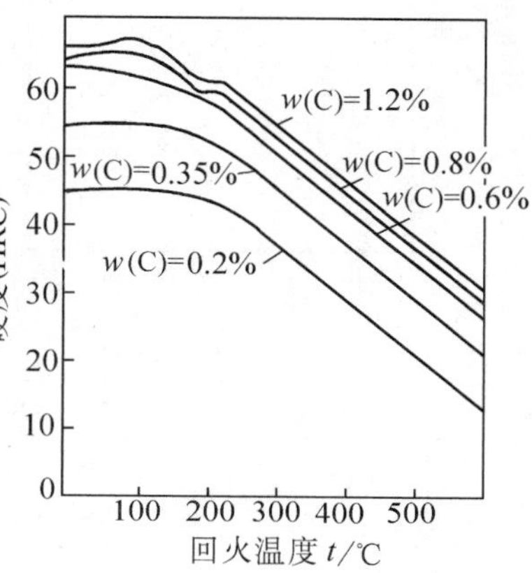

图8.12　回火温度对淬火碳钢硬的影响

钢中合金元素能在不同程度上减小回火过程中硬度下降的趋势，提高回火稳定性。强碳化物形成元素还可在高温回火时析出弥散的特殊碳化物，使钢的硬度显著升高，造成二次硬化。

2. 强度和韧性

淬火钢的强度和韧性随回火温度的变化规律如图8.13所示。随着回火温度的升高，钢的强度指标 σ_b、σ_s 不断下降。而塑性指标 δ、ψ 则不断上升，在400℃以上回火时提高得最显著。在350℃左右回火时，钢的弹性极限达到极大值。

8.1.3　回火脆性

淬火钢回火时冲击韧性的变化规律总的趋势是随着回火温度升高而增大。但在某些温度区间回火，可能出现冲击韧性显著降低的现象，这种脆化现象称为钢的回火脆性。图8.14为中碳镍铬钢在250～400℃回火和450～650℃回火（回火后慢冷）时出现的脆化现象，前者称为第一类回火脆性或低温回火脆性，后者称为第二类回火脆性或高温回火脆性。

1. 第一类回火脆性

第一类回火脆性几乎在所有的钢中都会出现。一般认为，马氏体分解时沿马氏体条或片的边界析出断续的薄壳状碳化物，降低了晶界的断裂强度，是产生第一类回火脆性的重要原因。这类回火脆性产生以后无法消除，故又称为不可逆回火脆性。

合金元素一般不能抑制第一类回火脆性。但Si、Mn等合金元素可使脆化温度向高温推移。为了防止第一类回火脆性，应避免在脆化温度范围内回火。

2. 第二类回火脆性

第二类回火脆性主要在合金结构钢中出现，碳素钢一般不出现这类回火脆性，当钢中含有Cr、Mn、P、As、Sb、Sn等元素时，第二类回火脆性增大。将脆化状态的钢重新回火，然

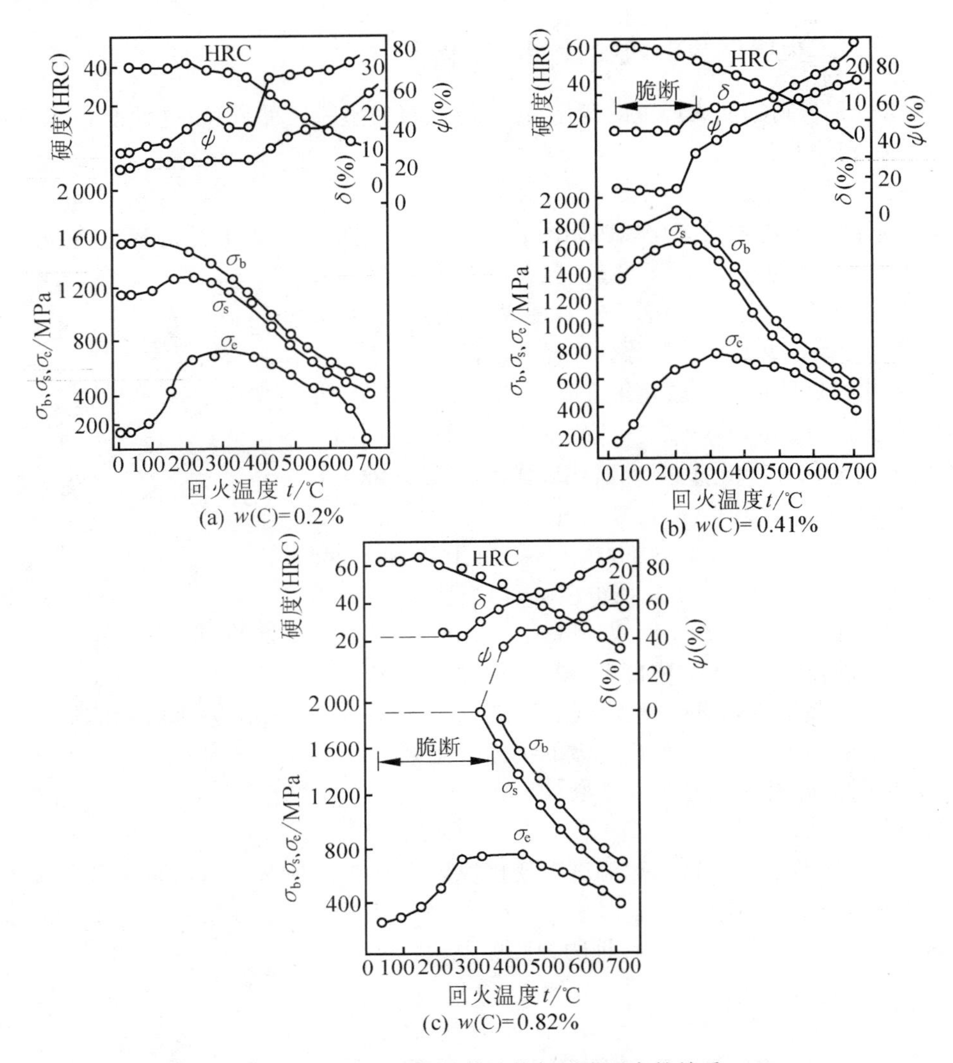

图 8.13 淬火钢的拉伸性能与回火温度的关系

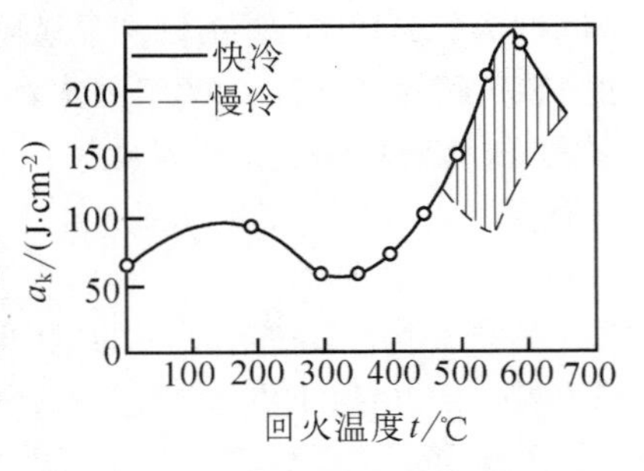

图 8.14 中碳镍铬钢冲击韧性与回火温度的关系

后快速冷却,即可以消除脆性。再次于脆化温度区间加热,然后缓冷,脆性又重新出现,故又称之为可逆回火脆性。

第二类回火脆性的产生机制至今尚未彻底清楚。近年来的研究指出,回火时 Sb、Sn、As、P 等杂质元素在原奥氏体晶界上偏聚或以化合物形式析出,降低了晶界的断裂强度,是导致第二类回火脆性的主要原因。

Cr、Mn、Ni 等合金元素不但促进这些杂质元素向晶界偏聚,而且本身也向晶界偏聚,进一步降低了晶界的强度,从而增大了回火脆性倾向。Mo、W 等合金元素则抑制这些杂质元素向晶界偏聚,故可减弱回火脆性倾向。如果在回火脆性区长时间停留,杂质元素有足够的移动时间向晶界偏聚,快冷和 Mo、W 元素的抑制作用就会消失。

为了防止第二类回火脆性，对于用回火脆性敏感钢制造的小尺寸的工件，可采用高温回火后快速冷却的方法。也可通过提高钢的纯度，减少钢中的杂质元素，以及在钢中加入适量的Mo、W等合金元素，来抑制杂质元素向晶界偏聚，从而降低钢的回火脆性，对于大截面工件用钢广泛采用这种方法。对亚共析钢可采用在 $A_1 \sim A_3$ 临界区加热亚温淬火的方法，使P等有害杂质元素溶入铁素体中，从而减小这些杂质在原始奥氏体晶界上的偏聚，可显著减弱回火脆性。此外，采用形变热处理方法也可以减弱回火脆性。

8.2 合金的时效

从过饱和固溶体中析出第二相（沉淀相）或形成溶质原子偏聚区及亚稳定过渡相的过程称为脱溶。合金在脱溶过程中其机械性能、物理性能、化学性能等随之发生变化，这种现象称为时效。一般情况下，在脱溶过程中合金的硬度、强度会逐渐升高，这种现象又称为时效硬化或时效强化。

时效硬化最初是在Al-Cu-Mn-Mg合金中偶然发现的。现已证实，时效硬化是个普遍现象，并具有重要的实际意义，工业上广泛应用的时效硬化型合金，如铝合金、耐热合金、沉淀硬化型不锈钢、马氏体时效钢等，都是为了达到这一目的而设计和制造出来的。

具有时效现象的合金的最基本条件是在其相图上有溶解度变化，并且固溶度随温度降低而显著减小，如图8.15所示。当组元B含量大于 B_0 的合金加热到略低于固相线的温度，保温足够时间，使B组元充分溶解后，取出立即淬火，则B组元来不及沿 *DE* 线析出，而形成亚稳定的过饱和α固溶体。这种处理称为固溶处理。经固溶处理的合金在室温下放置或加热到低于溶解度曲线 *DE* 的某一温度保持，合金将产生脱溶析出。析出相往往不是相图中的平衡相，而是亚稳相或溶质原子的偏聚区。α相中的B组元含量则逐渐下降达饱和状态。这一过程可用下式表示

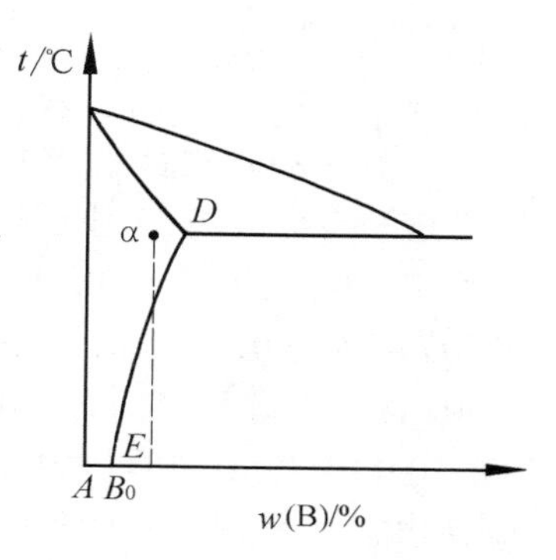

图8.15 可能发生时效硬化的合金相图一角

过饱和α固溶体→饱和α固溶体+析出相

由于新相的弥散析出，使合金的硬度升高。由此可见，时效的实质是过饱和固溶体的脱溶沉淀，时效硬化即脱溶沉淀引起的沉淀硬化。

在室温下放置产生的时效称为自然时效，加热到室温以上某一温度进行的时效称为人工时效。

根据合金脱溶过程的机理不同，脱溶可以分为两类：一类是形核与长大型；另一类是调幅分解型，后者不是按照形核长大机理析出的。

8.2.1 脱溶过程及影响脱溶动力学的因素

1. 脱溶过程

一般情况下，过饱和固溶体的脱溶沉淀全过程可以分为四个阶段，现以Al-Cu合金为例进行说明。

(1) 形成G.P.Ⅰ区。$w(Cu)=0.45\%$ 的Al-Cu合金经固溶处理后在190℃时效时，

通过 Cu 原子的扩散首先形成薄片状的 Cu 原子富聚区，称为 G.P.Ⅰ区。富 Cu 薄片平行于母相的{1 0 0}晶面，并与母相保持共格联系，片厚约为 0.3～0.6 nm，直径约为8 nm。Al－Cu合金中 G.P.Ⅰ区的结构模型如图 8.16 所示(图中所示为 G.P.Ⅰ区的右半部的横截面，左半部与之对称)。由于 Cu 原子半径比 Al 原子半径小(约为 Al 原子半径的 0.87%)，故薄片两则的 Al 原子塌向富 Cu 薄片，而造成弹性畸变，导致合金的硬度升高。

除 Al－Cu 合金外，Al－Zn、Al－Ag、Cu－Co、Cu－Be、Al－Mg－Si、Ni－Al、Fe－Mo 及 Fe－Au 等合金在脱溶开始时也都形成G.P.Ⅰ区。G.P.Ⅰ区的形状除片状外，也有呈针状、球状的。其形状取决于合金中两种原子半径之差，其差大时，畸变能大，易呈片状或针状，其差小时，易呈球状。

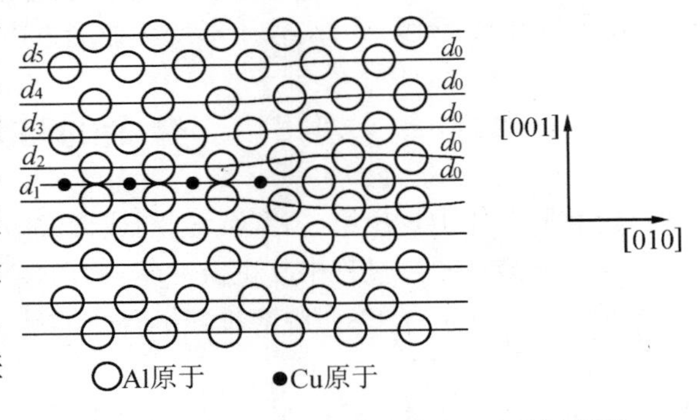

图 8.16　Al－Cu 合金中 *G.P.*Ⅰ区模型

(2) G.P.Ⅱ区的形成。形成 G.P.Ⅰ区后随时效温度的升高或时间延长，为进一步降低自由能，Cu 原子在G.P.Ⅰ区基础上进一步富集，G.P.Ⅰ区进一步长大，而且 Cu 原子和 Al 原子发生有序化转变，形成较为稳定的G.P.Ⅱ区，G.P.Ⅱ区又称为 θ''相(如在较高温度时效，则在一开始就形成 θ''相)。θ''相厚度约为 0.8～2 nm，直径约为 15～40 nm。θ''相具有正方晶格结构，晶格常数 $a=0.404$ nm，与 Al 相同，$c=0.76\sim0.86$ nm，较 Al 晶格常数 c 的 2 倍略小($2c=0.808$ nm)。θ''的(001)面与 Al 结合得很好，仍保持完整的共格关系。但在 c 方向略有收缩，要依靠正应变才能与 Al 保持共格联系。故在 θ''相圆片周围将产生比 GPⅠ区更大的弹性畸变区，如图 8.17 所示。θ''相的成分接近于 $CuAl_2$。θ''相的形成使合金的硬度进一步提高。但有些合金系在形成 GPⅠ区后直到出现新相，不形成 θ''相，如 Al－Mg 合金等。

(3) θ'相的形成。脱溶过程的进一步发展，将出现过渡相 θ'相。在 Al－Cu 合金中，随着时效过程的进展，片状 θ''相周围与基体部分失去共格联系转变为 θ'相。开始出现 θ'相时，合金的硬度达到最大值，以后随 θ'相增多硬度下降。θ'相也具有正方晶格，θ'相的晶格常数为 $a=0.404$ nm，$c=0.58$ nm，其成分与 $CuAl_2$ 相当。Al－Cu 合金的 θ'相仍为片状。

θ'相与基体 α 相之间仍保持着部分共格关系，惯习面也是$(0\,0\,1)_\alpha$，θ'相与母相 α 的位向关系为

$$\{1\,0\,0\}_{\theta'}/\!/\{1\,0\,0\}_\alpha$$

$$[0\,0\,1]_{\theta'}/\!/[0\,0\,1]_\alpha$$

(4) 平衡相的形成。在 Al－Cu 合金中，随着 θ'相的成长，其周围基体中的应力、应变增加，弹性应变能越来越大。因而 θ'相逐渐变得不稳定，所以当 θ'相长大到一定尺寸时，共格关系破坏，θ'相与 α 相

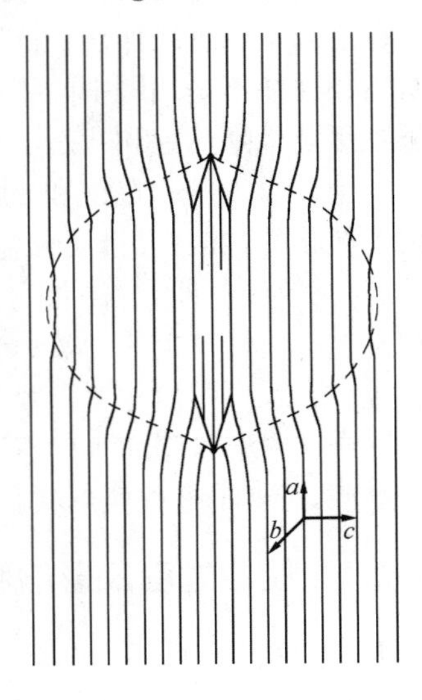

图 8.17　θ''周围基体的畸变区

完全脱离而形成独立的平衡相，称为 θ 相。θ 相也具有正方晶格，其晶格常数 $a=0.607$ nm，$c=0.487$ nm，与 θ''相和 θ'相相差甚大，与基体 α 相无共格联系，呈块状，其成分为 $CuAl_2$。θ 相的形成、聚集和长大将导致合金的硬度进一步下降，在生产上称之为过时效。

时效合金的脱溶过程，即使在同一合金中，由于成分、时效温度不同，也可能不一致。其它合金的时效过程与 Al－Cu 合金不完全一样，但是基本原理相同。

2．影响脱溶动力学的因素

(1) 时效温度的影响。温度越高，原子活动能力越强，脱溶速度越快。但随温度升高，合金的过饱和度减小，脱溶相和母相的自由能差减小，这又使脱溶速度降低。因此，在一定温度范围内可以用提高温度的办法来加快时效过程，例如 $w(\mathrm{Cu})=4\%$、$w(\mathrm{Mg})=0.5\%$的 Al－Cu－Mg 合金的时效温度从 200℃提高到 220℃，可以使时效时间从 4 h 缩短为 1 h。但时效温度又不能任意提高，否则，将影响强化效果。

(2) 合金成分的影响。时效温度相同时，合金的熔点越低，脱溶沉淀速度越快。因为熔点越低，原子间的结合力越弱，原子活动能力越强。故低熔点合金的时效温度可低一些。如铝合金的时效温度在 200℃以下，铁合金(马氏体时效钢)的时效温度则在 450℃。

此外，溶质原子与溶剂原子尺寸的差别越大，脱溶沉淀速度越快。过饱和度越大，脱溶沉淀速度也越快。

(3) 晶体缺陷的影响。一般来说，增加晶体缺陷，将使新相易于形成，使脱溶速度加快。但不同的晶体缺陷对不同的脱溶沉淀的影响是不一样的。如G.P.区的形成与空位有关，而 θ'相的形成主要决定于位错密度。

8.2.2　脱溶后的显微组织

时效后合金的性能与脱溶沉淀相的种类、形状、大小、数量及分布有关。为了控制脱溶后的性能，有必要了解脱溶沉淀所得的显微组织。

因G.P.区尺寸极小，故不能用光学显微镜分辨，而必须用电子显微镜进行观察或用X-射线结构分析方法进行研究。用电子显微镜观察表明，G.P.区的形成是均匀形核，G.P.区的密度约为 $10^{17}\sim10^{18}\mathrm{cm}^{-3}$。

过渡相与平衡相的脱溶过程比较复杂。在脱溶初期由于析出相十分细小，也不能用光学显微镜分辨，只有当析出相长大到一定尺寸后才能用光学显微镜观察到。

根据合金脱溶方式及显微组织不同，脱溶可分为三种不同类型，即局部脱溶、连续脱溶和不连续脱溶。

1．局部脱溶及显微组织

局部脱溶是不均匀形核引起的。析出相的核心优先在晶界、亚晶界、滑移线、孪晶界，以及其它晶体缺陷处形成。因为这些区域具有较高的能量，容易满足形核条件。图 8.18 为 $w(\mathrm{Cr})=25\%$、$w(\mathrm{Ni})=20\%$的 Cr－Ni 不锈钢中的碳化物在晶界和滑移线上的局部脱溶。

某些时效型合金,例如 Al 基、Ti 基、Fe 基和 Ni 基等,在形成晶界析出的同时,还会在晶界附近形成一个无析出带,如图 8.19 所示。有些无析出带的宽度很小,只有用电子显微镜才能观察到。在无析出带既不形成 G.P.区,也不析出过渡相及平衡相。一般认为,无析出带的存在降低合金的屈服强度,容易在该区发生塑性变形,并使合金的性能变坏。

无析出带的形成是因为在淬火冷却过程中,靠近晶界的空位扩散至晶界而消失,使该区域空位密度降低,使溶质原子扩散困难,因此使 G.P.区及过渡相难以析出,而形成无析出带。

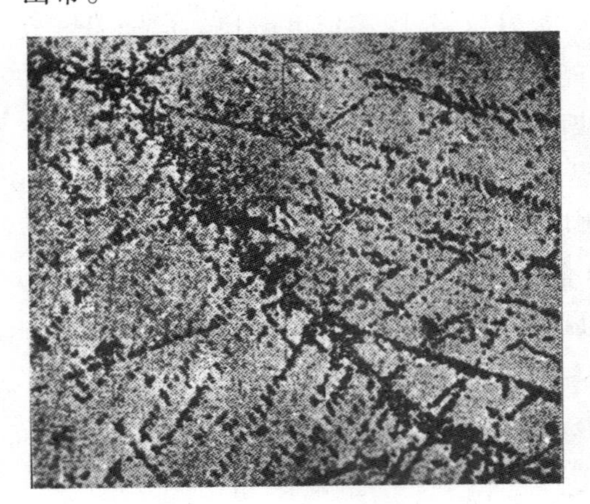

图 8.18　w(Cr) = 25%、w(Ni) = 20%的 Cr - Ni 不锈钢内碳化物在晶界和滑移线的局部脱溶

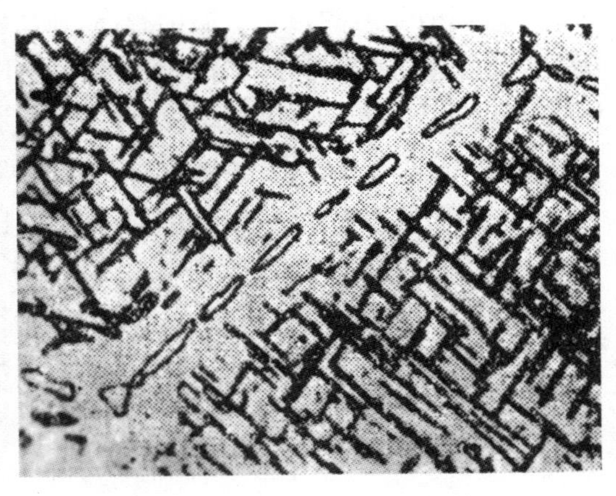

图 8.19　w(Al) = 80%、w(Ag) = 20%的 Al - Ag 合金经 390℃时效 26 h 所得魏氏组织、晶界析出及无析出区 1 600×

2．连续脱溶及其显微组织

如新相析出时是均匀形核,则为连续脱溶。此时,母相浓度随脱溶进行连续下降。在连续脱溶初期,析出相极其微小,不能用光学显微镜分辨。但由于新相析出,耐腐蚀性降低,使金相磨面极易受腐蚀变黑。当脱溶粒子长大到足够大时,将发生球化,成为颗粒状,可用光学显微镜观察到均匀分布的脱溶相,如图 8.20 所示。连续脱溶可获得好的性能。

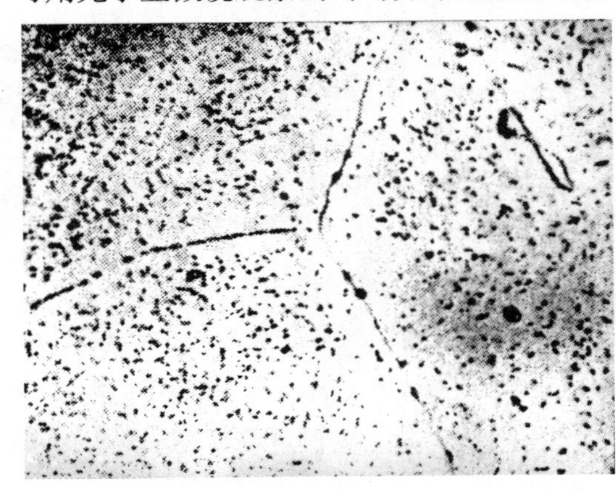

图 8.20　在过时效的 Cu - Be 合金中均匀分布的脱溶相 1 000×

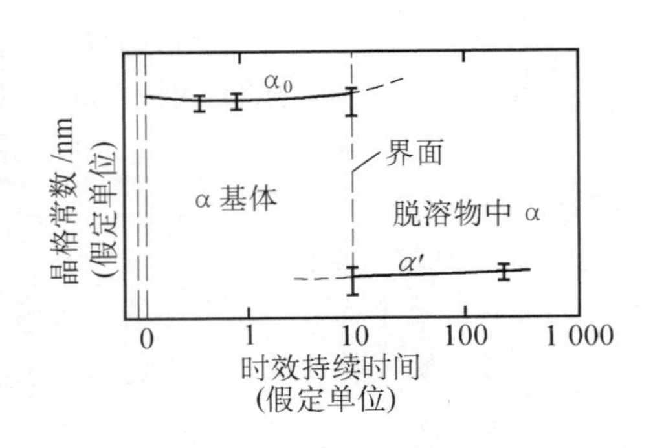

图 8.21　在脱溶物-基体相界面两侧的 α 相的晶格常数

(Fe - Mo 合金,600℃时效)

3. 不连续脱溶及其显微组织

不连续脱溶是因为脱溶物中的 α 相和母相 α 之间溶质原子浓度不连续而得名，如图 8.21 所示。图中用固溶体的点阵常数表示其成分，α′代表脱溶区中的 α 相，α_0 为原始 α 相，相界面处晶格常数突变，标志着溶质原子浓度变化是不连续的。

不连续脱溶得到类似珠光体的组织，即内部为层片状而外部为瘤状的组织，见图8.22。层瘤状组织一般由两相组成：一相为平衡脱溶物，大多呈片状；另一相为基体相，是经过再结晶的、完全贫化的、成分接近平衡相的固溶体。在层瘤状脱溶区的边缘，母相浓度发生突变。

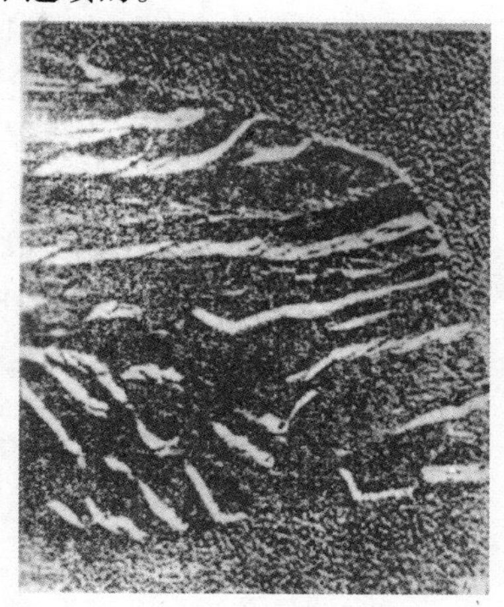

图 8.22 Co－Ni－Ti 合金经 705℃、1 000 h 时效后出现的层瘤状组织 1 000×

4. 脱溶过程中显微组织变化的顺序

脱溶过程中显微组织变化的顺序可能有三种情况，如图 8.23 所示。

(1) 局部脱溶加连续脱溶。如图 8.23 中①所示。首先发生局部脱溶，接着发生连续脱溶。连续脱溶开始时，脱溶相十分细小，不能用光学显微镜分辨，如图(a)。随时间的延长，脱溶相已经长大，能用光学显微镜分辨，所形成的可能是魏氏组织，晶界析出物也已长大，在晶界两侧形成无析出带，如图(b)。随时效进一步发展，脱溶相进一步粗化并球化，魏氏组织消失，如图(c)。

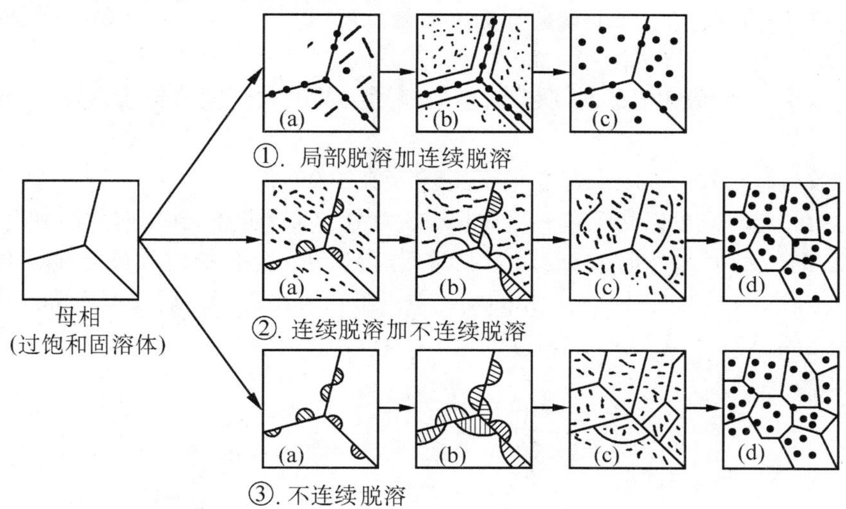

图 8.23 脱溶过程中显微组织变化的顺序示意图

(2) 连续脱溶加不连续脱溶。如图 8.23 中②所示。首先发生不连续脱溶，接着发生连续脱溶。并且连续脱溶所形成的组织是魏氏组织。从图(a)到图(c)表示不连续脱溶，包括伴生的再结晶从晶界扩展到整个晶体。与此同时，脱溶相也不断长大并发生球化，最后得到如图(d)所示的组织，此时，母相晶粒已由于再结晶而显著变细。

(3) 不连续脱溶。如图 8.23 中③所示。图(a)～(c)表示不连续脱溶从晶界扩展至整个晶体。与此同时，脱溶相也不断长大并球化，最后得到如图(d)所示的组织。

8.2.3 合金时效时性能的变化

固溶处理所得的过饱和固溶体在时效过程中,随着结构和显微组织的变化,其力学性能、物理性能及化学性能都将发生显著的变化。对于制造结构件的合金,硬度和强度是其重要的力学性能。因此,本节只介绍合金时效过程中硬度和强度的变化。

随着时效时间的延长,合金的硬度逐渐升高。

按时效时硬度的变化规律,可以将时效分为冷时效和温时效。图 8.24 为 $w(Al)=62\%$、$w(Ag)=38\%$的 Al-Ag 合金在不同温度时效时硬度的变化。由图可见,在较低温度下时效,硬度从一开始就迅速上升,达到一定值后保持不变,这种时效称为冷时效。冷时效时,时效温度越高,合金的硬度上升得越快,所能达到的硬度也越高,故可用提高时效温度的办法缩短时效时间,提高时效后的硬度。一般认为冷时效时仅形成 G.P.区。

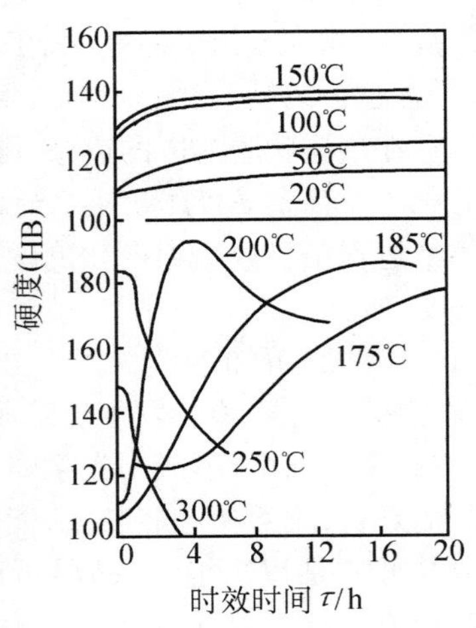

图 8.24 $w(Al)=62\%$、$w(Ag)=38\%$的 Al-Ag 合金在不同温度时效时硬度的变化

温时效是在较高温度下发生的。在时效初期有一停滞阶段,硬度上升极缓慢,称为孕育期,一般认为这是脱溶相形核的准备阶段。接着硬度迅速上升,达到极大值后又随时间延长而下降。图 8.24 中达到极大值后出现硬度下降的现象称为过时效。温时效时将析出过渡相与平衡相。温时效温度越高,硬度上升越快,达到最大值的时间越短,但所能达到的最大硬度值越低,越容易出现过时效。

冷时效与温时效的界限视合金而异,铝合金在 100℃左右。

冷时效和温时效可以交织在一起,图 8.25 为Al-Cu合金在 130℃时效时硬度的变化。由图可见,时效前期为冷时效,后期为温时效。Al-Cu 合金的时效硬化主要依靠形成 G.P.区和 θ″相,而其中尤以形成 θ″相的硬化效果最大。出现 θ′相后硬度下降。许多合金的硬度变化规律都与 Al-Cu 合金相同。

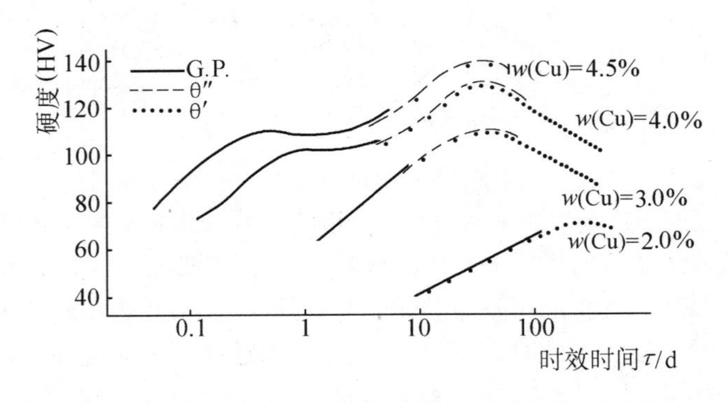

图 8.25 Al-Cu 合金在 130℃时效时的硬度变化曲线

8.3 调幅分解

调幅分解是固溶体分解的一种特殊形式。它与其它许多转变不同,是一种无核转变,即分解时不存在形核阶段。它按扩散偏聚机制转变,由一种固溶体分解为两种结构相同而成分不同的固溶体。

8.3.1 调幅分解的热力学条件

图8.26(a)为可以发生调幅分解的A-B二元合金状态图,如图把单相固溶体 α 从高温冷却至 T_c 温度以下时,成分在 C_a 和 C_b 之间的合金最终会分解成两种结构相同但成分不同的固溶体 α_1 和 α_2。C_a 和 C_b 之间称为溶解度间隔,用 *MKN* 表示。在 T_c 以下任一温度,合金的自由能 G 与成分 C 之间具有如图8.26(b)所示的关系曲线,该曲线左右两段向上凹,其二阶导数 $\partial^2 G/\partial C^2 > 0$,而中间一段向下凹,其二阶导数 $\partial^2 G/\partial C^2 < 0$,这两种曲线连接处的二阶导数 $\partial^2 G/\partial C^2 = 0$,即为曲线的拐点。将各温度下的拐点连接成图8.26(a)中的虚线,即为拐点曲线,用 *RKV* 表示,也称为调幅分解线。

由于拐点存在,成分在溶解度间隔范围内的固溶体的分解将按两种不同的方式进行,在拐点曲线外侧按形核、长大机制进行,在拐点曲线所包围的范围内按调幅分解机制进行。

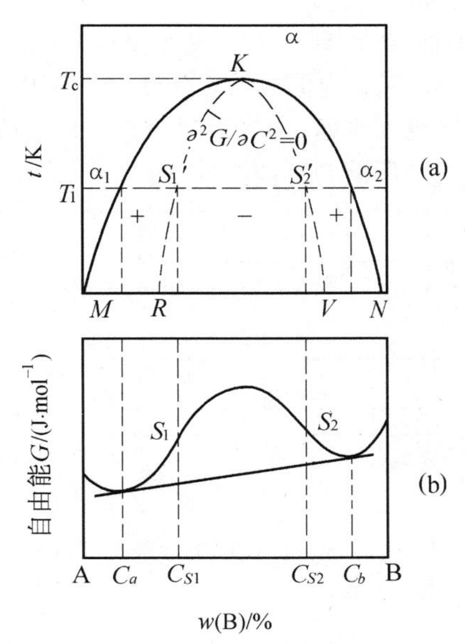

图8.26 具有溶解度间隔 *MKN* 和拐点曲线 *RKV* 的平衡相图(a)和在 T_1 温度下的成分自由能关系曲线

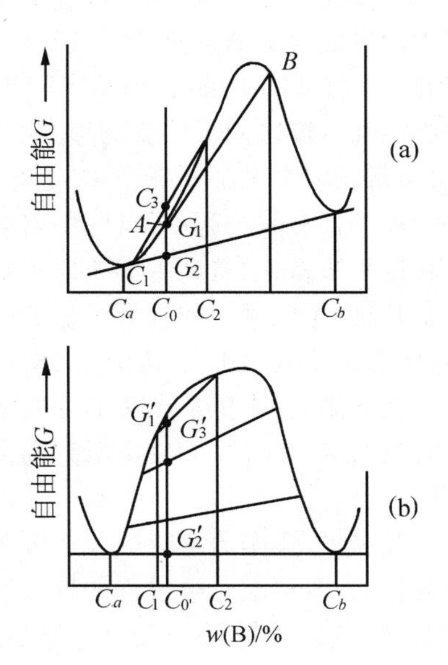

图8.27 温度为 T_1 时自由能-成分关系曲线
(a)亚稳固溶体; (b)不稳固溶体

成分在拐点曲线与固溶度间隔之间的固溶体的分解情况如图8.27(a)所示。如成分为 C_0 的均匀固溶体冷却至 T_1 温度时,分解为成分分别为 C_a 和 C_b 的两个相,系统的自由能由 G_1 降至 G_2。但分解初期,由于成分波动,如分解为成分为 C_1 和 C_2 的两相时,因为该段区域自由能-成分关系曲线向上凹,$\partial^2 G/\partial C^2 > 0$,系统的自由能不仅不下降,反而由

G_1 升至 G_3。显然,这种成分波动是不稳定的。这一情况说明,固溶体间隔与拐点曲线之间的固溶体发生分解时需要克服热力学势垒。在固溶体中只有能量较高的局部区域才有条件越过这一势垒,并且这种局部区域不仅要达到一定的临界尺寸,而且还要出现足够高的成分起伏时分解才能进行。也就是说分解必须通过形核阶段。

而成分在两拐点之间的合金的分解情况如图 8.27(b)所示。如成分为 C_0' 的合金,当温度降至 T_1 时,C_0' 成分的 α 相分解成成分分别为 C_a 和 C_b 的两相,这时,系统的自由能由 G_1' 降至 G_2'。因为该区域内自由能-成分关系曲线是向下凹的,$\partial^2 G/\partial C^2 < 0$,所以,当其分解为任意两个成分不同的相时,系统的自由能都降低。因此,在此区域内单相固溶体可以连续地分解为成分不同的两个相,直至平衡状态,过程自动进行。亦即在分解过程中不需要通过形核阶段,这是一种无核转变。过饱和固溶体在拐点曲线以内,将自动分解为许多成分不同的微区,即溶质原子的富区与贫区,形成彼此相间的化学成分调幅结构,因此称为调幅分解。

发生条幅分解,除了热力学条件之外,另一个条件是合金中可以进行扩散,通过扩散使溶质原子 A 和 B 分别向 α_1 和 α_2 相聚集。因此,调幅分解是按扩散-偏聚机制进行的一种固态相变。

8.3.2 调幅分解过程

固溶体分解按形核、长大机制进行时,新相晶核形成后,新相和母相之间有一个明显的界面。界面两侧通过原子扩散瞬间即可达到平衡状态,即界面一侧浓度增至 C_b,而另一侧降为 C_a,如图 8.28(a)所示。因为 $C_a < C_0$,故在母相内形成浓度梯度,母相中的溶质原子将由高浓度区向低浓度的边界扩散,从而破坏界面平衡,为恢复平衡,新相将不断长大,直至母相成分全部下降至 C_a 为止,溶质原子发生所谓的下坡扩散。

而在调幅分解过程中,富区中溶质原子将进一步富化,贫区中溶质原子则逐渐贫化,两个区域之间没有明显的分界线,成分是连续过渡的,如图8.28(b)所示。在分解过程中溶质原子由低浓度区向高浓度区扩散,即发生所谓的上坡扩散。

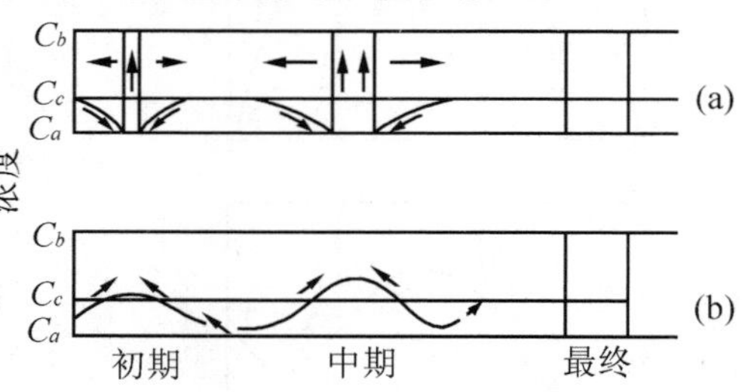

图 8.28 形核长大机制(a)和调幅分解机制(b)的浓度变化与扩散方向

由此可见,调幅分解时成分是按正弦波变化的,振幅随分解过程的进行逐渐增大,正弦曲线的波长为 λ。显然,富区与贫区之间的浓度梯度将随 λ 的减小而增大,浓度梯度的增加将使上坡扩散变得困难,故 λ 有一极限值 λ_c。根据合金成分等条件不同,波长 λ 在 500 ~ 10 000 nm 范围内变动。

8.3.3 结构、显微组织和性能

在固溶体分解按形核、长大机制进行时,随着过程的进行,共格关系将逐渐消失,而在调幅分解过程中,新相和母相始终保持完全共格关系。这是因为新相与母相仅在化学成分上有差异,而在结构上却是相同的,故在分解时产生的应力和应变较小,共格关系不易

破坏。

大多数调幅组织具有定向排列的特征,这是由于实际晶体的弹性模量具有各向异性,因此,调幅分解所形成的新相将择优长大,即选择弹性变形较小的晶向优先长大。图8.29为 Cu - Ni - Fe 合金的调幅组织。

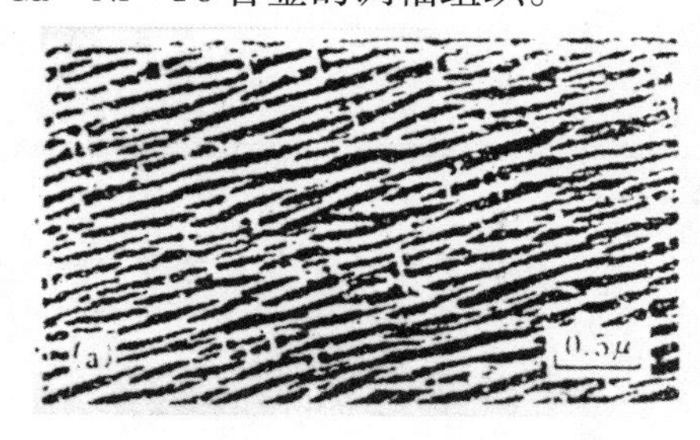

(a)与磁场方向平行

(b)与磁场方向重直

图 8.29　$x(Cu) = 51.5\%$、$x(Ni) = 33.5\%$、$x(Fe) = 15\%$(摩尔质量分数)合金的调幅组织

(亮区为富 Cu 区,暗区为富 Ni 区)

调幅分解产物具有较好的强韧性和某些理想的物理性能(如磁性能等)。在一般情况下,调幅分解后所得的调幅组织的弥散度非常大,特别是在形成初期,这种组织分布也很均匀,因而这种组织具有较高的屈服强度。

调幅分解后所获得的组织现在已在某些硬磁合金中获得应用,例如在 Al - Ni - Co 永磁合金中,利用调幅分解可获得高矫顽力和高磁性能的组织。

习　　题

1.什么是回火? 钢经淬火后为什么一定要进行回火?

2.试述共析钢淬火后在回火过程中的组织转变过程,画出三种典型的回火组织。

3.比较珠光体、索氏体、屈氏体和回火珠光体、回火索氏体、回火屈氏体的组织及性能。

4.何谓第一类回火脆、第二类回火脆? 产生的原因是什么? 如何消除或抑制?

5.说明 Cu 的质量分数为 4% 的 Al - Cu 合金的过饱和固溶体在 190℃时效脱溶过程及力学性能的变化。

6.试述钢的回火分类,各类回火的应用。何谓调质? 在何处应用?

第9章

钢的热处理工艺

钢的热处理工艺是指根据钢在加热和冷却过程中的组织转变规律制定的钢在热处理时的具体加热、保温和冷却的工艺参数。热处理工艺种类很多,根据加热、冷却方式及获得组织和性能的不同,钢的热处理工艺可分为:普通热处理(退火、正火、淬火和回火)、表面热处理(表面淬火和化学热处理等)及特殊热处理(形变热处理、磁场热处理等)。根据热处理在零件生产工艺流程中的位置和作用,热处理又可分为预备热处理和最终热处理。本章只介绍普通热处理工艺。

9.1 钢的退火和正火

退火和正火是生产中应用很广泛的预备热处理工艺。对于一些受力不大、性能要求不高的机器零件,也可以做最终热处理,铸件退火或正火通常就是最终热处理。

将组织偏离平衡状态的钢加热到适当的温度,保温一定时间,然后缓慢冷却,以获得接近平衡状态组织的热处理工艺称为退火。

钢的退火工艺种类很多,根据加热温度可分为两大类:一类是在临界温度(A_{c1}或A_{c3})以上的退火,又称为相变重结晶退火,包括完全退火、不完全退火、球化退火和扩散退火等;另一类是在临界温度以下的退火,包括再结晶退火及去应力退火等。各种退火方法的加热温度与$Fe-Fe_3C$相图的关系如图9.1所示。根据冷却方式不同,退火又可分为连续退火和等温退火等。

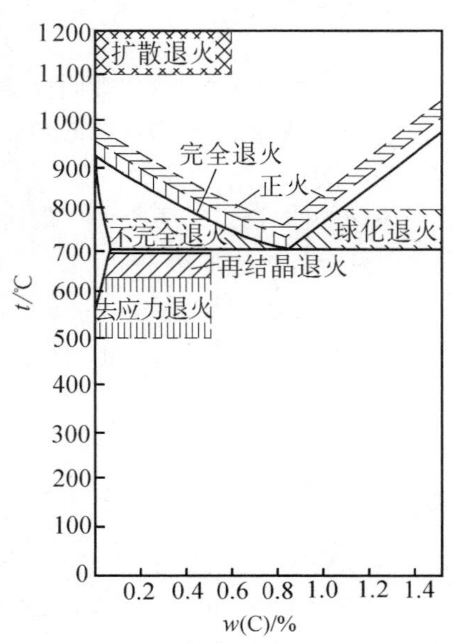

图9.1 退火、正火加热温度示意图

正火可以看做是退火的一种特殊形式。

9.1.1 完全退火

完全退火是将钢加热到A_{c3}温度以上,保温足够的时间,使组织完全奥氏体化后缓慢冷却,以获得接近平衡组织的热处理工艺。

完全退火的目的是为了细化晶粒、均匀组

织、消除内应力和热加工缺陷、降低硬度、改善切削加工性能和冷塑性变形性能。

在中碳结构钢铸件和锻、轧件中，常见的缺陷组织有魏氏组织、晶粒粗大的过热组织和带状组织等，在焊接工件中焊缝处的组织也不均匀，热影响区具有过热组织和魏氏组织，存在很大的内应力，这些组织使钢的性能变坏。经过完全退火后，组织发生重结晶，使晶粒细化，组织均匀，魏氏组织及带状组织得以消除。

对于锻、轧件，完全退火工序安排在工件热锻、热轧之后，切削加工之前进行；对于焊接件或铸钢件，一般安排在焊接、浇注后（或扩散退火后）进行。

完全退火加热温度不宜过高，一般在 A_{c3}以上 20～30℃。

退火保温时间不仅取决于工件透烧（即工件心部达到所要求的温度）所需要的时间，而且还取决于组织转变所需要的时间。完全退火保温时间与钢材的化学成分、工件的形状和尺寸、加热设备类型、装炉量以及装炉方式等因素有关。通常加热时间以工件的有效厚度来计算，一般碳素钢或低合金钢工件，当装炉量不大时，在箱式炉中的保温时间可按下式计算：$\tau = KD$min，式中 τ 为保温时间，D 为工件有效厚度（mm），K 为加热系数，一般 K 取 1.5～2.0 min/mm。若装炉量过大，则根据具体情况延长保温时间。对于亚共析钢锻、轧件，一般可用下列经验公式计算保温时间：$\tau = (3 \sim 4) + (0.2 \sim 0.5)Q$ (h)，式中 Q 为装炉量（t）。

退火后的冷却速度应缓慢，以保证奥氏体在 A_{r1}温度以下不大的过冷条件下进行珠光体转变，避免硬度过高。一般碳钢的冷却速度应小于 200℃/h，低合金钢的冷却速度应为 100℃/h，高合金钢的冷却速度更小，一般为 50℃/h。出炉温度在 600℃以下。

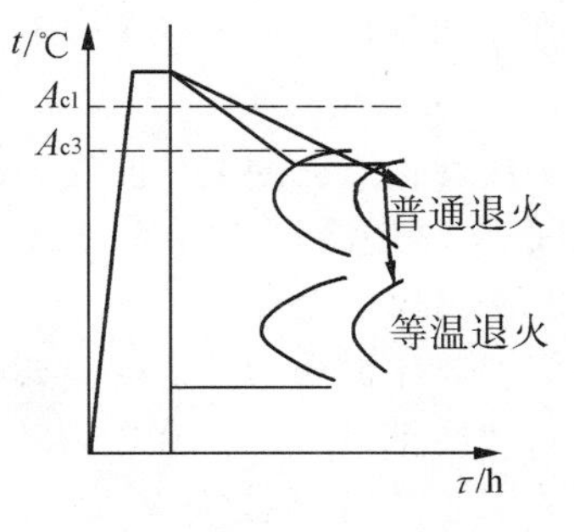

图 9.2　等温退火工艺曲线示意图

完全退火需要的时间很长，尤其是过冷奥氏体比较稳定的合金钢。如将奥氏体化后的钢很快降至稍低于 A_{r1}的温度，等温一定时间，使奥氏体转变为珠光体，再空冷至室温，则可显著缩短退火时间。这种退火方法称为等温退火，其工艺曲线如图 9.2 所示。等温退火适用于高碳钢、合金工具钢和高合金钢等。等温退火还有利于工件获得均匀的组织和性能。但是，对于大截面工件和大批量炉料，等温退火不易使工件内部达到等温温度，故不宜采用此法。

9.1.2　不完全退火

不完全退火是将钢加热至 $A_{c1} \sim A_{c3}$（亚共析钢）或 $A_{c1} \sim A_{ccm}$（过共析钢）之间，保温后缓慢冷却，以获得接近平衡组织的热处理工艺。

由于加热到两相区温度，组织没有完全奥氏体化，仅使珠光体发生相变重结晶转变为奥氏体，因此基本上不改变先共析铁素体或渗碳体的形态及分布。

不完全退火主要应用于大批或大量生产的亚共析钢锻件。如果亚共析钢锻件的锻造工艺正常，原始组织中的铁素体已均匀、细小，只是珠光体的片间距小、硬度较高、内应力较大，那么，只要在 A_{c1}以上、A_{c3}以下温度区间进行不完全退火，即可使珠光体的片间距增大，使硬度有所降低，内应力也有所减小。不完全退火加热温度较完全退火低，工艺周期也较短，消耗热能较少，可降低成本，提高生产效率，因此，对锻造工艺正常的亚共析钢锻件，可采用不完全退火代替完全退火。

9.1.3 球化退火

球化退火是使钢中的碳化物球化，获得粒状珠光体的一种热处理工艺。它实际上是不完全退火的一种。

球化退火主要应用于共析钢、过共析钢和合金工具钢。其目的是为了降低硬度、改善切削加工性能，以及获得均匀的组织、改善热处理工艺性能，为以后的淬火作组织准备。

过共析钢锻件在锻后的组织一般为细片状珠光体，如果锻后冷却不当，还存在网状渗碳体，不仅硬度高，难以进行切削加工，而且增大钢的脆性，淬火时容易产生变形或开裂。因此，锻后必须进行球化退火，使碳化物球化，获得粒状珠光体组织。

球化退火的加热温度不宜过高，一般在 A_{c1}温度以上 20～30℃，采用随炉加热。保温时间也不能太长，一般 2～4 h。冷却方式通常采用炉冷，或在 A_{r1}以下 20℃左右进行较长时间的等温处理。球化退火的关键在于使奥氏体中保留大量未溶的碳化物质点，并造成奥氏体中碳浓度分布的不均匀性。如果加热温度过高或保温时间过长，则使大部分碳化物溶解，并形成均匀的奥氏体，在随后冷却时球化核心减少，使球化不完全。渗碳体颗粒大小取决于冷却速度或等温温度，冷却速度快或等温温度低，珠光体在较低温度下形成，碳化物聚集作用小，容易形成片状碳化物，从而使硬度偏高。

常用的球化退火工艺主要有以下三种，如图 9.3 所示。

1. 一次球化退火

一次球化退火的工艺曲线如图 9.3(a)所示。将钢加热到 A_{c1}以上 20～30℃，保温一定时间后，缓慢冷却(20～60℃/h)，待炉温降至 600℃以下出炉空冷。

2. 等温球化退火

等温球化退火的工艺曲线如图 9.3(b)所示。将钢加热到 A_{c1}以上 20～30℃，保温 2～4 h后，快冷至 A_{r1}以下 20℃左右，等温 3～6 h，再随炉降至 600℃以下出炉空冷。等温球化退火工艺是目前生产中广泛应用的球化退火工艺。

3. 往复球化退火

往复球化退火的工艺曲线如图 9.3(c)所示。将钢加热至略高于 A_{c1}的温度，保温一定时间后，随炉冷至略低于 A_{r1}的温度等温处理。如此多次反复加热和冷却，最后冷至室温，以获得球化效果更好的粒状珠光体组织。这种工艺特别适用于前两种工艺难于球化的钢种，但在操作和控制上比较烦琐。

球化退火前，钢的原始组织中不允许有网状碳化物存在，如果有网状碳化物存在时，应该事先进行正火，消除网状碳化物，然后再进行球化退火。否则，球化效果不好。

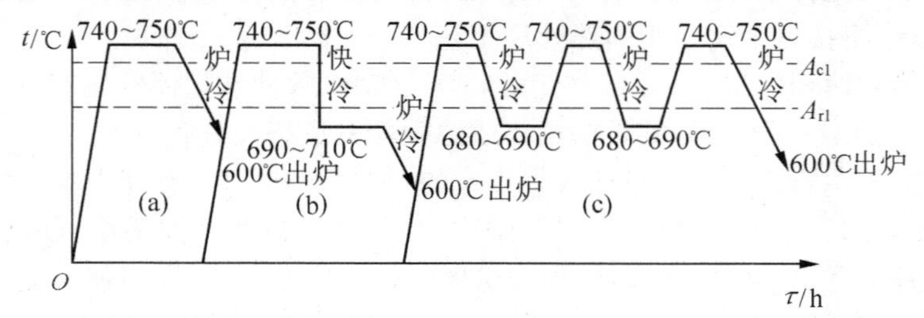

图 9.3 碳素工具钢的几种球化退火工艺

(a)一次球化退火；(b)等温球化退火；(c)往复球化退火

9.1.4 扩散退火

扩散退火又称均匀化退火。它是将钢锭、铸件或锻坯加热至略低于固相线的温度，长时间保温，然后随炉缓慢冷却。其目的是为了消除晶内偏析，使成分均匀化。扩散退火的实质是使钢中各元素的原子在奥氏体中进行充分扩散。所以扩散退火的温度高、时间长。

钢扩散退火加热温度通常选择在 A_{c3}或 A_{ccm}以上 150～300℃，根据钢种和偏析程度而异。钢中合金元素含量越高，偏析程度越严重，加热温度应越高。但一般要低于固相线 100℃左右，以防止过烧（晶界氧化或熔化）。合金钢的扩散退火温度大多在 1 200～1 300℃，碳钢一般为 1 100～1 200℃。保温时间通常根据钢件最大截面厚度计算，每 25 mm保温 30～60 min，或每 1 mm 保温 1.5～2.5 min。若装炉量较大，可按以下经验公式计算：$\tau = 8.5 + Q/4$(h)，式中 Q 为装炉量(t)。一般扩散退火的保温时间不超过 15 h。保温后随炉冷却，待冷至 350℃以下出炉。

工件经过扩散退火后，奥氏体晶粒十分粗大，必须进行一次完全退火或正火来细化晶粒，消除过热缺陷。

由于扩散退火生产周期长、热能消耗大、设备寿命短、生产成本高、工件烧损严重，因此，只有一些优质合金钢和偏析较严重的合金钢铸件才使用这种工艺。

9.1.5 去应力退火

为了消除铸件、锻件、焊接件、冷冲压件以及机械加工工件中的残余内应力，提高工件的尺寸稳定性，防止变形和开裂，在精加工或淬火之前将工件加热至 A_{c1} 以下某一温度，保温一定时间，然后缓慢冷却，这种热处理工艺称为去应力退火。

钢件的去应力退火加热温度很宽，应根据具体情况来决定，一般在 500～650℃之间。对于某些经受冷变形加工的工件，如冷卷弹簧，为了消除冷卷时产生的内应力，同时保持其高弹性极限，去应力退火的温度应在 250～300℃。

去应力退火的保温时间根据工件的截面尺寸或装炉量来决定。钢件保温时间为 3 min/mm（铸铁件的保温时间为 6 min/mm）。

保温后应缓慢冷却，以免产生新的应力，冷至 200～300℃出炉，再空冷至室温。

9.1.6 再结晶退火

再结晶退火是将冷变形后的金属加热到再结晶温度以上，保温适当时间后，使变形晶粒重新转变为新的等轴晶粒，同时消除加工硬化和残余内应力的热处理工艺。钢在冷变形加工过程中，随变形量的增加会产生加工硬化现象，钢的强度、硬度升高，塑性、韧性降低，使其切削加工性能和冷成形性能变坏。经过再结晶退火，钢的组织和性能恢复到冷变形以前的情况。由于再结晶退火一般安排在两次冷变形加工工序之间，故亦称为中间退火。

再结晶退火温度高于再结晶温度。再结晶温度与金属的化学成分和冷变形量有关。纯铁的再结晶温度为 450℃、纯铜为 270℃、纯铝为 100℃。一般来说，变形量越大，金属的再结晶温度越低，当然再结晶退火温度也越低。当金属处于临界变形度时，再结晶晶粒将异常粗大，金属的塑性将大幅度降低。钢的临界变形度为 2%～10%，在这种情况下，应该用正火或完全退火来代替再结晶退火。一般钢材的再结晶退火温度为 650～700℃，保温时间为 1～3 h。冷变形钢再结晶退火后通常在空气中冷却。

9.1.7 钢的正火

正火是将钢加热到 A_{c3}(对于亚共析钢)或 A_{ccm}(对于过共析钢)以上适当的温度,保温一定时间,使之完全奥氏体化,然后在空气中冷却,以得到珠光体类型组织的热处理工艺。

正火与完全退火相比,二者的加热温度相同,但正火的冷却速度较快,转变温度较低。因此,对于亚共析钢来说,相同钢正火后组织中析出的铁素体数量较少,珠光体数量较多,且珠光体的片间距较小,对于过共析钢来说,正火可以抑制先共析网状渗碳体的析出。钢的强度、硬度和韧性也比较高。

正火工艺的实质是完全奥氏体化加伪共析转变。当钢的含碳质量分数为 0.6% ~ 1.4%时,在正火组织中不出现先共析相,只存在伪共析珠光体和索氏体,在含碳质量分数小于 0.6%的钢中,正火组织中还会出现少量铁素体。

正火只适用于碳素钢及低、中合金钢,而不适用于高合金钢。因为高合金钢的奥氏体非常稳定,即使在空气中冷却也会获得马氏体组织。

正火的加热温度通常在 A_{c3}或 A_{ccm}以上 30 ~ 50℃(图 9.1),高于一般退火加热温度。保温时间和完全退火相同,应以工件透烧为准,即以心部达到所要求的加热温度为准。冷却方式通常是将工件从炉中取出,放在空气中自然冷却,对于大件也可采用鼓风或喷雾等方法冷却。

正火工艺是比较简单、经济的热处理方法,在生产中应用较广泛,主要应用于以下几个方面:

(1) 改善低碳钢的切削加工性能。对于含碳质量分数低于 0.25%的碳素钢或低合金钢,退火后硬度过低,切削加工时容易“粘刀”,且表面粗糙度很差,通过正火使硬度提高至 140 ~ 190HB,接近于最佳切削加工硬度,可改善切削加工性能。

(2) 消除中碳钢热加工缺陷。中碳结构钢铸件、锻件、轧件以及焊接件,在热加工后容易出现魏氏组织、晶粒粗大等过热缺陷和带状组织,通过正火可以消除这些缺陷,达到细化晶粒、均匀组织、消除内应力的目的。

(3) 消除过共析钢的网状碳化物。过共析钢在淬火之前要进行球化退火,以便于进行机械加工,并为淬火作好组织准备,但当过共析钢中存在严重的网状碳化物时,球化退火时将达不到良好的球化效果。通过正火可以消除过共析钢中的网状碳化物,提高球化退火质量。

(4) 提高普通结构件的机械性能。对于一些受力不大、性能要求不高的碳钢和合金钢结构件,可以采用正火处理获得一定的综合机械性能。将正火作为最终热处理代替调质处理,可减少工序、节约能源、提高生产效率。

9.2 钢的淬火

将钢加热到临界点 A_{c3}或 A_{c1}以上一定温度,保温一定时间,然后以大于临界淬火速度的速度冷却,使过冷奥氏体转变为马氏体(或贝氏体)组织的热处理工艺称为淬火。

淬火工艺的实质是奥氏体化后进行马氏体转变(或贝氏体转变)。淬火钢得到的组织主要是马氏体(或下贝氏体),此外,还有少量残余奥氏体及未溶的第二相。

钢的淬火是热处理工艺中最重要的一种,经过淬火后,提高了工件的强度、硬度和耐磨性。结构钢通过淬火和高温回火后,可以获得较好的强度和塑性、韧性的配合。弹簧钢通过淬火和中温回火后，可以获得很高的弹性极限。工具钢、轴承钢通过淬火和低温回火后，可以获得高硬度和高耐磨性。

9.2.1　淬火应力

工件在淬火过程中可能会产生变形，甚至开裂，其原因是由于淬火应力的存在。

淬火应力分为热应力和组织应力两种。工件淬火变形或开裂是这两种应力综合作用的结果。当淬火应力超过材料的屈服极限时，工件就会产生塑性变形，当淬火应力超过材料的强度极限时，工件则产生开裂。

1. *热应力及其变化规律*

工件在加热或冷却时，由于不同部位的温度差异，导致热胀冷缩的不一致而产生的内应力称为热应力。

现以圆柱工件为例分析热应力的变化规律。为排除组织应力的影响，将工件加热到A_{c1}以下温度，保温后快速冷却，工件不发生组织转变。其心部和表层的冷却曲线、热应力变化及冷却过程中试样截面上的应力分布如图9.4所示。

试样在快速冷却过程中，表层先冷，中心后冷，表层冷却快，中心冷却慢，表层和心部始终存在着温差，如图9.4(a)所示。在冷却初期，由于表层冷却快、温度低、收缩量大，心部温度较高、收缩量小，故表层的收缩受到心部的抵制，于是在表层产生拉应力，心部产生压应力。到了冷却后期，表层温度的降低和体积的收缩已经终止，而心部体积继续收缩，由于心部受到表层的牵制，应力逐渐转变为拉应力，而表层则受到压应力，如图9.4(b)所示。当整个试样冷至室温时，内外温差消失，冷却后期的应力状态被保留下来成为残余内应力。因此，工件淬火冷至室温时，由热应力引起的残余应力表层为压应力，心部为拉应力，如图9.4(c)所示。

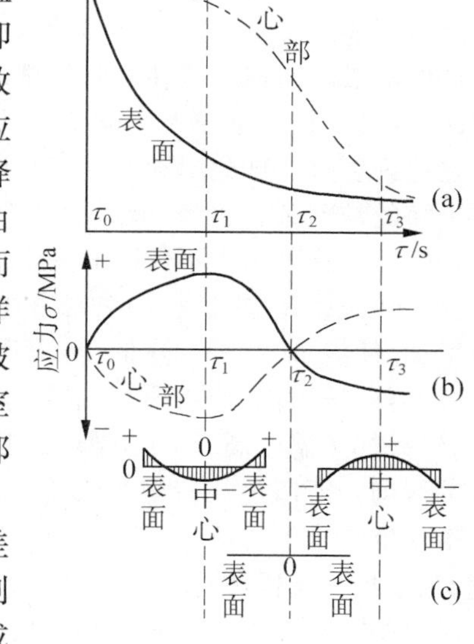

图9.4　工件冷却时热应力变化示意图

因为热应力是由于快速冷却时工件截面上温差造成的，因此，冷却速度越大，截面上的温差越大，则热应力越大。此外，淬火温度高，工件截面尺寸大或钢材导热性差，线膨胀系数大，也会增大截面温差，增大热应力。

2. *组织应力及其变化规律*

工件在冷却时，由于温差造成的不同部位组织转变不同时性而引起的内应力称为组织应力。

淬火初期，当工件表层温度降到点 M_s 以下发生马氏体转变时，体积产生膨胀，而心部温度尚处在点 M_s 以上，仍为奥氏体组织，体积不发生变化。因此，表层体积膨胀受到心部的牵制，而产生压应力，心部则产生拉应力。随后在继续冷却过程中，当心部温度降到点 M_s 以下，开始发生马氏体转变，体积发生膨胀时，由于表层马氏体转变已经基本结束，形成强度高、塑性低的硬壳，不能发生塑性变形，因此，心部体积膨胀受到表层的约束，则在心部产生压应力，表层产生拉应力。由此可见，组织应力引起的残余应力与热应力恰好相反,表层为拉应力,心部为压应力。

组织应力的大小除与钢在马氏体转变温度范围的冷却速度、工件的尺寸、钢的导热性及奥氏体的屈服强度等有关外,还与钢的含碳质量分数、马氏体的比热容及钢的淬透性等密切相关。

工件在淬火冷却过程中总是同时存在着热应力与组织应力,淬火应力为二者叠加的结果。热应力与组织应力二者的变化规律恰好相反,因此如何恰当利用其彼此相反的特性,对减小变形、开裂是有实际意义的。

9.2.2 淬火加热

制定淬火加热工艺主要是确定加热温度和加热时间,此外,还要确定加热方式和选择介质等。

淬火加热温度的选择应以得到均匀细小的奥氏体晶粒为原则,以便淬火后获得细小的马氏体组织。淬火加热温度主要根据钢的临界点来确定,对于亚共析钢的淬火加热温度一般为 A_{c3} + (30 ~ 50℃),共析钢和过共析钢为 A_{c1} + (30 ~ 50℃)。因为如果亚共析钢在 A_{c1} ~ A_{c3}温度之间加热,加热时组织为奥氏体和铁素体两相,淬火冷却以后,组织中除马氏体外,还保留一部分铁素体,将严重降低钢的强度和硬度,因此采用完全淬火。但淬火温度也不能超过 A_{c3}过高,否则会引起奥氏体晶粒粗大,淬火后得到粗大的马氏体,使钢的韧性降低。所以一般在原则上规定为 A_{c3}以上 30 ~ 50℃。由于这一温度处于奥氏体单相区,故又称作完全淬火。至于过共析钢淬火加热温度在 A_{c1} ~ A_{ccm}之间,是因为它在淬火之前都要进行球化退火,使之得到粒状珠光体组织,淬火加热时组织为细小奥氏体晶粒和未溶的粒状碳化物,淬火后得到隐晶马氏体和均匀分布在马氏体基体上的细小粒状碳化物组织。这种组织不仅具有高强度、高硬度、高耐磨性,而且也具有较好的韧性。如果淬火加热温度超过 A_{ccm},加热时碳化物将完全溶入奥氏体中,不仅使奥氏体的含碳质量分数增加,使点 M_s 和 M_f 降低,淬火后残余奥氏体量增加,使钢的硬度和耐磨性降低,同时,奥氏体晶粒粗化,淬火后容易得到含有显微裂纹的粗片状马氏体,使钢的脆性增大。此外,淬火加热温度高,淬火应力大,工件表面氧化、脱碳严重,也增加了工件淬火变形及开裂的倾向。所以过共析钢一般都采用在 A_{c1} + (30 ~ 50℃)温度加热不完全淬火。

对于低合金钢,淬火加热温度也应该根据临界点 A_{c1}或 A_{c3}来确定,考虑合金元素的作用,为了加速奥氏体化,淬火温度可偏高一些,一般为 A_{c1}或 A_{c3}以上 50 ~ 100℃。高合金工具钢中含有较多的强碳化物形成元素,奥氏体晶粒粗化温度高,则可采用更高的加热温度。对于共析碳钢或含 Mn 量较高的本质粗晶粒钢,为了防止奥氏体晶粒粗化,则应采用较低的淬火温度。

为了使工件各部分均完成组织转变,需要在淬火加热温度保温一定的时间,通常将工件升温和保温所需的时间计算在一起,而统称为加热时间。影响加热时间的因素很多,如加热介质、钢的成分、炉温、工件的形状及尺寸、装炉方式及装炉量等。目前生产中多采用下列经验公式来计算加热时间: $\tau = \alpha KD$,式中: τ 为加热时间(min); α 为加热系数(min/mm); K 为装炉修正系数; D 为工件有效厚度(mm)。加热系数 α 表示工件单位有效厚度所需的加热时间,碳钢若在 800 ~ 900℃的箱式炉中加热,可取 $\alpha = 1 \sim 1.5$;若在盐浴炉中加热,要取 $\alpha = 0.3 \sim 0.5$ 等。装炉修正系数 K 根据装炉量的多少确定,装炉量大时,K 值取得较大,一般由经验确定。

钢在淬火加热过程中,如果操作不当,会产生过热、过烧或表面氧化、脱碳等缺陷。

过热是指工件在淬火加热时，由于温度过高或时间过长，造成奥氏体晶粒粗大的缺陷。过热不仅使淬火后得到的马氏体组织粗大，使工件的强度和韧性降低，易于产生脆断，而且容易引起淬火裂纹。对于过热工件，进行一次细化晶粒的退火或正火，然后再按工艺规程进行淬火，便可以纠正过热组织。

过烧是指工件在淬火加热时，温度过高，使奥氏体晶界发生氧化或出现局部熔化的现象。过烧的工件无法补救，只得报废。

淬火加热时工件和加热介质之间相互作用，往往会产生氧化和脱碳等缺陷。氧化使工件尺寸减小，表面粗糙度降低，并影响淬火冷却速度。表面脱碳会降低工件的表面硬度、耐磨性及疲劳强度。

氧化是工件与炉气中的 O_2、H_2O 及 CO_2 等氧化性气体发生化学反应的结果，其反应式为

$$2Fe + O_2 \rightleftharpoons 2FeO$$

$$Fe + CO_2 \rightleftharpoons FeO + CO$$

$$Fe + H_2O \rightleftharpoons FeO + H_2$$

氧化与工件温度有很大关系。在570℃以下加热，氧化不明显，570℃以上加热，氧化速度加快。加热温度愈高，氧化速度愈快，见图9.5。

脱碳是工件在加热过程中，钢中的碳与炉气中 O_2、H_2O、CO_2 及 H_2 发生化学反应，生成含碳气体逸出钢外，使工件表面含碳质量分数降低的过程。脱碳过程的主要化学反应为

$$C_{\gamma\text{-}Fe} + O_2 \rightleftharpoons CO_2$$

$$C_{\gamma\text{-}Fe} + CO_2 \rightleftharpoons 2CO$$

$$C_{\gamma\text{-}Fe} + H_2O \rightleftharpoons CO + H_2$$

$$C_{\gamma\text{-}Fe} + 2H_2 \rightleftharpoons CH_4$$

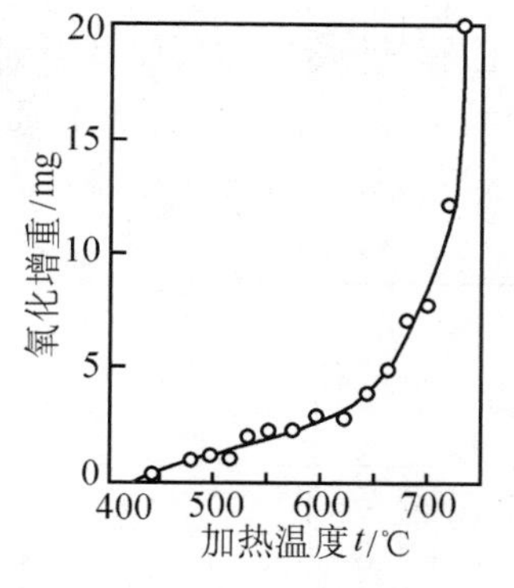

图9.5　钢的氧化速度与加热温度的关系

由上述反应式可知，炉气中 O_2、H_2O、CO_2 和 H_2 都是脱碳性气氛。脱碳进行的速度取决于化学反应速度和碳原子的扩散速度。加热温度越高，加热时间越长，脱碳层越深。

为防止工件氧化与脱碳，可采用盐浴加热、保护气氛加热、真空加热或装箱加热等方法。

盐浴加热常采用氯化盐浴或硝酸盐浴作为加热介质，可减轻工件氧化与脱碳。

保护气氛加热是向密闭的加热炉中通入中性或还原性气体，造成保护气氛。常用的保护气氛有氨分解气氛、各种天然气(如 CH_4、C_3H_8)或人造煤气等。

真空加热是用机械真空泵将加热炉的密闭炉膛内抽成真空，可使工件加热时避免氧化与脱碳，这种方法主要适用于要求较高的刃具、模具、轴承及精密零件等。

装箱加热是将工件装入箱中，在工件周围填充铸铁屑或木炭，然后放入炉中加热。这种方法的缺点是加热时间长、操作不方便，适用于单件热处理。

此外，还可以采用在工件表面上热涂硼酸等方法，有效地防止或减少工件表面的氧化和脱碳。

9.2.3 淬火冷却

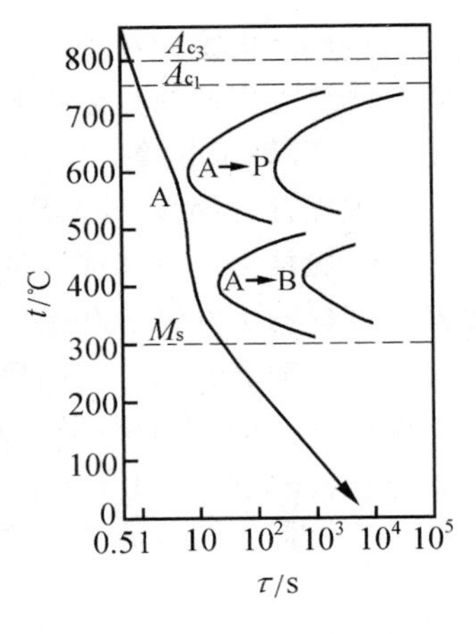

图 9.6 钢的理想淬火冷却曲线

冷却是淬火的关键工序,它关系到淬火质量的好坏,同时,冷却也是淬火工艺中最容易出问题的一道工序。为了使钢获得马氏体组织,淬火时冷却速度必须大于临界冷却速度,但是,冷却速度过大又会使工件淬火应力增加,产生变形或开裂。因此,要结合钢过冷奥氏体的转变规律,确定合理的淬火冷却速度,达到使工件既能获得马氏体组织、又能减小变形和开裂的倾向之目的。从图 9.6 过冷奥氏体等温转变曲线示意图可以看出,过冷奥氏体在不同温度区间的稳定性不同,在 600 ~ 400℃温度区间过冷奥氏体最不稳定,所以淬火时应当快速冷却,以避免发生珠光体或贝氏体转变,保证获得马氏体组织。在 650℃以上或 400℃以下温度区间,特别是在点 M_s 附近温度区间,过冷奥氏体比较稳定,应当缓慢冷却,以减小热应力和组织应力(点 M_s 以下),从而减小工件淬火变形和防止开裂。图 9.6 中所示的冷却曲线为理想淬火冷却曲线。

工件淬火冷却时要使其得到合理的淬火冷却速度,必须选择适当的淬火介质。淬火介质种类很多,常用的淬火介质有水、$w(NaCl) = 5\% \sim 10\%$ 水溶液、$w(NaOH) = 10\% \sim 50\%$ 水溶液以及各种矿物油等。它们的冷却特性如表 9.1 所示。

表 9.1 常用淬火介质的冷却特性

名称	最大冷却速度时*		平均冷却速度/(℃·s⁻¹)		备注
	所在温度/℃	冷却速度/(℃·s⁻¹)	650 ~ 550℃	300 ~ 200℃	
静止自来水,20℃	340	775	135	450	冷却速度系由 ϕ20 mm 银球所测
静止自来水,40℃	285	545	110	410	
静止自水来,60℃	220	275	80	185	
质量分数为 10% NaCl 的水溶液,20℃	580	2 000	1 900	1 000	
质量分数为 15% NaOH 的水溶液,20℃	560	2 830	2 750	775	
质量分数为 5% Na_2CO_3 的水溶液,20℃	430	1 640	1 140	820	
10 号机油,20℃	430	230	60	65	
10 号机油,80℃	430	230	70	55	
3 号锭子油,20℃	500	120	100	50	

* 各冷却速度值均系根据有关冷却速度曲线估算的。

水是最常用的一种淬火介质,它的冷却特性曲线如图 9.7 所示。可以看出,水的冷却特性很不理想。在 800 ~ 380℃温度范围内,由于工件被蒸汽膜所包围,使工件冷却速度很慢,不超过 200℃/s。当工件降至 380℃左右,蒸汽膜破裂,工件与水直接接触,水迅速汽化,产生大量气泡,形成沸腾现象,此时工件冷速最快,可达 770℃/s。工件低于 100℃时,冷却靠对流方式进行,但冷却速度仍有 450℃/s。从水的冷却特性可以看出,在工件需要快冷的 650 ~ 400℃温度区间,其冷却速度较小,而在需要慢冷的马氏体转变区,其冷却速度又变大,很容易造成工件变形和开裂。此外,水温对水的冷却特性影响很大,水温升高,高温区(650 ~ 500℃)的冷却速度显著下降,而低温区(300 ~ 200℃)的冷却速度仍然很高。

因此,淬火时水温不应超过30℃,加强水循环和工件的搅动可以加速工件在高温区的冷却速度。水适用于尺寸不大、形状简单的碳素钢工件淬火。

$w(NaCl)=5\%\sim10\%$的水溶液及$w(NaOH)=10\%$或$w(NaOH)=50\%$的水溶液可使高温区的冷却能力显著提高。如在650～550℃温度区间$w(NaCl)=10\%$水溶液的冷却速度可达1 100℃/s,而$w(NaOH)=10\%$水溶液的冷却能力更大。由于淬火时水剧烈汽化,NaCl或NaOH微粒在工件表面析出,破坏蒸汽膜和气泡,所以能提高工件的冷却速度。但这两种水基淬火介质在低温区的冷却速度也很大。

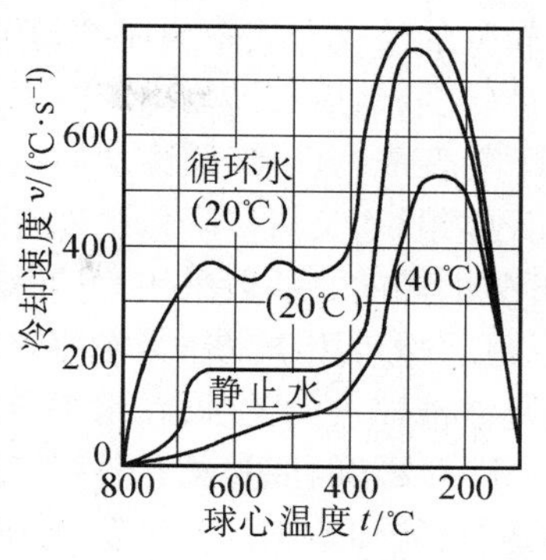

图9.7　水的冷却特性

油也是一种常用的淬火介质,目前主要采用矿物油,如锭子油、机油等。它的优点是在低温区的冷却速度比水小很多(20～50℃/s)。但缺点是在高温区的冷却速度也比较小(100～200℃/s)。所以油被广泛用于过冷奥氏体比较稳定的合金钢。用油淬火,由于在马氏体转变温度范围内冷却速度很慢,从而可以显著降低淬火工件的组织应力,减小工件变形和开裂的倾向。与水相反,升高油温可以降低油的粘度,增加流动性,使高温区的冷却能力增加。用热油淬火时,油温一般保持在40～100℃,油温不能过高,以防着火(油的闪点在150～300℃之间),淬火油长期使用会老化,应定期补充调整。

9.2.4　淬火方法

在生产中应根据钢的化学成分、工件的形状和尺寸,以及技术要求等来选择淬火方法。选择合适的淬火方法可以在获得所要求的淬火组织和性能条件下,尽量减小淬火应力,从而减小工件变形和开裂的倾向。目前常用且成熟的淬火方法有如下几种:

1. *单液淬火法*

单液淬火法是将加热至奥氏体状态的工件,淬入某种淬火介质中,连续冷却至介质温度的淬火方法。这是最简单的淬火方法,其冷却曲线如图9.8中曲线1所示。一般情况是将碳钢在水中淬火、合金钢在油中淬火,尺寸小于3～5 mm的碳钢工件也可以在油中淬火。

为了减小单液淬火时的淬火应力,常采用预冷淬火法,即将奥氏体化的工件,在淬入淬火介质之前,先在空气中或预冷炉中冷却一段时间,待工件冷至临界点附近的温度时,再淬入淬火介质中冷却,以减小工件与淬火介质间的温差,减小热应力,从而减小工件变形和开裂的倾向。

单液淬火方法操作简单,容易实现机械化、自动化。但是,工件在马氏体转变区冷却速度较快,容易产生较大的组织应力,从而增大工件变形、开裂的倾向。因此只适用于形状简单、尺寸小的工件。

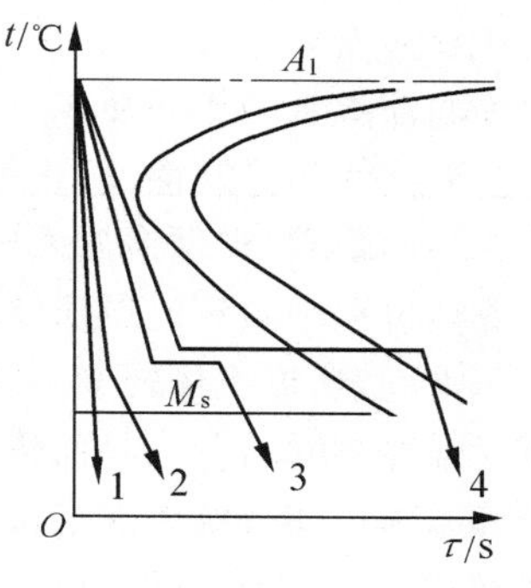

图9.8　各种淬火方法冷却曲线示意图

2. *双液淬火法*

双液淬火法是将加热至奥氏体状态的工件先在冷却

能力较强的淬火介质中快速冷却至接近点 M_s 的温度，以避免过冷奥氏体发生珠光体和贝氏体转变，然后再转入冷却能力较弱的淬火介质中继续冷却，使过冷奥氏体在缓慢冷却条件下转变成马氏体，其冷却曲线如图 9.8 中曲线 2 所示。这种方法既可以保证工件得到马氏体组织，又可以降低工件在马氏体区的冷却速度，减小组织应力，从而减小工件变形、开裂的倾向。一般采用水-油双液淬火方法，即用水作为快冷淬火介质，用油作为慢冷淬火介质，也可用空气作为慢冷淬火介质，但后者较少采用。正确控制工件在水中的冷却时间是双液淬火的关键，在水中冷却时间过短，会引起奥氏体分解，导致淬火硬度不足，反之，在水中冷却时间过长，工件的某些部分在水中已经发生马氏体转变，会产生较大的组织应力，可能导致工件变形甚至开裂。因此，采用双液淬火时要求操作者具有熟练的技术，通常根据工件尺寸，凭经验来确定由水中向油中转移的时间。工件在水中冷却以 5～6 mm/s 计算，中碳钢取下限，高碳钢和合金钢取上限。水-油双液淬火主要适用于中、高碳钢工件和合金钢制大型工件。有时也可以采用油-空气双液淬火法，即用油作为快冷淬火介质，然后转入空气中慢冷。这种方法常用于合金钢工件。

3．*分级淬火法*

分级淬火是将加热至奥氏体状态的工件先淬入高于该钢点 M_s 的热浴中停留一定时间，待工件各部分与热浴的温度一致后，取出空冷至室温，在缓慢冷却条件下完成马氏体转变的淬火方法。其冷却曲线如图 9.8 曲线 3 所示。这种淬火方法由于在马氏体转变前工件各部分温度已趋均匀，并在缓慢冷却条件下完成马氏体转变，这样不仅减小了淬火热应力，而且显著降低组织应力，因而有效地减小或防止工件淬火变形和开裂。

分级淬火方法由于冷却介质温度较高，工件在热浴中的冷却速度较慢，对于截面尺寸较大的工件很难达到其临界淬火速度。因此，只适用于尺寸较小的工件，如刀具、量具和要求变形小的精密工件。在分级淬火时，为提高奥氏体的稳定性，应适当提高淬火加热温度，一般比正常淬火加热温度约高出 30～80℃。

分级淬火介质的温度也可略低于点 M_s，此时由于温度比较低，冷却较剧烈，故可应用于较大工件的淬火。

4．*等温淬火法*

等温淬火是将加热至奥氏体状态的工件淬入温度稍高于点 M_s 的盐浴中等温，保持足够长时间，使之转变为下贝氏体组织，然后取出在空气中冷却的淬火方法。其冷却曲线如图 9.8 曲线 4 所示。

等温淬火加热温度的确定原则与分级淬火一样，一般比正常淬火温度高 30～80℃，以提高奥氏体的稳定性，防止等温冷却过程中发生珠光体型转变。等温温度和时间应视工件的性能要求，根据钢的 C-曲线通过试验来确定，一般在 M_s～(M_s+30℃)温度之间。

等温过程中碳钢的贝氏体转变一般可以完成，等温淬火后不需再进行回火，但对于奥氏体非常稳定，贝氏体转变不能全部完成的某些合金钢（如高速钢等），剩余的过冷奥氏体在空气中冷却时转变为马氏体，所以淬火后需要进行适当的回火，以消除其脆性。

等温淬火与分级淬火的区别在于前者获得下贝氏体组织，由于下贝氏体的强度、硬度较高，而且韧性良好，同时由于下贝氏体的比热容比马氏体的比热容小，而且组织转变时工件内外温度一致，故淬火组织应力也较小。因此等温淬火可以显著减小工件变形和开裂的倾向。适用于处理用中碳钢、高碳钢或低合金钢制造的形状复杂、尺寸要求精密的工具和重要机器零件，如模具、刀具、齿轮等。同分级淬火一样，等温淬火也只能适用于尺寸较小的工件。

9.3　钢的淬透性

9.3.1　淬透性的基本概念

淬透性是钢的固有属性，它是选材和制订热处理工艺的重要依据之一。

淬透性是指钢在淬火时获得马氏体的能力。其大小用钢在一定条件下淬火所获得的淬透层深度来表示。

同样形状和尺寸的工件，用不同的钢材制造，在相同的条件下淬火，淬透层较深的钢，其淬透性较好。

淬透层的深度规定为由表面至半马氏体区的深度。半马氏体区的组织是由体积分数为 50% 马氏体和体积分数为 50% 分解产物组成的。这样规定是因为半马氏体区的硬度变化显著（图 9.9），同时组织变化明显，并且在酸蚀的断面上有明显的分界线，很容易测试。

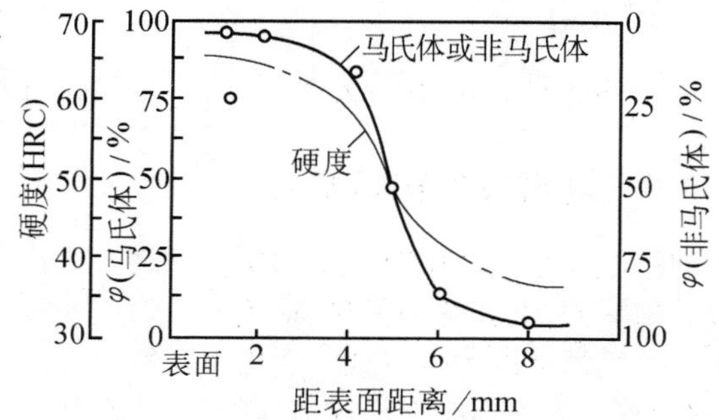

图 9.9　淬火工件截面上组织和硬度的分布

淬透性主要取决于钢的临界冷却速度，取决于过冷奥氏体的稳定性。

应当注意，钢的淬透性与淬硬性是两个不同的概念，后者是指钢淬火后形成的马氏体组织所能达到的硬度，它主要取决于马氏体中的含碳质量分数。

9.3.2　淬透性的测定方法

目前测定钢淬透性最常用的方法是末端淬火法，简称端淬法。此法通常用于测定优质碳素结构钢、合金结构钢的淬透性，也可用于测定弹簧钢、轴承钢和工具钢的淬透性。我国 GB 226－63 规定的试样形状、尺寸及试验原理如图 9.10 所示。试验时将 ϕ25 mm × 100 mm 的标准试样加热至奥氏体状态后迅速取出置于试验装置上，对末端喷水冷却，试样上距末端越远，冷却速度越小，因此硬度值越低。试样冷却完毕后，沿其轴线方向相对的两侧各磨去 0.2～0.5 mm，在此平面上从试样末端开始，每隔 1.5 mm 测一点硬度，绘出硬度与至末端距离的关系曲线，称为端淬曲线。由于同一种钢号的化学成分允许在一定范围内波动，因而有关手册中给出的不是一条曲线，而是一条带，称之为淬透性带，如图 9.11 所示。

根据钢的淬透性曲线，钢的淬透性值通常用 $J\,\frac{\mathrm{HRC}}{d}$ 表示。其中 J 表示末端淬透性，d 表示至末端的距离，HRC 表示在该处测得的硬度值。例如淬透性值 $J\,\frac{40}{5}$，即表示在淬透性带上距末端 5 mm 处的硬度值为 HRC40，$J\,\frac{35}{10\sim15}$ 即表示距末端 10～15 mm 处的硬度值为 HRC35 等。

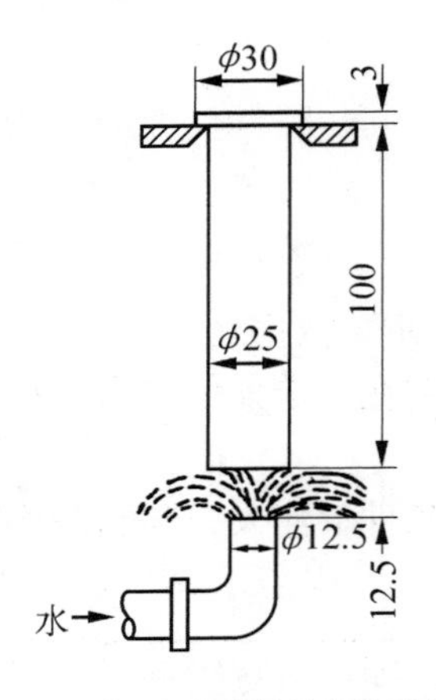

图 9.10 端淬试验示意图

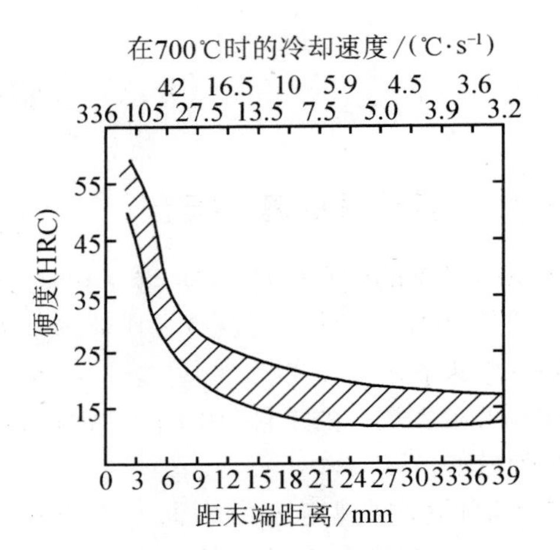

图 9.11 $w(C) = 0.45\%$钢的淬透性带

9.3.3 淬透性的实际意义

钢的淬透性在生产中有重要的实际意义。在拉、压、弯曲或剪切应力的作用下工作的尺寸较大的零件,例如各类齿轮、轴类零件,希望整个截面都能被淬透,从而保证零件在整个截面上的机械性能均匀一致。选用淬透性较高的钢即能满足这一要求。如果钢的淬透性低,零件整个截面不能全部淬透,则表面到心部的组织不一样,机械性能也不相同,心部的机械性能,特别是冲击韧性很低。另外,对于形状复杂、要求淬火变形小的工件,如果选用淬透性较高的钢,便可以在较缓和的介质中淬火,因而工件变形较小。但是并非任何工件都要求选用淬透性高的钢,在有些情况下反而希望钢的淬透性低些。例如表面淬火用钢就是一种低淬透性钢,淬火时只是表面层得到马氏体。焊接用的钢也希望淬透性小,目的是为了避免焊缝及热影响区在焊后冷却过程中得到马氏体组织,从而防止焊接构件的变形和开裂。

9.4 钢的回火

回火是紧接淬火的一道热处理工艺,大多数淬火钢都要进行回火。

回火的目的是为了稳定组织,减小或消除淬火应力,提高钢的塑性和韧性,获得强度、硬度和塑性、韧性的适当配合,以满足不同工件的性能要求。

制定钢的回火工艺时,根据钢的化学成分、工件的性能要求以及工件淬火后的组织和硬度来正确选择回火温度、保温时间、回火后的冷却等,以保证工件回火后能获得所需要的组织和性能。

9.4.1 回火温度

决定工件回火后的组织和性能最重要因素是回火温度。生产中根据工件所要求的机械性能、所用的回火温度可分为低温、中温和高温回火。

1. 低温回火

低温回火温度范围一般为 150~250℃。低温回火钢大部分是淬火高碳钢和淬火高合金钢。经低温回火后得到隐晶马氏体加细粒状碳化物组织，即回火马氏体，具有很高的强度、硬度和耐磨性，同时显著降低了钢的淬火应力和脆性。在生产中低温回火大量应用于工具、量具、滚动轴承、渗碳工件、表面淬火工件等。

2. 中温回火

中温回火温度一般在350~500℃之间。回火组织为回火屈氏体。中温回火后工件的内应力基本消除，具有高的弹性极限、较高的强度和硬度、良好的塑性和韧性。中温回火主要用于各种弹簧零件及热锻模具。

3. 高温回火

高温回火温度约为500~650℃，习惯上将淬火和随后的高温回火相结合的热处理工艺称为调质处理。高温回火的组织为回火索氏体。高温回火后钢具有强度、塑性和韧性都较好的综合机械性能，广泛应用于中碳结构钢和低合金结构钢制造的各种重要结构零件，如发动机曲轴、连杆、连杆螺栓、汽车半轴、机床主轴及齿轮等。

除上述三种回火方法之外，某些不能通过退火来软化的高合金钢，可以在600~680℃进行软化回火。

9.4.2　回火保温时间

回火保温时间应保证工件各部分温度均匀，同时保证组织转变充分进行，并尽可能降低或消除内应力，使工件回火后的性能符合技术要求。

钢淬火、回火后的机械性能常以硬度来衡量。图9.12为$w(C)=0.98\%$的碳钢回火温度和回火时间对硬度的影响。从图中可 看出，在各个温度回火时，最初0.5 h内硬度降低最快，随后逐渐变慢，回火时间超过2 h以后硬度变化很小，所以生产中回火时间一般不超过2 h。

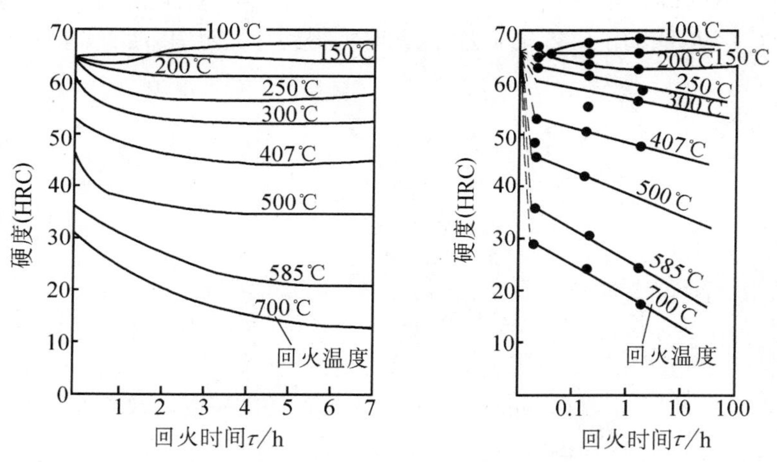

图9.12　回火温度和回火时间对淬火钢($w(C)=0.98\%$)硬度的影响

9.4.3　回火后的冷却

工件回火后一般在空气中冷却。对于一些重要的机器零件或工模具，为防止重新产生内应力和变形、开裂，通常都采用缓慢冷却的方式。对于具有第二类回火脆性的某些合金钢工件，高温回火后应进行油冷或水冷，以抑制回火脆性。

习　题

1.何谓球化退火？为什么共析钢及过共析工具钢预备热处理一般都要进行球化退火？试述共析钢等温球化退火工艺原理。

2.何谓钢的正火？目的何在？有何应用？

3.试述淬火目的、方法和种类,并比较各种淬火方法的优缺点。试述共析钢和过共析钢淬火加热温度选择原则。为什么过共析钢淬火加热温度不能超过 A_{cm}线？

4.如果钢淬火时的冷却速度可以任意控制的话,那么它的理想冷却曲线应如何？并详细解释之。

5.何谓钢的淬透性？影响淬透性的因素有哪些？何谓钢的淬硬性？影响淬硬性的因素是什么？

6.某热处理车间对 T12 钢(w(C) = 1.2%)进行球化退火时由于仪表失灵使加热温度升高,当操作者发现时已经在 1 100℃,保温 2 h,请问此时操作者应如何处理进行补救才能获得所需要的组织。

7.含碳质量分数为 1.2%的碳钢的原始组织为片状珠光体加网状渗碳体,为了获得回火马氏体加粒状渗碳体组织,应采用哪些加热处理工艺？写出工艺名称和工艺参数(加热温度、冷却方式)。(注:该钢的 A_{c1} = 730℃, A_{ccm} = 820℃)

8.用 T1OA(w(C) = 1.0%, A_{c1} = 730℃, A_{ccm} = 800℃)钢制造冷冲模的冲头,试制订最终热处理工艺(包括工艺名称和具体参数),并说明热处理各阶段获得的组织以及热处理后工件的力学性能特点。

9.某机床上的螺栓本应用 45 钢(w(C) = 0.45%)制造,但错用了 T12 钢(w(C) = 1.2%),退火、淬火都沿用了 45 钢工艺,问此时将得到什么组织,性能如何？

参 考 文 献

[1] 崔忠圻.金属学与热处理[M].北京:机械工业出版社,1989.
[2] 胡赓祥,钱苗根主编.金属学[M].上海:上海科学技术出版社,1980.
[3] 刘国勋.金属学原理[M].北京:冶金工业出版社,1980.
[4] 宋维锡.金属学[M].北京:冶金工业出版社,1980.
[5] 曹明盛.物理冶金基础[M].北京:冶金工业出版社,1983.
[6] 李见.金属学原理[M].沈阳:东北工学院出版社,1991.
[7] 卢光熙,侯增寿.金属学教程[M].上海:上海科学技术出版社,1985.
[8] 徐祖耀.金属学原理[M].上海:上海科学技术出版社,1964.
[9] 胡德林.金属学原理[M].西安:西北工业大学出版社,1984.
[10] 包永千.金属学基础[M].北京:冶金工业出版社,1986.
[11] 张克从,张乐 潓.晶体生长[M].北京:科学出版社,1981.
[12] 胡昌新.铁碳相图的发展与展望[J].材料工程.1994,(1):4 ~ 8.
[13] 费豪文 J D 著,卢光熙.物理冶金基础[M].赵子伟,译.上海:上海科学技术出版社,1980.
[14] 盖伊 A G ,赫仑 J J 著 .物理冶金学原理[M].徐纪楠,主译.北京:机械工业出版社,1981.
[15] 冯端,王业宁,丘弟荣编著.金属物理[M].北京:科学出版社,1964,1975.
[16] 中国金属学会编译组,译.物理冶金进展评论[M].北京:冶金工业出版社,1985.
[17] 哈宽富编著.金属力学性质的微观理论[M].北京:科学出版社,1983.
[18] 科垂耳 A H 著.晶体中的位错和范性流变[M].葛庭燧,译.北京:科学出版社,1960.
[19] 弗里埃德尔 J 著.位错[M].王煜,译.北京:科学出版社,1980.
[20] 余宗森,田中卓.金属物理[M].北京:冶金工业出版社,1982.
[21] 汪复兴.金属物理[M].北京:机械工业出版社,1981.
[22] 乌曼斯基 Я С ,斯卡科夫 Ю A 著.金属物理[M].赵坚,蔡淑卿,译.北京:冶金工业出版社,1985.
[23] 闵乃本.晶体生长的物理基础[M].上海:上海科学技术出版社,1982.
[24] 李庆春.铸件形成理论基础[M].北京:机械工业出版社,1982.
[25] 王家炘.金属的凝固及其控制[M].北京:机械工业出版社,1983.
[26] 费莱明斯 M C 著.凝固过程[M].关玉龙,等译.北京:冶金工业出版社,1981.
[27] 胡汉起编著,金属凝固[M].北京:冶金工业出版社,1985.
[28] 乌曼斯基 Я C,等著.金属学物理基础[M].中国科学院金属研究所,译.北京:科学出版社,1958.
[29] 陈永彝.钢冶金[M].北京:冶金工业出版社,1980.
[30] HANSEN P. Physical metallargy[M]. London: Cambridge University Press, 1986.
[31] HIRSCH P B. The Physical of metals defects. [M]. London: Cambridge University Press, 1975.

[32] Петров Д А. Двойные и Тройные системы[M]. Москва: Металлургиздат, 1986.
[33] 赵连城.金属热处理原理[M].哈尔滨:哈尔滨工业大学出版社,1987.
[34] 夏立芳.金属热处理工艺学[M].哈尔滨:哈尔滨工业大学出版社,1986.
[35] 李超.金属学原理[M].哈尔滨:哈尔滨工业大学出版社,1989.
[36] 安正昆.钢铁热处理[M].北京:机械工业出版社,1985.
[37] 刘永铨.钢的热处理[M].修订版.北京:冶金工业出版社,1987.
[38] 胡光立,等.钢的热处理[M].北京:国防工业出版社,1985.
[39] 戚正风.金属热处理原理[M].北京:机械工业出版社,1987.
[40] 刘云旭.金属热处理原理[M].北京:机械工业出版社,1981.
[41] 冯晓曾,等.模具用钢和热处理[M].北京:机械工业出版社,1982.
[42] 徐祖耀.马氏体相变与马氏体[M].北京:科学出版社,1981.
[43] 徐祖耀.金属材料热力学[M].北京:科学出版社,1981.
[44] 雷廷权,傅家骐.热处理工艺方法300种[M].北京:中国农业出版社,1982.
[45] 布瑞克 R M,等著.工程材料的组织与性能[M].王健安,等译.北京:机械工业出版社,1983.
[46] 范·弗莱克 L H 著.材料科学与材料工程基础[M].北京:机械工业出版社,1984.
[47] 姚忠凯,等编译.钢的组织转变译文集[M].北京:机械工业出版社,1980.
[48] 肖纪美.金属的韧性与韧化[M].上海:上海科学技术出版社,1980.
[49] LAWRENCE H Van Vlack. Elements of Materials Science and Engineering [M]. Massachusetts: Addison-Wesley Publishing Company, 1985.
[50] Геллер Ю А, Рахштадт А Г. Материаловедение[M]. Москва: Металлургиздат, 1989.
[51] Бунин К П, Баранов А А. Металлография[M]. Москва: Металлургия, 1970.
[52] Травин О В, Травина Н Т. Материаловедение[M]. Москва: Металлургия, 1989.
[53] Хансен М, Андерко К. Структуры двойных сплавов[M]. Москва: Металлургиздат, 1962.
[54] Одинг И А. Теория ползутести и длинтелъной пронности металлов[M]. Москва: Металлургиздат, 1959.